石油石化职业技能培训教程

免费提供网络学习增值服务
手机登录方式见封底

采油测试工

（下册）

中国石油天然气集团有限公司人事部 编

石油工業出版社

内容提要

本书是由中国石油天然气集团有限公司人事部统一组织编写的《石油石化职业技能培训教程》中的一本。本书包括采油测试工高级工操作技能及相关知识、技师与高级技师工操作技能及相关知识，并配套了相应等级的理论知识练习题，以便于员工对知识点的理解和掌握。

本书既可用于职业技能鉴定前培训，也可用于员工岗位技术培训和自学提高。

图书在版编目(CIP)数据

采油测试工．下册／中国石油天然气集团有限公司人事部编．—北京：石油工业出版社，2019.4
石油石化职业技能培训教程
ISBN 978-7-5183-2229-9

Ⅰ.①采… Ⅱ.①中… Ⅲ.①油气测井-技术培训-教材 Ⅳ.①TE151

中国版本图书馆 CIP 数据核字(2018)第 281949 号

出版发行：石油工业出版社
（北京市安定门外安华里 2 区 1 号楼　100011）
网　址：www.petropub.com
编辑部：(010)64256770
图书营销中心：(010)64523633
经　销：全国新华书店
印　刷：北京晨旭印刷厂

2019 年 4 月第 1 版　2023 年 4 月第 3 次印刷
787×1092 毫米　开本：1/16　印张：21.75
字数：560 千字

定价：70.00 元
（如发现印装质量问题，我社图书营销中心负责调换）

《石油石化职业技能培训教程》

编 委 会

《采油测试工》编审组

主　　编：梁继德

副 主 编：宋延彰　赵伟峰

参编人员（按姓氏笔画排序）：

叶义平　任晓晨　全艳波　李浩然　张立广

张庆生　周捷卿　夏　荣　梁　旭

参审人员（按姓氏笔画排序）：

吕险峰　孙国庆　张育新　周　波

PREFACE 前言

随着企业产业升级、装备技术更新改造步伐不断加快，对从业人员的素质和技能提出了新的更高要求。为适应经济发展方式转变和“四新”技术变化要求，提高石油石化企业员工队伍素质，满足职工鉴定、培训、学习需要，中国石油天然气集团有限公司人事部根据《中华人民共和国职业分类大典(2015年版)》对工种目录的调整情况，修订了石油石化职业技能等级标准。在新标准的指导下，组织对“十五”“十一五”“十二五”期间编写的职业技能鉴定试题库和职业技能培训教程进行了全面修订，并新开发了炼油、化工专业部分工种的试题库和教程。

教程的开发修订坚持以职业活动为导向，以职业技能提升为核心，以统一规范、充实完善为原则，注重内容的先进性与通用性。教程编写紧扣职业技能等级标准和鉴定要素细目表，采取理实一体化编写模式，基础知识统一编写，操作技能及相关知识按等级编写，内容范围与鉴定试题库基本保持一致。特别需要说明的是，本套教程在相应内容处标注了理论知识鉴定点的代码和名称，同时配套了相应等级的理论知识练习题，以便于员工对知识点的理解和掌握，加强了学习的针对性。此外，为了提高学习效率，检验学习成果，本套教程为员工免费提供学习增值服务，员工通过手机登录注册后即可进行移动练习。本套教程既可用于职业技能鉴定前培训，也可用于员工岗位技术培训和自学提高。

采油测试工教程分上、下两册，上册为基础知识、初级操作技能及相关知识、中级操作技能及相关知识，下册为高级操作技能及相关知识、技师与高级技师操作技能及相关知识。

本工种教程由大庆油田有限责任公司公司任主编单位，参与审核的单位有吉林油田分公司、辽河油田分公司、新疆油田分公司等。在此表示衷心感谢。

由于编者水平有限，书中不妥之处在所难免，请广大读者提出宝贵意见。

编　者

2018年10月

CONTENTS 目录

第一部分　高级工操作技能及相关知识

第二部分　技师、高级技师操作技能及相关知识

理论知识练习题

附　　录

第一部分

高级工操作技能及相关知识

模块一　常用工具、用具、设备的使用维护保养

项目一　相关知识

一、测量仪表分类与误差

GBB002 测量仪表的分类

(一)测量仪表分类

测量仪表主要有量具量仪、汽车仪表、拖拉机仪表、船用仪表、航空仪表、导航仪器、驾驶仪器、无线电测试仪器、载波微波测试仪器、地质勘探测试仪器、建材测试仪器、地震测试仪器、大地测绘仪器、水文仪器、计时仪器、农业测试仪器、商业测试仪器、教学仪器、医疗仪器、环保仪器等。

属于机械工业产品的仪器仪表有工业自动化仪表、电工仪器仪表、光学仪器，分析仪器、实验室仪器与装置、材料试验机、气象海洋仪器、电影机械、照相机械、复印缩微机械、仪器仪表元器件、仪器仪表材料、仪器仪表工艺装备等13类。各类仪器仪表按不同特征，例如功能、检测控制对象、结构、原理等还可再分为若干的小类或子类，如工业自动化仪表按功能可分为检测仪表、回路显示仪表、调节仪表和执行器等。

其中检测仪表按被测物理量又分为温度测量仪表、压力测量仪表、流量测量仪表、物位测量仪表和机械量测量仪表等；温度测量仪表按测量方式又分为接触式测温仪表和非接触式测温仪表；接触式测温仪表又可分为热电式、膨胀式、电阻式等。

仪器仪表还可分为一次仪表和二次仪表，一次仪表指传感器这类直接感触被测信号的部分，二次仪表指放大、显示、传递信号部分。

GBB003 测量仪表误差的类型

(二)测量仪表表误差

测量中测量人员操作不当、客观条件的变化等会使得测量值和被测量的真实值不符，即存在测量误差。由于真值难以得到，故在实践应用中都用实际值来代替真实值，即用比测量仪表更精确的标准仪表的测量值来代替真值，则测量的绝对误差可表示为：绝对误差=测量值-实际值。仪表测量误差还可以用相对误差和引用误差来表示。

按测量误差的性质和特点，通常把测量误差分为系统误差、随机误差、粗大误差3类。

1.系统误差

在相同测量条件下多次重复测量同一量时，如果每次测量值的误差基本恒定不变，或者按某一规律变化，这种误差称为系统误差。系统误差主要来源有以下3个方面：

(1)测量仪器和测量系统不够完善，如仪表刻度不准，校准用的标准仪表有误差都会造成测量系统误差。

(2)仪表使用不当，如测量设备和电路的安装、调整不当，测量人员操作不熟练、读数方法不对引起的系统误差。

(3)外界环境无法满足仪表使用条件，如仪表使用的环境温度、湿度、电磁场等不满足要求所引起的系统误差。

系统误差的出现一般是有规律的,其产生的原因基本是可控的,因此在仪表的安装、使用、维修中应采取有效措施消除影响;对无法确定而未能消除的系统误差数值应加以修正,以提高测量数据的准确度。

2.随机误差

当消除系统误差后,在同一条件下反复测量同一参数时,每次测量值仍会出现或大或小、或正或负的微小误差,这种误差称为随机误差。由于其无规律,偶然产生,故又称偶然误差。

3.粗大误差

操作人员的错误操作和粗心大意等造成测量结果显著偏离被测量的实际值所出现的误差,称为粗大误差,粗大误差常表现为数值较大且没有规律。因此在仪表维修中,仪表工要有高度的责任心,严格遵守操作规程,并有熟练的操作技术,避免出现粗大误差的产生。

GBB004 仪表的准确度

(三)仪表准确度

在正常的使用条件下,仪表测量结果的准确程度称为仪表的准确度,引用误差越小,仪表的准确度越高,而引用误差与仪表的量程范围有关,所以在使用同一准确度的仪表时,为减小测量误差,往往采取压缩量程范围的方法。

在工业测量中,为了便于表示仪表的质量,通常用准确度等级来表示仪表的准确程度。准确度等级就是最大引用误差去掉正负号及百分号之后的数值。准确度等级是衡量仪表质量优劣的重要指标之一。我国工业仪表等级分为0.1、0.2、0.5、1.0、1.5、2.5、5.0七个等级,并标在仪表刻度标尺或铭牌上。

GBE006 螺杆泵井的工作原理及结构

二、螺杆泵采油工艺

地面驱动井下单螺杆泵采油系统(简称螺杆泵采油系统)由电控部分、地面驱动部分、井下泵部分和配套工具部分四部分组成(图1-1-1)。电控部分包括电控箱和电缆;地面驱动部分包括减速箱和驱动电机、井口动密封、支撑架、方卡等;井下泵部分包括螺杆泵定子和转子;配套工具部分包括专用井口、特殊光杆、抽油杆扶正器、油管扶正器、抽油杆防倒转装置、油管防脱装置、防蜡器、防抽空装置、筛管等。

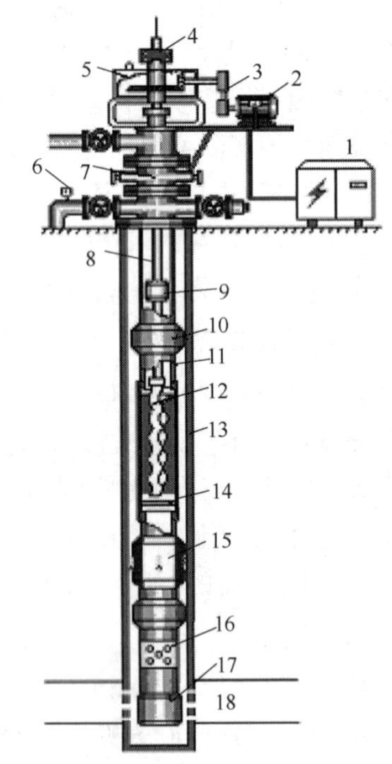

图1-1-1 螺杆泵采油系统

1—电控箱;2—驱动电机;3—皮带;4—方卡子;5—减速箱;6—压力表;7—专用井口;8—抽油杆;9—抽油杆扶正器;10—油管扶正器;11—油管;12—螺杆泵;13—套管;14—定位销;15—油管防脱装置;16—筛管;17—死堵;18—油层

(一)电控部分

电控箱是螺杆泵井的控制部分,控制电机的启、停。该装置能自动显示、记录螺杆泵井正常生产时的电流、累计运行时间等,有过载、欠载自动保护功能,能够确保生产井正常生产。

(二)地面驱动部分

1.地面驱动装置工作原理

地面驱动装置是螺杆泵采油系统的主要地面

设备,是把动力传递给井下泵转子,使转子实现行星运动,抽汲原油的机械装置。根据传动形式分类,可分为液压传动和机械传动;根据变速形式分类,可分为无级调速和分级调速。

2.地面驱动装置种类及优缺点

螺杆泵驱动装置一般分为两类:机械驱动装置和液压驱动装置。

机械驱动装置传动部分由电动机和减速器等组成,其优点是设备简单,价格低廉,容易管理并且节能,能实现有级调速且比较方便。其缺点是不能实现无级调速。

液压驱动装置由原动机、液压电机和液压传动部分组成。其优点是可实现低转速启动,可用于高黏度和高含砂原油开采;转速可任意调节;因设有液压防反转装置,减缓了抽油杆倒转速度。其缺点是在寒冷季节地面液压件和管线保温工作较难,且价格相对较高,不容易管理。

(三)井下泵部分

螺杆泵包括定子和转子。定子是由丁腈橡胶浇铸在钢体外套内形成的。衬套的内表面是双螺旋曲面(或多螺旋曲面),定子与螺杆泵转子配合。转子在定子内转动,实现抽汲功能。转子由合金钢调质后,经车铣、抛光、镀铬而成。每一截面都是圆的单螺杆。

(四)配套工具部分

(1)专用井口:简化了采油树,使用、维修、保养方便,同时增强了井口强度,减小了地面驱动装置的振动,起到保护光杆和换密封圈时密封井口的作用。

(2)特殊光杆:强度大、防断裂、表面粗糙度小,有利于井口密封。

(3)抽油杆扶正器:避免或减缓杆柱与管柱的磨损,使抽油杆在油管内居中,减缓抽油杆的疲劳。

(4)油管扶正器:减小管柱振动。

(5)抽油杆防倒转装置:防止抽油杆倒扣。

(6)油管防脱装置:锚定泵和油管,防止油管脱落。

(7)防蜡器:延缓原油中胶质在油管内壁沉积速度。

(8)防抽空装置:地层供液不足会造成螺杆泵损坏,安装井口流量式或压力式抽空保护装置可有效地避免此现象的发生。

(9)筛管:过滤油层流体。

(五)螺杆泵工作原理

螺杆泵井地面电源由配电箱供给电动机电能,电动机将电能转换为机械能并通过皮带带动减速装置启动光杆,进而将动力通过光杆传递给井下螺杆泵转子,使其旋转给井筒液加压并将其举升到地面,同时井底压力(流压)降低。

GBE007 螺杆泵的特点

采油用螺杆泵是单螺杆式水力机械的一种,是摆线内啮合螺旋齿轮的一种应用。螺杆泵的转子、定子利用摆线的多等效动点效应,在空间形成封闭腔室,当转子和定子做相对转动时,封闭腔室能做轴向移动,使其中的液体从一端移向另一端,实现机械能和液体能的相互转化,从而实现举升。螺杆泵又有单头(或单线)螺杆泵和多头(或多线)螺杆泵之分(本书重点介绍单螺头杆泵)。

地面驱动井下单螺杆泵利用地面驱动装置驱动光杆转动,然后通过中间抽油杆将旋转运动和动力传递到井下转子,使其转动。转子的任一截面都是半径为 R 的圆,每一截面中心相对整个转子的中心位移一个偏心距 E,转子的螺距为 t,螺杆表面是正弦曲线 abcd 绕它的轴线转动,并沿着轴线移动形成的(图 1-1-2)。

定子是以丁腈橡胶为衬套浇铸在钢体外套内形成的,衬套内表面是双线螺旋面,其导程为转子螺距的 2 倍。每一断面内轮廓是由两个半径为 R(等于转子截面圆的半径)的半圆和两个直线段组成的。直线段长度等于两个半圆的中心距。因为螺杆圆断面的中心相对它的轴线有一个偏心距 E,而螺杆本身的轴线相对衬套的轴线又有同一个偏心距值 E,这样,两个半圆的中心距就等于 $4E$(图 1-1-3)。衬套的内螺旋面就由上述的断面轮廓绕它的轴线转动并沿该轴线移动形成。衬套的内螺旋面和螺杆螺旋面的旋向相同,且内螺旋的导程 T 为螺杆螺距 t 的 2 倍,即 $T=2t$。入口面积和出口面积及腔室中任一横截面积的总和始终是相等的,液体在泵内没有局部压缩,从而能够保证连续、均衡、平稳地输送液体。

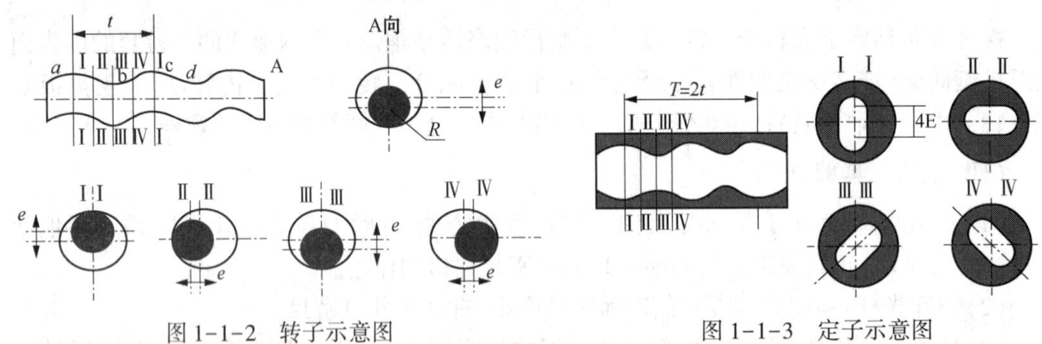

图 1-1-2 转子示意图　　图 1-1-3 定子示意图

当转子在定子衬套中的不同位置时,它们的接触点是不同的(图 1-1-4)。液体完全被封闭(这种液体被封闭的情形称为液封闭)时,液体封闭的两端的线即为密封线,密封线随着转子的旋转而移动,液体即由吸入侧被送往压出侧。转子螺旋的峰部越多,液力封闭数越多,泵的排出压力就越高。转子截面位于衬套长圆形断面两端时,转子与定子的接触为半圆弧线,而在其他位置时,仅有两点接触。由于转子和定子是连续啮合的,这些接触点就构成了空间密封线,在定子衬套的一个导程 T 内形成一个封闭腔室,这样,沿着螺杆泵的全长,在定子衬套内螺旋面和转子表面形成一系列的封闭腔室。当转子转动时,转子——定子中靠近吸入端的第一个腔室的容积增加,在它与吸入端压力差的作用下,举升介质便进入第一个腔室。随着转子的转动,这个腔室开始封闭,并沿轴向排出端移动,封闭腔室在排出端消失,同时在吸入端形成新的封闭腔室。由于封闭腔室的不断形成、运动和消失,使举升介质通过一个个封闭腔室,从吸入端挤到排出端,压力不断升高,排量保持不变。

螺杆泵就是在转子和定子组成的一个个密闭的独立腔室的基础上工作的。转子运动(做行星运动)时,密封空腔在轴向沿螺旋线运动,按照旋向向前或向后输送液体。由于转子是金属的,定子是由弹性材料制成的,所以两者组成的密封腔很容易在入口管路中获得高的真空度,使泵具有自吸能力,甚至在气、液混输时也能保持自吸能力。

可见,螺杆泵是一种容积式泵,它运动部件少,没有阀件和复杂的流道,油流扰动小,排量均匀。由于钢体转子在定子橡胶衬套内表面运动带有滚动和滑动的性质,使油液中砂粒不易沉积,同时转子—定子间容积均匀变化而产生的抽汲、推挤作用使油气混输效果良好,所以,同其他采油方式相比,螺杆泵在开采高黏度、高含砂和含气量较大的原油时具有独特的优势。

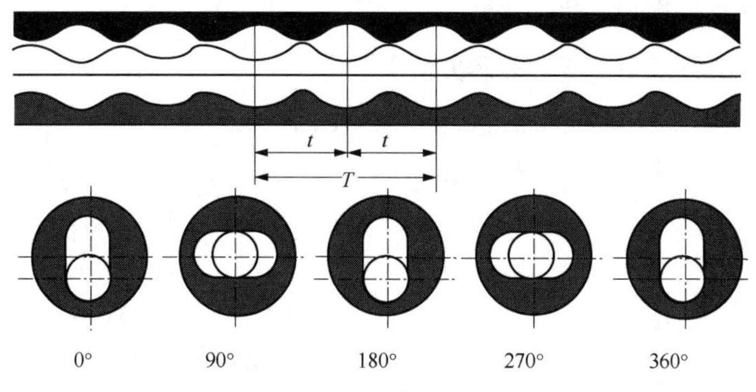

图 1-1-4　衬套示意图

GBE005 有杆抽油泵的工作原理及结构

三、有杆抽油泵

有杆抽油泵分为管式泵和杆式泵两大类。符合抽油泵标准设计和制造的抽油泵称为常规抽油泵，具有专门用途的抽油泵，如抽稠油泵、防气泵、防砂泵、防腐泵和耐磨泵等，称为特殊用途的抽油泵。

杆式抽油泵主要由泵筒、活塞、游动阀、固定阀和泵定位密封部分及外筒等组成，可分为定筒式杆式泵和动筒式杆式泵两类。定筒式杆式泵又有顶部固定和底部固定杆式泵两种。

杆式泵的工作特点：

(1) 检泵时不需要起出油管，而是通过抽油杆将内工作筒拔出。

(2) 杆式泵检泵方便，但是结构复杂，制造成本高，在相同的油管直径下允许下入的泵径比管式泵要小，适用于下泵深度较大，产量较小的油井。

(3) 目前常规杆式抽油泵存在金属活塞和衬套加工要求高，制造不方便且易磨损的缺点。

管式抽油泵主要由工作筒、衬套、活塞、游动阀和固定阀组成。

管式泵的工作特点：

(1) 需将外筒、衬套和吸入阀在地面组装好并连接在油管下部先下入井中，然后再将活塞总成用抽油杆柱通过油管下入泵筒中。

(2) 结构简单，成本低，在相同油管直径下允许下入的泵径比杆式泵大，因而排量大。

(3) 由于管式泵连接在油管下端，检泵或换泵时需要起出油管柱，修井作业工作量大，故适用于下泵深度不大，产量较高的井。

有杆抽油泵的结构如图 1-1-5 所示。

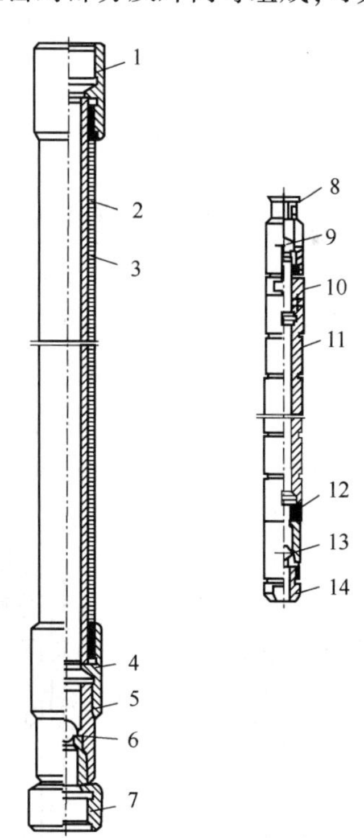

图 1-1-5　有杆抽油泵的结构图

1,4—外管接箍；2—外管；3—缸套；5—固定阀罩；6—固定阀；7—压紧接头；8—上游动阀罩；9—上游动阀；10—接头；11—柱塞；12—下游动阀罩；13—下游动阀；14—压帽

(一)抽油泵型号表示方法

抽油泵型号采用图 1-1-6 的表示方法。

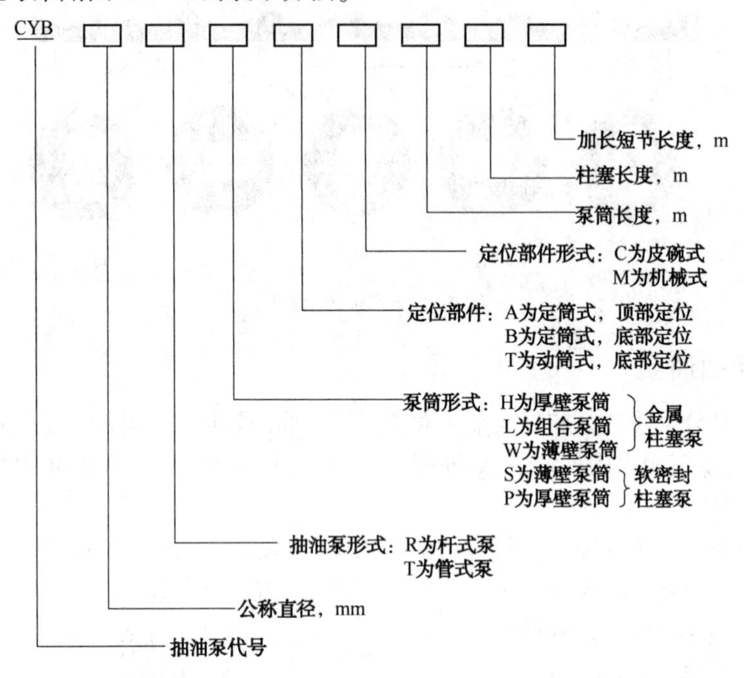

图 1-1-6　抽油泵型号表示方法

(二)有杆抽油泵工作原理

有杆抽油泵工作原理如图 1-1-7 所示。当抽油泵的活塞在下中程时,固定阀是关的,游动阀是开的,如图 1-1-7(b)所示,下腔室内压力等于油管内液柱压力。当抽油泵的活塞到达下死点时,由于活塞运动速度为零,游动阀在重力的作用下自动关闭,下腔室内压力仍然等于油管内液柱压力。当抽油泵的活塞由下死点开始上行时,活塞运动速度由零逐步提高,在活塞运动速度低、泵的排出量小于泵的间隙漏失量时,活塞上部没有排出,活塞下面单位时间让出的体积小于泵的间隙漏失量,让出的体积都被漏下来的液体所填满,泵没有抽吸力,泵工作筒内的压力仍然接近油管内液柱压力,固定阀打不开,工作筒内不吸油。当活塞运动速度超过漏失速度以后,这时如果油管内已被液体充满,井口开始排油,同时下腔室内压力开始下降,直至压力低于沉没压力,固定阀打开,泵开始吸入液体的过程,如图 1-1-7(a)所示。当抽油泵的活塞到达上死点时,由于活塞速度为零,抽油泵没有抽汲力,固定阀受重力自动关闭,这时抽油泵停止进抽。当活塞开始下行压缩工作筒内的油气,使抽油泵工作筒内压力上升,达到油管内液柱压力时,游动阀打开,开始向油管内排油,直到活塞到达下死点排油结束,这就是每一个冲程实际排出量。

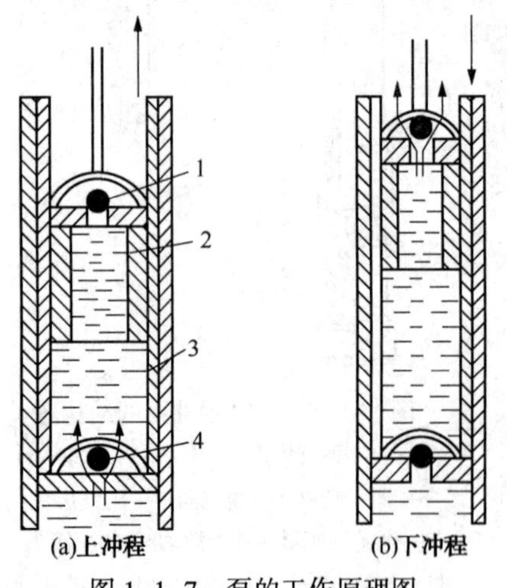

图 1-1-7　泵的工作原理图

1—游动阀;2—活塞;3—衬套;4—固定阀

(三)抽油泵基本技术参数

抽油泵基本技术参数见表 1-1-1。

表 1-1-1　抽油泵基本技术参数

基本形式	泵的直径,mm		活塞长度系列 m	加长短节长度 m	连接油管外径 mm	活塞冲程长度范围 m	理论排量 m^3/d	连接抽油杆螺纹直径 mm
	公称直径	基本直径						
杆式泵	32	31.8	0.6 0.9 1.2 1.5 1.8 2.1	0.3 0.6 0.9	48.3,60.3	1.2~6.0	14~69	23.813
	38	38.1			60.3,73.0	1.2~6.0	20~112	26.988
	44	44.5			73.0	1.2~6.0	27~138	26.988
	51	50.8			73.0	1.2~6.0	35~173	26.988
	57	57.2			88.9	1.2~6.0	44~220	26.988
	63	63.5			88.9	1.2~6.0	54~259	30.163
管式泵 整体泵筒	32	31.8	0.6 0.9 1.2 1.5	0.3 0.6 0.9	60.3,73.0	0.6~6.0	7~69	23.813
	38	38.1			60.3,73.0	0.6~6.0	10~112	26.988
	44	44.5			60.3,73.0	0.6~6.0	14~138	26.988
		45.2						
	57	57.2			73.0	0.6~6.0	22~220	26.988
	70	69.9			88.9	0.6~6.0	33~328	30.163
管式泵 组合泵筒	83	83			101.6	1.2~6.0	93~467	30.163
	95	95			114.3	1.2~6.0	122~613	34.925
	32	32			60.3,73.0	0.6~6.0	7~69	23.813
	38	38			60.3,73.0	0.6~6.0	10~128	26.988
	44	44			73.0	0.6~6.0	13~138	26.988
	56	56			73.0	0.6~6.0	21~220	26.988
	70	70			88.9	0.6~6.0	33~328	30.163

(四)影响泵效的因素

GBE003 影响抽油机泵效的因素

抽油机井的实际产液量与泵的理论排量的比值称为泵效,泵效的高低反映了泵性能的好坏及抽油参数的选择是否合适。在正常情况下,若泵效为 0.7~0.8,就认为泵的工作是良好的。而有些自喷井的泵效会接近或大于 1,矿场实践表明,一般平均泵效低于 0.7,甚至有的油井的泵效低于 0.3。

影响泵效的因素主要有地质因素、设备因素、工作方式 3 个。

(1)地质因素:包括油井出砂,气体过多,油井结蜡,原油黏度高,油层中含腐蚀性的水、硫化氢气体腐蚀泵的部件等。

(2)设备因素:泵的制造质量、安装质量、衬套与活塞间隙配合选择不当或阀球与阀座不严漏失等都会使泵效降低。

(3)工作方式:泵的工作参数选择不当也会降低泵效。如参数过大,理论排量远远大于油层供液能力,造成供不应求,泵效自然很低。冲次过快会造成油来不及进入泵工作筒,而使泵效降低。泵挂过深,使冲程损失过大,也会降低泵效。

(五)抽油杆

抽油杆是有杆泵抽油装置中的一个重要组成部分。通过抽油杆柱将抽油机的动力传递到深井泵,使深井泵的活塞做往复运动。

1.抽油杆技术规范

抽油杆主体是圆形断面的实心杆体,两端均有加粗的锻头,锻头上有连接螺纹和搭扳手用的方形断面。抽油杆公称直径有 16mm(5/8in)、19mm(3/4in)、22mm(7/8in)和 25mm(1in)四种。抽油杆的长度,除最常见的 8m 长抽油杆外,还有为组合而特别加工的 1.0m、1.5m、2.5m、3.0m、4.0m 五种长度。

2.抽油杆代号意义

抽油杆代号意义如图 1-1-8 所示。

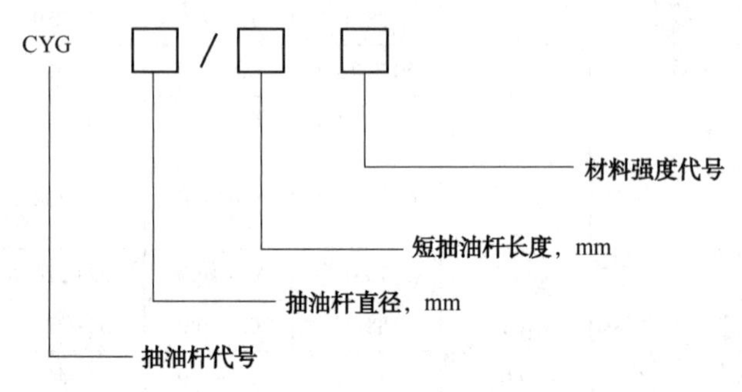

图 1-1-8 抽油杆代号意义

3.抽油杆分类、特点和用途

常用的抽油杆主要有钢质抽油杆(简称抽油杆)、玻璃纤维抽油杆、空心抽油杆三类。此外还有连续抽油杆、钢丝绳抽油杆、不锈钢抽油杆、非金属带状抽油杆等特殊用途抽油杆。

钢质抽油杆结构简单、制造容易,成本低,直径小,有利于在油管中上下运动,主要用于常规有杆泵抽油方式,连接井下抽油泵柱塞与地面抽油机。

玻璃纤维抽油杆主要特点是耐腐蚀,密度小,有利于降低抽油机悬点载荷,节约能量,弹性小,适用于含腐蚀性介质严重的油井,且在深抽井中应用可降低抽油机负荷、加深泵挂,并能实现超行程工作,提高抽油机泵泵效。

空心抽油杆由空心圆管制成,两端为连接螺纹,成本高,适用于高含蜡、高凝点的稠油井,有利于热油循环、热电缆加热等特殊抽油工艺,还可以通过空心通道向井内添加化学药品。

4.抽油杆材料

国产抽油杆有两种,一种是碳钢抽油杆,另一种是合金钢抽油杆。碳钢抽油杆一般是用 40 号优质碳素钢制成,合金钢抽油杆一般用 20 号铬钼钢或 15 号镍钼钢制成。

5.抽油杆在传递动力过程中承受的载荷

在传递动力的过程中,抽油杆的负荷因抽油杆柱的位置不同而不同,上部的抽油杆负载大,下部的抽油杆负载小。抽油杆负载通常有下列几种:

(1)抽油杆本身重量。

(2)油管内柱塞以上液柱重量。

(3)柱塞与泵筒、抽油杆与油管、抽油杆与液柱、油管与液柱之间的摩擦力。

(4)抽油杆与液柱的惯性力。

(5)由于抽油杆的弹性而引起的振动力。

(6)由于液体和活塞运动不一致或未充满等因素引起的冲击载荷。

6.光杆的作用

光杆是连接在抽油杆柱顶端的一根特制实心钢杆,主要起两个作用:

(1)通过光杆卡子把整个抽油杆柱悬挂在悬绳器上。

(2)与井口密封填料配合密封井口。

光杆由于处在抽油杆柱的最顶端,所承受载荷最大。加上光杆卡子卡在光杆上,使得光杆所受应力特别集中,所以制造光杆的材料是高强度的50~55号优质碳素钢。

四、电动潜油泵系统组成及作用

电动潜油泵(电潜泵)是一种新的机械采油设备,由于它排量大,适应中高排液量高凝油井、定向井、中低黏度井,还具有扬程大、井下工作寿命长、地面工艺简单、管理方便、经济效益明显等特点,近十多年来在油田得到广泛应用。

(一)电动潜油泵井工作原理

地面控制屏把符合标准电压要求的电能通过接线盒及电缆输给井下潜油电动机,潜油电动机再把电能转换成高速旋转机械能传递给多级离心泵,从而使经油气分离器进入多级离心泵内的液体被加压举升到地面;与此同时,井底压力(流压)降低,油层液进而流入井底。还可叙述为两大流程,一是电动潜油泵供电流程,地面电源→变压器→控制屏→潜油电缆→潜油电动机;二是电动潜油泵抽油流程,油气分离器→多级离心泵→单流阀→泄油阀→井口。

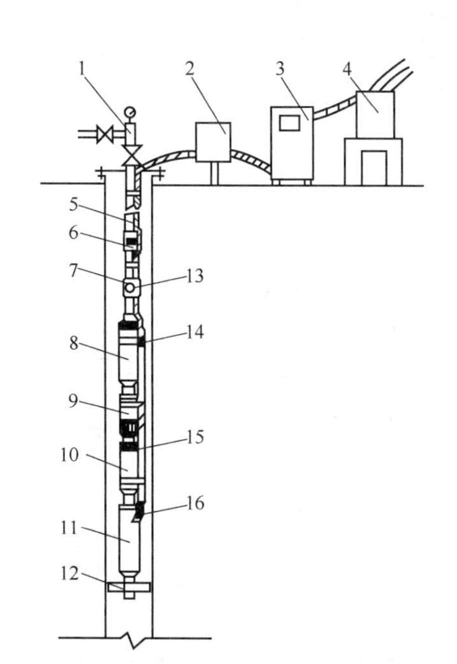

图1-1-9　电动潜油泵机组安装示意图

1—井口;2—接线盒;3—控制柜;4—变压器;5—油管;6—泄油阀;7—单流阀;8—多级离心泵;9—油气分离器;10—保护器;11—潜油电动机;12—扶正器;13—电缆;14—电缆卡子;15—电缆护罩;16—电缆头

GBE004 电动潜油泵的结构

(二)电动潜油泵的主要设备及结构

电动潜油泵井主要设备及结构如图1-1-9所示。电动潜油泵整套设备分为井下、地面和电力传送三个部分。

1.井下部分

井下部分主要包括多级离心泵、油气分离器、潜油电动机和保护器。

1)多级离心泵

多级离心泵由多级叶轮和导轮组成,分多级串联的离心泵。其传动部分主要有轴、键、叶轮、垫片、轴套和限位簧等,固定部分主要有壳体、壳头、泵座、导轮和扶正轴承等。相邻两节泵壳用法兰连接,轴用花键套连接。

2)油气分离器

油气分离器主要有沉降式和旋转式两种,旋转式分离器目前常用的有离心式和涡流式两种,分离效果比沉降式要好。

3)潜油电动机

潜油电动机主要由定子、转子、扶正轴承、止推轴承及油循环系统组成。

4)保护器

保护器可以用来补偿电动机内润滑油的损失,并可起到平衡电动机内外压力,防止井液进入电动机及承受泵轴向负荷的作用。目前国内使用的保护器主要有连通式、沉淀式和胶囊式,也有以上几种的组合式保护器。

2.地面部分

地面部分主要有变压器、控制柜及井口设施。

3.电力传送部分

GBE008 电动潜油泵的工作原理

电力传送部分是电缆,从外形来看有圆形电缆和扁形电缆两种。

(三)电动潜油泵的工作原理

电动潜油泵由地面电源通过变压器、控制柜及动力电缆将电能传送给井下潜油电动机,使潜油电动机带动多级离心泵、轴上的叶轮高速旋转,叶轮内液体的每一质点受离心力的作用,从叶轮中心沿叶片面的流道甩向叶轮的四周,压力和速度同时增大,经过导轮流道被引向上一级叶片,这样逐级流经所有的叶轮和导轮,使液体压能逐次增大,最后获得一定扬程,将井液输送到地面。

GBE009 电动潜油泵的技术规范

(四)部分电动潜油泵的技术规范

部分电动潜油泵技术规范见表 1-1-2。

表 1-1-2 适用于 5in 套管的部分电动潜油泵的技术规范

制造厂	系列	外径,mm	型号	效率,%	排量,m^3/d	最大扬程,m
REDA	338	85.9	A1200	32	155	3520
			A1500	44	200	
	400	101.6	DN1750	65	220	
			DN4000	59	550	
ODI	55	101.6	RB12	66	160	3962
			R38	64	454	1899
CENTRI LIFT	338	85.9	U-23	48	104	3170
	400	101.6	N-80	65	351	2135
天津电机厂	—	95	A20	50	2000	2500
			A53	55	500	1400
沈阳水泵厂		98	QYB98-200	60	200	2000
			QYB98-500	60	500	1000
淄博潜水电泵厂		100	5½QD-200	58	2000	2270
		98	5½QD-250	54	2500	1810

(五)电动潜油泵测压控制器

电潜泵测压是指采用常规的试井起下设备,利用专用器具(即电潜泵测压控制器),测取流压和静压。作业时电潜泵测压控制器代替泄油器随井下机具下入井内预定位置。

1.工作原理

在对电潜泵井进行测试时,电潜泵测压控制器可为测压仪器提供与地层相通的流道,它与井下泵管柱组合在一起,形成流道控制开关。

GBE001 电动潜油泵测压控制器的工作原理

2.主要技术指标

工作筒:总长634mm,最大外径为38mm,质量为10.6kg。

堵塞器:总长336mm,密封填料最大直径为39mm。

测试杆直径:18mm,质量为1.6kg,测试杆上下移动距离为20mm。

试压要求:与工作筒一起试压,压力为20MPa。

GBE002 电动潜油泵测压连接器的结构及工作原理

(六)电动潜油泵测压连接器

1.结构

电动潜油泵测压连接器(图1-1-10),主要由上接头、密封填料、弹簧、外套、触头、螺母、压环、导压管和对接件等组成。

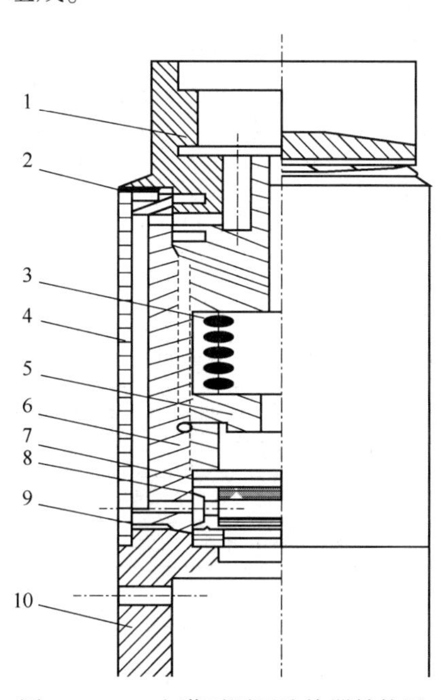

图1-1-10　电潜泵测压连接器结构图

1—上接头;2—密封填料;3—弹簧;4—外套;5—触头;6—螺母;7—压环;8—导压套;9—密封填料;10—对接件

2.工作原理

电潜泵测压连接器与压力计组合后,下入井内与测试控制器接合,靠自重打开控制器的测试通道,进行压力测试,不影响油井正常生产。

项目二 检查电缆绝缘和通断

一、准备工作

(一)设备

带电缆测井仪绞车1台。

GBB008 测试电缆绝缘性的方法

(二)材料、工具

万用表1块,兆欧表1块,清洁剂1桶,棉纱100g,细砂纸1张,导线10m,记录纸1张。

(三)人员

单人操作,持证上岗,劳动保护用品穿戴齐全。

二、操作规程

序号	工序	操作步骤
1	准备工作	工具准备齐全
2	断开设备	断开外缆与地面仪的连接
3	检查通断	清洁电缆头缆芯(7芯)各测量点
		检查万用表检校合格证,连接表笔,机械调零
		选择“欧姆”挡,根据电缆阻值选择合适量程,进行电阻调零
		红表笔接缆芯,黑表笔接外铠,逐个检查并判断各缆芯(7芯)通断情况
4	检查绝缘	检查兆欧表外观,然后对兆欧表进行短路验表和开路验表,使L和E接线两表笔短接,慢慢摇动手柄,指针应迅速指零,表明短路验表合格
		将L和E接线两表笔断开,摇动手柄速度保持在120r/min,表针指示“∞”表明开路验表合格
		连接兆欧表和电缆,连接红表笔另一端与被测缆芯,黑表笔另一端与电缆外铠连接
		将兆欧表摇速控制在120r/min,通常摇动1min待指针稳定后进行读数,测量中若指针指零,应立即停止摇动手柄
		对各芯进行检测判断,每检测一个缆芯,绝缘性达到要求后要进行一次接地放电
		测完后先拆去接线再停止摇动

三、注意事项

(1)确保外缆与地面仪的连接彻底断开,绝对不允许设备和线路带电时用兆欧表去测量。

(2)测量前,应对设备和线路先进行放电,以免设备或线路的电容放电危及人身安全或损坏兆欧表。

(3)测量完毕,应对被测设备进行充分放电,兆欧表未停止转动前,切勿用手去触碰设备的测量部分或兆欧表接线桩。

(4)拆线时也不可直接去触碰引线的裸露部分。

(5)禁止在雷电时或附近有高压导体的设备上测量绝缘电阻。只有在设备不带电又不可能受其他电源感应而带电的情况下才可进行测量。

项目三　标注测量工件尺寸

一、准备工具

(一)材料

机械零件1个,绘图板1块,绘有机械零件图的图纸1张。

(二)工具

0~150mm游标卡尺1把,250mm三角板1套,铅笔2支,300mm直尺1把,绘图仪器1套,小刀1把,橡皮1块。

(三)人员

单人操作,持证上岗,劳动保护用品穿戴齐全。

二、操作规程

序号	工序	操作步骤
1	准备工作	工具准备齐全
2	检查工具	检查游标卡尺合格证是否在有效期内
		检查直尺合格证是否在有效期内
		检查绘图仪器合格证是否在有效期内
		检查三角板合格证是否在有效期内
3	测量工件标注尺寸	使用工具测量出机械零件的10个主要尺寸
		在机械零件图上画出尺寸界限和尺寸线,尺寸线与尺寸界限处画指向箭头,箭头指向尺寸界限
		测量工件各段长度,标注在相应的尺寸线上
		测量工件直径,标注在相应的尺寸线上
		测量工件内径,标注在相应的尺寸线上
		测量工件倒角,在机械零件图工件倒角处画引出线,填写角度
		在机械零件图上标注的测量尺寸旁标注公差
		在绘图纸右上角标注表面粗糙度
4	填写要求	填写标题栏(姓名、比例、件数、图号等信息)
		在机械零件图下方空白处填写技术要求
5	清理现场	清理操作现场

三、技术要求

(1)标注尺寸数值方向一致。

(2)标注尺寸数值应写明单位。

(3)测量结果保留两位小数。

(4)测量尺寸误差小于0.10mm。

四、注意事项

(1)保持图面清洁。

(2)测量工件时,测量主要尺寸,不要重复测量。

(3)画尺寸线时,不能有交叉,同一侧画尺寸线时应按照由大到小的顺序来画。

(4)尺寸标注时不要注成封闭尺寸链。

项目四　维护保养试井绞车液压系统

一、准备要求

(一)设备

试井绞车1台。

(二)材料、工具

300mm活动扳手1把,螺丝刀1把,开口扳手1把,钩扳手1把,套筒扳手1把。

(三)人员

单人操作,持证上岗,劳动保护用品穿戴齐全。

GBG008 井绞车液 系统的检查

二、操作规程

序号	工序	操作步骤
1	准备工作	工具准备齐全
2	维护保养液压油箱	检查液压油箱液面,液面应在标尺范围内,不足时需补充
		检查液压油,如变质含水应将变质油排放干净,打开液压油箱盖,添加合格的液压油至液面在标尺范围内
		检查油箱滤清器,如果滤清器污染严重,应使用工具将滤清器拆下,清洗或更换新的滤清器
3	维护保养压力表	检查压力表,确认压力表指针完好、表盘刻度值清晰,如有损坏应使用工具拆卸压力表进行更换
		检查压力表校验合格证,确认示值标识在有效期内,否则应进行检校
4	维护保养液压系统	检查液压管线与接头连接是否紧固,如有松动应进行紧固
		检查液压管线老化情况及是否漏油,并视情况进行更换
		启动绞车,测试控制阀、调压阀是否灵活有效,检查后关闭绞车
		检查液压油泵及气动控制是否存在转动系统故障、漏油现象等
		检查液压马达转动是否有噪声、松动等现象
5	清理现场	清理操作现场

三、注意事项

(1)检查液压油箱液面时,视线与液面平行,不能仰视或俯视,确保观察准确。

(2)拆卸压力表时应使用专用工具进行拆卸,禁止用手抓住压力表进行转动。

(3)检查液压管线连接是否紧固时操作要平稳,防止液压油溅飞到面部或进入眼睛、嘴里造成伤害。

(4)启动绞车测试控制阀、调压阀时保持绞车被挡板包围,防止有铁屑飞溅造成伤害。

项目五　检查与调试液面自动监测仪井口装置

一、准备工作

(一)设备

ZJY-3 型液面自动监测仪 1 套。

(二)材料、工具

300mm 活动扳手 1 把,螺丝刀 1 把,手钳 1 把,密封圈若干,黄油 200g。

(三)人员

单人操作,持证上岗,劳动保护用品穿戴齐全。

二、操作规程

序号	工序	操作步骤
1	准备工作	工具准备齐全
2	检查液面自动监测仪井口装置	检查井口装置外观
		检查井口装置螺纹
		检查放气阀外观是否损坏、变形,开关是否灵活;查看螺纹密封圈是否有损坏
3	检查充气室	拆卸顶端保护罩,查看电缆是否有损坏,连接头是否牢固
		检查销钉是否牢固
		检查并紧固充气室螺钉
		清洁内部油污,安装顶端保护罩
4	检查微音器	拆卸微音器保护罩,检查微音器外观,检查电缆线是否有损坏
		清洁微音器表面,安装微音器保护罩
5	检查压力传感器	拆卸压力传感器保护罩,检查电缆线是否有损坏
		清洁压力传感器表面,安装压力传感器保护罩
		检查并紧固井口装置全部螺钉,清洁井口装置表面
6	调试液面自动监测仪井口装置	连接井口连接器与液面自动监测仪
		打开液面自动监测仪电源开关,将挡位从低功耗拨到正常
		选择液面测试,模拟输入井号、增益、通道
		待装置击发后,轻敲井口连接器外壳
		观察液面波波形是否符合要求
7	清理现场	清理操作现场

三、注意事项

(1)销钉如果松动或掉落应重新固定。

(2)拆装仪器时,使用专用工具进行拆装,操作平稳以防止损坏仪器。

(3)井口连接装置与液面自动监测仪连接时,先对齐接头突出位置与监测仪接头凹陷位置,然后轻轻插入,顺时针转动直到停止。禁止操作造成接口损坏。

(4)模拟测试时使用工具轻击仪器外壳,禁止敲击微音器、电路板位置,禁止大力敲击损坏仪器。

模块二　测试前的准备

项目一　相关知识

GBC001 井下取样器的类型

一、井下取样器

井下取样器是采集油井、水井井底液体样品的专用仪器。井下取样器的种类很多,但取样筒的结构大体相似,主要为适应井下采油工艺和流体特性在阀关闭上有所区别,可分为锤击式、钟控式、挂壁式、坐开式和压差式等多种,前三种类型应用较多,各油田又以某一种类型为主。

GBC002 SQ3型井下取样器的结构及技术参数

(一)SQ3 型井下取样器(钟控式)

1.结构

SQ3 型井下取样器结构如图 1-2-1 所示。

GBC025 SQ3型井下取样器的工作原理

2.工作原理

1)阀开启过程

当下阀及弹簧受压缩时,下阀插座上移,其锥头伸出弹簧套。压下下接头导块,上阀弹簧座受压缩,使上阀下移,与上阀连在一起的连杆、控制套随同向下移动,下阀弹簧套进入控制套,使下阀插座上的锥头被弹簧套上端卡住,装上对好时间的钟机,使钟机端面小孔对准外套的定位销,钟机位置被固定;同时,控制架舌头紧贴在锥轮最大外径上,这时芯杆顶端顶紧在控制架横轴上。此时,上下阀被控制在打开位置。

2)阀关闭过程

钟机旋转时带动锥轮转动,当钟机走到预定时间时,锥轮凹槽和控制架舌头对正,控制架在拉簧作用下使舌头拉入槽中,控制架横轴离开中心位置,芯杆在上阀弹簧的作用下顶出控制座,上阀上移并关闭。与此同时,控制套脱开下阀弹簧套。下阀插销上的锥头在下阀弹簧作用下离开弹簧套,下阀被关闭,液样被封闭在取样筒内。

3)技术参数

取样容积:400mL、600mL 和 800mL。

最高工作压力:70MPa。

最高工作温度:150℃。

外形尺寸:ϕ36mm×1900mm(400mL);ϕ36mm×2260mm(600mL);ϕ36mm×2700mm(800mL);

仪器质量:9.6kg(400mL);12.5kg(600mL);14.4kg(800mL)。

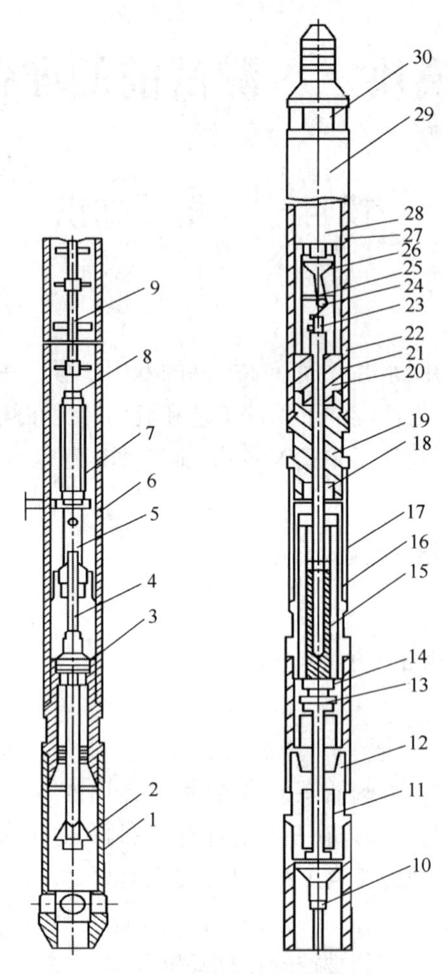

图 1-2-1　SQ3 型井下取样器结构

1—导锥;2—下阀弹簧座 3—下阀;4—下阀插座;5—下阀弹簧套;6—取样筒;7—控制套;8—调节螺母;9—连杆;10—固定螺母;11—阀座;12—下短节;13—上阀弹簧座;14—下接头导块;15—导杆;16—下接头;17—上短节;18—密封圈;19—上接头;20—控制座;21—芯杆;22—外套;23—横轴;24—控制架;25—拉簧;26—锥形轮;27—定位销;28—钟机;29—钟机外壳;30—绳帽

GBC024 CY612 型井下取样器的结构及技术规范

(二)CY612 型井下取样器(锤击式)

1.结构

CY612 型井下取样器主要由控制器、取样筒、上下阀及阀座、弹簧卡子组件、连杆、扶正器、搅拌器、绳帽和底堵等组成。CY612 型井下取样器结构如图 1-2-2 所示。

2.工作原理

仪器下井前,先用控制器上的顶片与取样筒内的弹簧卡子组件和连杆打开上下阀,插销进入连接器内的钢珠球处,钢珠胀出挂住下阀,这时上下阀处于张开状态。然后将取样器用录井钢丝从油管下入到取样位置,冲洗样筒后,由地面井口放锤,重锤沿录井钢丝下落到取样器处并撞击控制帽,使控制帽上的顶片离开上阀,同时,在阀弹簧的作用下上下阀脱离弹簧卡子组件的控制自行关闭取得井下油样。

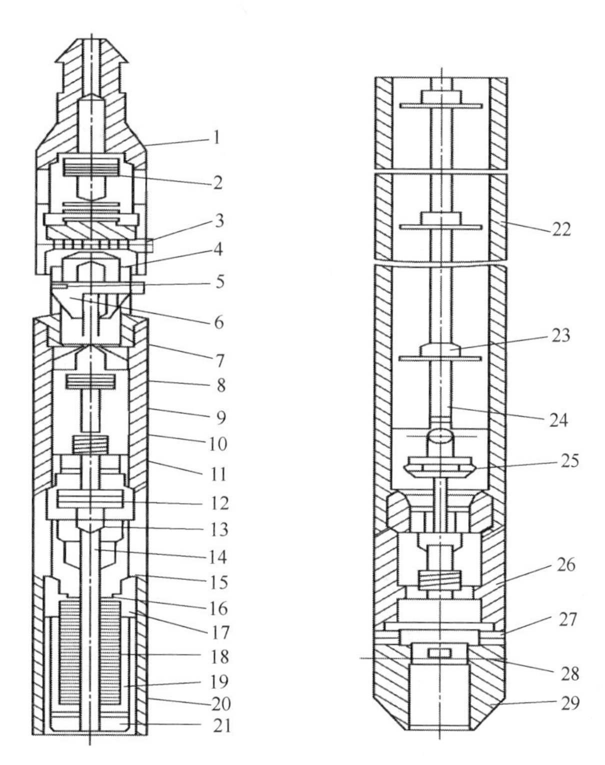

图 1-2-2　CY612 型井下取样器结构

1—控制器;2—弹簧;3—定位螺钉;4—启闭器主架;5—销轴;6—顶片;7—导杆;8—阀弹簧;9—阀座;10—上阀;11—橡胶密封填料;12—阀垫圈;13—销子;14—插销;15—支座;16—内套管;17—卡子弹簧;18—外套;19—钢珠;20—液样槽;21—卡套;22—扶正器;23—搅拌器;24—连杆;25—下阀;26—弹簧座;27—压盖;28—滤网;29—尾端

3.技术规范

CY612 型井下取样器技术规范见表 1-2-1。

表 1-2-1　CY612 井下取样器技术规范

型号	CY612 型	CY612-A 型
取样容积,mL	400	400,800
最高工作压力,MPa	30	30
最高工作温度,℃	100	100
外形尺寸,mm×mm	ϕ36×1383	ϕ36×1420 ϕ36×2085
质量,kg	5.5	5,7.8
适用油管直径,mm	ϕ50 以上	ϕ50 以上

(三)BCY-321 型泵下取样器

BCY-321 型泵下取样器的起下全靠地面动力液的驱动,无须其他辅助设备。

GBC005 BCY-321型井下取样器的结构及工作原理

1.结构

BCY-321型泵下取样器结构如图1-2-3所示。

2.工作原理

BCY-321型泵下取样器工作原理如图1-2-4所示。将水力活塞泵下部吸入阀卸去,把BCY-321型泵下取样器的内座和浮动阀等直接接于水力活塞泵缸套下部,用销钉将内外座销成一体,使取样器同向运动的上下活塞处于开启状态下井。取样器随水力活塞泵坐上后,开泵生产。

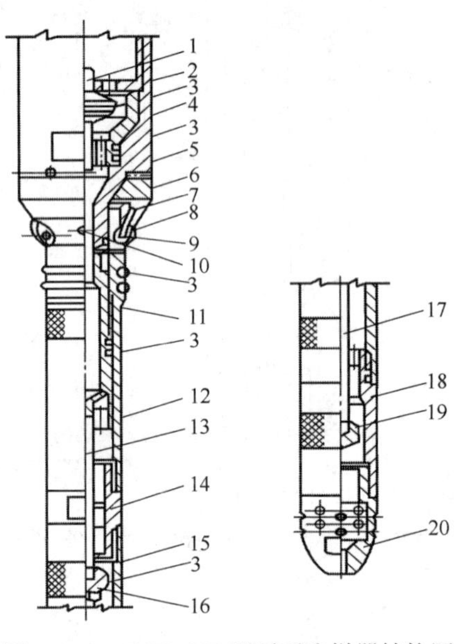

图1-2-3 BCY-321型泵下取样器结构图

1—浮动阀;2—限位螺母;3—O形密封填料;4—浮动阀座;5—内座;6—外座;7—扭簧;8—控制爪;9—铆钉;10—销钉;11—提升短节;12—提升螺母;13—上活塞拉杆;14—上活塞筒;15—储样管;16—上活塞;17—拉杆;18—下活塞筒;19—下活塞;20—筛管

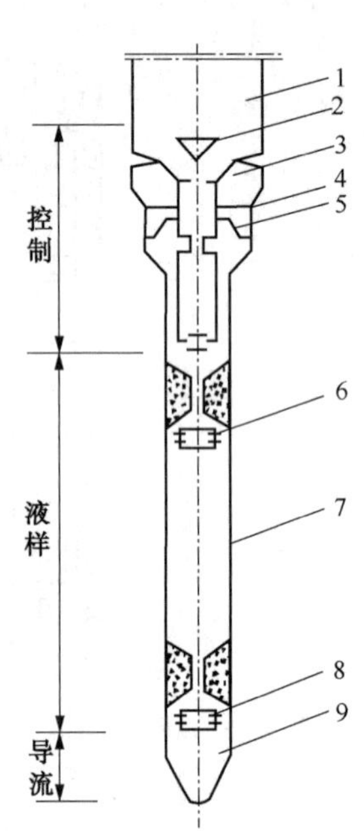

图1-2-4 BCY-321型泵下取样器工作原理

1—内座;2—浮动阀;3—外座;4—销钉;5—控制爪;6—上活塞;7—样管;8—下活塞;9—导锥

待油井生产一段时间后,估计取样筒已经清洗干净,则可反循环启泵。在起泵压力作用下,由于内座横截面比外座横截面面积小,两截面的有效截面受力不等,此力作用于销钉上,而将销钉剪断。于是水力泵带着取样器内座上升时,外座仍坐于泵套上未动,但取样器的上下活塞在内座上升力的作用下,进入各自的阀座,封闭液样管,取得液样。

内座上升足够高后,固定在外座上的控制爪进入内座槽内,将内外座连成一体,它们将随同水力活塞泵一起上升,当升至井口时,就被井口抓泵装置所捕捉。

GBC029 BCY-321型泵下取样器的技术性能

3.技术性能

外径:32mm。

工作压力:10MPa。

质量:4.5kg。

储样管内径:24mm。

长度:600mm,1200mm。

容积:150mL,300mL。

(四)DQJ-1 型泵顶取样器

DQJ-1 型泵顶取样器、CQJ-1 型泵顶取样器用试井钢丝起下,与预置在泵顶的控制器配合使用,可不受动力液的影响而取得地层液样。

GBC006 DQJ-1 型井下取样器的结构及工作原理

1.结构

DQJ-1 型泵顶取样器结构如图 1-2-5 所示。

2.工作原理

用试井钢丝将 DQJ-1 型泵顶取样器下入井内,取样器坐在泵顶控制器顶部,靠取样器的重量打开泵顶控制器的测试通道,取样器的 T 形密封圈与泵顶控制器的测试柱塞配合形成密封,造成动力液压力与吸入压力形成压差。在此压差作用下,取样阀打开。由于样室内为常压(大气压力),在吸入压力作用下单流阀打开,地层流体进入样室。待样室充满后,上提取样器,泵顶控制器的测试通道先关闭,继续加力上提取样器,T 形密封圈与泵顶控制器的测试柱塞脱开,取样阀总成关闭并密封,此时即可将取样器提到地面。

3.技术性能

GBC026 DQJ-1 型井下取样器的技术性能

工作压力:25MPa。

取样体积:500mL,1000mL。

工作温度:120℃。

取样阀开启力:约 50kN。

取样阀密封介质:钠基高温黄油。

密封压差:不小于 35MPa。

漏失量:0.5mL(取样时间 30min)。

打捞头外径:21mm。

仪器尺寸:48mm×2350mm。

GBC003 压差式井下取样器的结构及技术规范

(五)压差式井下取样器

该取样器主要用于下有空心或固定配注水井口取得井底水样。

1.仪器结构

压差式取样器结构如图 1-2-6 所示。

2.工作原理

当取样筒内充满蒸馏水的取样器下到目的层(某一球座上)后,通过定位节流器和球座密封,并造成球座上下产生压力差。当压差足以克服阀弹簧张力时,则上、下阀均可单向向下开启。水从进水孔流到球座以下各层,停 5~10min 后,上提取样器离开球座,在弹簧力的作用下上下阀关闭并取得井下样品。

GBC004 分层取样器的工作原理

(六)分层取样器的结构及工作原理

分层取样器(图 1-2-5、图 1-2-6)用来在下有分层配产管柱的井中取得分层液样。分层取样器一般和625-3配产器、CY613压力计配套使用,依靠堵塞器坐在井下工作筒内进行分层取样。

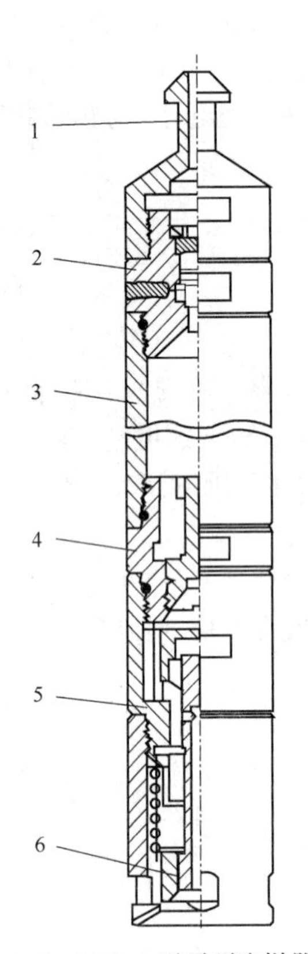

图1-2-5 DQJ-1型泵顶取样器结构

1—打捞头;2—放样总成;3—样室;4—单流阀;5—取样阀总成;6—T形密封圈

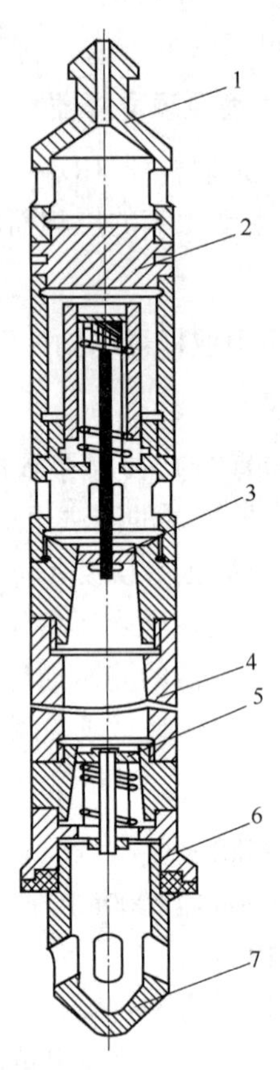

图1-2-6 压差式取样器结构

1—绳帽;2—接头;3—上部阀;4—取样筒;5—下部阀;6—定位节流器;7—尾管

分层取样器按其控制器的结构可分为锤击式、钟机式、上提式(压开式)等。锤击式、钟机式结构原理前面已有介绍。

(七)各种取样筒、控制器对比以及不同控制器的使用方法

GBC027 各种取样筒、控制器的对比

1.各种取样筒、控制器对比

各种取样筒、控制器对比情况见表1-2-2。

表1-2-2 各种取样筒、控制器对比情况

类别	结构方式	优点	缺点
取样筒	双阀循环	操作简单	冲洗时间长
	抽空后在井下充满	在井下不需要冲洗时间	操作要求高,复杂样品易脱气
	在井下替换或抽汲	在井下不需要冲洗时间	结构复杂
控制器	钟表机构	钢丝和钢丝绳均能用	效率低,不正常井不可靠
	锤击	简单可靠	深井定向井或情况不明井易击断
	在油管接箍处拉挂	简单	不可靠,中间不能上提
	压差推动活塞	现场操作简单	制造要求高,下井时要求油面稳定,不能上提

GBC007 井下取样的操作标准

2.不同控制器的使用方法

1)锤击式控制器

(1)按照现场实践经验(如井深、原油黏度大小、仪器下放顺利程度、井斜等)正确选用合适的撞击锤。取样器下到预定深度后停留 15min 再放锤。

(2)将取样器放入井口防喷管时,应小心轻放。严防因取样器在井口碰撞或在下放过程中遇阻导致阀在半途关闭而取不到有代表性的油样。

(3)井口使用取样堵头时,先把撞击锤旋紧在送锤压帽的丝杆上,一般上 3~5 扣。放锤时,旋松送锤压帽,通常要比旋紧时多一扣,以保证撞击锤顺利下落。拧动送锤压帽时,小压帽应保持不动。

(4)放锤前应绞紧钢丝,使撞击锤垂直撞击在控制绳帽台阶上,以免砸断钢丝。放锤时应不断活动钢丝,使撞击锤顺利下滑。

2)钟机控制器

采用钟机控制器时应考虑取样井液体黏度的大小,估计仪器下井所需时间,在地面调试好控制阀关闭时间。当取样器下到预定深度后等待阀关闭。在地面估计调试阀已关闭,然后上提仪器。

GBC030 井下钟机的结构及原理

(八)井下钟机

井下钟机主要用于仪器的定时系统,如井下时间控制式取样器就是靠钟机定时控制的。

1.钟机结构

钟机结构同普通的钟表一样,只是在结构形式上比较特殊。钟机由壳体、机架、擒纵机构、齿轮系统、发条组、输出轴(条轴)和离合器等组成。

2.工作原理

井下钟机的工作原理与普通手表或钟表的工作原理完全相同,都是通过钟机齿轮系统、各齿轮的位置排列设计及各齿轮间的齿数比例、发条长度来决定钟机的不同走时数,以满足不同井下测试目的的需要。

GBC028 CPG25 型钟机系列技术参数

3.CPG25 型钟机系列

CPG25 型钟机系列技术参数见表 1-2-3。

表 1-2-3　CPG25 型钟机系列技术参数

代号	时数,h	工作圈数	上条圈数	节拍 BEAT	输出轴转 1 圈走时,min	最高工作温度,℃
CPG25-003	3	15	约 35	300	12	150~260
CPG25-012	12	15	约 35	216	48	150~260
CPG25-024	24	15	约 31	216	96	150~260
CPG25-048	48	15	约 31	180	192	150~260
CPG25-072	72	15	约 22	180	288	150~260
CPG25-120	120	15	约 22	150	480	150~260

续表

代号	时数,h	工作圈数	上条圈数	节拍 BEAT	输出轴转 1 圈走时,min	最高工作温度,℃
CPG25-144	144	15	约 22	150	576	150~260
CPG25-180	180	15	约 19	150	720	150~260
CPG25-360	360	15	约 19	120	1440	150~260

二、综合测试仪

GBC008 金时-3 型测试诊断仪结构及工作原理

(一)金时-3 型测试诊断仪的介绍

金时-3 型抽油机低压综合测试与诊断仪采用 51 单片机作为控制主机,配备薄膜键盘、240×128 图形显示器、并行打印口及通信口,本仪器具有速度快,储存量大等特点。它可同时测试载荷、位移、冲次、电流、电压及功率等数据,并可进行漏失、憋压和动液面测试,可输出(显示、打印)示功图、电流曲线、功率曲线、漏失曲线、憋压曲线及动液面曲线。同时,该仪器还可进行理论载荷计算、泵功图计算、压力计算、系统效率分析等。

1.仪器组成

金时-3 型抽油井诊断仪由主机(1 台)和配件箱(1 只)组成。配件包括:充电器(1 只)、载荷位移传感器(1 只)、电流电压传感器(1 套)、电流电压信号线(1 根)、通信电缆线(1 根)、充电线(1 根)、井口连接器(1 只)和压力传感器(1 只)。

2.仪器工作原理

1)示功图测试

载荷位移传感器将光杆载荷、位移数值变化转变为电压信号,再由传感器上的初级放大电路转变为标准电压信号,经多路模拟开关送至 12 位 A/D 转换电路,由控制电路控制进行采集。测试时先测一个冲程的时间,然后采集一个周期的数据,采集完毕后将示功图显示在屏幕上。载荷、位移数据以二进制数据格式存在数据区内。

2)电动机电流、功率测试

钳形电流表与电压夹子分别将电动机电压和电流转换为标准电信号,由多路模拟开关选送给 12 位 A/D 转换电路。在采集载荷、位移信号的同时,由控制电路控制采集过程,采集的数据存在数据区供查询和计算使用。

3)固定阀、游动阀漏失测试

抽油机分别停在上、下死点,然后载荷传感器将光杆载荷的缓慢变化信号传递给电路进行采集,采集的数据存在数据区供查询和计算使用。

4)动液面测试

装在井口的发声枪击发后,检波器将油管接箍及液面的反射波信号转变为电信号,经滤波及放大后,通过高、低频通道,分别送给 A/D 转换器,CPU 将采集到的反射波数据存在数据区内供计算动液面深及打印输出使用。

GBC009 金时-3 型测试诊断仪技术规范

3.主要技术参数

1)主机性能

(1)51 单片机,主频 11MHz。

(2)240×128 图形显示器。

(3)24 键薄膜键盘。

(4)512kB 存储区。

(5)RS232C 标准串行通信口。

(6)12 位 A/D 转换器。

2)整机精度及测量范围

(1)载荷:测量范围 0~150kN,误差不大于 1%。

(2)位移:测量范围 0~9m,误差不大于 1%。

(3)电流:测量范围 0~150A,误差不大于 2%。

(4)电压:测量范围 0~400V,误差不大于 2%。

(5)动液面:测量范围 0~2000m,误差不大于 10m/1000m。

(6)压力:测量范围 0~10MPa,误差不大于 1%。

3)直流电源

(1)输出电压:7.2V。

(2)充电电流:小于 0.4A。

(3)容量:2.2A·h。

(4)仪器充电电压:直流 15V。

(5)充电时间:12~15h。

(6)充足电连续工作时间:100 口井次。

4)工作环境

温度:-25~40℃;湿度:0%~90%。

GBC010　金时-3 型测试诊断仪功能

4.仪器功能

金时-3 型测试诊断仪具有测试、分析和判断、数据文件管理、通信、显示和打印功能。

(1)测试功能是指该仪器可进行以下测试:

①载荷—位移示功图。

②冲程、冲次。

③电流、电压与功率。

④动液面接箍波与液面波。

⑤漏失。

⑥憋压(或压力)。

(2)分析及诊断功能:

①动液面深自动计算。

②理论载荷计算。

③井下泵功图计算。

④系统效率分析。

⑤压力计算。

(3)数据文件管理功能:

①存储 50 口井的载荷、位移、电流、电压、功率、动液面接箍波与液面波、漏失等全套数据。

②按井名进行检索、查询。

③示功图、功率、动液面等测试结果回放。

(4)通信功能。

(5)显示打印功能。

(二)SHD-3 型综合测试仪

GBC011 SHD-3 型综合测试仪结构及功能
GBC012 SHD-3 型综合测试仪的工作原理
GBC013 SHD-3 型综合测试仪的技术规范

SHD-3 型计算机综合测试仪包括主机、传感器、软件等部分。它采用两种数据存储方法,一种是磁盘存储,另一种是模块存储。SHD-3 型计算机综合测试仪集电子动力仪、液面测深仪、数据采集装置、计算机以及各种功能软件为一体,兼备测试和诊断分析功能,可以测试地面示功图、电流图和液面曲线。通过综合测试仪面板按钮可以对测试仪进行设置,“+”键可修正日历、时钟及键盘格式,“+BP”键为退格键,高频旋钮在测液面时,用作接箍信号。

SHD-3 型计算机综合测试仪采用各种传感器、数据采集器、计算机及数据存储的总体工作方案。计算机具备计算能力和处理能力,主机将各类传感器测量信号,经 A/D 转换为计算机可以识别的数字量,并将数据存储在磁盘上。SHD-3 型计算机综合测试仪主机可根据不同的软件功能对采集的数据进行处理,分别完成示功图、电流图、TV 和 SV 的漏失曲线和液面的测量,还可以进行泵况诊断分析。

SHD-3 型计算机综合测试仪可测的最大动液面深度为 2500m。自身携带的高密磁盘可存储 100 口井的示功图。SHD-3 型计算机综合测试仪的最大测量载荷为 150kN,工作环境温度为-25~45℃,可测光杆位移最大为 6m,误差小于 1%,可测电机最大电流为 200A,误差小于 1%。当仪器电压在 11V 以下时 SHD-3 型综合测试仪无法正常工作,需要及时进行充电。

(三)ZHCY-E 型综合测试仪

GBC014 ZHCY-E型综合测试仪的工作原理
GBC015 ZHCY-E型综合测试仪的技术规范

ZHCY-E 型综合测试仪由主机、传感器、井口装置组成,其中传感器包括功率传感器、电流及电压传感器、压力传感器,井口装置为液面发射枪。ZHCY-E 型综合测试仪能测试地面施工图、功率展开图、功率因数、动液面曲线图,同时还具备诊断及优化功能。在进行固定、游动阀漏失测试时,将抽油机分别停在接近上、下死点的位置,由载荷—位移传感器将光杆载荷位移缓慢转换为信号,由示功图测试模块程序进行采集、滤波、换算后,从下死点开始按每冲次 144 点进行采集,并实时绘制在 LCD 显示屏上。

ZHCY-E 型综合测试仪具备泵功图、地面功图、漏失曲线诊断功能。它的动液面测深范围为 0~2000m,电流测量范围为 0~180A,位移测量范围在 0~6.5m,载荷测量范围在 0~160kN。ZHCY-E 型综合测试仪精度小于 1%,电压测量范围为 0~380V(单相),精度小于 20%。

(四)HYKJ 型综合测试仪

GBC021 HYKJ 型综合测试仪的结构

1.仪器面板

HYKJ 型综合测试仪面板可分为显示区、键盘区和接口区。

显示区用于显示操作过程菜单等提示与测试结果,键盘区用于输入指令,接口区用于连接电缆线等。接口区各插座具有不同的功能。

(1)充电插座:连接专用充电器,对仪器内电池充电。

(2)动液面插座:测动液面深度时接收反射声波信号。
(3)井口套压插座:测井口套压时接收套压信号。
(4)RS232 接口:RS232C 标准串口,与计算机进行数据传输。
(5)USB 接口:USB 2.0 接口,与计算机进行数据传输。
(6)充电指示灯:显示是否为充电状态。

2.技术指标

GBC023 HYKJ 型综合测试仪的技术规范

1)性能指标
(1)载荷量程:0~150kN。误差不大于 1%;
(2)位移量程:0~8m。误差不大于 1%;
(3)液面量程:0~3000m。误差不大于 10m。
2)工作时间
一次充足电(约 8h)可连续工作 48h 以上,正常测试可使用 2 个月以上。
3)工作电压
工作电压不低于 3.6V DC。
4)数据容量
HYKJ 型综合测试仪可存储:
(1)示功图曲线 150 井次;
(2)动液面曲线 150 井次。
5)工作温度
工作温度为:-30~70℃。
6)外形尺寸
外开尺寸为:196mm×120mm×35mm。
7)可靠无线遥测距离
可靠无线遥测距离为 100m。
8)充电器电源电压
充电器电源电压为:100~240V AC。

3.仪器功能

HYKJ 型综合测试仪具有测试功能、分析与计算功能、数据文件管理功能、通信功能、显示和打印功能。

GBC032 HYKJ 型综合测试仪的功能

1)测试功能
HYKJ 型综合测试仪可测试:
(1)示功图;
(2)冲程;
(3)冲次;
(4)动液面接箍波与液面波。
2)分析与计算功能
HYKJ 型综合测试仪可分析、计算动液面深度。

3)数据文件管理功能

(1)存储150井次的载荷、位移、冲程、冲次、动液面接箍波与液面波等全套数据。

(2)按井名、日期进行浏览。

(3)示功图、动液面等测试结果回放。

GBC016 抽油机井无线遥测诊断仪工作原理

4)通信功能

(1)配有RS232C标准串行口,可将测试结果传送到计算机中。

(2)配有USB 2.0接口,可将测试结果传送到计算机中。

5)显示功能

(1)显示示功图测试结果。

(2)显示动液面测试、计算结果。

GBC022 HYKJ型综合测试仪的工作原理

4.仪器工作原理

1)示功图测试

无线遥测示功图发射仪将光杆载荷、位移的数值变化转变为电压信号,并送至载荷位移放大板的12位A/D转换电路,转换的数字信号经无线方式传输给仪器主机。仪器主机电路自动判断抽油井工作周期的上死点、下死点,计算冲次,然后采集一个完整周期的载荷与位移数据。采集完毕后将示功图显示在屏幕上,同时储存在仪器中。载荷、位移等数据以二进制数据格式存在仪器电路板数据存储区内。

2)动液面测试

击发装在井口的测试器后,微音器将套管接箍及液面的反射波信号转变为电信号,经滤波后送给A/D转换器,CPU将采集到的反射波数据存在数据区内,供计算动液面深度时使用。

(五)抽油机井无线遥测诊断系统

抽油机井无线遥测诊断系统可实现自动采集到的数据信号的远距离无线传输。

1.测试功能

抽油机井无线遥测诊断系统具备以下测试功能:

(1)获取载荷——位移示功图;

(2)获取电流——位移曲线图;

(3)获取接箍波与动液面波;

(4)获取井口压力;

(5)获取漏失曲线。

2.分析及诊断功能

抽油机井具有以下分析及诊断功能:

(1)动液面深度自动计算;

(2)计算井下泵功图;

(3)计算理论载荷;

(4)分析泵况并给出诊断结果。

3.数据存储及回放功能

抽油机井无线遥测诊断系统具备以下数据存储及回放功能：

（1）可存储大于600井次的载荷-位移、电流-位移、漏失曲线、动液面等全套数据；

（2）查询井名及其整套数据；

（3）回放、打印载荷-位移、电流-位移、漏失、动液面测试报告。

4.工作原理

无线遥测诊断系统工作原理如图1-2-7所示。

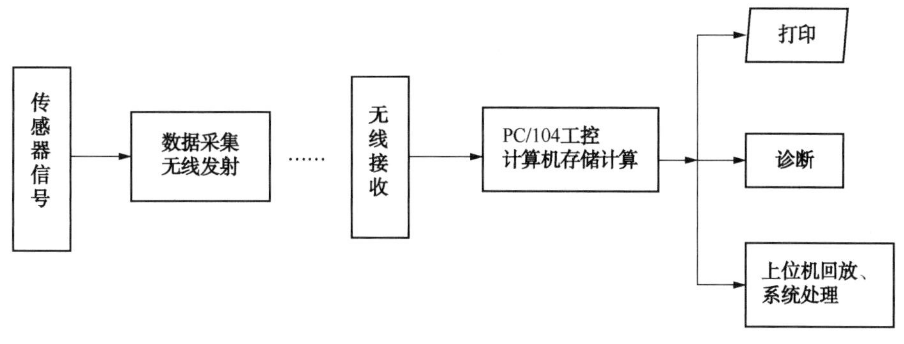

图1-2-7　无线遥测诊断系统工作原理

GBC019 ZJY-3型液面自动监测仪的结构

（六）ZJY-3型液面自动监测仪

1.结构组成

ZJY-3型液面自动监测仪主要由测试仪主机和井口连接装置组成。

1）测试仪主机组成

测试仪主机的组成如图1-2-8所示。

2）井口连接器组成

井口连接器的组成如图1-2-9所示。

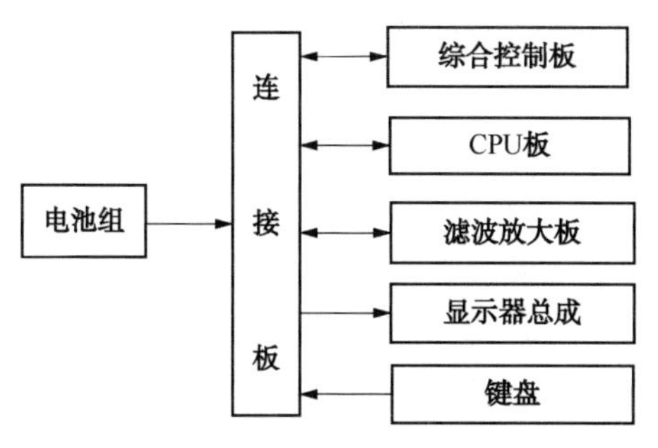

图1-2-8　测试仪主机组成

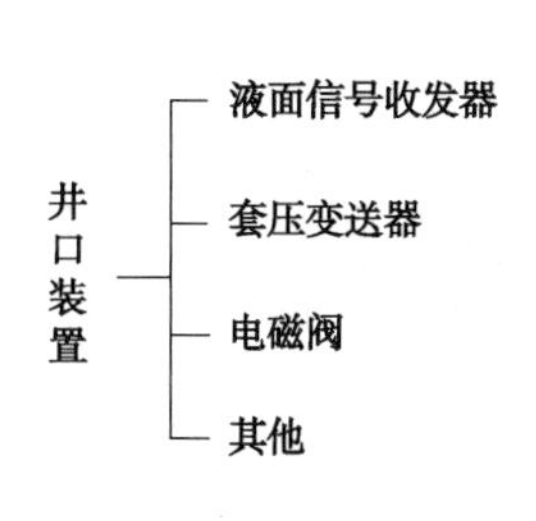

图1-2-9　井口连接器的组成

GBC018 ZJY-3型液面自动监测仪的原理

2.工作原理

液面自动监测仪可在程序控制下，按照事先设定好的工作程序，自动跟踪测试液面的深度。

工作过程：程序指令按照测试时间表发出一个击发信号，此时主机内的高压信号对井口装置上的电磁阀产生作用,使其击发一次。击发放气使得套管内的套压发生突变,并产生振荡。振荡信号由井口向井下传播,遇到液面后再返回到井口并由液面信号收发器接收。接收到的液面信号经过滤波放大板的滤波、放大处理后,再转送到 CPU 板进行 A/D 转换、运算处理、绘图、存储等。测试完的资料可传送到计算机上再作进一步的绘解。

GBC020 ZJY-3 型液面自动监测仪的技术规范

3.技术指标及功能

(1)液面测深:10~2000m,精度为 0.5%。

(2)套压测量:0~8MPa,精度为 0.5%F·S。

(3)时间误差:不大于 20s/d。

GBC017 ZJY-3 型液面自动监测仪的功能

4.操作步骤

ZJY-3 型液面自动监测试的操作步骤如下:

(1)将井口连接装置安装在井口上,再用专用信号电缆线与控制仪连接。

(2)连接无误后打开套管阀门及控制仪电源开关(及低功耗开关)。

(3)按屏显提示首先进行找液面测试。

①按提示分别输入井号、日期、选择 A 和 B 通道的增益、频响(低 1、低 2、宽频、高频),测试并显示套压值。

②按“确认”键,控制仪自动击发井口装置,测试液面曲线。

③选择计算液面深度的方式(接箍法、声速法)。

④按“取消”键,保存数据和曲线。

(4)自动监测。

①选择事先设置好的测试时间表或固定时间表。

②选择放气方式(套管气)或充气方式(用气瓶),修改或确认 C_0 声速和 t_{20}(井口到液面的时间)。

③输入井号、日期等参数,按“确认”后进入自动监测。

④确认监测无误后将低功耗开关扳向“低功耗”。

(5)手动测试。

手动测试主要用于在监测过程中人为地插入一次测试。

(6)复位。

复位主要用于结束测试或使控制仪回到初始状态。

(7)其他操作项。

①在“查询”菜单下可随时查看已经测试完的数据。

②在“设置”菜单下可进行时间表的设置、无用数据的删除、仪器自检操作。

③在“通讯”菜单下可进行控制仪与计算机的测试数据通信。

5.标定操作

1)液面标定

使用标定用液面信号线连接标准 5Hz 信号源和控制仪,按照屏显提示进行液面标定操作。

2)套压标定

(1)取下井口装置上的压力变送器,并安装在标准活塞压力计标检台上,连接好信号电缆。

(2)打开控制仪电源,进入“标定”状态。标定的目的是对套压测试不准的压力传感器进行修正。

(3)按照屏显提示,逐一加减砝码(1~8MPa)。

①按“8”键先进行频率值修正,修正后保存结果。

②按“9”键进行3个回合的加减砝码,最后保存检定结果。

6.测试数据通信

使用通信电缆连接测试仪与计算机,打开电源开关,选择数据通信(串口通信或USB通信),执行通信软件,通信软件界面如图1-2-10所示。

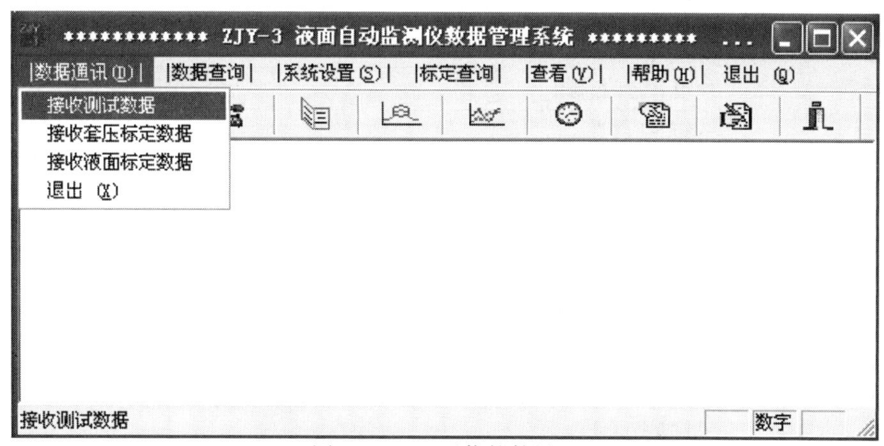

图1-2-10　通信软件界面

在“数据通讯”菜单下,根据需要选择通信项目。

通信完毕后的数据保存在计算机中。选择界面中“数据查询”下的条目就可以查看测试的数据或曲线,并进行打印。

7.使用中的注意事项

GBC031 ZJY-3型液面自动监测仪的使用注意事项

(1)上井前要为控制仪充足电,保证电源电压。

(2)进入自动监测后,将低功耗开关板到“低功耗”。

(3)当液面到达井口时,停止“手动测试”,以免油水灌入井口装置内。

(4)如果井口装置被灌入油水,必须将微音器拆下后清理油污,否则会影响仪器使用效果(测不到液面)。

(5)平时注意紧固控制仪和井口装置上的螺钉。

项目二　拆装钟控式取样器

一、准备工作

GBC033 钟控式取样器的拆装及其注意事项

(一)设备

取样器1支。

(二)材料、工具

时钟1个,活动扳手1把,螺丝刀1把,手钳1把,密封圈若干。

(三)人员

单人操作,持证上岗,劳动保护用品穿戴齐全。

二、操作规程

序号	工序	操作步骤
1	准备工作	准备工具、量具、用具,穿戴好劳保用品
2	拆装取样器	卸下绳帽
		取出钟机
		卸下钟机外壳
		用手旋下控制套
		卸下上接头
		卸下上短节
		卸下下接头
		卸下下短节
		卸下上阀
		卸下下阀
		卸下导锥
		检查各部件
		更换所有密封圈
3	安装取样器	进行安装,按拆卸反程序进行
4	调整取样器	检查上阀自锁功能,如不能自锁应调整
		调整控制机构,装好时钟
		拧紧各接头螺纹
5	清理现场	收拾工具、打扫场地

三、注意事项

(1)拆装仪器时,应使用专用工具进行操作,防止仪器损坏。

(2)安装后应对仪器进行检查,如仪器存在故障应重新进行安装。

(3)紧固仪器各部位时,不宜用力过大,造成螺纹损坏。

项目三　更换综合测试仪微音器

一、准备工作

GBC034 综合测试仪微音器的更换及其注意事项

(一)设备

微音器1个,综合测试仪1台。

(二)材料、工具

钩扳手1把,连接线1根,钟表螺丝刀1套,擦布若干。

（三）人员

单人操作，持证上岗，劳动保护用品穿戴齐全。

二、操作规程

序号	工序	操作步骤
1	准备工作	工具准备齐全
2	检查外观	检查综合测试仪外观，如损坏应立即维修
		检查新微音器外观，如损坏应立即更换
		检查仪器型号，型号数应清晰易便认
		检查仪器号，号码数应清晰易便认
		检查仪器外壳，如损坏应立即维修
		检查连接螺纹，如损坏应立即维修
3	拆卸微音器	用擦布清洁微音器护筒表面油污
		用钩扳手卸下微音器护筒
		拆卸微音器
4	安装微音器	将新微音器装入护筒
		安装新微音器护筒
5	测试微音器	连接井口装置和主机
		打开综合测试仪电源
		进入动液面测试选项，模拟液面测试
		轻敲井口装置外壳，查看液面波，判断新微音器的好坏
		关闭综合测试仪电源
		拆开井口装置和主机的连接线
6	清理现场	收拾工具、打扫场地

三、注意事项

（1）拆装仪器时，应使用专用工具进行操作，防止仪器损坏。

（2）安装后应对仪器进行检查，如仪器存在故障应重新进行安装。

（3）紧固仪器各部位时，不宜用力过大，造成螺纹损坏。

（4）连接井口连接装置与主机时，应注意插孔方向，禁止胡乱操作造成接口损坏。

（5）模拟测试时使用工具轻击仪器外壳，禁止敲击微音器、电路板位置，禁止大力敲击损坏仪器。

项目四　准备注水井分层测调

一、准备工作

（一）设备

井下流量计 2 支，计算机 1 台。

(二)材料、工具

专用扳手2把,一字螺丝刀1把,十字螺丝刀1把,数字万用表1块,电池2块,密封胶圈若干,黄油500g,棉纱500g。

(三)人员

单人操作,持证上岗,劳动保护用品穿戴齐全。

二、操作规程

序号	工序	操作步骤
1	准备工作	工具准备齐全
2	检查流量计	了解测试井基础数据
		根据测试井注入量,选择量程合适的井下流量计
		检查流量计外观是否完好
		检查各连接部位螺钉有无松动、脱落等现象,如有应紧固
		检查流量计连接螺纹是否完好,应无破损、无粘扣
		检查密封胶圈,如发现损坏应及时更换
		检查流量计扶正器,弹片是否有弹性,外观是否损坏,如有应更换
		使用机械万用表检查流量计电池电压,电压不足应立即更换
3	检查回放仪	检查回放仪外观,如损坏应立即维修
		检查回放仪标识,文字应清晰易辨认
		检查回放仪电压,电量低时应及时充电
		检查回放仪按键,如损坏、失效应立即维修
4	连接流量计	使用数据线连接流量计与回放仪
		按测试要求设置流量计工作参数
		连接流量计和电池
		连接流量计与加重杆
		紧固各连接处
5	清理现场	收拾工具、清洁现场

三、技术要求

(1)流量计的选择应满足要求,被测流量数值应在流量计最大测量范围70%~80%。

(2)万用表应在检校合格范围内。

(3)使用万用表测量电池电压时,需符合万用表操作规程。

(4)连接紧固仪器时,应使用专用工具。

四、注意事项

(1)如需更换电脑电池,应先关机再进行更换。

(2)拔插数据连接线时禁止用力过猛造成仪器插针损坏。

(3)连接仪器配件时应平缓操作,严禁用力过猛造成仪器粘扣、损坏。

项目五　安装使用环空井防喷装置

一、准备工作

(一)设备

试井车1台,环空井口1个,防喷装置1套,压力计1套。

(二)材料、工具

加重杆1支,活动扳手2把,手钳1把,管钳1把,擦布若干,黄油1罐,密封圈若干。

(三)人员

单人操作,持证上岗,劳动保护用品穿戴齐全。

二、操作规程

序号	工序	操作步骤
1	准备工作	工具准备齐全
2	安装前检查	检查防喷装置,确认装置无损坏、变形,螺纹完好
		清洁装置表面及螺纹部位
		检查压力计和加重杆连接是否紧固
		检查防喷盒密封圈,视情况进行更换
		检查各部件连接螺纹,并涂抹密封润滑油
		检查放空阀,测试开关是否灵活
3	安装防喷管	关闭偏孔阀门
		缓慢卸下阀门堵头
		安装偏心小井口
		将钢丝依次穿过防喷盒、防喷管、绳帽
		打录井钢丝绳结
		连接绳帽与仪器串
		连接防喷盒与防喷管
		拽动钢丝,使仪器进入防喷管内
		举起防喷管坐在偏心小井口上
		上紧连接螺纹,关闭防喷管放空阀门
4	下入仪器	开偏孔阀门,将防喷管中的仪器下入井口下方
		关偏孔阀门,打开防喷管放空阀门缓慢放压
		卸下防喷管
		安装井口滑轮,手扶钢丝使钢丝进入滑轮槽,拉直钢丝
		打开偏孔阀门,将仪器下入井内100m处进行测试

续表

序号	工序	操作步骤
5	取出仪器拆卸装置	测试完毕后,上提仪器至井口
		关闭偏孔阀门
		取下井口滑轮
		安装偏心井口防喷管
		开偏孔阀门,将仪器拉入防喷管内
		关闭偏孔阀门,打开防喷管放空阀门缓慢放掉防喷管内压力
		卸下防喷管
		拆开防喷管与防喷盒,取出仪器并擦拭
		卸下偏心小井口
		装上偏孔阀门上的堵头
		打开偏孔阀门,恢复原状
6	清理现场	收拾工具、打扫场地

三、技术要求

(1)拆装、紧固装置和仪器时,使用专用工具进行操作,防止装置仪器损坏。

(2)按打录井钢丝绳结的要求制作录井钢丝绳结。

(3)下放、上起仪器,应严格按照操作规程进行,速度不超过 100m/min。

四、注意事项

(1)检查中发现问题应及时处理,避免影响后续操作。

(2)进行保养操作时,黄油要适量,且涂抹均匀。

(3)打录井钢丝时,注意操作安全,防止钢丝弹起伤人。

(4)偏心堵头拆卸,如果有压力不可拆卸,应检查偏心阀门是否关严。

(5)防喷管放空阀门需缓慢开启,待压力放尽后再全部打开。

模块三　测试资料录取

项目一　相关知识

一、试井资料的整理分析

GBF009 动液面优质曲线的验收标准

（一）动液面曲线的验收标准

1.合格曲线验收标准

（1）曲线各波清楚，波峰容易分辨。

（2）接箍波记录曲线上的井口波不大于5mm，油管接箍波曲线第一个波出现时的记录长度不大于15mm。无信号输入时，低频曲线不允许有峰值大于6mm的波出现。

（3）每条曲线上必须标注井号、仪器型号、油套压和测试日期。

（4）记录曲线满足工况要求但仍测不出液面波的井或液面到井口的井，必须有变挡位重复测试资料证明。

（5）油井热洗后，稳定3~5天后，生产测试仍测不出接箍波的井，也必须有变挡位重复测试资料证明。

2.优质曲线验收标准

（1）每条液面曲线必须有两个频道记录的波形，波形应清楚、连贯、易分辨。

（2）每条曲线上必须标注井号、仪器型号、油套压、挡位及测试日期。

（3）曲线记录长度应满足不同工况的要求。

（4）记录曲线的液面明显，波高不小于2mm，测不出液面的曲线必须有重复测试记录曲线。

（5）接箍波记录曲线上井口波宽度不大于4mm，曲线第一个波出现的长度不大于10mm。无信号输入时，低频曲线不允许出现频率为1Hz左右且超过5mm的大幅度震荡，记录笔中心线不允许有大于5mm的峰值出现。

（二）示功图的验收标准

GBF008 示功图的验收标准

（1）示功图图形适中、清洁，线条清楚、连贯封闭。

（2）每张图均有基线，且基线平直，长度不小于冲程按减程比缩小的长度。

（3）记录笔线宽应不大于12mm。

（4）每张图上应标有井号、日期。

（5）凡因操作不当或仪器质量等受影响的示功图，为不合格示功图。

(三)液面自动监测仪资料的验收标准

(1)液面曲线上井口波、音标波和液面波清晰可辨。

(2)手动测量所得三小段曲线与液面曲线上三个波形基本相同。

(3)测试记录数据齐全,漏取率不超过总时间的1/10,且不在关键部位。

(4)关井初1h内曲线上点不少于5个,1~10h内不少于12个点,10~24h内不少于10个点,24h以后点按两小时1个点均匀分布。

(5)曲线斜率的确定方法与压力恢复曲线处理方法。

(6)曲线应有明显的直线段,直线段上的点不少于3个。

(7)每条曲线应附有液面恢复数据表,折算出的压力点必须附有公式。

(8)每张坐标纸上应标有井号、日期、产量、含水、中深、有效厚度、1000min的压力等。

GBF010 动液面曲线不合格的原因分析

(四)不合格液面曲线原因分析

(1)有干扰波,严重时无法分辨出液面波位置,产生原因为仪器本身问题、井筒不干净。

(2)有自激波,其波形出现在液面曲线中间且位置不固定,产生原因是抽油机工作引起的井口震动、井口连接器与井口连接不好,有漏气,灵敏调节不当,仪器性能不稳定等。

(3)只有油管接箍波而无液面波,产生原因是液面较浅,有时其液面位置与第一根油管接箍位置相同,有时灵敏度调节过大,其油管接箍波掩盖了液面波。

(4)在低频道曲线中液面波掩盖了回音标波,出现液面波重复反射多次的现象;在高频道曲线中只有接箍波,无液面波,产生原因是液面较浅,灵敏度调节过大。用此液面曲线可计算液面深度。

(5)回音标重复反射多次,产生原因是回音标下得过高。如果液面明显、清楚、易分辨,用此液面曲线可以计算液面深度。

(6)测试多条曲线,其液面波位置不一改,产生原因是套管阀门常打开放气,产气较多的井在环空形成泡沫段,泡沫液面时升时降。

(7)回音标波出现后,出现多次反射波峰,液面无法分辨,产生原因是液面回音标位置较近,回音标波峰出现后接着出现的第一个波峰就是液面反射形成的。用此液面曲线可分析计算液面深度。

(五)压力资料的验收标准

1.原始报表及现场测试施工记录填写

按标准要求填写流压、静压测试原始报表。

2.测试数据的验收标准

(1)选用的压力计在检定有效期内,且测试前检校合格。

(2)流压、静压测试要求压力计精度达到0.2%,稳定试井、不稳定试井要求压力计精度达到0.1%,干扰试井和脉冲试井要求压力计精度达到0.05%。

(3)现场施工人员交接的数据磁盘有效,解释人员能读出测试数据,数据内容依次为序号、测试日期、测试绝对时间、相对时间、实测压力和实测温度。

（4）测试数据完整，所绘 $p-t$ 曲线流畅，如果测试数据有异常突变点、台阶状变化（不包括测梯度台阶）及数据缺失情况，要有明确的说明。

（5）对于压力计下不到中深的井，按照试井设计中的测试要求测取压力、温度梯度数据；没有试井设计的井，要求停梯度点时间不短于 10min，采样速率不低于每分钟一个点，对测梯度点，要求至少停留在 3 个以上的不同深度点上测试。

（6）在进行压力恢复、压力降落、油井稳定试井、气井产能试井时，按照试井设计中的采样要求设置压力采样时间间隔；没有试井设计的井，改变工作制度（即关井、开井或更换油嘴）或改变流量的时间与压力采样时间间隔分配如下。

改变工作制度前 20min 之前就必须加密采样，压力采样时间间隔为 3～5s；

改变工作制度后 0～5min，压力采样时间间隔为 3～5s；

改变工作制度后 5～10min，压力采样时间间隔为 30s；

改变工作制度后 10min～1h，压力采样时间间隔为 1min；

改变工作制度后 1～10h，压力采样时间间隔为 5min；

改变工作制度后 10h 以后，压力采样时间间隔为 10min。

（7）使用存储式压力计串联测试，两支压力计所测压力差值不超过 0.01MPa。

二、示功图分析与计算

GBF024 示功图的用途

（一）实测示功图分析

示功图是目前检查抽油泵工作状况的有效方法。根据对示功图的分析鉴定可以判断出砂、蜡、气对抽油泵工作的影响，以及泵的漏失、抽油杆断脱及活塞与泵筒配合状态。

为了便于分析，常将一些某一因素影响十分明显，其形状代表该因素影响的典型示功图作为分析实测示功图的基本方法。

在应用典型示功图分析时，还应结合平时生产中的一些资料，如产量、液面、压力、含水等，才可以判别原因对症下药。常见典型示功图如图 1-3-1 所示。

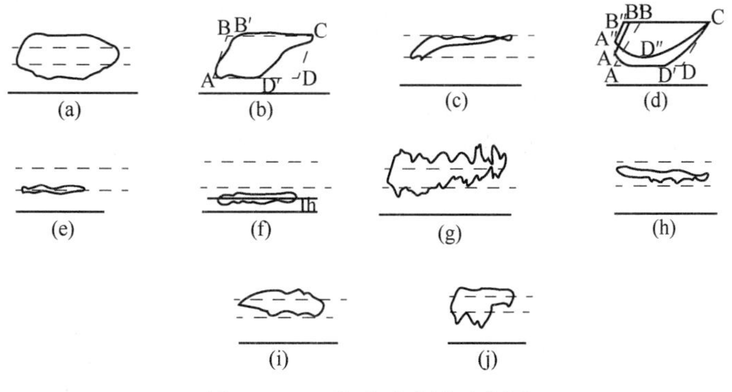

GBF026 示功图曲线的判断

图 1-3-1　典型示功图示意图

1.稠油对示功图的影响

图 1-3-1（a）为稠油井泵正常工作时所测的示功图。此类井图形的特点是：上载荷线高于最大理论载荷线，下载荷线低于最小理论载荷线；四个角比较圆滑。

GBF019 稠油对示功图的影响

2.抽油杆断脱对示功图的影响

图1-3-1(e)为抽油杆柱在接近活塞处断脱时的实测示功图。图1-3-1(f)为抽油杆柱在上部断脱时的示功图。

抽油杆断脱后,悬点载荷实际上是断脱位置以上的抽油杆在液柱中的重量,只是由于摩擦力,才使得上下载荷线不重合,示功图呈水平条带状。图形的位置取决于抽油杆断脱的位置。断脱的位置越深,图形越接近最小理论载荷,同有些抽带喷井的示功图比较,断脱抽油杆井的根本特征是产量为零。断脱位置越高,示功图越接近基线。

GBF020 油井出砂对示功图的影响

3.油井出砂对示功图的影响

图1-3-1(g)为活塞和衬套间夹有砂粒时的实测示功图。上冲程时,受附加阻力的影响,悬点载荷急剧变化,载荷线呈不规则的锯齿状尖锋,超过最大理论载荷线。下冲程中,附加阻力使悬点载荷减少,连续测试时图形的重复性差。

图1-3-1(h)为砂粒使固定阀和游动阀失灵时的实测示功图。上冲程时,悬点载荷不能增加到最大理论载荷值,下冲程中,悬点载荷又不能降低到最小理论载荷值。

GBF018 油井结蜡对示功图的影响

4.油井结蜡对示功图的影响

油井结蜡可造成排出和吸入阀关闭不严、失灵,油管堵塞,油流阻力增大等问题。图1-3-1(i)为固定阀和游动阀受结蜡影响关闭不严产生漏失时的实测示功图。

图1-3-1(j)为抽油杆柱和油管内壁结蜡时的示功图,上冲程时,因为结蜡产生附加阻力,使悬点载荷超过最大理论载荷;下冲程中,由于结蜡阻碍,悬点载荷很快减小,在结蜡部位较严重的地方,载荷降到最小理论载荷线以下。

GBF021 气体对示功图的影响

5.气体对示功图的影响

图1-3-1(b)是受气体影响较明显的示功图。由于泵筒的余隙内存在一定数量的溶解气或压缩气,上冲程开始,活塞上行,泵内压力因气体膨胀而不能很快降低,使得固定阀打开滞后,因此增载过程变慢,直到B点增载才结束,固定阀才打开。余隙越大,残存气量越多;泵口压力越低,则固定阀打开滞后得越多,即BB′线越长。当活塞下行时,泵内气体受压缩,压力不能迅速提高,游动阀被打开,载荷才卸完。卸载线CD′比增载线AB′平缓,是一条向左下方弯曲的弧线。弧线曲率大小根据进入泵内气体压力的大小而变化。气体压力大,光杆卸载快,弧线曲率小;反之,曲率就大。图1-3-1(c)为受气体影响较严重的实测示功图。

GBF022 吸入部分漏失对示功图的影响

6.漏失对示功图的影响

1)吸入部分漏失在示功图上的反映

图1-3-1(d)是吸入部分漏失的示功图。下冲程时活塞从上死点C下行,由于吸入部分漏失使泵内压力不能及时提高,卸载时间延长(CD′),在此过程中游动阀也不能及时打开。

当活塞下行速度大于漏失速度时,泵内压力升高,当泵内压力大于液柱压力时,游动阀打开,卸去液柱载荷。下冲程后半期活塞运动速度逐渐减小,到A′点时又小于漏失速度,泵内压力降低,游动阀提前关闭,悬点提前加载。到下死点时,悬点载荷已增到A″。

吸入部分漏失造成游动阀在下冲程中打开滞后(DD″)以及提前关闭(AA″),使得活塞的有效排出冲程 S_P=D′A′。

吸入部分漏失的实测示功图的特点是:卸载线为一向上凹的曲线,其倾角比理论载荷线倾角要小,漏失越大,相对的倾角越小;且漏失越严重,右下角变得越圆。由于提前增载,示功图的左下角变圆,而且漏失越厉害下角越圆。

当吸入部分严重漏失时,游动阀一直不能打开,悬点载荷不能将液柱载荷全部转移到油管上,使得载荷降不到理论最小载荷,此时深井泵停止排油。

GBF025 排出部分漏失示功图的分析

2)排出部分漏失在示功图上的反映

排出部分漏失是由于游动阀装配不合格或磨损、衬套和泵间隙过大等引起的漏失。

上冲程时,泵内压力降低,活塞上下产生压差,使活塞上部的液体经排出部分的不严密处漏到活塞下面的工作筒内,漏失速度随活塞下部压力的减小而增大。由于漏失到活塞下面的液体有使悬点载荷变小的"顶托"作用,所以悬点载荷不能及时上升到最大值,而是缓慢加载。随着活塞运动速度加快,"顶托"作用逐渐减小,直到 B′点固定阀才打开,活塞上升速度大于排出部分的漏失速度,悬点载荷保持不变。

当活塞继续上升到后半冲程时,因活塞速度又逐渐减慢,在活塞运动速度小于漏失速度的瞬间(C′点),又出现了漏失液体的"顶托"作用,使悬点载荷提前卸载;到上死点时,悬点载荷已降至 C″点。漏失量越大,卸载时间越提前,使示功图右上角变得越圆滑(C′C″曲线)。

当排出部分漏失严重时,活塞上行速度始终小于漏失速度,使活塞离不开液体的"顶托"作用,上冲程时悬点载荷远低于最大载荷(AC″所示),固定阀始终是关闭的,泵的排量等于零。

(二)理论示功图的计算方法

由于抽油井的工作条件十分复杂,影响抽油井泵系统的因素也很多,使得反映抽油泵系统工作状况的示功图形状变化较大,形状各不相同。为了便于分析,常在实测示功图上绘制出理论示功图进行对比分析。因此,理论示功图就成了实测示功图的解释基础。

1.理论示功图及其分析

抽油泵不受任何外界因素影响,泵的充满系数等于百分之百,光杆只承受抽油杆柱与活塞以上液柱重量的静载荷,此时得到的示功图是一个平行四边形,该图形称为理论示功图。

GBF023 理论示功图静载荷分析

1)理论条件下泵的工作过程

静载荷作用下的理论示功图以悬点位移为横坐标,悬点载荷为纵坐标,如图 1-3-2 所示。在下死点 A 处的悬点静载荷为抽油杆柱在液体中的重量 W_r,上冲程开始后液柱载荷 W_L 由油管柱逐渐加载到活塞上,并引起抽油杆柱的弹性伸长(λ_1)和油管柱的缩短(λ_2)。因此光杆虽然在移动,但活塞对泵筒来讲实际上并未发生位移。加载完后,变形停止($\lambda=\lambda_1+\lambda_2$=BB′),B 点以后悬点以不变的静载荷 W_j(W_r+W_L)上行至上死点 C。从上死点开始下行后,液柱载荷 W_L 逐渐由活塞转移到油管上,引起抽油杆柱缩短和油管的弹性伸长。这表现为光杆虽然下行了,但活塞对于泵筒来讲并没有发生相对移动;光杆卸载完后,变形停止(λ=DD′)。D 点以后,悬点又以固定静载荷 W_r 继续下行至 A 点。这样,在静载荷作用下悬点理论示功图为平行四边形 ABCD。曲线所圈闭面积的大小表示泵做功的多少。ABC

为上冲程的静载荷变化线,AB 为加载线,在加载过程中游动阀和固定阀同时处于关闭状态;B 点以后加载完毕,变形也就结束,活塞与泵筒开始发生相对位移,同时固定阀打开,液体进入泵筒并充满活塞让出的泵筒空间。BC 是吸入过程(活塞冲程用 S_P表示),BC = S_P,在此过程中游动阀一直处于关闭状态。CDA 为下冲程静载荷变化线,CD 为卸载线,在卸载过程中,游动阀和固定阀同时处于关闭状态,D 点以后卸载完毕。变形结束时,活塞开始与泵筒发生向下的相对位移,游动阀被顶开并开始排液。DA(DA = S_P)为排出过程,在排出过程中固定阀一直处于关闭状态。

GBF012 理论示功图的分析方法

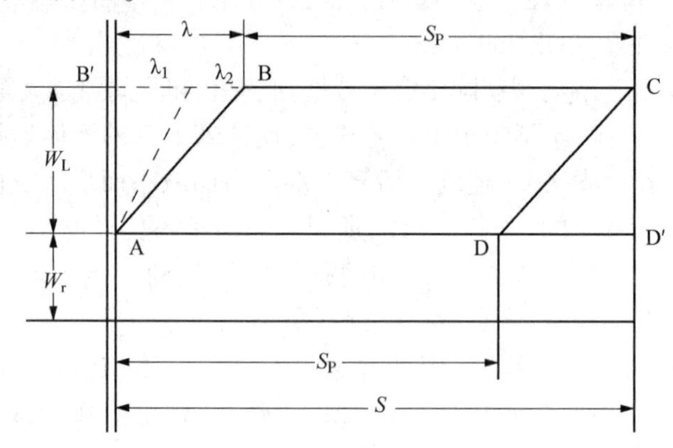

图 1-3-2 静载理论示功图示意图

S—光杆冲程,m;S_P—活塞冲程,m;W_j—光杆承受的静载荷($W_j = W_r + W$),N;W_r—抽油杆在液体中的重量,N;W_L—液柱载荷,N;λ_1—抽油杆变形长度,m;λ_2—油管变形长度,m;λ—冲程损失($\lambda = \lambda_1 + \lambda_2$),m

2)理论示功图的绘制

GBF029 理论示功图的绘制方法

在绘制理论示功图时,常用以下基本计算公式:

$$W_r = q_r L \tag{1-3-1}$$

$$W_L = q_L L \tag{1-3-2}$$

$$\lambda = \lambda_1 + \lambda_2 = \frac{W_L L}{E A_r} + \frac{W_L L}{E}\left(\frac{1}{A_r} + \frac{1}{A_P}\right) \tag{1-3-3}$$

式中 L——抽油杆柱长度(现场上多用泵挂深度代替),m;

A_r——抽油杆截面积,cm^2,见表 1-3-1;

A_P——油管金属截面积,cm^2,见表 1-3-2;

E——弹性模量,取 $2058 \times 10^7 N/cm^2$;

q_r——每米抽油杆在液体中的重量,N/m,见表 1-3-3;

q_L——活塞以上每米液柱重量,N/m,见表 1-3-4。

表 1-3-1 抽油杆截面积

抽油杆直径,mm	16.0	19.0	22.0	25.4
抽油杆截面积,cm^2	2.0	2.85	3.8	4.91

表 1-3-2 油管金属截面积

油管直径,mm	51	63.5	76
油管金属截面积,cm^2	9.45	11.9	14

表 1-3-3　不同泵径的抽油杆在液体中重量

公称直径,mm	每米抽油杆重量,N/m		
	原油相对密度为 0.8	原油相对密度为 0.86	原油相对密度为 0.9
16.0	14.42	14.32	14.22
19.0	20.20	20.10	20.01
22.0	26.97	26.77	26.67
25.4	36.68	36.38	36.28

表 1-3-4　不同泵径在不同原油密度下的液体重量

泵径,mm	活塞以上每米液柱重量,N/m		
	原油相对密度为 0.8	原油相对密度为 0.86	原油相对密度为 0.9
38	8.92	9.51	10.00
44	11.96	12.85	13.44
56	19.32	20.79	21.77
70	30.20	32.46	33.93

若井内采用二级抽油杆柱,则计算公式应改写为:

$$W_L = q_L L = q_L(L_1+L_2) \tag{1-3-4}$$

$$W_r = q_{r2} L = q_{r2}(L_1+L_2) \tag{1-3-5}$$

$$\lambda = \frac{W_L}{E}\left(\frac{L_1}{A_{r1}}+\frac{L_2}{A_{r2}}+\frac{L}{A_P}\right) \tag{1-3-6}$$

式中　q_{r2}——二级每米抽油杆在液柱中的重量,N/m;

L_1,L_2——一级和二级抽油杆的长度,m;

A_{r1},A_{r2}——一级和二级抽油杆的截面积,cm^2。

根据油井的有关抽汲参数,按上述公式求出 W_r、W_L,然后用实测示功图的示功仪力比(校对仪器所加载荷与应变的比值)计算出 W_r、W_L在图中的位置;分别以 W_r、W_L为高做横坐标的平行线,求出 λ 及其在示功图上的长度,画出理论示功图。

3)计算举例

已知:油管直径为 63.5mm,抽油杆直径为 19.0mm,$A_P = 11.9cm^2$,$A_r = 2.85cm^2$;泵径为 56mm,$E=2.06\times10^7 N/cm^2$,力比为 794.34N/mm,$L=760m$。绘制理论示功图。

第一步:绘制直角坐标系,横坐标 S 表示冲程,纵坐标 p 表示光杆载荷。

第二步:计算抽油杆柱在该井液体中的重量与活塞以上的液柱重量。

查表 1-3-3 和表 1-3-4 得 $q_r = 20.10N/m$,$q_L = 20.79N/m$,分别代入公式(1-3-5)。得:

$$W_r = q_r L = 20.10\times760 = 15276(N)$$

$$W_r L = q_L L = 20.79\times760 = 15800.4(N)$$

第三步:计算光杆载荷在纵坐标上的高度。

下冲程时 $OA = W_r$/力比 $= 15276\div794.34 = 19.23mm$。

上冲程时 $OB_1 = W_j$/力比 $= (W_r+W_L)$/力比 $= (15276+15800.4)\div794.34 = 39.12(mm)$。

在纵坐标上分别以 OA、OB_1 为高，做横坐标的平行线 B_1C 和 AD。

第四步：求出冲程损失和光杆冲程在图上的长度，画出示功图，如图 1-1-23 纵轴所示。

冲程损失：$\lambda=\lambda_1+\lambda_2=\frac{W_LL}{EA_r}+\frac{W_LL}{EA_P}=\frac{15800.4\times760}{2.06\times10^7\times2.85}+\frac{15800.4\times760}{2.06\times10^7\times11.65}=0.255(\text{m})=255(\text{mm})$

冲程损失在图上的长度为：

B_1B = 冲程损失×减程比（以悬点位移为横坐标，图上总冲程与实际冲程之比）

= 255×1÷45 = 5.7mm

光杆冲程在图上长度为：在 B_1C 上取 B_1B = 5.7mm，BC = 44.4mm，连接 AB 线，过 C 点做 AB 线的平行线 CD，连接 AD，则 ABCD 为所要做的理论示功图，如图 1-3-3 所示。

GBF013 惯性和振动对理论示功图的影响

（三）惯性和振动载荷对理论示功图的影响

考虑惯性载荷时，是把惯性载荷叠加在静载荷上。如不考虑抽油杆和液柱的弹性对它们在光杆上引起的惯性载荷的影响，作用在悬点上惯性载荷的变化与悬点加速度的变化规律是同步的。上冲程中，前半冲程有一个由大变小向下作用的惯性载荷，使悬点载荷增加，其总载荷从大于静载降到等于静载；后半冲程有一个由小变大向上作用在悬点上的惯性载荷，使悬点载荷减小，造成总载荷由等于静载降到小于静载。下冲程时，前半冲程有一个由大变小向上作用在悬点上的惯性载荷，使悬点载荷变小，其总载荷由小于杆柱在液体中的重量到等于杆柱在空气中的重量；后半冲程有一个由小变大向下作用在悬点上的惯性载荷，使悬点载荷增加，造成总载荷由等于杆柱重量到大于杆柱重量。因而，惯性载荷造成了有规律的影响，使静载荷的理论示功图平行四边形 ABCD 发生了一个偏转而成为 A′B′C′D′，如图 1-3-4 所示。

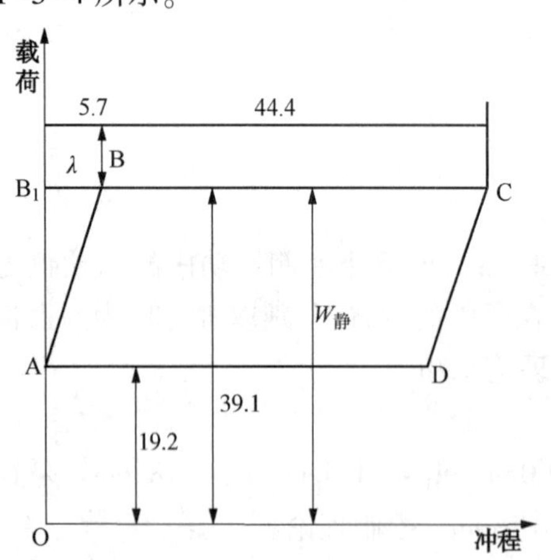

图 1-3-3　计算举例的理论示功图

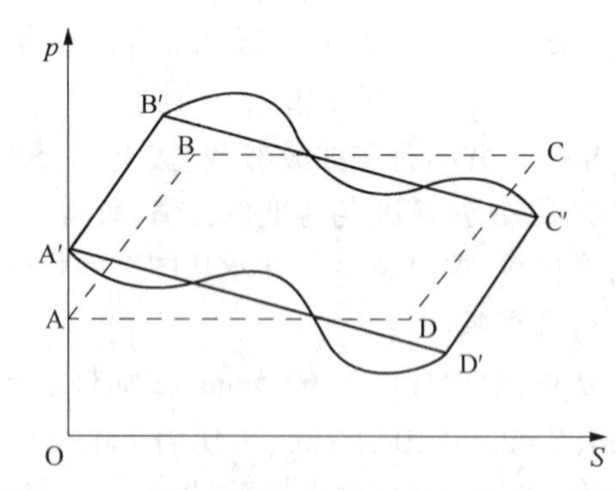

图 1-3-4　惯性和振动载荷对理论示功图的影响

考虑振动时，则把抽油杆振动作用在悬点载荷叠加在四边形 A′B′C′D′上。因为抽油杆柱在黏滞液体中发生的振动是阻尼振动，叠加后使吸入过程线和排出过程线上出现逐渐衰减的波浪线，如图 1-3-4 所示。

GBF016 示功图分析的注意事项

（四）示功图分析注意事项

（1）对油井的情况进行全面了解，如油井的产液量、含水、动液面、套管压力、回压、泵的工作制度、泵效、气油比、含砂等有关地质资料，并了解地面、井下设备情况及近期所测示功图、液面、电流等情况。

(2)必要时对使用的仪器进行检查校验,如仪器本身及操作有问题,会对所测示功图分析得出错误结论。

(3)必要时应到井上仔细观察,进行听、看、摸及简单操作,掌握真实情况,有利于对示功图的分析。

GBF017 计算机诊断技术诊断泵况的基本原理

(五)计算机诊断技术

计算机诊断技术基本原理:将由深井泵产生的脉冲或力的变化以应力波的形式沿抽油杆传递上来。导线下端深井泵作为信号发生器,其上端为接收器,将有关井下状况的信息连续不断地传送到光杆上的传感器。然后利用数学诊断方法处理地面示功图和有关资料,得到抽油杆柱任一断面上的载荷位移示功图。

GBF014 泵理论排量的计算方法

(六)示功图参数的计算

1.理论排量的计算

$$Q_{理} = KSN \tag{1-3-7}$$

其中,

$$K = 1440F$$

式中　K——泵的排量系数;

S——冲程,m;

N——冲次,次/min。

泵的排量系数见表1-3-5。

表1-3-5　泵的排量系数表

序号	泵径(D),mm	泵径平方(D^2),mm^2	液体负荷系数(M)	泵的排量系数(K)
1	32	1024	0.8042	1.1581
2	38	1444	1.1341	1.633
3	43	1849	1.4522	2.0912
4	44	1936	1.5205	2.1896
5	55	3025	2.3758	3.4213
6	56	3136	2.4630	3.5468
7	70	4900	3.8485	5.5419
8	83	6889	5.4106	7.7916
9	93	8649	6.7929	9.7820
10	95	9025	7.0882	10.2072

GBF015 泵效的计算方法

2.泵效的计算

$$\eta = \frac{Q_{实}}{Q_{理}} \times 100\% \tag{1-3-8}$$

式中　η——泵效;

$Q_{实}$——井口实际产液量,m^3/d;

$Q_{理}$——泵的理论排量,m^3/d。

3.抽油杆柱重量的计算

$$P_{杆}=Q_{杆}L_{杆} \tag{1-3-9}$$

式中 $P_{杆}$——抽油杆在液柱中总重量;kN;
$L_{杆}$——抽油杆长度,m;
$Q_{杆}$——每米抽油杆在液柱中重量,kN/m。

4.液柱重量的计算

$$P_{液}=\frac{\pi D^2\gamma_{液}H_{泵}}{4} \tag{1-3-10}$$

式中 $P_{液}$——液柱重量,kN;
D——泵径,mm;
$H_{泵}$——泵的深度,m;
$\gamma_{液}$——液体密度。

5.上下理论载荷线的计算

$$L_{上}=P_{杆}+\frac{P_{液}}{力比} \tag{1-3-11}$$

$$L_{下}=\frac{P_{杆}}{力比} \tag{1-3-12}$$

式中 $L_{上}$——最大现论载荷线高度,mm;
$L_{下}$——最小理论载荷线高度,mm;
$P_{杆}$——抽油杆在液柱中的安重量,kN;
$P_{液}$——液柱重量,kN。

GBF011 抽油杆断脱位置的估算方法

6.抽油杆断脱位置估算

$$h=\frac{l'L}{l} \tag{1-3-13}$$

式中 h——抽油杆断脱位置至井口的距离,m;
l'——在示功图上测量图中心位置至基线的距离,mm;
l——抽油杆柱在液体中最小理论负载线在图上的距离,mm;
L——抽油杆柱长度,m。

GBF003 油水井静压合格曲线的标准

三、油水井静压曲线的识别

GBF004 油水井静压曲线的识别

(一)合格测试资料的识别

(1)电子压力计测压资料应有直角坐标时间—压力曲线和原始数据文本。
(2)流压台阶清晰、平稳,无异常。
(3)流压台阶停留有效时间不少于20min。
(4)压力恢复(降落)平稳,压力恢复(降落)曲线无断点、波动等异常现象。

（5）回放的压力恢复（降落）曲线能反映测试的全过程，由于某些合理原因造成落点不落基线且前期曲线能反映地层真实情况的资料为优质资料。存在个别突变点但不影响资料正常解释的资料为合格资料，如图 1-3-5 和图 1-3-6 所示。

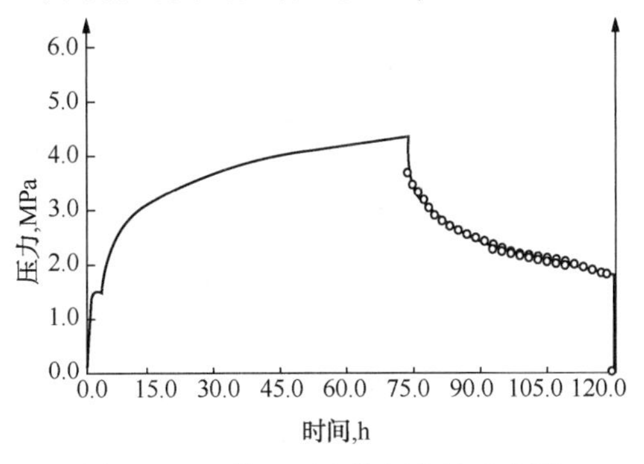

图 1-3-5　偏心环空静压卡片示意图

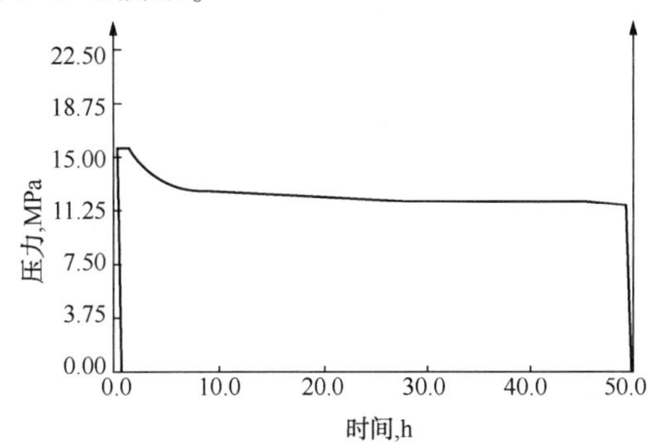

图 1-3-6　注入井静压卡片示意图

GBF007 电泵井压力恢复曲线的分析

（6）电泵井资料曲线如图 1-3-7 所示，解释如下：

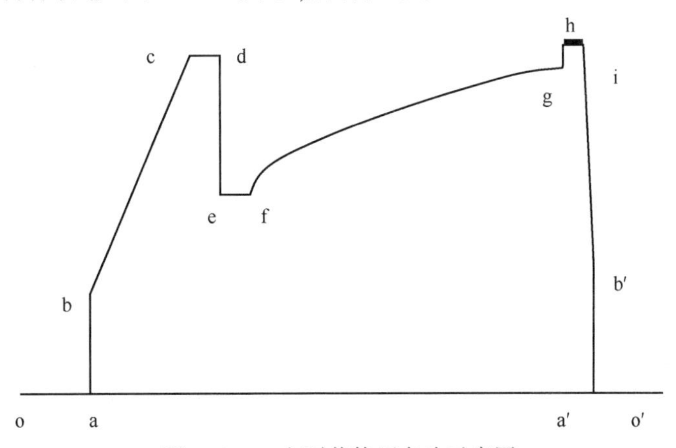

图 1-3-7　电泵井静压卡片示意图

o～o'：基线。

a～b：防喷管内压力由大气压升至井口压力。

b～c：压力计在油管内从井口下放到距测压阀 10m 处时压力随深度增加的过程。

c～d：压力计停留在测压阀上 10m 处时压力的变化。

d～e：压力计坐入测压阀时，环形空间与压力计导压孔相通，压力由测压阀处液柱压力降为环空流动压力。

e～f：环空流动压力变化曲线。

f～g：测试井停泵关井后，环空压力的恢复过程。

g～h：压力计上提 10m 后，压力由环空压力升为泵出口压力。

h～i：压力计停留在测压阀上 10m 处时压力的变化。

i～b'：上提压力计并进入防喷管，压力随深度减小而降低的过程。

b'～a'：防喷管放空后，防喷管压力瞬时落零。

GBF006 异常压力恢复曲线的识别

（二）异常压力恢复曲线的识别

（1）测试过程中开井曲线如图 1-3-8 所示。

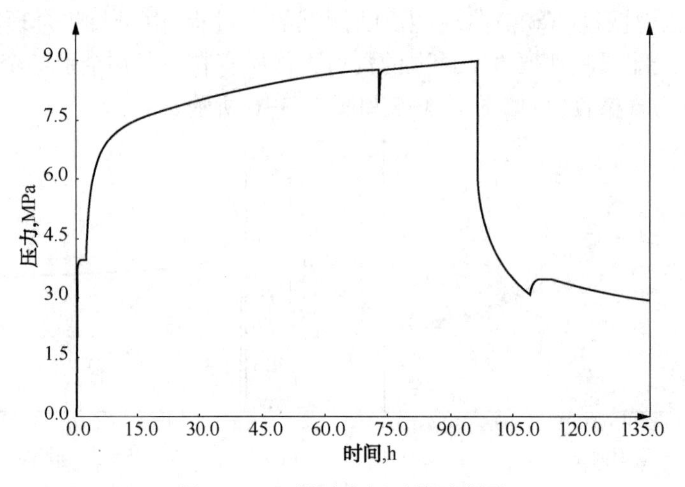

图 1-3-8　测试中间开井示意图

(2)测试时机选择不对,油井测试前热洗,没稳定就测试,典型曲线如图 1-3-9 所示。

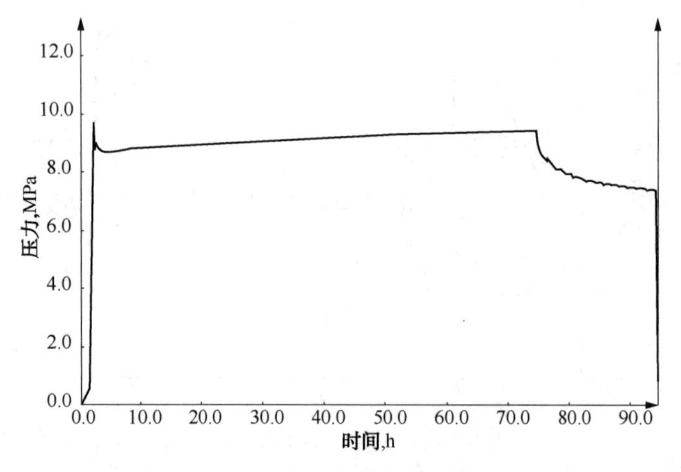

图 1-3-9　油井洗井后测试曲线示意图

(3)油井测压仪器没进液体里的测试曲线如图 1-3-10 所示。

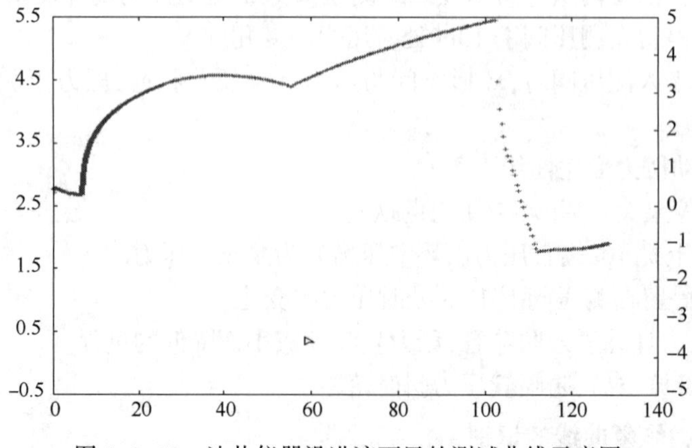

图 1-3-10　油井仪器没进液面里的测试曲线示意图

(4)下入的压力计超量程测试,典型曲线如图 1-3-11 所示。

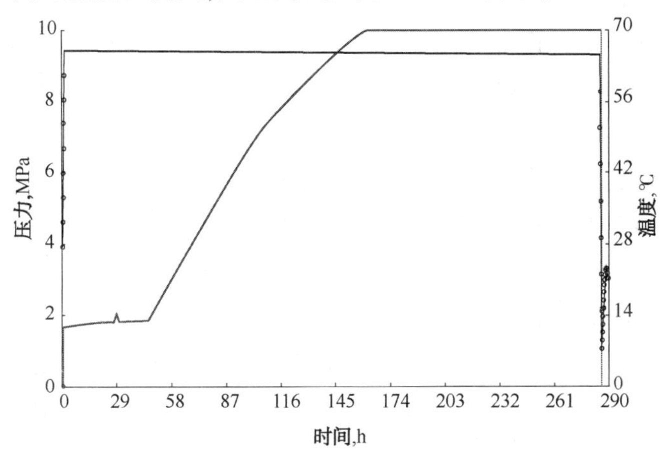

图 1-3-11　测试仪器超量程的测试曲线示意图

四、流压计算方法

测压只能获得测量点压力,测压深度往往受各方面因素的限制而不能直接下至油层中部,为了获取油层中部的压力,就需要把仪器下入深度处的压力按实测压力梯度折算到油层中部。

(一)计算流压梯度

GBF001 流压梯度的计算

梯度公式:

$$G=\frac{p_2-p_1}{H_2-H_1} \tag{1-3-14}$$

式中　H_1,H_2——仪器下入深度,m;

p_1,p_2——对应仪器下入深度的压力值,MPa。

(二)测点至油层中部高差

测点至油层中部高差为:

$$\Delta H=H_{中}-H_2 \tag{1-3-15}$$

GBF002 油层中部压力的计算

式中　$H_{中}$——油层中部深度,m。

(三)计算油层中部流压

$$p_{中}=p_2+\Delta HG \tag{1-3-16}$$

式中　$p_{中}$——油层中部压力,MPa。

GBF027 产能试井方法

五、产能试井方法应用

产能试井方法是通过测量井在不同工作制度下的稳定产气量及对应的井底压力,得到气井产能方程(IPR 曲线)及无阻流量,从而分析气井生产能力的方法。气井产能试井指示曲线能反应气井稳定生产情况下的一些动态特征。

(一)试井的目的

试井是评估气井储层性质、分析气井生产能力、了解气藏动态、进行气藏地质开发评价的重要手段,试井分析结果是编制天然气田开发方案和指导生产的依据之一。

(二)试井的任务

试井的任务是利用试井设备录取气井压力、温度、产量随时间变化关系的资料以及井筒内压力、温度随井深变化关系的资料,运用试井理论方法进行分析,认识气井动态和储层特征。

(三)试井的作用

试井的作用是识别气藏储集类型与单井渗流模式,获取地层渗透率、表皮系数、井筒储存系数、双重介质储容比与窜流系数、裂缝长度、边界距离、地层压力等参数;在一定条件下,确定气井合理工作制度,进行单井控制储量计算、增产措施效果分析。

GBF005 注水井指示曲线的识别

六、注水井指示曲线分析

注水井指示曲线可用于分析油层吸水能力的变化。正确的指示曲线能够反映地层吸水规律和吸水能力的大小,因而对比不同时间内测得的指示曲线,就可以了解吸水能力的变化。下面简要分析几种典型的注水井指示曲线。

(一)指示曲线右移、斜率变小

注水井指示曲线右移、斜率变小的情况如图 1-3-12 所示。

图 1-3-12 中曲线Ⅰ为原来所测指示曲线,曲线Ⅱ为过一段时间后所测曲线(以下各图同)。指示曲线右移、斜率变小说明地层吸水能力增强,吸水指数变大。

对比同一注入压力下注水量的变化,由图 1-3-12 可以看出,在同一注入压力 p_2 下,原来的注入量为 $Q_{\text{Ⅰ}2}$,后来的注入量为 $Q_{\text{Ⅱ}2}$,而 $Q_{\text{Ⅱ}2}$ 大于 $Q_{\text{Ⅰ}2}$,即同一注入压力下注水量增大,说明地层吸水能力增强。

(二)指示曲线左移、斜率变大

注水井指示曲线左移、斜率变大的情况如图 1-3-13 所示。

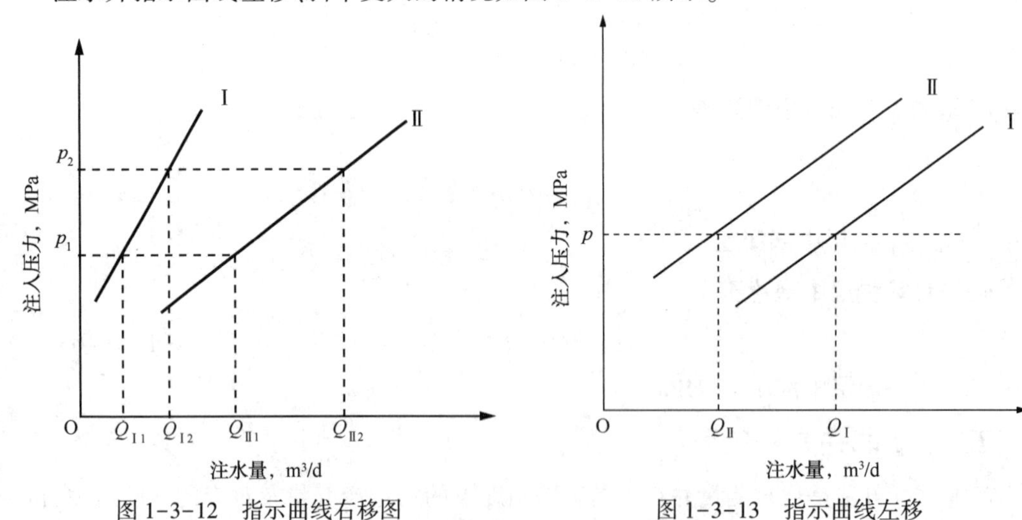

图 1-3-12 指示曲线右移图

图 1-3-13 指示曲线左移

指示曲线左移、斜率变大说明地层吸水能力下降,吸水指数变小。

由图 1-3-13 可以看出,在同一注入压力 p 下的注入量由原来的 $Q_{\text{Ⅰ}}$ 下降为 $Q_{\text{Ⅱ}}$,所以吸水能力下降。另外,因直线斜率的倒数为吸水指数,故斜率变大,吸水指数变小。

(三)指示曲线平行上移

注水井指示曲线平行上移的情况如图 1-3-14 所示。

由于曲线平行移动，斜率未变，说明地层吸水指数没有变化。但在同一吸水量情况下，压力由 p_{I} 增高为 p_{II}。由于吸水指数未变，地层压力升高后，要保持同样的注水量，必须提高注水压力。因此，指示曲线出现平行上移时，说明地层吸水指数未变，而是注入层压力升高了。

（四）指示曲线平行下移

注水井指示曲线平行下移情况如图 1-3-15 所示。

曲线平行下移，地层吸水指数未变，但同一注入量下所需的注入压力由原来的 p_{I}，下降为 p_{II}，说明地层压力下降。

以上就是直线指示曲线的四种典型变化情况，原因一般为油层堵塞、地层压力变化，以及采取了增产措施等，实际曲线的变化情况可能比较复杂。但总的来说，也大体是这四种变化情况的不同组合。

分析地层吸水能力的变化，必须用有效压力来绘制地层真实曲线。若用井口实测注水压力绘制指示曲线，必须是在管柱结构相同的情况下测得的指示曲线，而且只能对比其吸水能力的相对变化。另外，应考虑井下工具工作状况的改变对指示曲线的影响，以获得正确的解释结果。

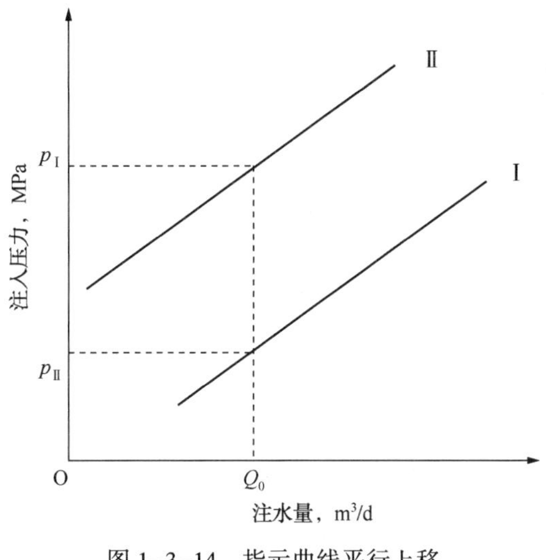

图 1-3-14　指示曲线平行上移

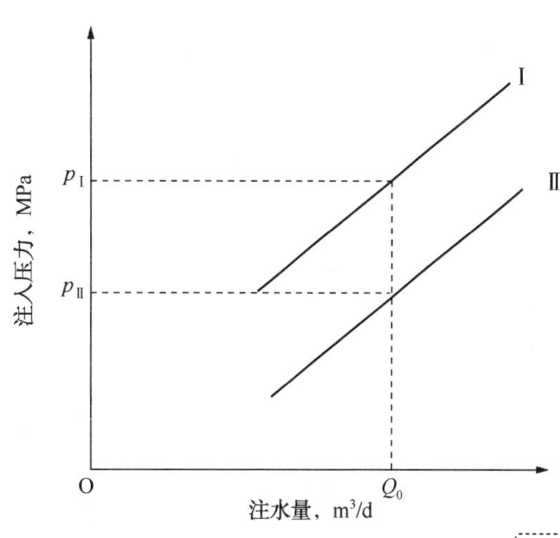

图 1-3-15　指示曲线平行下移

GBF028 测试指示曲线的注意事项

（五）测试指示曲线的注意事项

（1）控制好注水压力，用降压法测指示曲线，要求测 3 个压力点的分层水量，压力点压力值的间隔一般为 0.5~1.0MPa。

（2）改变压力点压力值，重复仪器下井操作，测出各点流量资料。

（3）测试过程中保持注水压力稳定，装卸仪器时，不允许关井。仪器装入防喷管或提出防喷管前应处于工作状态，随时记录本次测试前后的井口压力。

（4）测试完毕，水量不合格的井立即复测。

七、分层水量计算及配水水嘴的选择

GBE011 选配水嘴的方法

（一）水嘴选择原理

水嘴选择的基本原理是利用嘴损求得配水嘴大小。

(二)水嘴选择方法

嘴损曲线法是水嘴选择最基本的方法,求解步骤如下:

(1)根据分层测试资料绘制层段指示曲线。

(2)在层段指示曲线上,查出与各层段配注量相对应的井口注水压力。

(3)根据全井配注量及管柱深度,求出管损。

(4)确定合理的井口注入压力,即井口油压。

(5)计算嘴损压力:

$$p_{嘴损}=p_{油压}-p_{配} \tag{1-3-17}$$

式中 $p_{嘴损}$——通过水嘴的压力损失,MPa;

$p_{油压}$——井口油压,MPa;

$p_{配}$——达到配注量时的井口压力,MPa。

(6)根据各层所需配注水量及嘴损压差(Δp_{ch}),在嘴损曲线(图 1-3-16)上查出与各层段相对应的水嘴尺寸。嘴损压差不大于零时,选择空水嘴。

GBE010 分层吸水量的计算

(三)分层水量计算

先量出分层测试卡片台阶高度(图 1-3-17),求出各层段的吸水量,计算各层视吸水量。

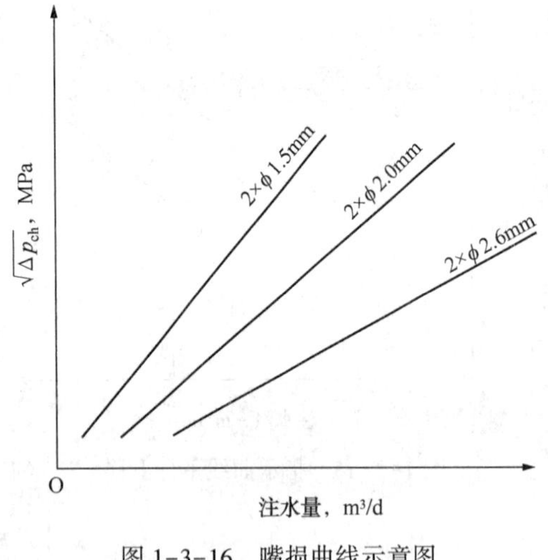

图 1-3-16 嘴损曲线示意图

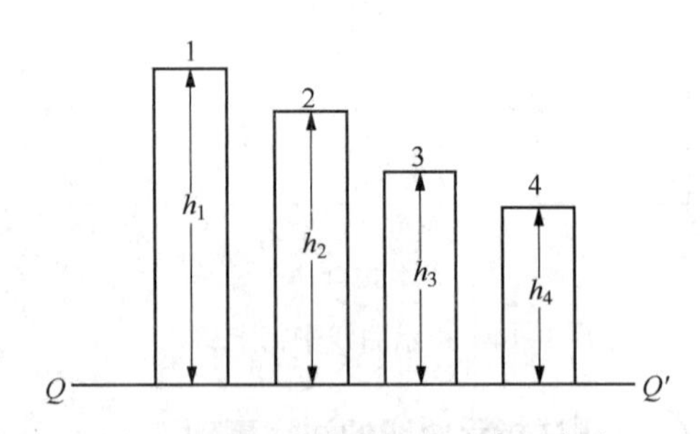

图 1-3-17 注水分层测试典型卡片

h_1—全井注水量的高度,mm;h_2—注入第二层与第三、第四层段的合注量高度,mm;h_3—注入第三层与第四层的合注量高度,mm;h_4—注入第四层段的水量高度,mm;QQ'—流量计基线

GBB006 井下取样的安全操作

八、安全防护

(一)井下取样器的安全操作

(1)组装取样器时要进行柱塞试压,柱塞密封间隔内充满黄油,并进行复位弹簧复位试验。装好后要进行清水试压,试压压力为 31MPa,保证 45min 漏失量不大于 0.1mL。取样器下至预定位置停留 10~15min 后即可上提。

（2）取样器下井前需要进行调整试验，检查上、下阀自锁能力。

（3）要选择适合于取样要求的钟机，钟机上发条圈数为2/3。

（4）仪器垂直放置，使下阀压缩后用螺丝刀插入L形短节中，压下下接头导块，开启各阀。

（5）将时钟放入钟机筒内，沿逆时针轻轻旋转钟机手柄，使钟机落入销子槽中，并应听到的响声。

（6）将取样器各部位连接好，装入防喷管，摇紧线，转数表归零，缓慢打开阀门下井。

（7）起下取样器时速度要均匀，且不超过150m/min。

（8）卸取取样筒后，判断取样筒是否取上样，倾听取样器内搅拌器活动的声音，一般取到高压油样的搅拌器走得慢。或用力压下取样阀，手的力量顶不开，说明已取上高压油样。

（9）长距离运送样品时，要在现场用放样接头打开取样器检查样品质量，合格后转到储样器中，运往实验室分析。

（10）取样器底部一定安装尾堵防止损坏取样器。对含砂井取样时，取样器要安装滤网。

（11）现场放样要保证人身安全，严禁违章操作。

GBB005 液面自动监测仪的安全操作

（二）液面自动监测仪安全操作

（1）使用本仪器前要检查监测井是否符合使用条件，即液面深度在10～2000m，套压不大于8MPa，井上备有交流电源。

（2）仪器接通电源后，用试电笔查看机壳是否感应静电，如试电笔发红，应关闭电源后将插头调向，以保证仪器正常工作。

（3）安装井口装置时，注意充气口向上，不要随意取下井口装置上的保护罩。

（4）高压气瓶内的气压不要超过10MPa，也不要低于2MPa。气瓶内应使用二氧化碳或氮气，严禁使用可燃性或助燃性气体。

GBB010 注水井分层调配的安全操作

（三）注水井分层调配安全操作

（1）根据井场地形、风向选好停车位置（一般距离井口20～30m），使绞车与井口滑轮对正，有良好的观察井口操作视线，起下仪器时钢丝应避开电线。

（2）摇紧钢丝，拉紧刹车，拔出手摇柄，关闭保险销，将计数器归零，把离合器分开，慢慢松开刹车；绞车运转，仪器下放。

（3）仪器上起时，根据绞车型号按操作使用说明书进行操作。

（4）起下仪器要平稳，严禁猛放猛起，正常起下仪器速度小于100m/min。仪器进入工作筒或未出工作筒之前，起下速度小于60m/min。

（5）起下仪器时，钢丝要绷直，防止拖地、跳槽和打扭等，注意观察转数表计数，防止跳字和卡字现象出现。

（6）井口工上防喷管操作平台时，必须使用安全带。

（7）仪器起至距离井口150m时，应减速慢起，速度保持在50m/min，距井口30m时应停车手摇使仪器进入防喷管。

（8）仪器进入防喷管后，阀门未关严不能松钢丝。

（9）开关阀门应侧身。

GBB007 电缆防喷装置的安全操作

（四）电缆防喷装置安全操作

（1）使用注脂密封装置时，注脂压力一般应高于井口压力15%～20%，以井口上方不漏为准。

（2）测试井口某一装置发生故障时，可平衡地扳动防喷阀门（BOP）两翼阀门手柄将井关闭。

（3）测井选用天、地滑轮，其直径与电缆直径的比值约为50∶1。

GBG009 试井液压绞车的使用注意事项
GBB009 试井液压绞车的安全操作

(4)使用自立式防喷装置时,仪器下入、上提前必须用起吊装置换到天滑轮。

(五)试井液压绞车的使用注意事项

(1)紧固绞车机械部件的检查,一定要在发动机熄灭状态下进行。

(2)指重装置及计深装置必须准确、好用,否则必须及时维修。

(3)滚筒转动不同心、来回摆动,要停止使用。

(4)排丝装置必须转动灵活,不得缺少润滑油,否则会因为不灵活或缺油而导致排丝装置不能转动,影响绞车摆排钢丝和电缆,严重会导致绞车不能使用。

(5)液压油质量必须合格,不得缺少,否则会造成测试绞车动力不够或不能使用。

(6)检查钢丝或电缆是否有死弯、砂眼,钢丝长度应比测试井深大100m以上,电缆应比测试井深大200m以上。

(7)油门控制应当平稳缓慢,严禁急加、急收。

(8)钢丝、电缆无死弯、砂眼、硬伤,否则会因为死弯和砂眼造成井下事故。

(9)选择停车位置时必须避开电线,如果电线在井口正上方时禁止操作施工。

(10)上提仪器不得太快,过层不能太快,一定要手摇绞车让仪器进入防喷管。

GBB001 测试仪器常见故障及排除方法

九、测试中常见故障及排除方法

(一)电子压力计存储试井常见故障及解决方法

正常情况下,电子压力计存储试井工艺过程可以简略概括为“编程、接电池、回放数据”。但是,在实际操作中,往往会出现一些意想不到的问题,主要表现在工艺和资料处理两个方面。

GBG006 电子压力计的故障现象
GBG007 电子压力计的故障分析

1.施工工艺方面常见故障及解决方法

1)电子压力计施工中常见故障

作为一种使用频率很高的精密仪器,电子压力计在施工中,经常会出现仪器内进水、录取的数据不完整或未采集数据点、录取的数据不准确或曲线异常以及不能通信等现象,导致这些现象出现的原因往往是密封胶圈、电池、压力计传感器、回放仪或通信线等出现异常。

解决方法:及时更换压力计密封胶圈;使用电量充足的电池;定期校检电子压力计,更换或维修电子压力计的传感器;定期检查电子压力计的通信口,维修或更换回放仪及通信线。

2)流道堵塞

电子压力计是通过井内流体来传递压力的,如果流道堵塞,井内流体就不能进入电子压力计的传压外筒,电子压力计就无法录取到井内流体的压力数据。

解决方法:充分了解井况,优化施工设计,避免沉沙堵塞测试工具,同时使用前应清理传压孔。

3)探头震坏

电子压力计的纵向抗震性能远远大于它的横向抗震性能。为了减小电子压力计的纵向震动,减小机械震动对电子压力计的不利影响,可以在电子压力计的测压筒内加装减震弹簧。

4)电池脱落

电池与电子压力计的连接方式分为直装式、插拔式和螺纹连接式3种方式。插拔式连接最容易造成电池脱落。电池脱落会使电子压力计因缺少电源而录取不到任何数据,从而造成测试失败。为防止电池脱落,应根据电池筒剩余空间的大小用合适的弹簧或纸球填充这个空间,顶住电池,使其不致脱落。温度高于 180℃的井不适合用纸球填塞电池筒而应该用弹簧;温度低于 180℃的井,填塞纸球应该每井一换。

5)电池爆炸

电池爆炸的原因通常有 3 个:

(1)电池筒密封圈失效造成地层液体进入电池筒,使电池短路而发生爆炸。

(2)地层温度太高,超过电池的额定温度指标。

(3)电子压力计控制程序的加密区设置太长,工作电流产生的持续高温在地层中来不及散发,致使电池发生爆炸。

解决方法:

(1)每次上井前更换新的密封圈。

(2)根据井温选择合适的电池(电池的额定耐温一般要比实际地层温度高 10℃)。

(3)在满足试井设计要求的情况下,尽量缩短控制程序的加密区。

6)O 形圈失封

O 形圈失封会造成电子压力计的损坏。

解决方法:领取电子压力计时仔细检查本体螺纹的松紧,如有松动应立即上紧;上井操作时不要擅自拆卸电子压力计本体;电子压力计下井前要更换 O 形圈,以保证电池筒的密封。气井密封难度较大,下井前一定要更换新 O 形圈,以防止电池筒密封失效。

7)酸液腐蚀

如果要测的是带有残酸的井,应该选择外筒材料能够抗酸的电子压力计。否则酸液会腐蚀电子压力计使其失去光泽、强度降低、探头损坏,严重时会导致电子压力计报废。

解决方法:领取电子压力计时选择合适的温度量程,一般要保证电子压力计的温度量程比地层温度高 10℃;上井前准备电子压力计时上紧各道螺纹;电子压力计和电池筒装箱时按顺序摆放,操作时按顺序连接;连接电池筒之前在电子压力计的 O 形圈附近涂上一层薄薄的螺纹脂以防粘扣。

GBG010 资料处理方面常见的问题及解决方法

2.资料处理方面常见故障及解决方法

1)通信异常

通信异常是电子压力计存储试井经常遇到的现象之一。发生通信异常的原因主要有以下几点:

(1)电子压力计电路板脱焊或导线拧断。

(2)电路板螺钉掉落或因油水浸泡而短路。

(3)芯片损坏。

(4)接口或接口线问题。

(5)软件通信设置错误。

解决方法:

(1)下井前进行地面通信试验,合格后方可下井。

(2)轻拿轻放,平稳操作,安全运输。

(3)正确连接接口线。

(4)正确设置软件接口、波特率。

2)信息丢失

电子压力计的基本信息包括压力计号、压力量程、温度量程、标定日期、存储容量、现存数据点数、外筒材料等。一般在与计算机连接并建立通信之后,这些信息会显示在软件画面上。若这些信息无法显示,通常是由于硬件版本或软件版本不配套造成的。

解决方法:用配套的数据录取软件操作电子压力计。

3)系数不对

就像每支电子压力计都有一个专门的序列号一样,每支电子压力计都有一套专门的标定系数。标定系数对电子压力计录取数据的准确性大有影响。标定系数不对就会导致电子压力计数据异常。多数电子压力计软件是根据标定系数的文件名来寻找标定系数的,当文件名与标定系数不配套时,回放出来的数据就会发生混乱,轻则基值不对,重则曲线失真。

解决方法:

(1)在领取电子压力计的同时拷贝该压力计的标定系数。

(2)在数据录取软件中尽量把标定系数设置为从工具中读取。

4)数据不全

电子压力计录取数据不全主要有3个原因:

(1)电池电量耗光。

(2)电池在工具起下过程中掉落。

(3)存储器已满。

解决方法:

(1)领取电子压力计时要求标定计量中心用专门的仪表检测下井电池的电压或电量。

(2)电池筒中的多余空间内加入柔软而不易燃烧的填塞物。

(3)在满足设计要求的情况下,尽量缩短电子压力计采点的加密区。

GBG001 综合测试仪故障的分析
GBG002 综合测试仪电路故障的排除
GBG003 综合测试仪通信故障的排除
GBG004 回声仪常见故障的原因分析
GBG005 回声仪常见故障的排除

(二)综合测试仪常见故障及解决方法

综合测试仪属于低压试井仪器,包括示功仪和液面探测仪两部分。示功仪是测取抽油机井示功图的仪器,是了解抽油机、泵、杆工作状况的主要手段。液面探测仪是专门用来测试油井内的液面深度的,通过测试能够了解油井的供液能力、液面恢复能力、掌握生产动态,是油田生产中的一项经常性工作。

1.故障现象

(1)打开载荷位移传感器电源开关,没有蜂鸣音且指示灯无显示。

(2)位移拉线拉不动;拉线有卡阻现象;或所测冲程与实际不符。

(3)测试时综合测试仪测试功能失效,无法继续操作。

(4)测试液面时,击发发声装置后主机无反应。

(5)打开套管阀门时,有漏气现象。

(6)测试液面时曲线不合格。

(7)综合测试仪进行通信时无反应。

2.故障原因

(1)载荷位移传感器电源开关损坏、电池没有电,开焊或断线。

(2)位移拉线齿轮掉齿,产生位移漂移较大。

(3)测试仪在录取资料过程中,出现死机现象。

(4)微音器连接线断或微音器损坏。

(5)井口连接器接头螺纹损坏或放气阀损坏,漏气严重。

(6)增益调整不合理,微音器脏。

(7)因通信电缆或通信端口出现故障,通信失败。

3.处理方法

(1)更换电源开关或重新焊接断线。

(2)维修后重新标定。

(3)关机重新开机。

(4)检查微音器连接线,进行修复或更换。

(5)更换接头或放气阀,重新测试。

(6)重新调整增益;清洗微音器室及微音器,如有损坏及时更换。

(7)维修或更换通信电缆或通信端口。

十、试井项目测试前准备工作

GBD001 注水井分层调配前的准备工作

(一)注水井分层调配前的准备工作

1.施工设计准备

领取施工设计后收集测试井的有关资料,资料包括测试井的上次测试情况、管柱结构、层段深度、配注水量、注入压力及封隔器密封状况等。

2.测试井的要求及准备

(1)测试前应提前一周对井筒进行清洗,测试井必须稳定注水 3~5 天,注入量波动在±5%。

(2)确保井内无落物,保证流量计、投捞器在井筒内起、下顺利。

(3)掌握井下管柱结构、层段深度情况。

(4)确保井口设施齐全、完好,各阀门开关灵活,要求不渗不漏。

(5)确保水表和压力表检定合格并在标定周期内。

3.测试设备准备

(1)准备所需测试设备:试井绞车 1 台,井下流量计 1 支,回放设备 1 套。

(2)试井钢丝应符合 SY/T 5170—2013《石油天然气工业用钢丝绳》要求,钢丝直径应在 2.0mm 以上、无死弯、砂眼,长度应比最深层段的下入深度长 100m 以上。若采用电缆作业,电缆长度应比最深层段的下入深度长 200m 以上。

(3)检查测深记录仪的变速齿轮,要求啮合良好;转动灵活、计量轮尺寸合格、槽内无油污。

(4)检查转数表,应转动灵活、不跳字、不卡字。

(5)检查发动机和分动箱运转是否正常,能否在滚筒离合器脱开的情况下挂上绞车挡。

(6)检查绞车传动部件、离合器、摇把及刹车是否灵活好用。

(7)准备一套防喷装置,若应用全密闭液压举升装置,应确保各传输管路无破损;检查传输管接头是否泄压;确保各快速接头、接口无泥沙、油污,护帽完好;检查各部位密封填料密封情况;检查液压系统有无液压油渗漏;检查液压泵站油量、蓄电池电量是否达到施工要求。

4.测试工具、用具选配

(1)准备所需的工具、用具:管钳、活动扳手、一字螺丝刀、手钳、测试滑轮、地滑轮、测试阀门、振荡器、投捞器、加重杆、打捞头、压送头、密封胶件、可调堵塞器等。

(2)投捞器定位滑块应灵活好用,收拢时最大外径应不大于 44 mm,确保各部位弹簧性能良好。

(3)测试滑轮、地滑轮是否符合施工要求,应转动灵活,滑道处无裂口、无砂土、无毛刺。

5.测试仪器准备

(1)保证流量计的测量探头清洁干净,中心流速式探测段的流道应干净畅通。

(2)仪器流量、压力、温度最大测量值应高于测试井全井流量值、测试井最高压力值及测试井最高温度值,其比值应在 3/2~4/3。

(3)井下流量计应在检定合格期内进行流量测试。正常工作的井下流量计应每 2 个月校准 1 次,出现异常情况应随时校准。

(4)整串仪器连接时,密封圈需涂密封脂,并逐节拧紧仪器,切勿整串拧紧。

GBD002 采气井测试前的准备工作

(二)采气井测试前的准备

1.施工设计准备

领取施工设计后应详细了解施工井井况,掌握气体组分、井身结构、井下管串、工具位置、井内有无落物、井口压力情况和井底估算压力等;领取施工作业检查表、施工作业许可证、气井施工安全应急预案,确认各种施工条件或措施符合技术及安全环保要求方可测试。

2.测试井的要求及准备

(1)测试井应处于关井状态,井内压力稳定。

(2)确保井口、井筒和地面管线设施齐全、完好、不渗不漏,满足密闭装置安装,符合安全要求,各阀门开关灵活。

(3)井内应无落物,测试通道应畅通,保证仪器在井筒内起、下顺利。

(4)确保井口压力表检定合格并在标定周期内。

(5)掌握井下管柱结构、层段深度、封隔器级数和各级工作筒的规范和深度,并确认其符合技术、安全要求。

3.测试设备准备

(1)准备所需测试设备:试井专用车载液压绞 1 台,可燃气体探测器 1 台,正压呼吸器 1 套,现场配备检定合格的烃类报警器。

(2)根据井内气体组分选择防硫、防酸等耐腐蚀钢丝,且钢丝应无死弯、砂眼、伤痕,长度比仪器下入深度长 200m 以上。

(3)检查测深记录仪的变速齿轮,要求啮合良好、转动灵活、量轮尺寸合格、槽内无油污。

(4)检查转数表,应转动灵活,不跳字、不卡字。

(5)检查发动机和分动箱运转是否正常,能否在滚筒离合器脱开的情况下挂上绞车挡。

(6)检查绞车传动部件、离合器、摇把及刹车是否灵活好用。

(7)确保绞车液压油液位在规定刻度线之间。

(8)施工车辆及拖橇应采用柴油动力或电动驱动装置并安装防火帽。

(9)压力表应检定有效,且额定工作压力不低于测试井预测压力。

(10)防喷装置与井口法兰螺纹的连接部位,连接扣型应当符合规范,不加厚油管扣(平式油管扣)的适用条件是井口压力在35MPa以内,35MPa以上必须采用外加厚油管扣或梯形扣。

4.测试工具、用具选配

(1)气井测试专用工具、用具准备:铜制管钳、测试堵头、测试滑轮、加重杆、活动扳手、一字螺丝刀、手钳、铜制管钳、手钳、压力表、密封胶圈、聚乙烯胶带、黄油、机油、擦布等。

(2)气井测试专用辅助工具、用具准备:天滑轮、地滑轮应符合施工要求,固定在防喷管上应无晃动,转动自如,滑道处无裂口、无砂土、无毛刺。

5.测试仪器准备

(1)根据测压设计要求,选择校准合格、量程及精度合适的电子压力计。按被测井测点最高压力在压力计满量程的50%~90%范围内的原则选用电子压力计,仪器及电池额定工作温度应比井下最高温度高10℃。

(2)测试仪器准确度等级应满足:稳定试井时流量计流量精度为±1.0%FS,压力计压力精度位±0.05%FS;不稳定试井时流量计流量精度为±1.0% FS,压力计压力精度为±0.2%FS。

(3)检查电子压力计外观是否完好无损,压力计密封应完好,过盈量应满足要求,连接时密封圈需涂密封脂,保证传压孔应通畅。

(4)检查压力计基本参数及电池电量,基本参数应满足测试需求,电池电量应不低于有效供电范围的最低值。

(5)根据测试井施工设计要求设置压力计或流量计采样间隔、采样点等工作参数。

GBD003 注水井测压力恢复前的准备工作

(三)注水井测压力恢复前的准备

1.施工设计准备

领取施工设计后收集测试井的有关资料,资料包括测试井的管柱结构、层段深度、注入压力、配注水量、封隔器密封状况等,确认各种条件符合技术要求方可测试。

2.测试井的要求及准备

(1)测试井的生产状况稳定,测前5天内日注量波动不超过平均量的±5 %。

(2)井口设施应齐全、完好,保证各阀门开关灵活,要求不渗不漏。

(3)掌握井下管柱结构、层段深度情况,并保证其具备测压仪器顺利起下的条件。

(4)水表和压力表在标定合格有效期内。

3.测试设备准备

(1)准备所需的测试设备:试井绞车1台,试井钢丝应符合《石油天然气工业用钢丝绳》的要求,钢丝直径应在2.0mm以上且无死弯、砂眼,长度应比最深层段的下入深度长100m以上。

(2)检查防喷管是否完好无损,防喷管规范应与所测注水井井口一致,长度应超过下井仪器总长度。

(3)检查测深记录仪的变速齿轮,要求啮合良好、转动灵活、量轮尺寸合格、槽内无油污。

(4)检查转数表,应转动灵活,不跳字、不卡字。

(5)检查绞车离合器装置、信号装置是否灵活好用,发动机和分动箱运转是否正常,能否在滚筒离合器脱开的情况下挂上绞车挡。

(6)检查绞车传动部件、离合器、摇把及刹车是否灵活好用。

(7)准备1套防喷装置,若应用全密闭液压举升装置,应确保各传输管路无破损;检查传输管接头是否泄压;确保各快速接头及接口无泥沙、无油污,护帽完好;检查各部位密封情况;检查液压系统有无液压油渗漏;检查液压泵站油量、蓄电池电量是否达到施工要求。

4.测试工具、用具选配

准备所需的工具、用具(如管钳、活动扳手、测试堵头、测试滑轮、标准压力表等),并确保工具、用具能够灵活使用,无破损。

5.测试仪器准备

(1)根据测压设计要求,选择校准合格、量程及精度合适的电子压力计。井下仪器的额定工作压力应比最高压力高3.45MPa,仪器及电池额定工作温度应比井下最高温度高10℃;或按被测井压力变化介于电子压力计全量程30%~80%的原则选用电子压力计。

(2)检查密封胶圈和电子压力计的传压孔,如密封胶圈有破损应更换新胶圈,传压孔堵塞应清理干净。

(3)检查电子压力计电量,并根据测试井设计关井时间设置电子压力计的采样时间间隔

GBD004 偏心抽油机井测压力恢复前的准备工作

(四)偏心抽油机井测压力恢复前的准备

1.施工设计准备

领取施工设计后收集测试井的有关资料,资料包括测试井的管柱结构、油层中部深度、泵径、泵深、上次关井时间、末点压力、动液面深度、产液量及含水率等数据。

2.测试井的要求及准备

(1)必须装有性能良好、转动灵活、能满足测试要求的偏心井口及测试阀门;偏心测试孔及测试阀门通径应在32mm以上。

(2)油管内径为62mm平式油管时,套管内径应不小于120mm,且油管管柱上不得带任何外径大于90mm的井下工具和部件;与偏心井口油管柱连接的第1根油管必须是整根油管;油管底部必须安装导锥,不允许安装丝堵或喇叭口;导锥距离油层顶部的距离不小于10m。若封堵高含水层,应下丢手封隔器,要求丢手封隔器上部有一个贴近套管壁的喇叭口,喇叭口与导锥的距离应大于50m。

(3)确保套管无严重变形、井斜角不超过17°、井内无落物、套压不高于5MPa。

(4)了解测试井的生产状况,要求测压前稳定生产时间不少于5天。

(5)确保测试井井口设施齐全完好,不渗不漏、各阀门开关灵活。

(6)掌握井下管柱结构、层段深度情况。

3.测试设备准备

(1)准备所需的测试设备:试井绞车1台,试井钢丝应符合《石油天然气工业用钢丝绳》要求,钢丝直径在2.0mm以上,无锈蚀、死弯、裂缝、裂纹和砂眼等伤痕,长度应比最深层段的下入深度长100m以上,在含硫又含水井中应使用抗硫钢丝。

(2)检查绞车刹车、摇把、离合器是否灵活好用。

(3)根据测试井内结蜡情况选择合适长度、螺纹完好、耐压指标合格的偏心井口防喷管;井内流体含硫时,应准备抗硫防喷管和防喷堵头。

(4)检查测深记录仪的变速齿轮,要求啮合良好、转动灵活、量轮尺寸合格、槽内无油污。

(5)检查深度计量装置各部位的螺钉是否紧固,变速齿轮是否啮合良好。

(6)检查计数器是否转动灵活,有无跳字、卡死等现象。

(7)检查传动软轴的计数器软轴的润滑情况和结合情况。

(8)检查发动机和分动箱运转是否正常,能否在滚筒离合器脱开情况下挂上绞车挡。

4.测试工具、用具选配

(1)准备所需的工具、用具:黄油;棉纱布;手钳;8in管钳1把;14in管钳2把;18in管钳2把;48in管钳1把;19×22mm固定扳手2把;钢丝刷1个;试电笔1支;绝缘棒1个;放空桶1个;防喷管支架2个;工具袋;绝缘手套。

(2)检查防喷管短节、防喷管堵头、井口短节等装置内密封是否完好。

(3)准备与偏心井口防喷管配套的井口短节、滑轮等。

5.测试仪器准备

(1)选择满足施工设计的存储式电子压力计,电池检测器,仪器应在校准期内;选择与压力计配套的合适长度的加重杆。

(2)检查仪器的O形密封圈、螺纹是否完好、干净,传压孔是否通畅。

(3)使用电池检测器检查压力计电池电量是否满足测试需求。

(4)压力计自检正常后按照施工设计设置采样间隔。

GBD005 测示功图前抽油机井设备的检查工作

(五)测示功图前抽油机井设备检查

1.施工设计准备

领取测试方案后了解抽油机类型、悬绳器类型、井口设备及相应装置情况,清楚和掌握测试工作参数(冲程、冲次、泵径、泵深、产量、电动机功率等)、井下管柱结构和抽油杆规范等。

2.测试井的要求及准备

(1)确保抽油机刹车可靠,采油树不渗漏,密封圈松紧适度。

(2)检查抽油机刹车是否完好,刹车完好的抽油机可进行示功图测试。

(3)确保防掉卡安装位置合理,卸载后能将载荷传感器放入悬绳器内,悬绳器上下夹板起顶灵活。

(4)抽油机悬绳长度应适中,抽油机在下死点位置悬绳器和密封盒之间有足够空间容许载荷传感器卡在光杆上。

(5)确保抽油机连续正常运转超过1天无异常声响和异常振动。

3.测试工用具选配

载荷传感器和测试仪主机各1个,螺丝刀1把,试电笔1支。

4.测试仪器准备

(1)检查、调校并选择适当量程的综合测试仪及载荷传感器、位移传感器、电流传感器、压力传感器等。

(2)仪器精度应满足测试目的和要求。测试资料做定性分析时,要求仪器整体精度不低于2 %;如用于定量分析时,要求仪器整机精度高于1%。

(3)确保载荷传感器和测试仪主机电压正常。

(4)确认测试仪主机内抽油杆直径参数与实际测试井相符。

(5)确保载荷传感器和测试仪主机通信良好。

(6)选调合适的动力仪、力比、减程比。

(7)多参数测试时,要求压力传感器精度高于0.5%,电流传感器精度高于3%。

(8)仪器适应环境温度(-30~50℃)、湿度(80%)。

(9)仪器量程应为测试目的所需量程的3/2~4/3。

GBD006 油井使用液面自动监测仪测试前的准备工作

(六)油井使用液面自动监测仪测试前的准备

1.施工设计准备

接收测试方案后收集测试井的有关资料,资料包括测试井所在地区的动液面深度、油层中部深度、泵深等。

2.测试井的要求及准备

(1)测试井工作制度应稳定5天以上。

(2)井口装置应不渗、不漏,满足测压要求。

(3)液面恢复井动液面深度应大于200m。

(4)钻井控制区的井没有特殊要求不宜测压。

3.测试设备及工具、用具准备

(1)准备所需的工具、用具,如管钳、活动扳手、绝缘手套、钩扳手、油井卡箍等。

(2)准备ZJY型液面自动监测仪,包括井口测试装置、回放仪、通信电缆、信号电缆、充电器等。

4.测试仪器准备

(1)电源检测。ZJY型液面监测仪电源电压应不低于13V,否则应立即充电。

(2)仪器自检。将按钮按到仪器自检位置,仪器自动完成预检。

(3)正常工作的液面监测仪应每两个月校准1次,出现异常情况应随时校准,检定合格后方可进行液面测试。

(4)仪器连接时密封圈需涂密封脂。

GBD007 电泵井测压力恢复前准备工作

(七)电泵井测压力恢复前准备

1.施工设计准备

领取施工设计后收集测试井的有关资料,资料包括测试井的管柱结构、层段深度、封隔器密封状况等。

2.测试井的要求及准备

(1)了解测试井的生产状况,要求测压前稳定生产 3~5 天。

(2)确保井口设施齐全、完好,各阀门开关灵活,要求不渗不漏。

(3)确保电动潜油泵井测压阀工作状况良好,油管内无落物,仪器在井中顺利起下。

(4)压力表在标定合格有效期内。

(5)掌握井下管柱结构、层段深度情况。

3.测试设备准备

(1)准备所需的测试设备:试井绞车 1 台,试井钢丝应符合《石油天然气工业用钢丝绳》要求,钢丝直径应在 2.0mm 以上、无死弯、砂眼,长度应比最深层段的下入深度长 100m 以上。

(2)检查防喷管是否完好无损,防喷管规范应与所测试井口相一致,长度应超过下井仪器总长度。

(3)检查测深记录仪的变速齿轮,要求啮合良好、转动灵活、计量轮尺寸合格、槽内无油污。

(4)检查计数器是否转动灵活,有无跳字、卡死等现象。

(5)检查绞车离合器装置、信号装置是否灵活好用,发动机和分动箱运转是否正常,能否在滚筒离合器脱开的情况下挂上绞车挡。

(6)检查绞车传动部件、离合器、摇把及刹车是否灵活好用。

4.测试工具、用具选配

准备所需的工具、用具:管钳、活动扳手、一字螺丝刀、钢丝钳、电动潜油泵井测压阀连接器及易损备件、各种密封胶件等。

5.测试仪器准备

1)压力计准备

(1)按设计书的要求选择压力及温度量程合适的压力计,要求采用测点最高压力在压力计满量程的 50%~90%范围内的压力计。

(2)压力计在校准合格有效期内。

(3)常温、常压下读压力计状态正常。

(4)对所选压力计进行试采点且工作正常。

(5)按规定检查和保养压力计。

(6)按设计书要求设置流(静)压测试压力点采样间隔。

2)测压连接器准备

(1)拆卸测压连接器,并对各部件进行清洗。拆卸的先后顺序:卸掉压紧传压接头,取出压紧十字架和弹簧,卸掉内压紧螺钉及垫圈,取出密封胶圈,取出传压隔离垫,取出下部密封胶圈及其下部胶圈,拔除测压连接器外套及其密封胶圈。

(2)所有胶圈应无刮痕及其他异常。

(3)各部件清洗后按相反的顺序组装。要求拧紧各螺纹连接部分,胶圈的过盈量能保证密封,组装后传压孔畅通。

(4)组装好的连接器应用标准测试杆检查试验 2 次,要求插入、拔出时无金属部位阻卡,同时可感到两道密封圈的阻力。

项目二　使用液面自动监测仪测液面恢复

一、准备工作

(一)设备

ZJY-3 型液面自动监测仪 1 台。

(二)材料、工具

450mm 管钳 1 把,100mm 一字螺丝刀 1 把,专用钩扳手 1 把。

(三)人员

单人操作,持证上岗,劳动保护用品穿戴齐全。

二、操作规程

序号	工序	操作步骤
1	准备工作	工具准备齐全
2	连接电缆	连接信号电缆,一端接在井口装置信号插座上,另一端接在测试仪器底部信号插座上,确认连接可靠
3	打开电源	打开仪器电源开关,将低功耗开关拨向“正常”
4	检查数据	检查电池电压(以使用仪器为准),保证电量充足
5	输入数据	进入“液面测试”,输入井号、日期、AB 增益,选择合适的“频响、方式、通道”,进行液面测试,根据提示,选择合理的方式确定声速,计算出液面深度
6	进行监测	进入“自动监测”,确认后进行自动监测,检查仪器正常后将低功耗开关拨向“低功耗”,关仪器盖,按照施工设计进行自动监测,采集 2~3 个点
		选取复位选项,结束自动检测
7	数据转存	测试完毕后,连接储存卡
		进入“数据存储”界面,选择数据转存
		选择刚测试的井号,进行转存
		转存完成后拔下存储卡
8	关闭仪器	关闭仪器电源,拔下信号电缆
9	清理现场	清理操作现场

三、注意事项

(1)连接井口连接装置与液面自动监测仪时,先将接头突出位置与监测仪接头凹陷位置对齐,然后轻轻插入,顺时针转动直到停止。禁止乱操作损坏接口。

(2)打开电源,将低功耗开关拨至正常后显示器仍黑屏应点击唤醒键激活监测仪。

(3)资料转存时禁止拔下储存卡或对监测仪进行操作。

(4)进行数据转存操作时,如无法转存应重新拔插存储卡或更换存储卡。

项目三　选配分层注水井水嘴

GBE012 配水嘴的选择方法

一、准备工作

(一)材料

碳素笔1支,纸若干张,水嘴若干个,分层注水原始资料1份,坐标纸3张。

(二)工具

精度0.02mm、规格0~200mm游标卡尺1把,计算器1个。

(三)人员

单人操作,持证上岗,劳动保护用品穿戴齐全。

二、操作规程

序号	工序	操作步骤
1	准备工作	工具准备齐全
2	检查原始资料	检查分层注水井原始资料,记录分层压力及各层吸水量
3	绘制曲线	计算分层吸水量
		绘制分层指示曲线,得到正常注水压力下各层段的实际注水量
4	打捞堵塞器	打捞出要选配层段的堵塞器,测量水嘴直径
5	计算水嘴	根据分层配注量按公式计算水嘴直径: $$d_{选}=b\sqrt{\frac{Q_{配}}{Q_{测}}}d_{原}$$ $d_{选}$——所要选配的水嘴直径,mm; $d_{原}$——原用水嘴直径,mm; $Q_{配}$——层段配注水量,m^3/d; $Q_{测}$——层段测试注水量,m^3/d。 其中,b为层段系数,加强层取b取1.1,限制层b取0.9。
6	选择水嘴	按照公式计算出水嘴直径,结合实际井况,选择合适的水嘴
7	清理现场	清理操作现场

三、注意事项

(1)分层吸水量计算准确,绘制指示曲线清晰、准确。

(2)计算水嘴时,根据公式进行计算,步骤清晰,公式正确。

(3)选水嘴时要根据层段性质来选择,加强层按上限选择,限制层按下限选择。

GBC035 电子压力计通信故障的判断与排除

项目四　判断与排除电子井下压力计通信故障

一、准备工作

(一)设备

电子压力计1支。

(二)材料、工具

开口扳手2把,电烙铁1个,万用表1块,焊锡若干。

(三)人员

单人操作,持证上岗,劳动保护用品穿戴齐全。

二、操作规程

序号	工序	操作步骤
1	准备工作	工具准备齐全
2	选择通信线和软件	根据压力计型号选择相应的通信线和压力计软件
3	检查通信线	使用通信线连接压力计与计算机,选择通信口
		打开软件选择通信端口
		如果压力计软件提示没有新端口,应用万用表检查通信线各芯线通断情况,用万用表检查计算机端口5V直流电压是否正常。如果一个端口电压不正常,再检查别的端口电压是否正常,如果都不正常,就要考虑更换计算机USB接口插板
4	检查电池	连接通信线与计算机,选择通信口
		打开软件选择通信端口
		选择新端口后,无法通信,拔掉通信线,用扳手拆卸压力计外壳
		使用电烙铁融化焊锡,将电池的正负极引线焊掉,用万用表检查电池电量,如果电池电量不足应更换新电池
5	检查电路、元件	连接通信线与计算机,选择通信口
		打开软件选择通信端口
		选择新端口后,无法通信,用扳手拆卸压力计外壳,用万用表检测电池电量是否正常
		检查电路板是否有断线、开焊、变形、损坏等情况
		检查接口芯片是否温度高、颜色有变化或烧毁
		用万用表检查压力计的七芯插头通断情况
		检查晶振是否正常,用万用表测量晶振的输出电压,如果是源电压的一半,说明晶振工作正常,如果不是说明晶振损坏
6	修复电路	针对以上问题,能够修复或更换的器件可以进行修复;如果损坏严重就要考虑更换电路板
7	重新自检	修复问题后对仪器进行自检,如果自检正常,说明通信正常
8	清理现场	清理操作现场

三、技术要求

(1)使用专用工具拆卸仪器。

(2)逐项排除问题。

四、注意事项

(1)操作平稳,防止仪器损坏。

(2)注意使用电烙铁,防止烫伤。

(3)电烙铁不使用时,应关闭电源,放置在安全地方。

项目五　判断与排除示功仪主机电源开关无反应的故障

一、准备工作

GBC036 示功仪主机电源故障的判断与排除

(一)设备

示功仪 1 台。

(二)材料、工具

万用表 1 块,螺丝刀 2 把,电池 2 块、熔断丝若干、电源开关 1 个,指示灯 2 个,显示屏 1 块,导线、插头 2 套。

(三)人员

单人操作,持证上岗,劳动保护用品穿戴齐全。

二、操作规程

序号	工序	操作步骤
1	准备工作	工具准备齐全
2	检查开关	检查、调节示功仪主机面板上辉度开关,左右调节查看屏幕是否正常
		用万用表检查电源开关通断情况,是否断、短、虚接等,如有维修或更换
3	检查电源	检查电源指示灯是否损坏;检查电池是否有损坏
		用万用表检查电池电压是否符合要求,及时进行充电或更换
		检查电源线是否短路或断路,及时维修
4	检查显示屏	检查显示屏是否损坏,如损坏应更换
		检查显示屏排线是否断路、短路、虚接,如有应更换
5	检查主板	检查主机主板及元器件是否损坏,如损坏应更换
		检查电路板的供电电压是否正常,如不正常应进行维修
		检查 CPU 工作是否正常,如工作不正常应更换主板
		检查显示驱动电路工作是否正常,如不正常应更换主板
		检查各连接线是否有开焊、断线、短路等情况,如果有应进行维修
6	清理现场	清理操作现场

三、技术要求

(1)逐项检查,禁止漏项。

(2)使用专用工具拆装仪器。

四、注意事项

(1)操作平稳,防止仪器损坏。

(2)拆装仪器前必须断电。

GBD008 试井绞车刹车故障的处理及其注意事项

项目六　处理试井绞车刹车失灵的故障

一、准备工作

(一)设备

试井绞车1台。

(二)材料、工和用具准备

刹车带1条,刹车连动杆1根,机油500g,活动扳手1把,螺丝刀1把,手钳1把,手锤1把,擦布、销钉若干。

(三)人员

单人操作,持证上岗,劳动保护用品穿戴齐全。

二、操作规程

序号	工序	操作步骤
1	准备工作	工具准备齐全
2	刹车带断裂、变形、脱铆的处理方法	使用手锤轻击刹车带两端的固定销钉
		使用手钳取出固定销钉,卸下刹车带
		检查新刹车带,确认刹车带无损坏、变形
		将新刹车带的两端固定在连接处
		使用新销钉固定
3	刹车带有油污的处理方法	使用手锤轻击刹车带两端的固定销钉
		使用手钳取出固定销钉,卸下刹车带
		清洁刹车带,涂抹机油进行保养
		将刹车带的两端固定在连接处
		使用新销钉固定
4	刹车带固定销钉脱落的处理方法	检查刹车带两端固定销钉
		对松动处进行紧固,如销钉脱落,应用新销钉进行紧固
5	刹车杆未调整好的处理方法	使用活动扳手调节刹车连杆下部的螺帽
		测试刹车灵活性,未调整好应继续调节

续表

序号	工序	操作步骤
6	刹车连动杆断或销钉脱落的处理方法	使用手锤轻击刹车连动杆两端的固定销钉
		使用手钳取出固定销钉，卸下刹车连动杆
		检查新连动杆，确认连动杆无损坏、变形
		将新刹车连动杆的两端固定在连接处
		使用新销钉固定
7	清理现场	清理操作现场

三、注意事项

（1）针对相应问题，运用正确的处理方法进行处理。

（2）操作中注意施工安全，防止造成人身伤害。

（3）紧固螺钉时，不宜用力过大造成零件损坏。

第二部分

技师、高级技师操作技能及相关知识

模块一　测试前的准备

项目一　相关知识

一、开采技术及井下常用工具

J(GJ)BF012 油藏岩石和流体的热物理性质

(一)油藏岩石和流体热物理性质

1.岩石导热系数

岩石的导热系数取决于岩石颗粒矿物成分、胶结类型、储集层孔隙度、流体饱和度、流体类型以及油藏温度、压力等因素。

1)胶结砂岩导热系数

亲水岩石饱和液体可取水的导热系数。含气岩石的导热系数可采用干燥岩石的导热系数。随着温度的升高,岩石的导热系数下降。

2)非胶结砂岩导热系数

对非胶结砂岩导热系数起决定性影响因素的是含水饱和度及孔隙度。

2.岩石比热容

比热容是指单位质量物质温度升高1℃所吸收的热量。

3.油藏岩石热扩散系数

热扩散系数是物体中某一点的温度的扰动传递到另一点的速率的量度。当传导传递热量时,热前缘在岩石中的传播速度受岩石的热扩散系数控制。随着温度的升高,岩石的导热系数降低,因而大多数岩石的热扩散系数随温度升高而降低。

J(GJ)BF013 油层加热机理

4.岩石热膨胀系数

岩石热膨胀系数是指在恒定压力条件下,温度每升高1℃岩石体积的变化率。一般说来,岩石的热膨胀系数远小于油藏流体的热膨胀系数。

5.油层加热机理

将蒸汽(或热水)注入油藏是加热油层、开采稠油的一种主要方法。蒸汽(或热水)作为热量的携带者,在油层中发生的变化是非常复杂的,是一个包括物理、化学及热动力学综合作用的过程。在油层多孔介质中,既有直接的热量传递,又有通过流体流动伴随的热量传递。因此,注入油层的蒸汽是通过传热和传质两种机理来加热油层的。

传热方式有三种:热传导、热对流和热辐射。

热传导是指各部分无相对位移或不同物体直接接触时依靠物质分子、原子及自由电子等微观粒子热运动而进行的热量传递现象。热传导在固体、液体及气体中都可以发生。

因为热辐射系数取决于物体表面的性质,像岩石这样的不透明物质,热辐射系数几乎为零。因此,在油层多孔介质中,热辐射不是一种主要的传热机理。

在油层多孔介质中,在热流体作用下,既有热对流,又有热传导发生。因为蒸汽或热水的运动要接触具有不同温度的固体岩石颗粒,因此,热对流过程中又伴随着热传导现象。油层中的热对流和热传导,形成了热扩散。

这样,油层中的传热机理可概括为:

(1)注入流体的运动引起的能量传递。

(2)油层中由高温向低温的热传导。

(3)注入流体与地层中原始流体之间,由于地层的渗透性引起的热对流。

当油层多孔介质中流体的运动速度较大时,第三种作用,即热对流作用,是主要的传热机理;当流体的运动速度较小时,前两种为主要传热机理。

(二)稠油开采工艺

1.稠油的定义和标准

稠油是沥青质和胶质含量较高、黏度较大的原油,通常把相对密度大于 0.92(20℃)、地下黏度大于 50cP 的原油称为稠油。

根据国际稠油分类标准,我国石油工作在考虑我国稠油特性的同时,按开发的现实及今后的潜在生产能力,提出了中国稠油分类标准,即将黏度为 $1\times10^2\sim1\times10^4$ mPa·s,且相对密度大于 0.92 的原油称为普通稠油;将黏度为 $1\times10^4\sim5\times10^4$ mPa·s,且相对密度大于 0.95 的原油称为特稠油;将黏度大于 5×10^4 mPa·s,且相对密度大于 0.98 的原油称为超稠油(或天然沥青)。

J(GJ)BF026 稠油的一般性质

2.稠油一般性质

我国发现的稠油油藏分布很广,类型很多,埋藏深度变化很大,一般在 10~2000m 之间,主要储层为砂岩。中国稠油特性与世界各国的稠油特性大体相似,主要有以下特点:

(1)稠油中轻质馏分很少,而胶质沥青含量很高,而且随着胶质沥青含量的增加,原油的相对密度及同温度下的黏度随之增高。常规油(即稀油)中沥青质含量一般不超过 5%,但稠油中沥青质含量可达 10%~30%,个别特超稠油可达 50%或更高。

(2)随着密度增加稠油黏度增高,但线性关系较差。原油密度的大小与金属元素含量有关,而原油黏度的高低主要取决于其含胶质量的多少。我国稠油油藏属于陆相沉积,原油中金属元素含量较少,而沥青、胶质含量变化大,与其他国家相比,沥青质含量较低,一般不超过 10%,胶质含量较高,一般超过 20%。因此,原油密度较小,但黏度较高。

(3)稠油中烃类组分低。稠油与稀油的重要区别是其烃类组分上的差异,我国陆相稀油中,烃(饱和烃和芳香烃)含量一般大于 60%,最高可达 95%,而稠油中烃的含量一般小于 60%,最少在 20%以下,稠油中随着非烃和沥青含量的增加,其密度随之增大。

(4)稠油含硫量低。在我国已发现的大量稠油油藏中,稠油的含硫量都比较低,一般小于 8%。河南油田稠油含硫量仅为 0.8%~0.38%,远低于国外含硫量。

(5)稠油中含蜡量低。我国大多数稠油油田(如辽河高升、曙光、欢喜岭、新疆克九区、胜利单家寺)原油含蜡量在 5%左右。河南井楼稠油油田稠油含蜡量虽然高于上述稠油油田,但远低于河南双河等稀油油田的含蜡量(一般在 30%以上)。

(6)稠油金属含量较低。中国陆相稠油与国外海相稠油相比,镍、钒、铁及铜等金属元素含量很低。特别是钒含量仅为国外稠油的 1/200~1/400,这是中国稠油黏度较高,而密度较小的重要原因之一。

(7)稠油凝点较低。大多数稠油油藏属于次生油藏，由于石蜡大量脱损，以及前期氧化作用强烈，因此，稠油表现出胶质沥青含量高、含蜡量及凝点低的特点。

3.稠油热特性

J(GJ)BF027 稠油的热特性

1)黏度对温度的敏感性

原油黏度随温度变化而变化的曲线称为黏温曲线。对于常规原油而言，黏温曲线作用不大，往往被人忽视。但对于稠油来说，稠油的黏度对温度变化十分敏感，温度升高，黏度急剧下降。这是稠油热采的最主要的原理——加热降黏机理，也是决定是否进行热力开采的基础。

2)热膨胀性

在热力采油过程中，随着油层温度的升高，地下原油、水及岩石都将产生不同程度的膨胀为驱动提供能量，上述三种物质中，原油的热膨胀系数最大(10^{-3}℃$^{-1}$)，其次是水(3×10^{-4}℃$^{-1}$)，岩石最小(10^{-4}℃$^{-1}$)。当温度由常温升高至200℃时，原油体积将增加20%。由此可见稠油的热膨胀性在热采中的作用。

3)热裂解性

当温度升高一定值时，稠油中的重质组分将会裂解成焦炭和轻质组分(轻质油和气体)，热裂解生成的轻质组分对改善地下稠油的驱油效果作用很大。

4)蒸馏性

随着温度上升，原油开始汽化时的温度称为原油的初馏点(又称泡点)。当温度大于或等于初馏点时原油中的轻质组分逐渐增多。馏出量的大小除取决于蒸馏温度外，还与原油特性及总压力有关。在蒸汽驱过程中，蒸汽对原油的蒸馏过程有重要影响，即有蒸汽存在时，相同温度下的馏出量将大大增加，这是蒸汽驱提高稠油采收率的重要机理之一。

由于稠油具有热特性，因此，热力开采稠油(包括热水驱、注蒸汽开采、火烧油层等)是目前提高稠油开发效果的有效技术之一。

J(GJ)BF001 稠油的开采方法

4.稠油油层处理技术

由于稠油对温度敏感这一特征，国内外普遍认为热处理油层是较为理想的稠油开采方法。目前，广泛采用的热处理油层的采油方法是注热流体(如蒸汽和热水)、火烧油层两类方法。根据采油工艺特点注热流体主要包括蒸汽吞吐和蒸汽驱两种方式。

J(GJ)BF016 蒸汽吞吐开采机理

1)蒸汽吞吐开采方法

蒸汽吞吐采油方法又称为周期注气或循环蒸汽方法，即将一定数量的高温高压下的湿饱和蒸汽注入油层，焖井数天，加热油层中的原油，然后开井回采。蒸汽吞吐可分为注气、焖井及回采3个阶段。我国多数新的稠油油藏，不论浅层(200~300m)还是深层(1000~1600m)，均首先采用蒸汽吞吐采油技术，这是稠油开发中最普遍的采用方法。如果稠油油藏采用常规采油方法采油速度很低或根本无法采油时，必须采用蒸汽吞吐方法开采，而后再进行蒸汽驱开采。该方法的主要优点是投资少、工艺技术简单、增产快、经济效益好，对于普遍稠油及特稠油油藏几乎没有技术及经济上的风险性。由于它是单井作业，虽然每口油井(包括预定的蒸汽驱注气井)都采用了蒸汽吞吐采油，但是整个开发区的原油采收率不高，一般只为8%~20%(我国个别地区也有近30%的实例)，为提高最终的采收率，还需要继续进行蒸汽驱开采。

(1)稠油油藏进行蒸汽吞吐开采的增产机理。

①油层中原油加热后黏度大幅度降低,流动阻力大大减小,这是主要的增产机理。向油层注入高温高压蒸汽后,近井地带相当距离内的地层温度升高,将油层及原油加热。虽然注入油层的蒸汽优先进入高渗透层,而且由于蒸汽的密度很小,在重力作用下,蒸汽将向油层顶部超覆,油层加热并不均匀,但由于热对流及热传导作用,注入蒸汽量足够多时,加热范围逐渐扩展,蒸汽带的温度仍保持在井底蒸汽温度(250~350℃)。蒸汽凝结带,即热水带的温度虽有所下降,但仍然很高。形成的加热带中的原油黏度将由几千到几万毫帕秒降低到几个毫帕秒。这样,原油流向井底的阻力大大减小,流动系数呈几十倍地增加,油井产量必然增加许多倍。

②对于油层压力高的油层,油层的弹性能量在加热油层后也充分释放出来,成为驱油能量。受热后的原油产生膨胀,原油中如果存在少量的溶解气,也将从原油中逸出,产生溶解气驱的作用,这也是重要的增产机理。在蒸汽吞吐数值模拟计算中即使考虑了岩石压缩系数、含气原油的降黏作用等,但生产中实际的产量往往比计算预测的产量高,尤其是第一周期,这说明加热油层后,放大压差生产时,弹性能量、溶气驱及流体的热膨胀等作用发挥相当重要的作用。

③对于厚油层,热原油流向井底时,除油层压力驱动外,重力驱动也是一种增产机理,美国加州稠油油田主要的增产机理便是重力驱动。

④当油井注汽后回采时,蒸汽加热的原油及蒸汽凝结水在较大的生产压差下采出过程中,带走了大量热能,但加热带附近的冷原油将以极低的流速流向近井地带,补充入降压的加热带,吸收油层顶盖层及夹层中的余热而黏度下降,因而流向井底的原油量可以延续很长时间。尤其普通稠油在油层条件下本来就具有一定的流动性,当原油加热温度高于原始油层温度时,在一定的压力梯度下,流向井底的速度加快。但是,对于特稠油,非加热带的原油进入供油区的数量较少,超稠油更困难。

⑤地层的压实作用是不可忽视的一种驱油机理。委内瑞拉马拉开湖岸重油区,实际观测到在蒸汽吞吐开采30年以来,地层压实作用引起了严重的地面沉降。产油区地面沉降达20~30m。据研究,地层压实作用产生的驱出油量高达15%左右。

⑥蒸汽吞吐过程中的油层解堵作用。稠油油藏在钻完井、井下作业及采油过程中,入井液及沥青胶质很容易堵塞油藏,造成严重油层伤害。一旦造成油层伤害,常规采油方法,甚至采用酸化、热洗等方法都很难清除堵塞物。这是由于稠油中沥青胶质成分对固体堵塞物黏结作用,且流速很低,很难排出。例如辽河高升油田几十口常规采油井产量均低于$10m^3/d$,进行蒸汽吞吐后,开井回采时能够自喷,放喷产量高达$200 \sim 300m^3/d$,正常自喷生产产量高达$50 \sim 100m^3/d$,个别井超过$100m^3/d$。我国其他油田也有同样的情况。早在20世纪60年代美国加州的许多重质油田蒸吞吐采油历史就已表明,蒸汽吞吐后的解堵增产油量高达20倍左右。

⑦注入油层的蒸汽回采时具有一定的驱动作用。分布在蒸汽加热带的蒸汽,在回采过程中,蒸汽将大大膨胀,部分高压凝结热水由于突然降压闪蒸为蒸汽,也具有一定程度的驱动作用。

⑧高温下原油裂解，黏度降低。油层中的原油在高温蒸汽作用下产生蒸馏作用、某种程度的裂解，使原油轻馏分增多，黏度有所降低。这种油层中的原油裂解作用，无疑对油井增产起到了积极作用。

⑨油层加热后，油水相对渗透率变化，增加了流向井筒的可动油。油层注入湿蒸汽加热油层后，在高温作用下，油与水的相对渗透率发生变化，砂粒表面的沥青胶质极性油膜被破坏，润湿性改变，油层由原来的亲油或强亲油，变为亲水或强亲水。在同样水饱和度条件下，油相渗透率增加，水相渗透率降低，束缚水饱和度增加。而且热水吸入低渗透率油层，替换出的油进入渗透孔道，增加了流向井筒的可动油。

⑩某些有边水的稠油油藏，在蒸汽吞吐过程中，随着油层压力的下降，边水向开发区推进。如胜利油区单家寺油田及辽河油区欢喜锦45区。在前几轮吞吐周期，边水推进在一定程度上补充了压力（驱动能量之一），有增产作用。但一旦边水推进到生产油井，含水率迅速增加，产油量受到影响。而且油层条件不同，油水黏度比的大小不同，其正、负效应也有不同，但总的看，弊大于利，尤其是极不利于以后的蒸汽驱开采，应控制边水推进。

从总体上讲，蒸汽吞吐开采属于依靠天然能量开采油藏，只不过在人工注入一定数量蒸汽加热油层后，产生了一系列强化采油机理，而主导的是原油加热降黏的作用。

J（GJ）BF017 油藏地质条件对蒸汽吞吐开采的影响

（2）油藏地质条件对蒸汽开采的影响。

油藏地质条件（原油黏度、油层有效厚度、净总厚度比、原始含油饱和度、渗透率、油层非均质性以及边、底水能量大小等）对蒸汽吞吐开采效果有较大的影响。

①原油黏度影响。

原油黏度越高，流动能力越差，在天然能量驱动下，产油量越低，开采效果越差。

原油黏度随温度的增高而降低，蒸汽吞吐开采热波及的范围有限，油藏原油黏度越低，形成的泄油半径越大，供油量也较大。

在相同的截至产量条件下，在蒸汽吞吐开采过程中，随着压力、温度的下降，原油黏度升高，吞吐周期偏短，周期采油量减少。

②油层有效厚度的影响。

油层有效厚度对蒸汽吞吐效果影响较大。在油层有效厚度不同、其他油藏地质条件相近的情况下，一般油层厚度大，吞吐产量高、周期长、周期产量大、气油比高、开发效果好。油层薄，顶底盖层及夹层热损失大。

③净总厚度比的影响。

对于砂泥岩交互沉积岩的互层状油藏，在蒸汽吞吐开采中，夹层的存在会引起热损失的增加。

④原始含油饱和度的影响。

油层中含油量的多少对蒸汽吞吐的开采效果有较大的影响。原始含油饱和度低，蒸汽吞吐开采效果差，峰值产量低。

⑤油层渗透率的影响。

油层渗透率对蒸汽吞吐开采效果有较大的影响。稠油油藏一般多为疏松的砂岩油藏，物理性质好、渗透率较高，有利于蒸汽吞吐开采。

⑥油层非均质性的影响。

油层中存在高渗透率层时，注入蒸汽将优先进入高渗层而导致层间吸汽不均，蒸汽吞吐的初期吞吐效果较好,但这会对后续的吞吐和蒸汽驱产生不利影响,会导致油层储量动用不均,从而影响整个油藏的开采效果。

⑦边、底水的影响。

边、底水的存在会对稠油热采产生不同程度的影响,这种影响主要表现在边水浸入、底水锥进。

J(GJ)BF018 注汽参数对蒸汽吞吐开采的影响

(3)注汽参数对蒸汽吞吐开采的影响。

对于不同类型的油藏,在现有工艺技术条件下,为了提高蒸汽吞吐开采效果,必须进行工艺参数的优化。

①蒸汽干度的影响。

在相同的蒸汽注入量下,蒸汽干度越高,热焓值越大、加热的体积越大、蒸汽吞吐开采效果越好。

②蒸汽注入量的影响。

一般蒸汽注入量越大,加热范围越大、产量越高。注汽量增大,受热体积增加的速度减缓,产量增长的幅度减小,吞吐油汽比下降;周期注汽量过大,井底压力增高,影响蒸汽干度的有效提高。注汽量大,注汽时间长,油井停产作业时间延长,并可能产生井间干扰。

③注汽速度的影响。

注汽速度越高,开采效果相对越好,但生产动态很接近,开采效果差异较小。

J(GJ)BF019 蒸汽驱开采机理

2)蒸汽驱开采方法

蒸汽驱开采是稠油油藏经过蒸汽吞吐开采后进一步提高原油采收率的热采阶段。因为进行蒸汽吞吐开采时,只能采出各个油井井点附近油层中的原油,井间留有大量的死油区,一般原油采收率为10%~20%。采用蒸汽驱开采时,由注入井连续注入高干度蒸汽,注入油层中的大量热能加热油层,从而大大降低了原油黏度,而且注入的热流体可将原油驱动至周围的生产井中采出,使原油采收率增加20%~30%。虽然蒸汽驱开采阶段的耗汽量远远大于蒸汽吞吐,且原油蒸汽比低,但它是主要的热采阶段。

在蒸汽驱动开采过程中,由注气井注入的蒸汽加热原油并将其驱向生产井中。注入油藏的蒸汽,由注入井推向生产井的过程中会形成几个不同的温度区及油饱和度区,即蒸汽区、凝结热水区、油带、冷水带及原始油层带。热水凝结带又可分为溶剂带及热水带。事实上这些区带之间没有明显的界线。这样划分便于描述蒸汽驱过程中油藏的各种变化。

当蒸汽注入油藏后,注入的蒸汽使蒸汽带向前推进。蒸汽带前部,由于加热油层,蒸汽释放热量而凝结为热水凝结带,热水凝结带包括溶剂油及热水带,它的温度逐渐降低。继续注入蒸汽,推进热水带并用蒸汽带前缘的热量加热距注入井更远的冷油区。凝结热水加热油层损失热量后,温度逐渐降到原始油层温度,未加热的油层保持原始温度。

由于每个区带的驱替机理不同,因此注入井与生产井之间的油饱和度也不同,这不取决于原油饱和度,而取决于温度及原油的组分。在蒸汽温度下,原油中部分轻质馏分在蒸汽的蒸馏作用下,在蒸汽带前缘形成溶剂油带或轻馏分油带。在热凝结带中,这种轻馏分油带从油层中能抽提部分原油形成油相混相驱替作用。同时热凝结带的温度较高,使原油黏度大大降低,热水驱扫后的油饱和度远低于冷水带。

由于蒸汽带及热水带不断向前推进,将可动原油驱扫向前,在热水带前面形成了原油饱和度高于原始值的油带及冷水带,此处的驱油形式和水驱相同。在油层原始区,温度和油饱和度仍是原始状态。

是否适合适宜蒸汽驱开采，应从经济指标和油藏条件方面考虑。

(1)蒸汽驱开采的经济指标。

对衡量稠油油藏蒸汽驱开采是否成功有决定作用的是其经济指标是否达到了可获得经济效益的标准。

极限净产油量是指产出油量中扣除燃料用油量后，用于平衡转蒸汽驱的追加投资和用于平衡蒸汽驱阶段每年的生产操作费。

油汽比指标是衡量蒸汽驱效果好坏的一项重要指标，这一指标高低随原油价格而变化，原油价格高时，油汽比指标允许较低，原油价格低时，必须相应提高油汽比指标，蒸汽驱才能见到经济效益。

J(GJ)BF021 油藏地质条件对蒸汽驱开发的影响

(2)油藏地质条件对蒸汽驱开发效果的影响。

①原油黏度。

随原油黏度增高，蒸汽驱效果明显变差，当油层温度下脱气原油黏度大于1000mPa·s时，注入蒸汽加热油层难以使原油黏度降至使原油可以较好流动的程度，驱动困难，蒸汽驱油汽比小于经济极限值，以此作为适宜于蒸汽驱开采油藏的黏度界限值。

②油层厚度。

在一定范围内，油层厚度大，蒸汽驱效果较好。总体上说，油层总厚度应大于10m。对于互层状油藏，由于热量向夹层、隔层中散失，热损失大，油层总厚度应大于15m。对于块状油藏，由于蒸汽纵向上的重力分异和超覆作用会影响蒸汽驱效果，因此油层厚度不宜太大，以中等厚度(小于40m)为宜；巨厚块状油藏，油层厚度过大，在现有井网条件下，加热油层速度慢、蒸汽驱生产时间长、低产期长、采收率低，达不到极限采收率指标，很难实施经济有效的蒸汽驱开发。

③含油饱和度。

油层含油饱和度对蒸汽驱采收率影响较大，随含油饱和度的增加，蒸汽驱采收率线性递增。

④油层非均质性。

油藏存在纵向渗透率非均质性时，各层的吸汽能力不一样，蒸汽带将沿高渗透率层窜流而过早地突破，使其波及系数减小，驱油效率降低，最终导致采收率降低。

⑤净总厚度比。

净总厚度比是指注蒸汽开采层段油层有效厚度与总厚度之比。净总厚度比小，表明开采层段内隔层、夹层较发育，注蒸汽开发损失大，热效率低；净总厚度比大，表明油层较发育，蒸汽驱采收率高。

⑥油层中有无窜流通道。

蒸汽吞吐过程中，超高压注汽压开油层，或油层中存在天然微裂缝和高渗透带，都可能形成蒸汽窜流通道。

窜流通道的存在，对蒸汽驱效果会产生十分不利的影响，会导致蒸汽驱有效开发期缩短，蒸汽驱采收率及油汽比明显地降低。

⑦蒸汽吞吐开采中回采水率的大小。

回采水率低，地下存水量大，近井地带含水饱和度高，转驱后，注汽井由于首先加热存水而损失一定的热量,转驱初期,驱动前缘是较大的冷水带,黏性指进严重,很难实现有效的蒸汽驱开采。对于采油井,由于驱替方式的改变,压力梯度增大,在驱替过程中,由于近井地带存水的采出,含水大幅度上升,产油量下降,产量滑坡严重,产量恢复也较困难,蒸汽驱采收率低,开发效果差。

⑧边底水能量的大小。

稠油油藏转蒸汽驱开发之前,一般要经历吞吐开采油层压力下降这一过程,如油藏具有较活跃的边底水,转蒸汽驱开采则较为困难。

J(GJ)BF020 蒸汽驱采油注采参数优选

(3)蒸汽驱采油注采参数优选。

对于不同类型的油藏,在现有工艺技术条件下,为了提高蒸汽驱开采效果,也必须进行工艺参数的优化。

①注汽速度。

对于一个特定的油藏,在所选定的开发系统条件下,采用蒸汽驱开采,有一个优化的注汽速度,在这一速度下,热能利用较好,热损失较小,既能有效地加热油层,又能作为有效的驱替介质。

②注入蒸汽干度。

注入井底蒸汽干度的高低,不仅决定蒸汽携带热量的多少,从而决定能否有效地加热油层,而且还能决定蒸汽带体积能否稳定扩展驱扫油层而达到有效蒸汽驱开发。

③生产井排液速度与采注比。

蒸汽驱开采过程中,在优选的蒸汽干度及注汽速度下,每个开发单元的排液速度大小直接涉及注采关系的变化、压力的变化,影响蒸汽带体积的大小,进而影响到蒸汽驱开采效果的好坏、经济效益的高低,最终将决定能否采用优化的注汽速度以及能否实施有效的蒸汽驱开发。

3)火烧油层开采方法

火烧油层又称为油层内燃烧驱油法,简称火驱。它利用油层本身的部分重质裂化产物作燃料,不断燃烧生热,依靠热力、汽驱等多种综合作用,实现提高原油采收率的目的。

通过适当井网,选择点火井,将空气或氧气注入油层,并用点火器点燃油层,然后继续向油层注入氧化剂(空气或氧气)助燃形成移动的燃烧前缘(又称燃烧带)。燃烧带前方的原油受热降黏、蒸馏,蒸馏的轻质油、气和燃烧烟气驱向前方,未被蒸馏的重质碳氢化合物在高温下产生裂解作用,最后留下裂解产物——焦炭作为维持油层燃烧的燃料,使油层燃烧不断蔓延扩大。由于在高温下地层束缚水、注入水及裂解生成氢气与注入空气的氧化合生成水蒸气,携带大量的热量传递给前方油层,从而形成一个多种驱动的复杂过程,把原油驱向生产井。被烧掉的裂解残渣约占储量的10%~15%。

从火烧油层的驱油机理看,它具有以下特点:

①具有注蒸汽、热水驱的作用,热利用率和驱油效率更高,同时由于蒸馏和裂解作用,提高了产物轻质成分的含量。

②具有注汽、注水保持油层压力的特点,且波及系数及洗油效率均较高。

③具有注二氧化碳和混相驱的性质,驱油效率更高,见效更快,且无须专门制造各种介质及配套设备。

火烧油层采油法适用范围广,既可用于深层(>3500m)、薄层(<6m)、较细密

(0.035μm²)、高含水(>75%)的水驱稀油油藏,又可用于稠油油藏;既可用于一、二次采油,又可用于三次采油,还被认为是开采残余油的重要方法。

4)出砂冷采

稠油油藏一般埋藏较浅,压实成岩作用差,储层胶结疏松,开采过程中出砂现象十分普遍和严重,给生产带来了较大危害,采用各种防砂工艺技术后,虽然能取得一定的防砂效果,但是,这既影响油井的产油量,又会增加防砂工具的投资。"出砂冷采"正是能克服上述危害和不利的一项稠油开采新技术,它不需要向油层注入热量,属于一次采油的范畴,允许油藏出砂,并通过出砂采油大幅度提高稠油常规产量。

(1)大量出砂形成"蚯蚓洞"网络,极大地提高了稠油的流动能力。

稠油油藏一般埋藏较浅,压实成岩作用差,储层胶结疏松,砂砾间的结合能力弱,在较高的压力梯度作用下,砂粒容易发生脱落,而原油黏度较高,携砂能力强,致使砂粒随稠油一同采出,油层中形成"蚯蚓洞"网络(据有关文献介绍,"蚯蚓洞"的形成主要依赖于砂粒间结合力的强弱差异来实现),从而使油孔隙度和渗透率大幅度提高。一般情况下,孔隙度可以从30%提高到50%以上;渗透率可从1~2μm²提高到上百平方微米,极大地提高了稠油的流动能力。

(2)稠油以泡沫油形式产出,减少了流动阻力。

在稠油从油层深处向井筒流动过程中,随着油层压力的降低,地层原油中产生的大量微气泡形成泡沫油流动,且气泡不断发生膨胀。由于稠油黏度高,胶质含量高,形成的油膜强度大,因此,泡沫油不易破裂,即使在非常低的压力情况下,泡沫油仍能保持较长时间的稳定。泡沫油的形成,减少了原油流动阻力。

(3)溶解气膨胀,提供了驱油能量。

稠油中的溶解气以微气泡的形式存在于地层中,当含气原油向井筒流动时,由于孔隙压力降低,不仅微气泡急剧膨胀形成泡沫油,而且油层中的原油、水以及岩石骨架也会发生弹性膨胀。这些因素的联合作用为原油的流动提供了驱动能量。

(4)远距离边、底水的存在,提供了补充能量。

边底水对稠油出砂冷采的作用,国外研究人员存在不同的看法,有人认为,边底水的存在可以为驱动补充能量,有利于稠油出砂冷采;也有人认为,稠油出砂冷采过程中必然形成蚯蚓洞网络,一旦蚯蚓洞网络延伸到边底水区域,必然导致油井只产水不产油。

J(GJ)BF025 汽-水分离器的工作原理

5.蒸汽分离器

高温高压汽-水分离器和稠油热采注气锅炉配套使用,安装在热采锅炉出口,能够将锅炉产生的汽-水两相流中的水相分离出来,分离出的水相经扩容与换热器后可预热锅炉给水,分离出的高干度蒸汽注入热采井内,可提高热采井注汽干度。汽-水分离装置系统流程如图2-1-1所示。

汽-水分离器主要由一次分离、二次分离、波形分离器和壳体组成(图2-1-2)。一次分离器由四块螺旋叶片、芯子、内套筒、外壳体和底座组成,二次分离器和波形分离器均是由两组波形板分离器组成,每组波形板分离器内有84块波形板。从锅炉出来的饱和蒸汽由分离器底座入口进入,首先通过螺旋叶片高速旋转上升,利用液汽动能差原理,在离心重力作用下,将汽液初步分离,分离出液体进入内套筒和外壳夹层中并返回到底部的储液段,气体则通过中心孔进入二次分离器,在二次分离器中利用波形板附着水膜的黏附作用,沿器壁沉降到储液段,分离出的蒸汽再进入波形分离器,利用波形板上附着水膜的黏附作用,再进一步将蒸汽中的水滴分离出来,分离出来的水经回水管进入储液段,分离出的高干度蒸汽从上口引出输送到各个注汽井,储液段的饱和水经减压引出扩容器。

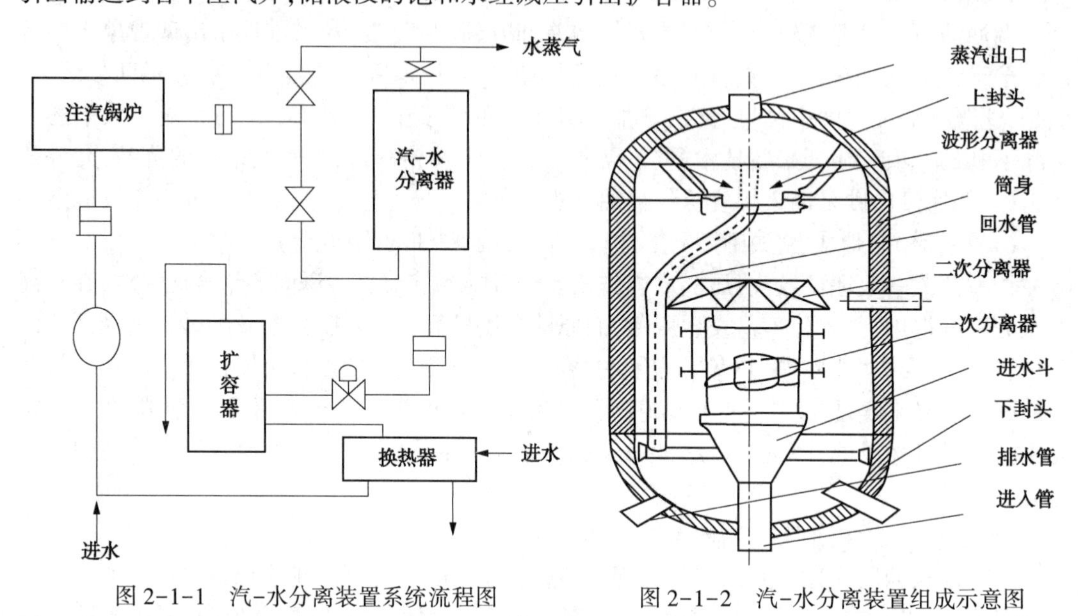

图 2-1-1 汽-水分离装置系统流程图

图 2-1-2 汽-水分离装置组成示意图

J(GJ)BF002 化学法采油工艺

(三)化学法开采工艺

1.热化学解堵技术

热化学解堵技术是近几年出现的利用放热的化学反应产生的热量和气体处理油层的一项解堵增产、增注技术。化学反应产生的热量可以解除死油、胶质及有机盐堵塞,同时也可解除水堵和高界面张力堵,降低原油黏度。另外,反应放出大量高温 N_2可以冲散地层微粒在孔喉处的“架桥”,并帮助排出堵塞物,从而提高地层渗流能力,达到增产目的。该方法中使用的化学剂是亚硝酸钠与氯化铵,在施工中加入适量的活化剂来控制反应速率,使混合物在到达地层时达到放热高峰。

2.注水井化学调剖技术

注水井化学调剖技术是在注水井中用注入化学剂的方法,降低高吸水层段的吸水量,从而相应提高注水压力,达到提高中低渗透层吸水量,改善注水井吸水剖面,提高注入水体积波及系数,改善水驱状况目的的工艺技术。

3.增油剂解堵技术

解堵增油剂是由有机溶剂、渗透剂、表面活性剂和黏土稳定剂复配而成。

当解堵剂进入油层后,首先是渗透剂润湿岩石的表面,使有机沉淀物脱落,并迅速被有机溶剂溶解。表面活性剂的作用是降低油水界面张力和原油岩石间的附着力,从而有利于原油的流动。黏土稳定剂的作用是防止黏土颗粒的膨胀和运移。

J(GJ)BF003 非竖直采油井工艺

(四)非竖直采油井工艺

20 世纪 80 年代以来,国内外的非竖直采油(注水)井发展很快,出现了定向井、斜直井、水平井及侧钻井，这里分别进行简要介绍。

1.定向井及丛式定向井

定向井的井眼轨迹一般由“直井段—造斜段—稳斜段”组成，有3段式和5段式两种。丛式定向井是由一口直井和几口定向斜井组成的井组。与直井相比，丛式井可在占地面积较小的情况下覆盖较大的含油面积。定向井井眼轴线是一条空间曲线。钻进一定的井段后，要进行测斜，被测的点称为测点。两个测点之间的距离称为测段长度。每个测点的基本参数有3项：井斜角、方位角和井深。这3项称为井身基本参数，又称为井身三要素。

2.斜直井

斜直井的井眼轴线是倾斜直线，井身从地面开始一直倾斜到井底。在垂直井深相同的条件下，水平位移比定向井更大，占地面积少，覆盖的含油面积更大。

3.水平井

水平井的井眼轴线是由垂直段、造斜段、水平段三部分组成，造斜段又是由圆弧段—切线段—圆弧段组成。水平井不但可以覆盖更大的含油面积，而且可以满足不同目的层的开发需要。水平井采油的泵和工具一般不下入水平段，工艺上和斜井相似。但是，水平井的压裂、酸化都是在水平段进行，难度相当大。

4.套管内侧钻井

套管内侧钻井是在原来开采过的垂直井的套管上开窗，然后造斜或水平钻进一泄油段，用于报废井的恢复生产或某些在用井的改造。

5.小井眼井

小井眼井通常指油层套管直径小于5/2in的小井径井。与常规开采方法相比，小井眼采油技术可节约大量成本。

6.分支井

分支井指在一个主井眼（直井、定向井、水平井）中钻出两个或两个以上的井眼（定向井、水平井、波浪式分支井）的井；也指在一个垂直井（新井、老井）中侧钻出两个或两个以上井底的井。分支井是提高油气采收率的一条有效技术途径。理论上讲分支井可以用于任何类型的油气藏，但对以下的情况具有经济技术优势：

（1）用多个分支水平井眼替代设计水平位移较大的水平井。

（2）地面为环境敏感地区，不允许建多个井场。

（3）重油或稠油油藏、层状油层体系、断块或孤立油藏、衰竭油藏、低渗油藏、天然裂缝油藏和存在一个或多个垂向不渗透隔层的油藏。

（4）老井侧钻。

（5）井槽数受限的海上平台。

J(GJ)BF004 三次采油的概念及聚合物驱油机理

（五）三次采油概念及聚合物驱油机理

1.三次采油概念

三次采油的概念，是由油田的开采方式演变发展而来的。最初开发油田时，一般都是利用天然能量进行开采，直至油田天然能量枯竭，油井不能自喷生产为止，这一阶段的开采方式称为一次采油。其特点是投资较少,技术简单,利润高,油田采收率低,采收率一般只有10%左右。为了增加油田的可采储量,必须增补油藏能量,这就提出了注水采油的方法。通过注水使油藏能量恢复,可维持较长的自喷开采期,使油田采收率达到30%~40%,这一阶段开发方式称作二次采油。水驱开发阶段的特点与一次采油比较,技术相对复杂得多,油田投资费用也较高,但油井生产能力旺盛,经济效益仍然很高。当二次采油末期油田含水上升到经济极限,再用注水以外的新技术继续进行开采,这就是三次采油,简称 EOR,亦称强化开采技术,与二次采油方式比较,其特点是高技术、高投入、高采收率,应用该方法可以获得很高的经济效益。

从总体上看,目前的三次采油技术中,仅有少数方法已经成熟到能够以工业规模进行开采的阶段,如热力采油技术中的蒸汽吞吐采油技术和聚合物驱油技术,很多技术还处在实验室研究或进行先导性矿场试验阶段。国内外研究较多并相对成熟、具有良好前景的三次采油技术,主要为以下 3 项技术:

(1)热力采油技术。热力采油技术包括蒸汽采油技术和油层就地燃烧技术两种。其中蒸汽采油技术又可分为蒸汽吞吐采油技术和蒸汽驱采油技术。

(2)气体混相驱(或非混相驱)采油技术。气体混相驱采油技术包括烃类驱采油、CO_2混相或非混相驱采油和氮气驱采油。

(3)化学驱采油技术。化学驱采油技术包括聚合物驱采油、表面活性剂驱采油、碱驱采油和表面活性剂-碱-聚合物驱采油。

2.聚合物驱油机理

关于聚合物的驱油机理,目前尚未取得一致的认识。但普遍认为,聚合物通过增加注入水的黏度和降低油层的水相渗透率而改善水油流度比,调整注入剖面而扩大波及体积,进而提高原油采收率。关于聚合物驱是否能够提高驱替效率存在着分歧,但逐渐趋向于聚合物驱能提高中性或亲油油藏的驱替效率。因为聚合物增大了油水间的界面黏度,从而增加了水相的携油能力。甚至有人认为,由于聚合物增大了油水界面黏度和驱动压差,即使在亲水油藏中,聚合物驱也可以提高驱替效率。

J(GJ)BF005 驱油聚合物种类及影响聚合物溶液黏度的因素

3.驱油聚合物的分类

用于聚合物驱的水溶性聚合物大致可分成人工合成聚合物和天然聚合物两类:

(1)人工合成聚合物。

(2)从植物、植物种子中提取的及用细菌发酵获得的天然聚合物,基本上为聚多糖及其衍生物。尽管聚合物驱油研究中曾尝试过许多合成和天然聚合物,但工业上广泛应用的只有聚丙烯酰胺和黄原胶。聚丙烯酰胺可以根据不同的聚合方法形成固体、水溶液和乳液三种形式的产品。

4.影响聚合物溶液黏度的因素

聚合物溶解过程要经过两个阶段:先是溶剂分子渗入聚合物内部,使聚合物体积膨胀,称为溶胀;然后才是高分子均匀分散在溶剂中,形成完全溶解的分子分散体系。在溶液中,偶极水分子通过吸附或氢键而在高分子周围形成溶剂化层或成为束缚水,同时因带电基团间的静电斥力而使聚合物分子更加舒展,无规线团体积增大,这都使分子运动的内摩擦、流动阻力增大,从而增加水的黏度。而影响聚合物溶液黏度的主要因素有相对分子质量、浓度、矿化度、pH值、温度等。

（1）聚合物相对分子质量增加，其在溶液中体积增大，从而使溶液的黏度增大。

（2）聚合物溶液浓度增加使溶液黏度增加，并且增加的幅度越来越大。

（3）随着矿化度的升高，分子的有效体积减小，溶液黏度下降，且多价阳离子降黏作用增强。

（4）许多研究表明，在油田应用范围内，pH值对聚丙烯酰胺（HPAM）溶液的黏度影响不大。pH增加，聚丙烯酰胺（HPAM）溶液的黏度增加，但增加幅度越来越小。

（5）聚合物溶液的黏度随温度的升高而降低。但在温度升至降解温度之前，其黏度是可恢复的，即温度降至原来温度，黏度也恢复到原来值。

J(GJ)BF006 影响聚合物驱油效率的因素

5.影响聚合物驱油效率的因素

影响聚合物驱油效率的因素很多，也很复杂，这里只简单介绍几个主要的影响因素。

1）油层的非均质性

油层的非均质性是影响聚合物驱的一个重要因素。渗透率变异系数愈大，改变流度比所能改善的体积扫及效率越低。聚合物驱的最佳变异系数越低。聚合物驱的最佳变异系数范围为0.6~0.9。这个范围不是绝对的，它会因聚合物、油层岩性及油水性质而发生变化。

2）聚合物相对分子质量的影响

聚合物的相对分子质量增加，聚合物溶液的黏度增加，降低油层渗透率的能力也增加，所以在能注入的情况下，应尽量选择高分子量的聚合物。

3）矿化度的影响

矿化度直接影响着聚合物增黏和降低渗透率的能力，因此它也必然影响聚合物的驱油效率。不同矿化度的水配制相同黏度的聚合物溶液所需聚合物浓度差异很大。

4）聚合物的用量及注入段塞组合

在聚合物驱油中，聚合物的用量大，采收率增大，但每吨聚合物增加的原油量却不是聚合物用量的单值函数。当聚合物用量达到一定值后，增油量随聚合物用量的增加而降低。即使在相同用量下，注入浓度段塞的组合不同，其驱油效果也不同。研究表明，阶梯浓度段塞注入方案优于整体浓度注入方案；增加主力段塞浓度，聚合物驱油效果变好。

6.聚合物驱油方案设计及动态变化规律

聚合物驱油与水驱开发有着很大的差异，聚合物驱油效果的好坏，与油层的条件、油层流体性质、聚合物驱油合理井网井距、聚合物驱油开始时机及注聚合物溶液浓度和段塞体积大小等因素有密切关系。因此聚合物驱油矿场方案设计是驱油效果好坏的关键。

J(GJ)BF007 聚合物驱油层位、井网选择及井距问题

1）驱油层位、井网选择及井距问题

（1）聚合物驱油层位的选择。

聚合物驱油层位应具备以下条件：①驱油层位具有一定的厚度，目前大庆油田一般选用主力油层；②具有单独开采条件，油层上下具有良好的隔层；③油层渗透率变异系数为0.6~0.8，而0.72最优；④油层有一定的潜力，可流动油饱和度大于10%。

（2）井网选择。

应用数值模拟方法研究了五点法、四点法和反九点法等不同井网对聚合物驱油效果的影响，结果表明：当采油井距为250m时，聚合物驱油提高原油采收率的效果以五点法最好，

四点法次之,反九点法最差;此外,五点法井网注采井数比为1:1,四点法为1:2,反九点法1:3;如果单元控制面积相同,则五点法的单井注入量最少,注入压力上升余地较大。因注入聚合物溶液黏度比水高,油层阻力系数将逐步升高,会造成注入压力逐渐升高(一般注入压力比注清水时上升4~6MPa)。因此无论从提高采收率还是从注采井数比来看,五点法井网最好。

(3)井距问题。

聚合物驱油,注采井距大小的确定要考虑以下因素:

①由于聚合物溶液黏度比水高,注入聚合物溶液后,将使油层渗流阻力明显增大,注入能力大幅度下降,一般情况下与注水相比下降50%以上。

②采液指数明显下降,较注水时低1/2~2/3,若提高日产液量,应采用机械采油方式。

J(GJ)BF008 聚合物驱油阶段的划分

2)聚合物驱油阶段划分

聚合物驱油一般可分为3个阶段,分别是水驱空白阶段、聚合物注入阶段和后续水驱阶段。

第一阶段一般需要3~6个月时间。其主要目的是:

(1)注入低矿化度清水,降低油层水中的矿化度,以减少聚合物溶解注入后的黏度损失。

(2)分析了解井网加密后水驱开采含水变化及产量变化规律,评价井网加密,以延长稳产期、增加可采储量、提高采收率。

(3)取得注入、采出参数,为进一步注入聚合物制定合理的油水井工作制度提供依据。

(4)建立动态监测系统,完善井下、地面工艺设施,为对比聚合物驱油效果录取基础资料。聚合物注入阶段是聚合物驱油的中心阶段,一般为3~3.5年,此阶段的主要任务是实施聚合物驱油方案,将方案所设计的聚合物用量按不同的注入段塞注入油层。同时此阶段的后期也将是增油的高峰期,聚合物驱增油期50%以上的产量将在此阶段采出。

聚合物溶液全部注完之后,注入井将继续注水,进入第三阶段,以保持聚合物驱油效果,直至采油井含水达到98%为止。

J(GJ)BF009 聚合物驱油动态监测

3)聚合物驱油动态监测

聚合物驱油与水驱开发有很大的区别,在动态监测上也必须建立一套适合聚合物需要的动态监测系统。聚合物驱油过程中除录取水驱开发所需的常规生产资料(产量、含水、注入量、注入压力等)外,应对聚合物溶液性能、生产动态、驱油效果等进行定期的监测。

(1)注入水质。

每七天对注入水、配制站聚合物用水的水质(矿化度、含铁量)及水中含氧量进行监测,分析水质变化情况。

(2)聚合物溶液浓度和黏度。

每天对配制站配制的聚合物溶液及站内输送流程中重点环节的浓度和黏度进行监测,以保证注入聚合物溶液的质量。

(3)生产动态。

①化验含水率:采油井每3天取样进行一次含水率化验,观察井和重点分析井每天取样一次。

②产出液水质化验:产液采油井的水质每15天化验分析1次。

③产出液聚合物含量分析：注聚合物后，采出井每周取水样1次，定性检测有无聚合物。见聚合物后，每10天取样1次，检测聚合物含量并进行黏度分析。

④压力监测：采油井流压每月1次，静压每季度或半年1次；注入井每年测流、静压1次。

⑤分层测试：注入井每半年测1次吸水剖面，生产井（重点观察井）每季度或半年测1次产液剖面。

（4）特殊监测。

为了分析研究聚合物驱油过程中的新问题，可进行特殊监测：

①利用观察井进行能谱及介电测井，测量聚合物驱油层含油饱和度变化，一般半年测试一次。

②深井取样监测，一般利用取样井定期对聚合物溶液的浓度、黏度进行分析，了解聚合物溶液浓度、黏度、相对分子质量在油层内的变化情况。

③示踪剂监测：重点试验区一般分别在注入聚合物溶液段塞前缘、段塞中间、段塞后注入示踪剂，在采油井（观察井）井口取样检测示踪剂含量。在注入示踪剂后每5天取样一次，见示踪剂后每10天取样一次，直至示踪剂消失为止。

④数值模拟跟踪拟合：在聚合物驱油方案实施过程中，应采用现场资料进行数值模拟跟踪拟合预测，并及时进行方案调整，使之达到预期效果。

J（GJ）BF010 聚合物驱油动态变化规律

4）聚合物驱动态变化一般规律

由于聚合物增加了注入水黏度，降低了油层的水相渗透率，改善了水油流度比，因此注聚合物后油田动态变化规律也与水驱有很大不同。大庆油田经过几个矿场试验，对聚合物驱油的开采特点已经有了初步的认识：

（1）注聚合物后，注入压力增加，注入能力下降。

（2）注聚合物后，油井流动压力下降，生产能力下降。

（3）注聚合物后，调整了吸水剖面，扩大了波及体积。

（4）注聚合物后，油井含水大幅度下降，产油量显著增加。

（5）注入聚合物后，一般是油井先见效，聚合物后突破。

（6）注聚合物后，油井含水一般经历大幅度下降和后期的连续上升两个阶段。

J（GJ）BF011 聚合物注入工艺技术

7.聚合物注入工艺技术

1）聚合物溶液配制过程及注入流程

聚合物是作为一种添加剂加入水中的，因此注入工艺流程与常规注水流程基本一样。只是增加了把聚合物加入水中并按注入方案设计要求注入油层的步骤。概括起来，聚合物溶液配制及注入过程为：配比→分散→熟化→泵输→过滤→储存→升压计量→配比稀释→注入。

2）聚合物驱主要工艺设备

（1）聚合物分散装置。

聚合物分散装置是注入聚合物装置中的核心设备。它的性能直接影响整套注入聚合物装置的运行和驱油效果的优劣。聚合物干粉分散装置的作用是把一定重量的聚合物干粉均匀地溶解于一定重量的水中，配制成确定浓度的混合溶液，然后输送到熟化罐。为防止聚合物溶液降解，整套装置全部采用不锈钢材料。

(2)单螺杆泵。

单螺杆泵是一种内啮合的密闭式容积泵,具有工作平衡、没有脉动或动紊流、有自吸能力的特点。为防止聚合物溶液的黏度损失,在注聚合物流程中目前均采用单螺杆泵来做混合液和聚合物母液的输送泵。

3)注聚泵

目前聚合物注入泵均选用动力往复泵(柱塞泵),其主要原因是该种泵性能适应黏弹液体,同时对聚合物液的黏度影响较小。目前矿场应用较多的有单柱塞计量泵和三柱塞计量泵。

J(GJ)BC001 修井作业的分类

(六)修井的分类

修井作业主要分为:损害修井、堵水修井和防砂修井。

1.损害修井

(1)解除储集层损害的修井。

当井的产量在一定程度上有所降低时,应考虑进行修井,所有修井都应考虑旁通或清除油管、井筒、射孔孔眼、储集层孔隙和储集层的裂缝系统中的堵塞。通常的方法是用钢丝绳或油管探井底,以检测套管或裸眼井段中的充填物。常用的解除储集层伤害的方法包括清理、补孔、化学处理、酸化、压裂,或这些方法的联合使用。

J(GJ)BC002 修井作业的方法

(2)低渗透性储集层井的修井。

任一低渗透性储集层的油井通常需要一个有效的人工举油系统,但某些井可延缓甚至不需要修井,水力压裂就能形成线性流动,并改善较深部位储集层的渗透性。因而水力压裂是低渗透性储集层增加产量的最有效的方法。低渗透砂岩储集层可采用水力压裂方法,碳酸盐储集层可采用酸压或水力压裂措施。

(3)压力部分枯竭油层的修井。

在考虑压力部分枯竭油层修井之前,应规划利用有效的人工举升系统。对于压力部分枯竭油层,保持压力或采油新方法通常是增加产量和采收率最好的方法。

2.堵水修井

引起油气井大量出水的原因主要有:(1)套管泄漏;(2)误射水层;(3)管外窜槽;(4)底水锥进或边水指进;(5)人工裂缝延伸入水层(压裂窜通水层);(6)人工裂缝延伸到注水井附近(压裂窜通水井)。常用的修井方法有堵水调剖、降低产量和人工隔板等。

3.防砂修井

防砂方法主要有机械防砂、化学防砂和复合防砂三大类,具体方法有割缝衬管(筛管)、砾石充填、人工井壁、化学固砂、压裂防砂、射孔防砂。其中,砾石充填是常用的方法。

J(GJ)BC003 封隔器的概念及分类

(七)井下常用工具

1.封隔器

封隔器是指为了满足油水井某种工艺技术目的或油层技术措施的需要,由钢体、胶皮封隔件部分与控制部分构成的井下分层封隔的专用工具。有的封隔器可用于试油、采油、注水,有的可仅用于采油、注水和堵水等;有的封隔器适用于常温,有的适用于高温。

1)封隔器分类

按封隔器封隔件实现密封的方式,封隔器分为以下类型:

自封式。靠封隔件外径与套管内径的过盈和工作压差实现密封的封隔器。

压缩式。靠轴向力压缩封隔件,使封隔件外径变大实现密封的封隔器。

扩张式。靠径向力作用于封隔件内腔,使封隔件外径扩大实现密封的封隔器。

组合式。由自封式、压缩式、扩张式任意组合实现密封的封隔器。

2)封隔器型号编制

(1)编制方法。

按封隔器分类代号、固定方式代号、坐封方式代号、解封方式代号及封隔器钢体最大外径、工作温度、工作压差等参数依次排列,进行型号编制。其形式如图 2-1-3 所示。

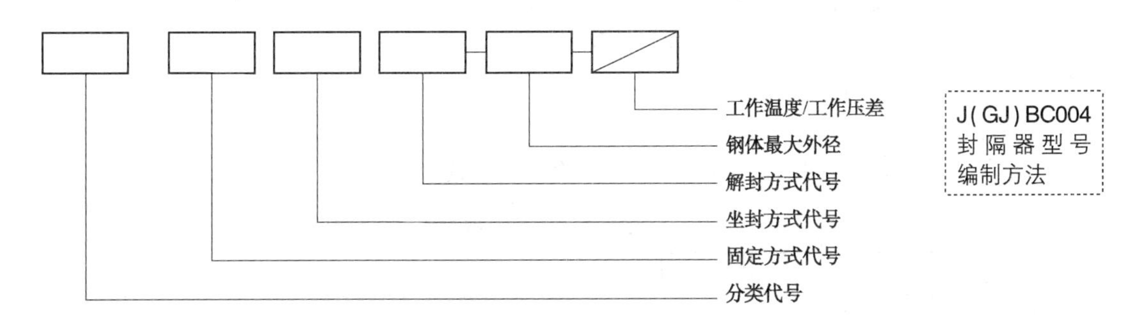

图 2-1-3　封隔器型号

(2)代号说明。

①分类代号:用分类名称第一个汉字的汉语拼音大写字母表示,组合式用各式的分类代号组合表示,见表 2-1-1。

表 2-1-1　封隔器分类代号

分类名称	自封式	压缩式	扩张式	组合式
分类代号	Z	Y	K	用各式的分类代号组合表示

②固定方式代号:用阿拉伯数字表示,见表 2-1-2。

表 2-1-2　固定方式封隔器代号

固定方式名称	尾管支撑	单向卡瓦	悬挂	双向卡瓦	锚瓦
固定方式代号	1	2	3	4	5

③坐封方式代号:用阿拉伯数字表示,见表 2-1-3。

表 2-1-3　坐封方式封隔器代号

坐封方式名称	提放管柱	转动管柱	自封	液压	下工具	热力
坐封方式代号	1	2	3	4	5	6

④解封方式代号:用阿拉伯数字表示,见表 2-1-4。

表 2-1-4 解封方式封隔器代号

解封方式名称	提放管柱	转动管柱	钻铣	液压	下工具	热力
解封方式代号	1	2	3	4	5	6

⑤钢体最大外径:用阿拉伯数字表示,单位为毫米(mm)。

⑥工作温度:用阿拉伯数字表示,单位为摄氏度(℃)。

⑦工作压差:用阿拉伯数字表示,单位为兆帕(MPa)。

例 1:Y211-114-120/15 型封隔器,表示该封隔器为压缩式,单向卡瓦固定,提放管柱坐封,提放管柱解封,钢体最大外径为 114mm,工作温度为 120℃,工作压力为 15MPa。

例 2:YK341-114-90/100 型封隔器,表示封隔器为压缩、扩张组合式,悬挂或固定,液压坐封,提放管柱解封,钢体最大外径为 114mm,工作温度为 90℃,工作压差为 100MPa。

J(GJ)BC005 常用封隔器的技术参数

3)油气田封隔器通用技术条件

(1)封隔器基本参数。

①工作压力。

工作压力的数值应从表 2-1-5 给出的系列中选取。

表 2-1-5 封隔器工作压力数值系列

压力,MPa	7	10	15	20	25	35	50	70	100

②工作温度。

工作温度的数值应从表 2-1-6 给出的系列中选取。

表 2-1-6 封隔器工作温度数值系列

温度,℃	55	70	90	120	150	180	300	370

③钢体最大外径。

钢体最大外径的数值优先从表 2-1-7 给出的系列中选取。

表 2-1-7 钢体最大外径数值系列

最大外径,mm	90	50	100	105	110	115	120	135	140	144	148	152	165	185	210	215

④钢体内径。

钢体内径的数值优先从表 2-1-8 给出的系列中选取。

表 2-1-8 钢体内径数值系列

内径,mm	38	40	46	48	50	55	58	62	76	82	92	100

J(GJ)BC007 封隔器的使用要求

(2)使用要求。

①使用封隔器时,必须检查合格证并存档。

②封隔件、密封件使用时不得超过有效期。

③封隔器下井时,如井况不清,必须通井。

④起下封隔器,必须装指重表或拉力计。

⑤封隔器下入井内位置必须符合井下管柱结构图的设计要求。

⑥封隔器管柱的连接螺纹必须涂螺纹密封脂。

⑦封隔器的下井速度不得超过 1.0~1.2m/s,且操作保持平稳。

⑧必须按使用说明书要求使用封隔器。

⑨封隔器下井深度一律以封隔件上端面为基准。

J(GJ)BC008 Y111 型封隔器的特点及结构

4)Y111 型封隔器

(1)特点及用途。

Y111 型封隔器是一种靠尾管支撑、油管自重坐封、上提油管解封的压缩式封隔器,适用于分层试油、采油、测试、找水、堵水、酸化等工艺,一般与卡瓦封隔器配套使用。

(2)结构。

Y111 型封隔器主要由密封部分和导向滑动部分组成,其结构如图 2-1-4 所示。

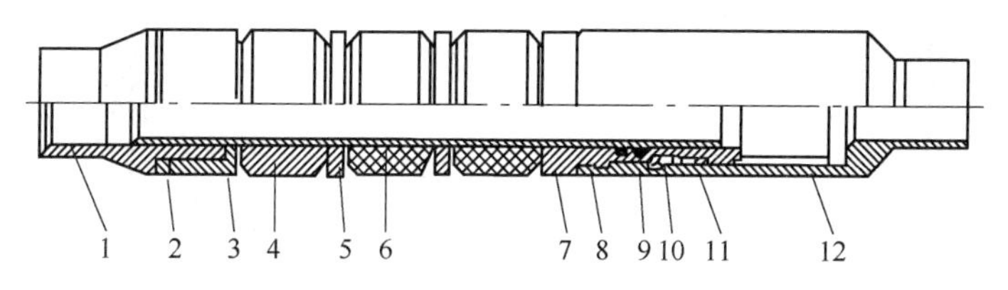

图 2-1-4 Y111 型封隔器示意图

1—上接头;2—防松销钉;3—调节环;4—胶筒;5—隔环;6—中心管;7—下压环;8,9—O 形密封圈;10—坐封剪钉;11—承重接头;12—下接头

(3)工作原理。

坐封:将封隔器下至井筒设计位置后,下放管柱,利用油管柱重力,通过上接头中心管带动承重接头剪断坐封剪钉,下放,同时调节环压缩胶筒,密封油套管环形空间。

解封:上提油管柱,释放封隔件,即可解封起出封隔器。

J(GJ)BC006 Y111 型封隔器的技术参数

(4)技术参数。

Y111 型封隔器主要技术参数见表 2-1-9。

表 2-1-9 Y111 型封隔器主要技术参数

参数	Y111-115	Y111-140	Y111-150	Y111-208
总长度,mm	725	919	816	1014
重量,kN	25.8	32	37	73.2
钢体最大外径,mm	115	140	150	208
钢体最小内径,mm	62	—	76	—
坐封力,kN	80~100	60~80	80~199	80~100
工作压差,MPa	上 15,下 8	上 15,下 6	上 15,下 6	上 15,下 6
工作温度,℃	120~180	—	—	—
适用套管内径,mm	117.1~127.7	146.3~154.3	153.8~163.8	220.5~228.5
两端连接螺纹	2TBG	2TBG	2TBG	3TBG

J(GJ)BC028 压缩式注水封隔器的结构及工作原理

5)压缩式注水封隔器

(1)常见结构。

压缩式注水封隔器用于高压分层注水,结构如图 2-1-5、图 2-1-6 和图 2-1-7 所示,通常和偏心配水器或同心配水器配套使用。

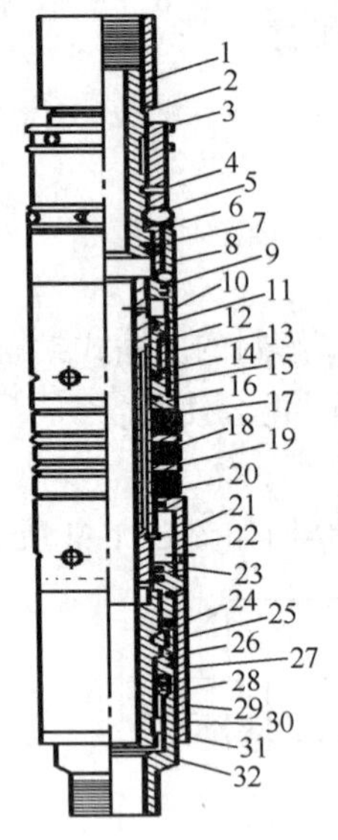

图 2-1-5 DQY141-114 封隔器

1—上接头;2—连接管;3—挡环;4—防转销钉;5—钢球;6—钢球套;7,9,12,14—O 形密封圈;8—中间接头;10—阀套;11—上中心管;13—洗井阀;15—压帽;16—阀座;17—长胶筒;18—中胶筒;19—隔环;20—衬管;21—小卡簧;22—挡套;23—坐封活塞;24—销钉;25—卡块;26—活塞套;27—悬挂体;28—下中心管;29—大卡簧;30—键;31—保护环;32—下接头

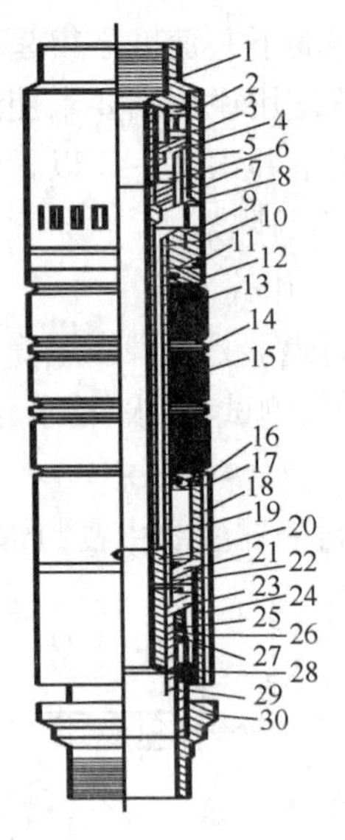

图 2-1-6 JHY341-114 封隔器

1—上接头;2—解封销钉;3—上反洗套;4—销钉挂;5,8,10,16,23—O 形密封圈;6—反洗活塞;7—上中心管;9—活塞座;11—压帽;12—上密封环;13—胶筒;14—隔环;15—内中心管;17—下密封环;18—下反洗套;19—外中心管;20—解封短节;21—坐封活塞;22—上部锁块;23—锁环;25—锥环;26—下部锁块;27—定位销钉;28—锁套;29—下中心管;30—下接头

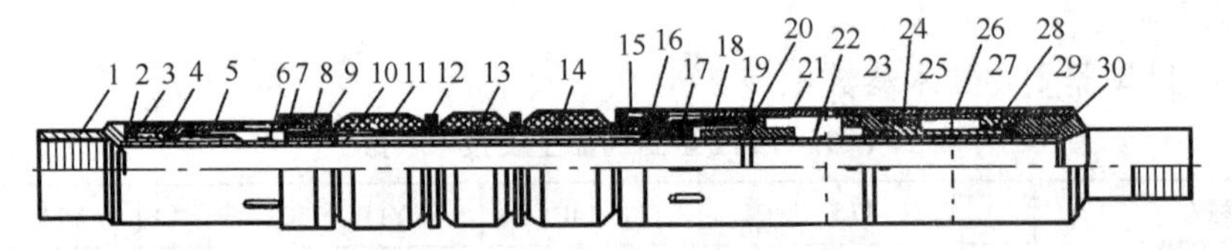

图 2-1-7 HNY341-115 封隔器

1—上接头;2,9,17,19,24,28—O 形密封圈;3—解封销钉;4—锁爪;5—反洗套;6—释放套;7—销钉;8—挡环;10—上内管;11—胶筒;12—隔环;13—胶筒;14—外管;15—坐封座;16—凸形密封圈;18—反洗活塞;20—连接套;21—坐封套;22—下内管;23—上活塞;25—活塞顶套;26—缸套;27—下活塞;29—螺钉;30—下接头

(2)工作原理。

从油管内加液压,液压作用在坐封活塞上,坐封活塞上行压缩胶筒,使胶筒胀大,密封油套环形空间,放掉油管内的压力,锯齿锁扣紧机构能够保证胶筒不回弹,胶筒始终处于压缩状态;反洗井时,打开洗井通道进行洗井,洗井完毕,洗井阀在静液压作用下关闭洗井通道;解封时,上提管柱,锁紧机构释放,胶筒在自身回弹力作用下复原,封隔器解封。

(3)技术参数。

常见压缩式注水封隔器技术参数见表 2-1-10。

表 2-1-10　常见压缩式封隔器技术参数

参数	DQY141-114-70/15	DQY341-114-120/25	ZYY341-114-120/25	JHY341-114-120/25	HNY341-115-120/25
最小内径,mm	54	54	55	48	50
总长,mm	1560	1260	1235	1156	1115
坐封压力,MPa	15~16	6~8	8~12	14~5	4~5
耐压差,MPa	15	15	25	25	25
洗井通道,cm^2	9	10	12	12	12
反洗压力,MPa	-	0.2~0.3	0.1	0.4~0.6	0.1~0.2
解封负荷,kN	-	20~25	10~15	25~30	25~30
耐温,℃	70	120	120	120	120
适应套管内径,mm	117~132	117~127	120~124	117~132	121~124
胶筒型号	YS113-7-15	YS113-7-15	YS113-12-25	YS113-12-15	YS114-12-25
连接螺纹	27/TBG8	27/TBG8	27/TBG8	27/TBG8	27/TBG8

J(GJ)BC009 控制类工具分类及型号编制方法

2.控制类工具

1)控制类工具型号编制方法

控制类工具型号编制方法如下：

K 分类代号　工具形式代号—尺寸特征或使用性能参数　工具名称

(1)分类代号。

用 K 表示控制类工具的分类代号。

(2)工具形式代号。

控制类工具形式代号用两个大写汉语拼音字母表示。这两个字母应分别是工具形式名称中的两个关键汉字汉语拼音的第一个字母,其编写方法见表 2-1-11。表 2-1-11 中未列出的其他控制类工具的形式代号也按此规则编写,但不能出现两个相同的形式代号,以免混淆。

表 2-1-11　控制类工具形式代号

序号	工具特征	代号	序号	工具特征	代号
1	桥式	QS	11	侧孔	CK
2	固定	GD	12	弹簧	TH
3	偏心	PX	13	轨道	GA
4	滑套	HT	14	正洗	ZX
5	阀	FE	15	反洗	FX
6	喷嘴	PZ	16	卡瓦	KW
7	缓冲	HC	17	锚爪	MZ
8	旁通	PT	18	水力	SL
9	活动	HD	19	连接	LJ
10	开关	KG	20	撞击	ZJ

(3)尺寸特征或使用性能参数表示方法。

尺寸特征或使用性能参数的表示方法由每个工具的标准具体规定,可以有外径表示法、外径×内径表示法、长度表示法、连接螺纹表示法、工作压力表示法、张力载荷表示法和扭矩表示法等。表示方法见表 2-1-12。

表 2-1-12 控制类工具尺寸特征或使用性能参数的表示方法

项目		代号	单位
尺寸特征	长度	—	mm
	外径	—	mm
	外径×内径	—	mm
连接螺纹	内螺纹尺寸×外螺纹尺寸	M(普通螺纹) T(梯形螺纹) S(锯齿形螺纹) EU(外加厚油管螺纹) NU(平式油管螺纹)	mm mm mm in in
使用性能	工作压力	—	MPa
	张力载荷	—	kN
	扭矩	—	kN · m

(4)工具名称。

工具名称用汉字表示,方法见表 2-1-13,表中未列出的工具也按此规则编写。

表 2-1-13 工具名称表

序号	工具名称	序号	工具名称
1	堵水器	11	扶正器
2	配产器	12	充填工具
3	配水器	13	安全接头
4	喷砂器	14	刮蜡器
5	定位器	15	冲击器
6	气举阀	16	水力锚
7	滑套	17	隔热管
8	阀	18	伸缩管
9	脱接器	19	堵塞器
10	泄油器	20	防脱器

(5)应用举例。

KQS-110 型堵水器:表示外径为 110mm 的控制工具类桥式堵水器。

KLJ-90×50 型安全接头:表示最大外径为 90mm,内通径为 50mm 的控制工具类连接管柱用的安全接头。

J(GJ)BC010 水力震荡器的工作原理

2)震荡器。

(1)水力震荡器。

在测压、投捞或测试过程中,如果工具(或仪器)遇卡,钢丝在绳帽处拔断,可采用震荡器上接加重杆,下接打捞器的方式进行震荡解卡打捞。

①结构：水力震荡器（图 2-1-8）由主体、外套、定压单流阀及进液接头等部件组成。

J(GJ)BC026 水力震荡器的使用注意事项

②工作原理：下井捞住落物后，地面上要拉紧钢丝，使主体和皮碗上移。由于皮碗的抽汲作用，使外套下端缸体内处于低压，当缸体内外压差超过阻尼接头定压阀的启动压力时，缸体外部液体通过阀进入缸体，使缸体内外压差降低，钢丝拉着主体继续上移。随着液体不断地进入缸内，主体和皮碗不断缓慢上移。当皮碗移出缸体后，原来被拉紧而弹性伸长的钢丝突然后缩，主体也突然上移，其上的大销子便打击外套，使下部被卡住的工具受到震荡，然后放松钢丝，利用主体自重皮碗又进入缸内，重复上述过程，就可起到连续震击作用。

③注意事项：

a.在组合工具时，不可在水力震荡器动力部分施加外力。

b.水力震荡器安放位置视具体情况而定。

c.震荡短节直接接在震荡器之上。

d.在地面进行功能测试时，水力震荡器产生的振动可能会很强烈，要注意安全。

e.在低温环境中进行测试时，如果环境温度低于-10℃，不能在地面进行功能测试，否则会对定子的橡胶造成永久的伤害。

f.进行超高温井下工具测试时，工具的橡胶中需添加特殊的材料，确保工具在超高温的环境中能够正常运行。

(2) 直接式机械震荡器。

①结构。

直接式机械震荡器也称为强力震击器，由上链和下链两部分组成。上链和下链像两节能自由延伸的长链一样连接在一起（延伸的长度即为冲程，有 60mm 和 76mm 两种冲程），如图 2-1-9 所示。

J(GJ)BC011 直接式机械震荡器的结构及工作原理

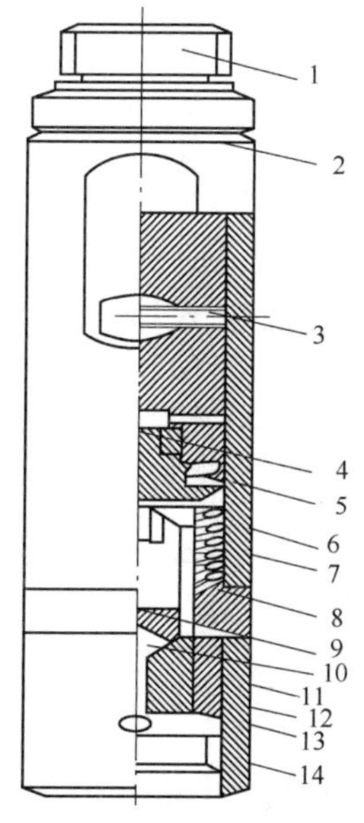

图 2-1-8　水力震荡器结构图

1—主体；2—外套；3—销子；4—人字密封填料座；5—人字密封填料（皮碗）；6—弹簧压盖；7—弹簧；8—阻尼接头；9—弹簧座；10—球；11—定压阀座；12—滤网；13—滤网压盖；14—进液接头

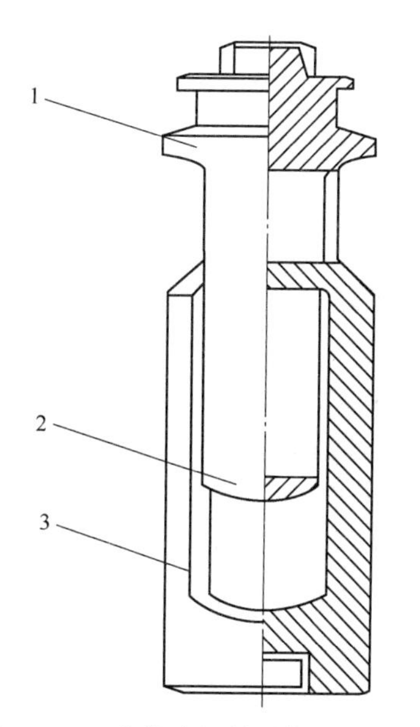

图 2-1-9　直接式机械震荡器结构图

1—上链；2—连接头；3—下链

②工作原理。

直接式机械震荡器利用连接在上部的加重杆来传递地面起下钢丝或钢丝绳时所产生的震动效应,震击力比较大,其大小与震荡器的冲程和上提速度有关。下井捞住仪器(或工具)后,放松钢丝,然后快速上提钢丝,使震荡器上升碰撞下链而产生向上的冲击力,反复多次,落物解卡。

J(GJ)BC027 管式震荡器的结构及工作原理

(3)管式震荡器。

①结构。管式震荡器(图2-1-10),由震击管和中心碰杆组成,震击管四周有对称相互错位的四列小孔。

②工作原理。

当下井捞住落物后,上提钢丝绳,使震击管上移碰撞中心碰杆,向上产生一个震击力,反复多次,直至解卡。

(4)机械弹簧式震荡器。

机械弹簧式震荡器是打捞较重物体的一种工具,在打捞过程中,钢丝绳拉直后会对物体产生一个向上的附加震击作用。这种震荡器是利用替换的柱销碰锁原理设计而成的。

①结构:机械弹簧式震荡器(图2-1-11)由震击部分和碰锁机构部分两部分组成。

J(GJ)BC013 机械弹簧式震荡器的结构及工作原理

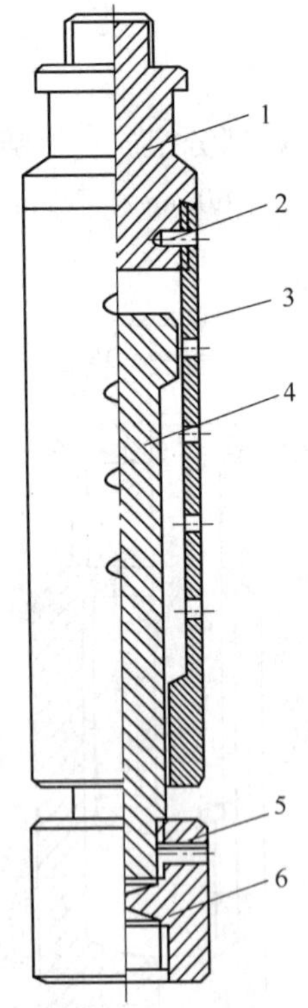

图2-1-10 管式震荡器结构图

1—上部接头;2—螺钉;3—震击管;4—中心碰杆;5—螺钉;6—下部接头

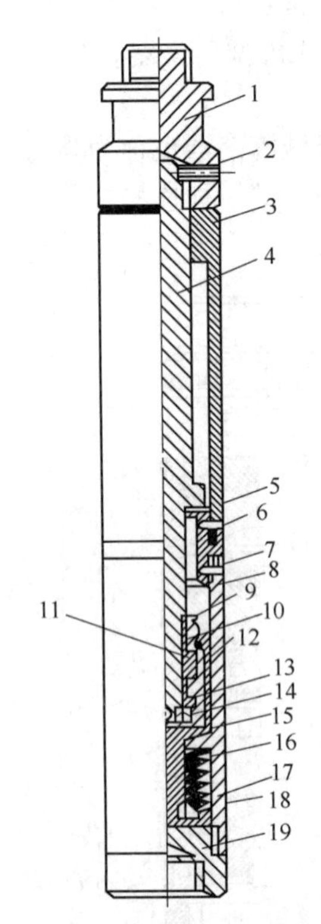

图2-1-11 机械弹簧式震荡器结构图

1—上部接头;2—螺钉;3—震击主体;4—中心碰撞杆;5—中间接头;6,7—螺钉;8—下震击体;9—上挡块;10—滑块;11—碰珠;12—挡杆;13—下挡块;14—螺母;15—挡钩体;16—弹簧;17—弹簧挡圈;18—碰锁主体螺母;19—下部接头震击部分由上部接头、螺钉、震击主体、中心碰撞杆、中间接头、下震击体、下部接头等组成。

碰锁机构部分由上、下挡块，滑块、碰珠，挡杆，挡钩体，弹簧，弹簧挡圈及螺母等组成。

②工作原理。

正常状态，碰锁机构自锁。当地面钢丝绳拉紧后，中心碰撞杆上移，带动滑块上移。当移至中间接头与下孔位置时，下孔的斜面使滑块受力向中心靠拢，并迫使挡钩体脱离滑块，此时中心碰撞杆靠钢丝绳收缩拉力迅速向上移动并撞击震荡器主体。

若一次震击未能解卡，可以继续下放钢丝绳，使弹簧式震荡器恢复正常状态，重复以上的操作，反复震击，直至解卡。

(5)关节式震荡器。

J(GJ)BC012 关节式震荡器的结构及工作原理

①结构。

关节式震荡器结构如图 2-1-12 所示。

②工作原理。

在下井过程中，关节式震荡器关节可以自由转动，当下井抓住落物后，手摇绞车往返多次提放，关节套槽向上碰击关节。冲击频率加快，地面操作方便。

(6)各种震荡器比较。

各种震荡器的特点见表 2-1-14。

表 2-1-14　各种震荡器的特点对比表

序号	类型	特点
1	水力震荡器	向上震击解卡，用进液阀调节进液速度，调节震击力
2	直接式机械震荡器	结构简单，可用于向上或向下震击解卡或解阻
3	关节式震荡器	用于上、下震击，可自由转动，但冲程一般较小
4	机械弹簧式震荡器	利用碰锁结构，具有较大冲击力，但只用于向上震击
5	管式震荡器	有较大冲程，由于移动过程必须从小孔排液，震击过程比较缓和

3)减振器

(1)结构。

减振器(图 2-1-13)由上部打捞接头、主体、上部弹簧、芯轴、下部弹簧及底部连接仪器接头等组成。减振器用于减轻下入井内精密仪器的振动，以防仪器失灵。

(2)工作原理。

J(GJ)BC014 减振器的结构及工作原理

下部弹簧通常承受一个接在芯轴下端精密仪器的恒定质量。在起下仪器过程中，由于突然遇阻或变速而产生振动时，上、下部弹簧会产生缓冲作用，从而达到减振作用。

4)各种打捞装置

(1)卡瓦式打捞器。

卡瓦式打捞器用于打捞油管内不带钢丝，鱼顶为外螺纹或带有伞形台阶的落井物体(带有压力计绳帽)。

J(GJ)BC015 卡瓦式打捞器的结构及工作原理

①结构。

卡瓦式打捞器(图 2-1-14)由压紧接头、卡瓦筒、弹簧、挡圈及卡瓦片等组成。

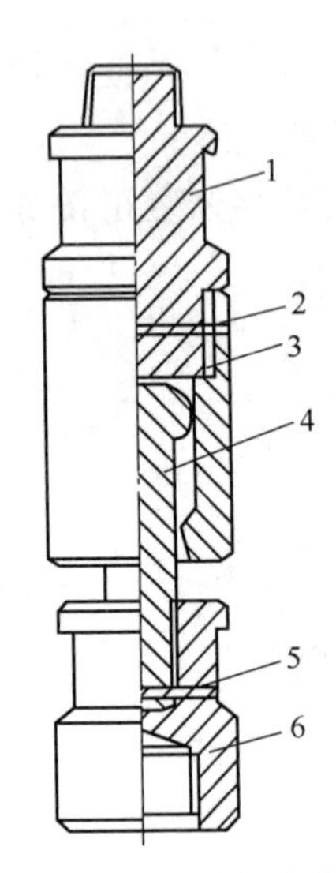

图 2-1-12　关节式震荡器结构图

1—上部接头;2—销钉;3—关节套;
4—关节杆;5—销钉;6—下部接头

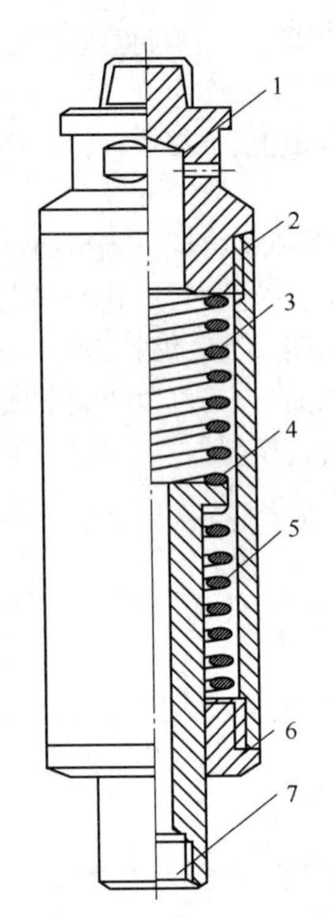

图 2-1-13　减振器结构图

1—上部接头;2—主体;3—上部弹簧;
4—芯轴;5—下部弹簧;6—弹簧座;7—底部仪器接头

②工作原理。

接有加重杆的打捞器下入井中,其打捞筒有一斜面,当落物的外螺纹顶住分成两片的卡瓦片向上移动时,卡瓦片上的齿夹住带外螺纹的鱼顶,上提打捞器,利用弹簧力使卡瓦片沿斜面向下移动,抓住落物,完成打捞动作。

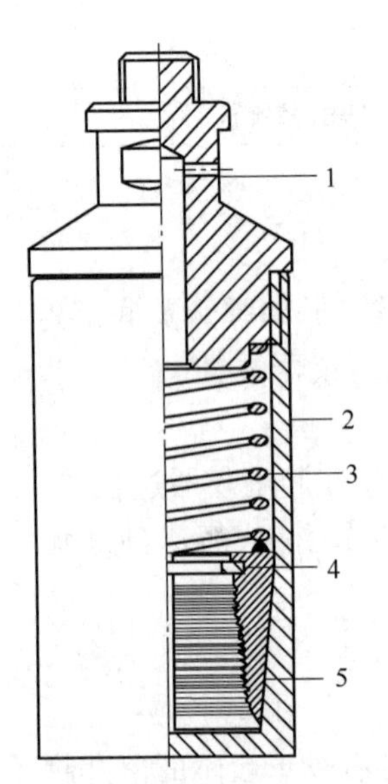

图 2-1-14　卡瓦式打捞器结构图

1—压紧接头;2—卡瓦筒;
3—弹簧;4—挡圈;5—卡瓦片

(2)特种打捞头。

大港石油管理局采油一厂研制了两种新型特种打捞头,即外加厚型和大喇叭口形打捞头。使用这种打捞头可解决偏心堵塞器不到位、在管内偏斜和导向体侧孔道两侧偏歪而导致的捞不着落物等问题。

①外加厚型捞头。

外加厚型捞头与卡瓦打捞器的结构基本相同,其结构如图 2-1-15 所示。不同点是卡瓦筒的形状有所改变。根据偏心堵塞器在管内的偏斜程度,外加厚型捞头在卡瓦筒一侧加厚,加厚的程度根据探头的印子痕迹来定。目前确定了 H8+0.1mm、H6+0.1mm 和 H4+0.1mm3 种外加厚尺寸(H 为外加厚偏心位置)。

②大喇叭口形特种捞头。

大喇叭口形特种捞头结构如图 2-1-16 所示。

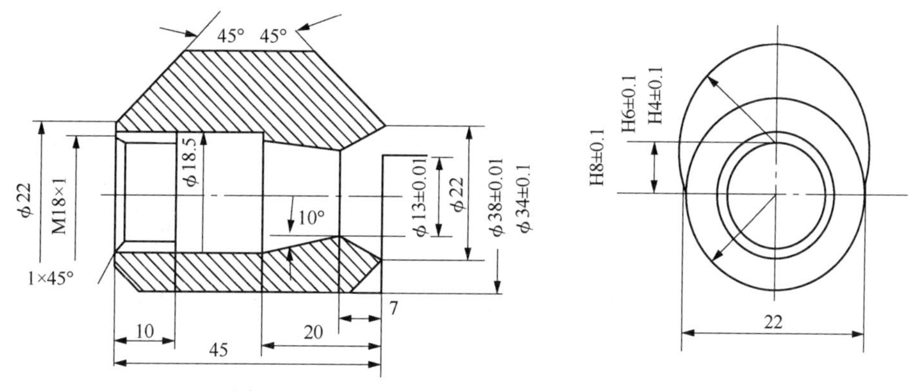

图 2-1-15　外加厚型特种捞头卡瓦器结构图

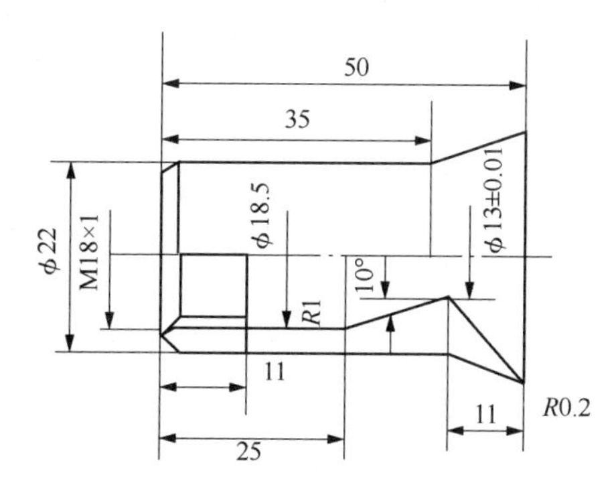

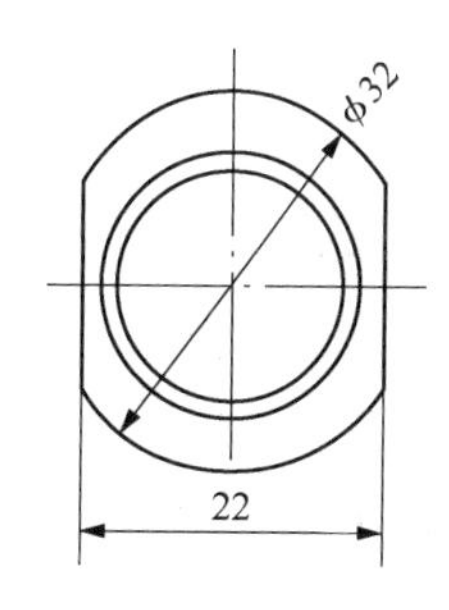

图 2-1-16　大喇叭口形特种捞头卡瓦筒结构图

除上述几种打捞器外，内钩打捞筒，内、外钩打捞器，旋转卡瓦打捞器，内胀螺纹打捞器也较为常用。

J(GJ)BC016 内钩打捞筒的用途

(3)几种打捞装置比较。

几种打捞装置比较见表 2-1-15。

表 2-1-15　几种打捞装置比较表

序号	类型	特点
1	卡瓦式打捞器	用于打捞油管内不带钢丝的落物，落物顶部有外螺纹或呈伞状
2	特种打捞头	打捞偏心堵塞器
3	内钩打捞筒	打捞脱螺纹落物，外部带有孔眼物
4	内、外钩打捞器	打捞带钢丝或电缆的落物
5	旋转卡瓦打捞器	从油管内下入打捞套管内落物
6	内胀螺纹打捞器	打捞脱螺纹落物

5)脱卡器

J(GJ)BC017 锤击式脱卡器的结构及工作原理

(1)锤击式脱卡器。

锤击式脱卡器的作用是使测试仪器与试井钢丝自动脱开，使仪器长时间停留在井下测试位置进行其他的测试工作，这样可以大大地提高试井车的利用率。同时还可缩

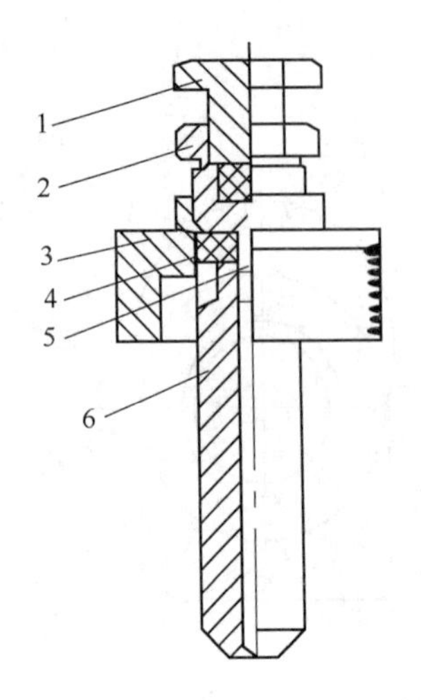

图 2-1-17 井口锤击装置结构图
1—压帽螺钉;2-释放重锤螺钉;
3—试井堵头;4—密封胶圈;
5—偏心定位销;6—重锤

短试井钢丝在高温高压或腐蚀环境中的停留时间,延长试井钢丝的使用期限。锤击式脱卡器与井下防掉器配合使用,其装配件连在一起。

锤击式脱卡器整体装置由井口锤击装置、井下脱卡器和井下防掉器三部分组成。

①井口锤击装置由压帽螺钉、释放重锤螺钉、试井堵头、重锤等组成,如图 2-1-17 所示。

②井下脱卡器由伸缩螺帽、压缩弹簧、脱落主体、脱落爪子(或称凸轮)、扭簧、限位螺钉等组成,如图 2-1-18 所示。

工作原理:逆时针拧动图 2-1-17 中释放重锤螺钉,重锤被释放沿钢丝落下,撞击图 2-2-18 中的伸缩螺帽,使脱落爪子张开脱离仪器,完成脱卡动作。

③井下防掉器(图 2-1-18 右部)的作用:在仪器下井过程中,如试井钢丝断裂,防掉器可连同仪器卡在油管上,使仪器不会落入井底,便于打捞作业。

工作原理:将钢丝穿入打捞头的孔槽内,打上一个钢丝扣,坐在打捞头的台面上,连接井下测试仪器与防掉器的伸缩接头,下井后,防掉器借助仪器的重量和钢丝拉力使拉簧伸长,定位销钉沿着连接头的两对称孔由下死点移至上死点,此时锥面卡瓦片向下位移与锥面卡套形成最小直径(44mm),确保仪器在井内移动畅通无阻。若钢丝断脱,仪器掉入井内,此时拉簧因失去钢丝拉力而收缩,定位销钉沿着槽孔由上死点移至下死点,相应地锥面卡瓦片向上移动与锥面卡套形成最大直径(65mm),即两者的接触面最大,于是就紧紧卡在油管内壁上。

J(GJ)BC018 防掉器的结构及工作原理

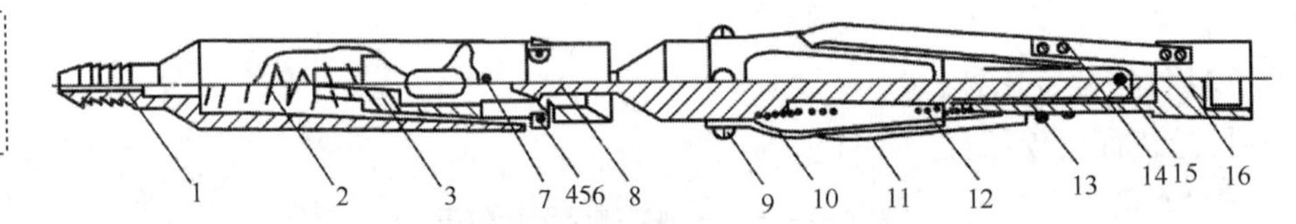

图 2-1-18 脱卡器和防掉器结构图
1—伸缩螺帽;2—压缩弹簧;3—脱落主体;4—脱落爪子;5—销钉;6—扭簧;7—限位螺钉;8—打捞头;9—固定螺钉;10—锥面卡套;11—锥面卡瓦片;12—拉簧;13—螺钉;14—弹簧片;15—定位销钉;16—连接头

J(GJ)BC029 提挂式脱卡器(Ⅱ型)的结构及原理

(2)提挂式井下脱卡器(Ⅱ型)。

提挂式脱卡器的主要优点:操作简便,不受时间限制,下到预定深度可随时脱挂,大大简化工作程序。

①结构。

提挂式脱卡器(图 2-1-19)可通过提速或急刹车控制开关达到脱挂的目的,主要由开关杆、定压弹簧、弹簧筒、定压弹簧调节帽、开关杆接头、弹簧筒接头、绳帽等组成。

②性能参数。

直径:43mm。

长度(包括绳帽):780mm。

耐压:60MPa。

耐温:≤175℃。

打捞头尺寸:18mm。

适用油管:25in、3in。

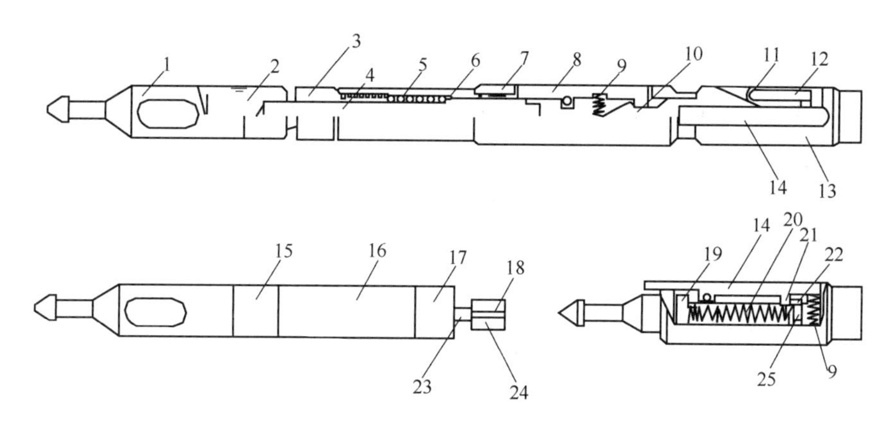

图 2-1-19　提挂式井下脱卡器示意图

1—绳帽;2—连接头;3—弹簧压帽;4—开关杆;5—定压弹簧;6—弹簧筒;7—开关主体;8—控制开关;9—开关弹簧;10—打捞头;11—滚轮;12—滚轮支架臂;13—悬挂器主体;14—释放开关;15—时钟压帽;16—时钟筒;17—连动轴接头;18—凹槽;19—拉簧上固定块;20—拉簧;21—开关钩;22—下固定块;23—连动轴;24—凸轮;25—支架固定臂

③工作原理。

当绞车用较快速度猛向上提或下降过程中急刹车时,由于绳帽连接开关杆,开关杆压缩定压弹簧,使开关杆离开控制器开关钩,开关钩在开关弹簧的作用下弹开开关钩,开关钩松开悬挂器,使悬挂器起连锁反应,悬挂器同压力计悬挂在油管内停留的深度,从而达到测试的目的。

二、仪器校准及维护保养

J(GJ)BB004 井下压力计校准技术要求

(一)试井仪器校准

1.井下压力计校准方法

井下压力计按照 SY/T 6640—2012《电子式井下压力计校准方法》中的规定进行校准,压力计在正常使用时一年进行一次全性能检定,二个月进行一次校准。

1)技术要求

(1)外观。

电子压力计外观应无锈蚀和损坏,并应有制造厂名、型号、产品编号、出厂日期、测量范围、工作温度范围和 CMC 标志。

J(GJ)BA009 试井仪器仪表外观检查项目

(2)振动与冲击。

在规定条件下进行检查,被校准电子压力计应能正常工作。

(3)示值误差。

在电子压力计的工作温度范围之内,其压力示值误差见表 2-1-16。

表 2-1-16　电子压力计准确度等级

准确度等级	0.025 级	0.05 级	0.1 级	0.2 级	0.5 级	1.0 级
最大允许误差	±0.025%FS	±0.05%FS	±0.1%FS	±0.2%FS	±0.5%FS	±1%FS

(4)零点漂移。

电子压力计的零点漂移值应不大于仪器最大允许误差绝对值的 1/2。

(5)回程误差。

电子压力计的回程误差应不大于仪器最大允许误差绝对值。

(6)鉴别力(阈值)。

电子压力计在最大允许误差绝对值的 1/5 压力值有显示。

2)校准条件

(1)校准环境。

校准环境条件见表 2-1-17。

表 2-1-17　校准环境条件

电子压力计准确度等级	环境温度,℃	相对湿度,%	其他
0.025	20±1	<80	防震、远离强磁场
0.05,0.1	20±2	<80	
0.2,0.5	20±3	<80	
1.0	20±5	<80	

(2)校准设备。

①标准器。

校准用的标准活塞式压力计或专用压力计检定装置,其准确度等级按表 2-1-18 的规定进行选择。

表 2-1-18　电子压力计校准设备

电子压力计准确度等级	标准活塞压力计(压力计检定装置)准确度等级	砝码等级	恒温浴温场偏差,℃	低温装置温场偏差,℃
0.025	0.01	一等标准	±0.5	±1
0.05,0.10	0.02		±1	±2
0.2,0.5,1.0	0.05	二等标准	±3	±3

②恒温器。

恒温器工作温度范围应比被检压力计工作温度宽 5℃,恒温器内部有效高度应比被检电子压力计长度高 0.2m。连接恒温器与标准器之间的管路承受压力必须超过标准器标称范围的上限。

J(GJ)BB003 电子压力计的校准项目

3)校准项目

校准项目见表 2-1-19。

表 2-1-19　电子压力计校准项目

序号	校准项目	新制造	修理后	使用中
1	外观	+	+	+
2	振动与冲击	+	-	-
3	示值误差	+	+	+
4	零点漂移	+	+	+
5	回程误差	+	+	+
6	鉴别力(阈值)	+	+	-

注:“+”表示校准项目,“-”表示可不校准项目。

4)校准方法

(1)外观检查。

肉眼检查电子压力计外观,外观应符合技术要求规定。

(2)振动与冲击检查。

按照 SY/T 6231—2006《电子式井下压力计》中规定做振动与冲击检查,被校准压力计应符合技术要求规定。

(3)示值校准。

①校准工作点的选择。

按照表 2-1-20 中要求确定被校准电子压力计的压力点与温度点,各点应在电子压力计的测量范围(上限到下限)内分布。表中数字均为最低限,使用中的电子压力计校准时温度点应包括室温和高温(模拟井下工作时的最高温度),新制造、维修后的电子压力计校准时温度点应从温度下限至上限均匀选取,压力校准点包括零点,除零点和电子压力计测量上限值外各校准点压力值应至少有 2 个为非整数值。

表 2-1-20　温度校准点及压力校准点的选择

适用范围	温度点	压力点	循环次数
新制造、修理后	4 个	11 个	3
使用中	2 个	6 个	3

②校准步骤。

排净管路系统内的空气,将电子压力计垂直安装在恒温器内。恒温器达到温度校准点并恒温 1h 以上方可进行电子压力计校准。从测量下限开始按已确定的压力校准点平稳地逐点升压至测量上限值进行校准(正行程);然后按原校准点倒序往回校准(反行程),分别记录正、反行程输出示值为一次循环,按照表 2-2-24 要求进行不同温度点的循环示值校准。

(4)零点漂移校准。

在温度校准点下,1h 内每隔 15min 记录一次零点输出示值,5 次输出示值中最大值与最小值之差应符合技术要求规定。

(5)回程误差校准。

回程误差可利用示值校准的数据进行计算。每次同一校准点上正、反行程示值之差的绝对值应符合技术要求规定。

(6)鉴别力(阈值)检查。

常温下,在压力计量程的50%~75%处,施加规定附加压力,应能观察到压力点示值的变化。

J(GJ)BB006 直读式井下流量计校准项目

2.直读式井下流量计校准方法

依据SY/T 6675—2007《井下流量计校准方法》、SY/T 6677—2014《注水井分层流量实时测调仪校准方法》等进行校准,校准项目见表2-1-21和表2-1-22。

表2-1-21　一般直读式井下流量计校准项目

序号	校准项目	新制造中	使用中	修理后
1	外观检查	+	+	+
2	振动与冲击试验	+	-	+
3	示值校准	+	+	+
4	密封性检验	+	-	+

注:表中"+"表示应校准项目,"-"表示可选校准项目。

表2-1-22　联动测调仪校准项目

序号	校准项目	新制造	使用中	修理后
1	外观检查	+	+	+
2	调节功能检查	+	+	+
3	吊测流量示值校准	+	+	+
4	坐测直通流量示值校准	+	+	+
5	坐测支路流量示值校准	+	+	+
6	压力示值校准	+	+	+
7	温度示值校准	+	+	+
8	流量重复性检测	+	-	+

注:"+"表示校准项目,"-"表示可选校准项目。

1)外观检查

(1)检查仪器型号、规格、制造厂家、测量范围、出厂编号。

(2)表面应光洁,无锈蚀、无毛刺和明显的变形。

(3)外观应保持整洁,各个部件、面板无松动,通信口连接自如。

(4)检查仪器供电及信号传输是否正常。

(5)检查密封段、调节臂是否正常。

2)振动与冲击

被校准流量计按相关标准中相关条款中规定进行振动和冲击试验。

3)密封性

被校准井下流量计井下测量部分在1.1倍的最高温度和最高压力下工作时,应无渗漏现象。

4)示值校准

(1)流量示值校准。

校准井下流量计就是让流体在相同时间间隔内连续通过标准表(标准电磁流量计)和被校井下流量计(井下流量计被下入模拟井筒),用标准表对比的方法确定被校井下流量计的误差。

(2)测调仪流量示值校准。

①吊测流量示值:将仪器悬挂在模拟井筒中,仪器居中,传感器置于配水器上方直管段中间位置。井筒内流体从上至下流动,无支流。

②坐测直通流量示值:在堵塞器上方打开测调仪调节臂,下放仪器使测调仪与堵塞器对接。模拟井筒内液体从上至下流动,无支流。

③坐测支路流量示值:操作测调仪旋转,使可调堵塞器的水嘴完全打开。模拟井筒内液体从上方经堵塞器、井筒内偏心配水器流回水池,模拟井筒下方堵死。

(3)温度示值校准。

按标准 SY/T 6813—2010《井温仪校准方法》进行校准。

(4)压力示值校准。

按标准 SY/T 6640—2012《电子式井下压力计校准方法》进行校准。

5)联动测调仪调节功能

给测调仪供电后,打开测调仪调节臂,待调节臂完全张开后,操作调节臂旋转,测调仪调节臂打开、收回应灵活;正向、反向旋转应平稳。

6)联动测调仪流量重复性

在测调仪的流量范围内,合理选择 2 个流量点考查测调仪的重复性,推荐选择满量程的 50%和 70%两个流量点。选择一种测量方式,在测量条件不变的情况下,交替变换选定流量,测量次数不少于 6 次。

3.存储式井下流量计校准方法

J(GJ)BA008 存储式流量计的校准方法

1)外观检查

(1)检查仪器型号、规格、制造厂家、测量范围、出厂编号。

(2)表面应光洁,无锈蚀、无毛刺和明显的变形。

(3)外观应保持整洁,各个部件、面板无松动,通讯口连接自如。

2)振动与冲击

被校准流量计按相关标准中相关条款中规定进行振动和冲击试验。

3)密封性

被校准井下流量计井下测量部分在 1.1 倍的最高温度和最高压力下工作时,应无渗漏现象。

4)示值校准

(1)流量示值校准。

校准井下流量计就是让流体在相同时间间隔内连续通过标准表(标准电磁流量计)和被校井下流量计(井下流量计被下入模拟井筒),用标准表对比的方法确定被校井下流量计的误差。

(2)温度示值校准。

按标准 SY/T 6813—2010《井温仪校准方法》进行校准。

(3)压力示值校准。

J(GJ)BB005 综合测试仪的校准方法

按标准 SY/T 6640—2012《电子式井下压力计校准方法》进行校准。

4.综合测试仪校准方法

综合测试仪的校准方法主要参考了电子示功仪、双频道回声仪及弹簧元件式精密压力表和真空表的校准工作。

(1)载荷零点偏移校准:综合测试仪载荷传感器在不加载的条件下,连续记录5个零点输出示值,加载至测量上限恒定5min后卸载到零点,稳定后再次连续记录5个零点输出示值,前后两次的平均值之差应在误差允许范围内。

(2)载荷零点漂移校准:综合测试仪载荷传感器在不加载的条件下,每隔5min记录一次零点输出示值,不少于5次,最大示值与最小示值的差值应在误差允许范围内。

(3)载荷校准:校准过程是标准器提供一个标准的载荷,综合测试仪测量这个载荷值,通过对比测量值和标准值进行校准,具体参照电子示功仪校准方法进行。

(4)位移校准:拉线式综合测试仪位移校准参照 ST/T 6678—2001《电子示功仪校准方法》中的校准方式进行。光杆式综合测试仪在选择3种不同冲次的情况下,分别选择3个冲程进行校准,最后会计算出9个位移的误差值,取其最大值作为示值误差。

(5)液面校准:液面校准采用一个发声装置,校准时将此发声装置与井口连接器对接,启动后,装置提供一个固定频率(5Hz)的声波信号给井口连接器,井口连接器接收后传给综合测试仪主机进行处理,在屏幕上显示出液面测试波形,选取 $n(n\geqslant25)$ 个周期的液面测试波,记录输出时间示值,取其最大值作为示值误差。

(6)压力校准:参照 JJG 49—2013《弹性元件式精密压力表和真空表检定规程》中压力校准方法,校准时连接综合测试仪压力传感器与二等活塞压力计,按照校准设定点进行加压、减压逐点校准,压力误差在允许范围内即为合格。

(7)井口连接器密封性检查:将井口连接器安装在密封性检查装置上,加压至2MPa后保持密封,持续10min,记录压力-时间曲线,在任意连续60s内,压力下降值不能超过0.02MPa。

5.活塞式压力计

活塞式压力计是基于帕斯卡定律及流体静力学平衡原理产生的一种高准确度、高复现性和高可信度的标准压力计量仪器。

J(GJ)BA006 活塞式压力计的结构组成

1)原理及结构

活塞式压力计通过两种力的平衡实现测量的,一种力是由手摇压力泵加压产生的,另一种力是由放在承重托盘上的砝码(含活塞本身)产生的。这两种力相平衡时,根据砝码的重量即可计算出被测的压力值。

活塞式压力计由活塞系统、专用砝码、校验器三部分组成。其中活塞系统是由活塞、活塞筒组成的测压原件;专用砝码是有一定外径尺寸,中心具有同心的凹部和凸部并带有轮缘的圆盘,侧面有调整腔以调整砝码质量;校验器是由压力泵、针型阀和导管构成,主要功能是给被校仪器提供压力。

J(GJ)BA007 活塞式压力计的技术规范

2)活塞式压力计的技术规范

(1)测量范围和测量不定度。

在环境温度(20℃±2℃),温度波动不大于0.5℃的条件下,活塞式压力计的测量不确定度见表 2-1-23。

表 2-1-23　测量不确定度

型　　号	测量范围,MPa	测量不确定度
KY0.6	0.04～0.6	实际测量值的±0.5%
KY6	0.1～6	实际测量值的±0.5%
KY25	0.5～25	实际测量值的±0.5%
KY60	1～60	实际测量值的±0.5%
KY100	1～100	实际测量值的±0.5%
KY100	2～100	实际测量值的±0.5%
KY160	2～160	实际测量值的±0.5%

(2)砝码的质量和数量见表 2-1-24。

表 2-1-24　砝码的质量和数量

型号	测量范围,MPa	活塞和挂篮质量之和,kg	砝码数量,块					
			0.2kg	0.5kg	1kg	2kg	4kg	5kg
KY0.6	0.04～0.6	0.4	2	1	5	—	—	—
KY6	0.1～6	0.2	2	1	1	5	—	—
KY25	0.5～25	1	2	1	1	2	1	8
KY60	1～60	0.5	2	1	1	2	1	4
KY100	1～100	0.5	2	1	1	2	1	8
KY100	2～100	1	2	1	1	2	1	8
KY160	2～160	1	2	1	1	2	1	14

3)活塞式压力计的校准

J(GJ)BB001 活塞式压力计的校准

第一,检定前准备工作:

(1)启动空调,室温设置为 20℃,并根据实验室内实测相对湿度值,开启加湿器,控制室内相对湿度在 4%～75%。

(2)被检一等标准活塞式压力计进行管路清洗、调装后灌充好工作介质,与 DH 型压力标准装置正确连接,并置于上述恒温下至少 2h。

(3)检查 DH 压力标准装置各阀状态、传压介质油是否干净和充分,并将压力伺服器与伺服控制面板电源打开预热。

(4)用标准水平仪进行被检压力计与标准压力计水平调整工作。

(5)操作各阀与加压泵,进行导压管路排空作业。

(6)准备好其他辅助设备(包括:一类一级、三级标准天平,二等工作砝码,千分表,秒表等)。

第二,进行被检压力计的外观检查:

(1)记录名称、仪器编号、测量范围、准确度、制造厂家与出厂年月。

(2)确认活塞压力计的承重盘、活塞筒应安装正确、配合良好,仪器编号与专用砝码号一致。

(3)用手拨转活塞,活塞应旋转灵活,无明显卡阻、频变现象。活塞表面应光滑,无影响计量性能的锈点。

(4)活塞、承重盘与专用砝码无砂眼和明显损伤。

第三,进行承重盘平面对活塞轴线垂直度的检查:

(1)将水平仪放于承重盘中心处,在不转动承重盘的情况下,将水平仪水平或转动 90°摆放调整压力计水平调整螺钉,反复进行承重盘水平调整。

(2)分别将水平仪放在 0°或 90°的位置上,在每个位置上将承重盘转动 90°和 180°,观察水平仪气泡位置的偏移量,偏移量应不超出计量检定规程对该指标的要求。

第四,活塞转动延续时间的测量:

(1)压至被检压力计量程上限的 10%,并使被检活塞处于工作平衡位置。

(2)以每 20r/10s 的初旋转速度顺时针转动活塞,并开始计时,至活塞完全停止时记录转动延续时间。

(3)此反复 3 次,取其平均值。

第五,活塞下降速度的测量:

(1)压至被检压力计的量程上限,并使被检活塞处于工作平衡位置。

(2)关闭活塞传压截至阀,并以 30~60r/min 的速度顺时针转动活塞承重盘与砝码。

(3)耐压一定时间后,用秒表与千分表测量选定的 60s 转动时间内千分表指针下移距离(单位为 mm/min)。

(4)如此反复测量 3 个时间段,活塞下降速度记录值中最大值应满足检定规程对该项指标的要求。

第六,活塞有效面积的检定:

使用标准天平与二等工作砝码,依照砝码计量检定规程与有关天平、砝码操作规程进行被检活塞压力计专用工作砝码的检定,并得到检定原始记录与检定证书,然后依照如下操作过程进行活塞有效面积的检定:

(1)采用上述第三项方法调整好被检活塞承重盘的垂直度。

(2)参照计量检定规程 JJG 59—2007《活塞式压力计检定规程》中表 2 规定,确定起始平衡点,然后在被检量程内均匀确定其他 5 个平衡点。

(3)采用液压静力平衡原理,通过 DH 压力标准装置施压设备进行整个压力系统的施压操作,通过正反行程施压达到每一个平衡点压力,使用 DH 压力标准装置的压力伺服系统,使 DH 标准活塞达到活塞平衡位置。观察被检活塞所处位置,如不在平衡位置上,则通过在两活塞上施加小量砝码使两活塞均达到活塞平衡位置。

(4)观察两活塞平衡保持状态,应无明显下降现象,此时记录两活塞上专用工作砝码与小砝码的质量值。

(5)以上过程测量完毕后,对起始平衡点处应进行复测,两次测量时所加小砝码质量之差应不超过计量检定规程中表 2 的要求。此时继续向下进行,否则按第六项步骤重新测量。

(6)按照《活塞式压力计检定规程》中公式(4)~公式(7)计算被检活塞有效面积及其极限误差,并应符合规程中表 2 的要求。

第七,专用砝码、活塞及其连接件质量的检定与计算:

(1)砝码质量的检定参照 JJG 99—2006《砝码检定规程》进行。

(2)检定上限 6MPa 及以下的活塞压力计,用于测量压力值时,其专用砝码、活塞及其连接件质量按《活塞式压力计检定规程》中公式(8)计算。

(3)检定上限大于 25MPa(包括 25MPa)的活塞压力计,并用于测量压力值时,配套的专用砝码必须按顺序号放置使用,专用砝码、活塞及其连接件质量按《活塞式压力计检定规程》中公式(9)计算。

第八,鉴别力的测量:

(1)通过 DH 压力标准装置施压设备进行整个压力系统的施压操作,加压至被检量程的上限值,并在两活塞以 30~60r/min 顺时针转动的情况下施加小砝码,使两活塞系统达到活塞平衡状态。

(2)在被检活塞承重盘上施加小砝码,一般应从 10mg 小砝码开始试加,并逐步换更大的小砝码,直到刚刚能够令两活塞平衡状态被打破为止,则该砝码为能够令两活塞平衡状态被打破的最小砝码。

(3)该砝码质量即为被检压力计的鉴别力,其值不得超出《活塞式压力计检定规程》中表 1 的规定。

第九,检定结果处理:

处理检定原始数据并出具检定合格证书或检定结果通知书。检定完毕后,进行 DH 压力标准装置的维保作业。

6.活塞式压力计的维护保养

J(GJ)BB002 活塞式压力计的维护保养

1)操作程序

操作前应了解活塞式压力计结构及拆装次序。

(1)用注射器吸出活塞式压力计油杯中的变压器油。

(2)卸下手柄压帽,取出密封胶件,抽出活塞杆。

(3)将拆卸下来的部件置于油盆中清洗,去掉脏物,擦拭干净。

(4)清洗活塞及活塞筒,擦拭干净。

(5)检查垫片、密封圈、皮碗是否完好并更换损坏部件。

(6)按相反次序组装好各部件。

(7)注入癸二酸二异辛酯到油杯的 5/6 处。

(8)加压至活塞式压力计测量上限的 2/3、憋压 1min,各部位保证不渗不漏。

2)操作安全提示

(1)平稳操作,避免砝码磕碰。

(2)严禁带压力开关阀门。

(3)应侧身平稳缓慢开关各阀门。

(4)拆装过程中避免损坏活塞及针型阀。

(5)砝码盘转动时禁止加、减砝码。

(二)仪器检修及故障处理

J(GJ)BE001 电子流量计的检修

1.电子流量计的检修

1)准备工作

(1)正确穿戴劳动保护用品。

(2)工具、用具、材料准备:电子流量计 1 支,一字螺丝刀和十字螺丝刀各 1 把,专用钩扳手 1 个、6in 活动扳手 1 把,万用表 1 块。

2)操作程序

(1)检查仪器电池电压是否达到工作电压。

(2)检查流量计时间表是否正确设置。

(3)检查电路板上电源线是否断线。

(4)检查晶振工作是否正常。

(5)检查单片机是否损坏,若损坏应更换。

(6)收拾工具,清理现场。

3)操作安全提示

(1)正确使用万用表检查电池,防止电池短路放电。

(2)正确使用万用表挡位,防止损坏万用表。

J(GJ)BE003 超声波井下流量计故障的处理方法

2.测试时超声波流量计的故障处理

1)故障现象

(1)回放测试卡片,只测出压力而未测出流量。

(2)回放测试卡片,只有流量台阶而未测出压力。

(3)回放测试卡片,测试资料未测完全。

(4)井下流量计测试数据异常。

J(GJ)BE004 液面自动监测仪主机故障的排除方法

2)故障原因

(1)流量探头损坏。

(2)压力传感器损坏。

(3)测试过程中电池没电。

(4)流量计停测位置不合适。

3)处理方法

(1)检查更换流量探头。

(2)检查更换压力传感器。

(3)测试前应保证电池电量充足。

(4)每次吊测一定要注意避让开封隔器和配水器。

(5)测试过程中,仪器起下操作要平稳,避免仪器损坏。

3.液面自动监测仪常见故障处理

J(GJ)BE002 液面自动监测仪的检修

1)故障现象

(1)控制仪上电后不显示。

(2)液面测试中出现"无井口波"提示语。

(3)液面井口波出现杂乱或无接箍、液面波。

(4)井口波不规则。

(5)液面反射波问题。

(6)通信失败。

2)故障原因

(1)电池电压太低。

(2)液面专用信号电缆插头内是否有断线或短路(地线与信号线相碰);控制仪上10芯插座与信号电缆10芯插头接触是否可靠。

(3)微音器性能降低或损坏;井口装置或微音器室内被灌油。

J(GJ)BE005 液面自动监测仪井口连接器故障的排除方法

(4)井口装置上的放气孔被油污或赃物堵塞或变小。

(5)井内套压低、液面较深。

(6)通信电缆及插头座是否正常。

3)处理方法

(1)及时充电。

(2)及时送修。

(3)及时清理和更换微音器(微音器只能用干布来擦,不能用汽油来擦)。

(4)定期清理枪击或更换密封圈。

(5)采取气囊打气的方式进行测试。

(6)使用万用表测量电缆的通断。

(三)弹簧管式压力表

J(GJ)BA001 弹簧管式压力表的工作原理

弹簧管式压力表分为弹簧管式压力表、普通压力表两种。

1.弹簧管式压力表工作原理及结构

1)工作原理

弹簧管式压力表的弹性元件是一根弯成270°圆弧的具有扁圆形或椭圆形截面的空心弹簧管,管子的一端封死,为自由端,另一端固定在传压管的接头上,当被测压力导入弹簧管内时,其密封自由端产生弹性位移,由拉杆通过齿轮的转动予以放大,使固定于齿轮轴上的指针将被测压力在表盘上指示出来。

2)结构

弹簧管式压力表由测量系统(包括表头、弹簧管、连拉杆和传动机构等)、指示部分(包括指针和刻度盘)和外壳部分(包括表壳、衬圈和表玻璃等)组成。弹簧管式压力表结如图2-1-20所示。

3)分类

(1)按照测量精确度分类,弹簧管式压力表可分为精密压力表、一般压力表。其中精密压力表的测量准确度等级分别为0.1、0.16、0.25、0.4级;一般压力表的测量准确度等级分别为1.0、1.6、2.5、4.0级。

(2)按照指示压力的基准不同,弹簧管式压力表可分为一般压力表、绝对压力表、差压表。一般压力表以大气压力为基准;绝压表以绝对压力零位为基准;差压表测量两个被测压力之差。

(3)按照测量范围,弹簧管式压力表可分为真空表、压力真空表、微压表、低压表、中压表、高压表及超高压表。真空表用于测量小于大气压力的压力值;压力真空表用于测量小于和大于大气压力的压力值;微压表用于测量小于0.1MPa的压力值;低压表用于测量0.1~6MPa压力值;中压表用于测量10~60MPa压力值;高压表用于测量60~160(含)MPa的压力值;超高压表用于测量160MPa以上的压力值。

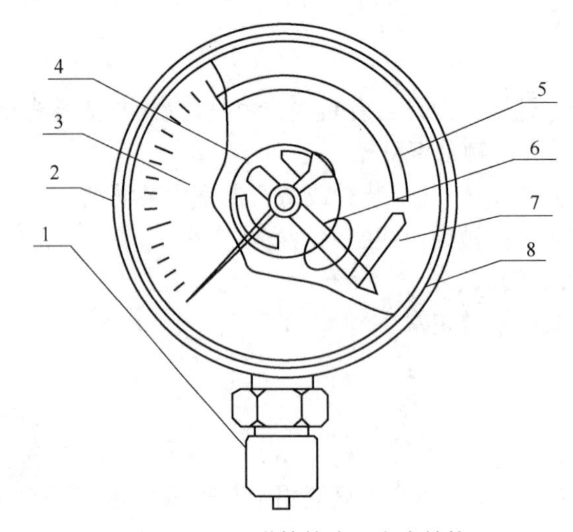

图 2-1-20 弹簧管式压力表结构

1—接头;2—衬圈;3—刻度盘;4—指针;5—弹簧管;6—传动机构(机芯);7—连拉杆;8—表壳

J(GJ)BA003 弹簧管式压力表的维护保养

2.维护保养

(1)压力表应保持洁净,表盘上的玻璃应明亮清晰,表盘内指针指示的压力值应清楚易见,表盘玻璃破碎或表盘刻度模糊不清的压力表应停止使用。

(2)压力表的连接头要定期清洗,以免堵塞。

(3)要经常检查压力表指针的转动与波动是否正常,检查连接管上的旋塞是否处于全开位置。

(4)压力表必须定期校验。

(5)压力表运行三个月后需进行一次一级保养,主要是检查压力表能否回零,查看三通旋塞及存水弯管接头是否泄漏,以及检查并冲洗存水弯管,确保畅通。

(6)压力表运行一年后需进行一次二级保养,这时可以将压力表拆卸下来,送计量部门校验并铅封。拆卸检查存水弯管,螺纹应完好。拆卸检查三通旋塞,研磨密封面,保证严密不泄漏,其连接螺纹应完好无损。存水弯管及三通旋塞除锈、涂刷油漆。

(7)当压力表在运行中发现失准时,必须及时更换。更换的压力表必须是经过计量部门校验合格并在校验有效期内的压力表。

J(GJ)BA004 弹簧管式压力表的故障现象

3.异常现象处理

1)操作程序

(1)故障现象。

①压力表回程误差超差。

②标准压力表指针不落零。

(2)处理方法。

①弹簧管产生了残余变形,则更换弹簧管。

J(GJ)BA005 弹簧管式压力表的故障处理方法

②传动机构部分松动产生了位移,则紧固松动部位。

③指针不平衡,则更换指针或调节机芯扇形齿轮与中心轮间隙并调试夹板间隙。

④游丝太松、转矩太小,则旋紧游丝、加大游丝力矩。

⑤中心轮未装游丝则安装游丝。

J(GJ)BA002 弹簧管式压力表的使用注意事项

⑥传动比调整不合适则调整传动比。

⑦拉杆长度不合适则重新调整拉杆长度。

⑧指针松动则重新紧固指针。

2)注意事项或安全风险提示

(1)弹簧管属于精密器件,维修时不应用力推拉其自由端,防止产生变形影响测量精度。

(2)压力表达到测量上限时游丝间隙要留有余地。

项目二　更换示功仪位移传感器拉线

一、准备工作

(一)设备

位移传感器1台。

(二)工具、用具

胶带纸1卷,尼龙拉线1盘,维修工具1套,10m米尺1把。

(三)人员

单人操作,持证上岗,劳动保护用品穿戴齐全。

二、操作规程

序号	工序	操作步骤
1	准备工作	工具、用具、材料准备齐全
2	更换拉线	使用工具卸下固定螺钉,打开传感器的护罩,拔掉位移机构接线插头,取下位移机构
		松开绳轮中心螺钉,取下绳轮,拆掉原绕线,换上新绕线,并用胶带粘住绳头
		将绳轮装进中心轴并用螺钉紧固
		转动轴轮,上紧弹簧发条,有一定初始力,然后将绳头拉出穿过轮至出线孔外固定
		拆下限位器,重新调整初始位置;安装限位器,使齿轮吻合,并固定;将拉线反复拉出,确定其能够自动返回,无发卡现象
		将插头插入线路板,固定外罩用螺钉
3	清理现场	将工具摆放整齐
		清理卫生

三、技术要求

(1)安装弹簧发条需将其固定好,防止倒轮。

(2)安装限位器时齿轮咬合要对好。

四、注意事项

(1)转动齿轮时应防止弹簧反转。

(2)安装限位器时确保齿轮吻合良好。

项目三　维修液面自动监测仪信号线

一、准备工作

(一)设备

井口连接器1套,液面监测仪信号线1套。

(二)工具、用具

焊锡丝1卷,3mm热塑管0.5m,2.5in一字木柄螺丝刀2把,2.5in十字木柄螺丝刀2把,12件/组钟表螺丝刀2套,30W电烙铁1把,数字万用表1块,单面刀片5片。

(三)人员

单人操作,持证上岗,劳动保护用品穿戴齐全。

二、操作规程

序号	工序	操作步骤
1	准备工作	工具、用具、材料准备齐全
2	检查外观	检查各连接信号线外观是否完好
3	拆卸井口连接器	使用螺丝刀拧下固定螺钉,卸下井口连接器外罩,卸下压力传感器外罩,卸下微音器外罩
4	检查信号线	数字万用表调零,选择欧姆挡,将探针分别接触连接线两端,检查信号连接线、传感器连接线、微音器连接线的连通情况,检查是否存在断路
5	维修信号线	若发现信号线断路,首先将信号线穿上一段热塑管并拉出一段,之后使用刀片剥去几毫米长度的绝缘胶皮,之后连接点上锡,焊接断开的连接线,焊接好后,将热塑管拉回,起到保护作用
6	组装仪器	拧紧各部位连接线,安装各部位外罩,拧紧固定螺钉
7	清理现场	将工具摆放整齐
		清理卫生

三、技术要求

(1)由于连接线芯比较细,万用表笔与线芯连接困难,可将线芯外接导线后再用万用表测量。

(2)焊接信号线时应选用锥形头的电烙铁,防止相邻导线焊锡粘连造成短路。

四、注意事项

(1)每根导线要处理成长度一致,防止最短的一根断裂、开焊。

(2)安装微音器和压力传感器时要检查密封圈是否完好。

项目四　处理弹簧管式压力表指针不归零故障

一、准备工作

（一）设备

10MPa 弹簧管式压力表 2 块，活塞式压力计 1 台。

（二）工具、用具

12in 活动扳手 4 把，2.5in 木柄螺丝刀 2 把，拔针器 2 个，铅封 10 个，铅封钳 1 把。

（三）人员

单人操作，持证上岗，劳动保护用品穿戴齐全。

二、操作规程

序号	工序	操作步骤
1	准备工作	工具、用具、材料准备齐全
2	检查压力表	检查压力表外观是否完好，螺钉是否紧固，编号是否清晰准确
		将压力表安装在活塞压力计上，使用活动扳手紧固
		之后目光与压力表指针处于同一高度并垂直于指针，观察其是否归零
3	调整压力表指针	发现指针不归零后，卸下压力表，用螺丝刀拆卸表壳螺钉，并拆除压力表铅封
		取下固定螺钉，揭开压力表壳
		用拔针器套住表针轴连接处，缓慢平稳用力取下表针，防止指针变形
		压力表头水平放置，指针起始位置要高于零点 2~3 个格，安装表针，安装好后，轻敲表针，使指针安装牢固
		固定后立起压力表，指针会在重力作用下下落，检查指针是否归零
		安装表壳，使用螺丝刀拧紧固定螺钉
		立起压力表，轻轻敲击指针，检查压力表指针是否在零位
		用活塞式压力计对压力表进行预压归零检测，在用预压泵加压时，当手感内腔已有压力后，可一边继续加压，一边退出调压器丝杆，最长退出长度不得超过 50mm，随即关闭右侧截止阀
		合格后，将新铅封穿过压力表固定位置，并使用铅封钳子捏紧固定
4	清理现场	将工具摆放整齐
		清理卫生

三、技术要求

（1）安装表针时，压力表头水平放置，指针起始位置要高于零点 2~3 个格，固定后指针的重力作用会使指针下落，便于零点的调整。

（2）使用拔针器时动作要稳，不可操之过急，防止损坏指针轴。

四、注意事项

(1)敲击表壳不可用力过猛。

(2)安装指针时需要轻敲指针,用力方向垂要垂直于压力表指针轴。

项目五　校准弹簧管式压力表

一、准备工作

(一)设备

1~60MPa 标准活塞式压力计 1 台,10MPa 标准压力表 1 块。

(二)工具、用具

A4 纸张 1 张,碳素笔 1 支,150mm 活动扳手 2 把,250mm 活动扳手 2 把。

(三)人员

单人操作,持证上岗,劳动保护用品穿戴齐全。

二、操作规程

序号	工序	操作步骤
1	准备工作	工具、用具、材料准备齐全
2	检查外观	检查压力表接头、表盘、指针、螺钉、螺纹等外观是否完好
		检查活塞式压力计砝码、水平、油杯、丝杠、阀门等是否完好
3	检定示值	使用活动扳手将标准表与活塞压力计连接好
		打开油杯阀门,反转压力计手轮,使活塞缸灌入油,然后关闭油杯阀门
		打开针形阀,转压力计手轮,产生初压使承重托盘升起到工作高度
		增加砝码重量,使之达到最大检验压力。增加砝码时,关闭针形阀,以免承重托盘下降。操作时,必须使托盘按顺时针方向转动。角速度保持在 30~120r/min
		确认接头无漏油,反转手轮,逐步卸去砝码,最后打开油杯阀门,卸去全部砝码
		在量程内均匀选定 5 个检定点
		第一点读数后,应先用调压器降压,使活塞下降至最低位置,然后在压力计上加放与第二点测量相应的砝码值,再用调压器加压并读数,直至正行程测量完毕。反行程测量时,仍需先用调压器降压
		对每一检定点升压和降压进行轻敲表壳前和后数值读取
		分别记录轻敲表壳后读数及轻敲表壳前读取数据
		关闭油杯阀门,卸下标准表
		计算误差,判断检定结果
4	清理现场	将工具摆放整齐
		清理卫生

三、技术要求

(1)根据压力表的精度确定小数位数。
(2)读数精确到最小刻度的1/10。
(3)减压检定过程中,要先将压力降到零再卸下砝码,防止压力上冲。

四、注意事项

(1)敲击表壳不可用力过猛。
(2)加减砝码操作要平稳,要轻拿轻放。

项目六　校准前检查液面自动监测仪

一、准备工作

(一)设备

ZJY3 型液面自动监测仪 1 套。

(二)工具、用具

A4 纸张 1 张,碳素笔 1 支,信号电缆 1 套,RS232 通信电缆 1 套。

(三)人员

单人操作,持证上岗,劳动保护用品穿戴齐全。

二、操作规程

序号	工序	操作步骤
1	准备工作	工具、用具、材料准备齐全
2	检查外观	检查通信线有无短路、断路现象、接头是否有损坏
		检查信号电缆有无短路、断路现象、接头是否有损坏
		检查控制仪外壳及控制面板上插孔和开关是否有损坏
		检查井口装置上是否有仪器编号、油污
		检查,井口装置上各部件是否有松动,传声孔是否通畅
3	仪器自检	打开控制仪电源开关,记录显示屏左上角电压(不低于 10V)
		进入控制仪自检菜单
		进行键盘检查
		进行显示器检查
		进行放大器检查
		进行存储器检查
		进行定时器检查
		进行 A/D 通道检查
		进行自动循环检查
		关闭控制仪电源开关

续表

序号	工序	操作步骤
4	检查自动监测	用信号电缆连接控制仪与井口装置
		打开控制仪电源开关进入液面测试子菜单
		将A、B增益设为9,频响选宽频,方式选放气,通道选B,计算初始液面用声速法
		进入时间设置子菜单将固定时间第一时间间隔改为2min
		进入自动检测子菜单,第一测点完成后,将状态开关S1拨向低功耗,持续监测30min,观察累计时间与时间表一致,套压p为±0.004MPa,说明仪器正常
		停止监测,关闭电源开关
5	仪器通信检查	用通信线连接电脑与控制仪
		打开控制仪进入串口通信子菜单
		打开电脑中回放软件接收控制仪内数据
		按控制仪上唤醒键,返回测试主菜单,关闭控制仪电源开关
6	清理现场	将工具摆放整齐
		清理卫生

三、技术要求

(1)当井口装置击发后可用螺丝刀轻敲外壳,观察输出测试曲线,应有回波响应。

(2)室内测试套压,其压力值不应超过±0.01MPa。

四、注意事项

(1)调整各开关要缓慢操作,避免动作过激。

(2)连接信号电缆时要先对好凹槽,防止弄坏插针。

项目七　制作测调井下流量计电缆头

一、准备工作

(一)设备

电缆头1只,电缆2m。

(二)工具、用具

450mm管钳1把,剥线钳1把,斜口钳1把,数字万用表1块。

(三)人员

单人操作,持证上岗,劳动保护用品穿戴齐全。

二、操作规程

序号	工序	操作步骤
1	准备工作	工具准备齐全
2	拆分电缆头	按照护线筒、电缆头底座的顺序正确拆分电缆头
3	检查电缆	使用万用表欧姆挡分别连接外铠及内芯,检查电缆的通断和绝缘情况
4	穿入电缆	依次将护线筒、电缆头底座、锥体穿入电缆,电缆留出适当距离(20cm 左右)
5	处理电缆钢丝	在锥体有孔部位下端电缆上缠胶布加以固定
		将电缆外层钢丝均匀地分布在锥体上并间隔(按 4/3 或 3/4 规则)插入锥体孔内
		将电缆内层钢丝均匀地分布在锥体上并插入锥体剩余孔内
		将插入孔内的钢丝窝回并紧贴锥体孔端外侧边缘将钢丝剪断
		拉紧电缆头底座部位电缆,将锥体拉入电缆头底座
6	连接电缆芯线	将电缆线芯和密封塞线外皮剥开,两端各剥 1cm 左右,连接牢固,并用高压绝缘胶布均匀绕包在线接头处
		将包好的电缆头连接组装完整
7	检查电缆头	用万用表测量电缆绝缘和通断情况
8	清理现场	将工具摆放整齐
		清理卫生

三、技术要求

(1)数字万用表的使用注意挡位选择。

(2)电缆穿入电缆头时要注意先后顺序。

(3)电缆穿入电缆头后,留出 20cm 左右的距离。

(4)在锥体上电缆钢丝的分布要均匀。

(5)导线剥开的长度不要超过 1cm。

(6)高压胶布包扎要均匀,在包扎的过程中注意不要弄断导线。

四、注意事项

(1)处理电缆钢丝时注意不要扎手。

(2)电缆穿入电缆头后,应再检查一下各部件的顺序是否正确,防止返工。

(3)为防止密封塞进水影响绝缘情况,密封塞最好用尼龙绳扎紧。

(4)为防止高压胶开裂,高压胶外面再缠一层胶布。

项目八　更换电子式井下压力计晶振

一、准备工作

(一)设备

电子式井下压力计 1 支,井下压力计校准装置 1 台。

(二)工具、用具

12.659MHz 晶振 2 只,30W 电烙铁 1 把,吸锡器 1 把,专用扳手 1 把,75mm 十字螺丝刀 1 把,数字万用表 1 块,焊锡丝 1 卷。

(三)人员

单人操作,持证上岗,劳动保护用品穿戴齐全。

二、操作规程

序号	工序	操作步骤
1	准备工作	准备工具、用具、材料
2	拆卸仪器	用专用扳手拧开压力计电路板护筒,小心将电路板抽出
		用螺丝刀拆下电路板四角的紧固螺钉,将电路板从基座上取下
3	更换晶振	将电烙铁预热到工作温度,先将旧晶振解焊,同时用吸锡器吸掉熔接的焊锡,取下旧晶振
		新晶振上锡,电路板上锡
		焊接新晶振
4	组装仪器	将电路板放回到基座上,拧紧四角的固定螺钉,然后整体插入到套筒内,使用专用扳手拧紧电路板护筒
5	检查通讯	打开电脑,启动井下压力计处理软件
		用数据线正确连接井下压力计与设备
		显示连接成功后,选择仪器操作中的格式化,之后设置标定采样时间
		按设计要求设置采样间隔,之后点确认传送采样时间表
		传送成功后,选取读取采样时间表,看传送是否正确
6	清理现场	将工具摆放整齐
		清理卫生

三、技术要求

(1)使用吸锡器时,要与电烙铁配合紧密,电烙铁在电路板停留时间不要超过 30s。
(2)焊点要求光滑,不虚焊。
(3)晶振焊接后,焊锡外漏出的管脚不超过 2mm。
(4)处理好新焊接的晶振摆放高度,不应触碰仪器外壳。

四、注意事项

(1)使用电烙铁时注意拿握方法,不要把手烫伤。
(2)电烙铁在电路板锡焊操作要迅速,防止电路板焊点损坏。

项目九　处理活塞式压力计预压泵失灵的故障

一、准备工作

(一)设备

KY60 型活塞压力计 1 台。

(二)工具、用具

10in 活动扳手 1 把,75mm 十字螺丝刀 1 把,50mm 一字螺丝刀 1 把。

(三)人员

单人操作,持证上岗,劳动保护用品穿戴齐全。

二、操作规程

序号	工序	操作步骤
1	准备工作	准备工具、用具、材料
2	检查设备	检查活塞式压力计外观是否完好、电源是否连通
		检查油箱油量是否在标线以内
3	连接电源	接通活塞式压力计电源
4	检查预压泵	打开预压泵截止阀门
		关闭卸荷阀门
		打开截止阀门,匀速旋出手柄
		启动预压泵打压,如无法打压说明预压泵损坏
5	维修预压泵	抽出油杯内介质,将其排空
		使用螺丝刀将预压泵固定螺钉拆掉
		抽出预压泵活塞
		拆卸单流阀(滚珠)和弹簧
		清理单流阀内杂质,检查滚珠是否磨损,如有磨损需要更换
6	安装预压泵	按照拆卸逆序安装预压泵
		注入介质达到标准量,需要反复加压几次排出空气
7	检查预压泵	安装好后,重复步骤 4 检查预压泵是否恢复正常
8	清理现场	将工具摆放整齐
		清理卫生

三、技术要求

(1)操作预压泵时动作要平稳,频率不要太快。

(2)检查单流阀时,滚珠和底座应全面检查,清理彻底。

(3)预压泵重新装配好后,需要泵几次将空气排出后才会起压。

四、注意事项

(1)预压泵起压后应缓慢加压,防止活塞冲击损坏。

(2)加减砝码操作要平稳,轻拿轻放,防止磕碰砝码,防止活塞受冲击损坏。

项目十　校准超声波井下流量计

一、准备工作

(一)设备

300m³/d 超声波流量计 1 支,流量计标定装置 1 台,电脑 1 台。

(二)工具、用具

专用扳手 2 把,台虎钳 1 个,500 型万用表 1 块,数据线 1 根。

(三)人员

单人操作,持证上岗,劳动保护用品穿戴齐全。

二、操作规程

序号	工序	操作步骤
1	准备工作	准备工具、用具、材料
2	检查	检查检校水池水温、水位是否符合标准
		检查设备(水泵、电机、系统电压、管路系统)有无异常
		检查流量计外观是否完好
		检查电子流量计密封圈是否完好
		检查电池电压是否充足
3	连接仪器	用数据线连接仪器、计算机
		打开运行流量计标定软件
		选择通信口进行通信
		选择清除流量计历史数据,按照检校要求设置时间表
4	校准流量示值	运行设备控制软件,设置标准流量点、稳定时间
		倒检校线路阀门流程
		装好仪器并连接"软连接",将仪器下入模拟井
		启动设备并排空
		按规定检定点进行示值校准
		校准完成停机取出仪器
		拆卸电池,连接数据线,回放数据并计算
		打印并签发校准证书
5	清理现场	将工具摆放整齐
		清理卫生

三、技术要求

(1)流量校准建议按照流量校准点由高到低的顺序进行。

(2)设置的稳定时间要大于60s。

(3)设置的流量校准点在量程范围内要均匀分布。

四、注意事项

(1)流量运行期间,要注意观察各个阀门、流量标准表的工作状态是否正常。

(2)起出仪器前要先打开放空阀门泄压。

(3)参与流量误差计算的流量示值要选择平稳段。

模块二　测试资料的录取

项目一　相关知识

一、试井分析

(一)稳定试井分析

J(GJ)BD001
稳定试井方法的原理

1.稳定试井原理

由原油渗流力学理论,平面径向达西渗流油井产量为:

$$q=\frac{Kh\Delta p}{1.842\times10^{-3}\times B\mu\ln(r_e/r_w)} \tag{2-2-1}$$

式中　q——油井产量,m^3/d;

K——油层渗透率,μm^2;

h——油层厚度,m;

Δp——生产压差,MPa;

B——地层原油体积系数;

μ——地下原油黏度,mPa·s;

r_e——供给半径,m;

r_w——油井半径,m。

由达西定律可知:平面径向流的井产量大小主要取决于油藏岩石和流体的性质以及生产压差。因此,测出井的产量和相应压力,就可以推断出井和油藏的流动特性,这就是稳定试井的原理。

稳定试井也可称为系统试井。其具体做法是:依次改变井的工作制度,待每种工作制度下的生产处于稳定时,测量其产量和压力以及其他有关资料;然后根据这些资料绘制指示曲线、系统试井曲线,得出井的产能方程,确定井的生产能力、合理工作制度及油藏参数。

J(GJ)BD002
稳定试井的测试方法

2.测试方法与步骤

1)确定工作制度

(1)工作制度的测点数及其分布。

每一工作制度4~5个测点较为合适,但不得少于3个,并力求均匀分布。

(2)最小工作制度的确定原则。

在生产条件允许的情况下,使该工作制度下的稳定流压尽可能接近地层压力。

(3)最大工作制度的确定原则。

在生产条件允许情况下,使该工作制度的稳定油压接近自喷最小油压。

(4)其他工作制度的分布。

在最大、最小工作制度之间,均匀内插2~3个工作制度。

2)测试步骤

(1)测地层压力。

试井前,必先测得稳定的地层压力。

(2)工作制度程序。

一般由小到大(也可由大到小,但不常采用)依次改变井的工作制度,待每种工作制度生产稳定后,取全取准以下6项资料:

①产油量、产气量、产水量。

②油压、套压、井底流压及流温。

③含水率、地面气油比及含砂量。

④油、气、水的分析资料。

⑤对于新区或探井,还要进行高压物性取样,并测量其相应的稳定产量、流压和其他有关数据。

J(GJ)BD008 压力恢复曲线的用途

⑥对于出砂严重的井,要探砂面并捞取砂样。

(3)关井测压。

最后一个工作制度测试结束后,关井测地层压力或压力恢复情况。全井压力恢复测试是目前油田监测的重要手段,据调查,在油田开发中,压力恢复资料的主要用途是描述油层压力状况。此外,全井压力恢复测试还具有以下用途:计算地层参数;探测油气边界、油水边界;计算油藏储量;了解油井和油田的生产能力,确定合理的油井生产制度;了解油层温度及其分布;检查和判断油气水井增产措施效果。

J(GJ)BD003 稳定试井的资料解释

3.稳定试井曲线

油井的产能试井一般使用“稳定试井”方法。稳定试井也称为“系统试井”,一般在试采阶段进行,测试方法:连续以3~4个不同的稳定产量生产,通常采取由小产量逐步加大的程序;每个产量生产都要求流动压力达到稳定;测量用每个油嘴生产时的稳定产量、相对应的稳定流压、油压、汽油比和出砂量等,最后关井测量地层压力,但终关井实际上已属于不稳定试井的范畴。

1)指示曲线

生产压差与产量的关系曲线称为指示曲线。指示曲线一般有3种类型,还有一种不常见的异常型曲线,如图2-2-1所示。

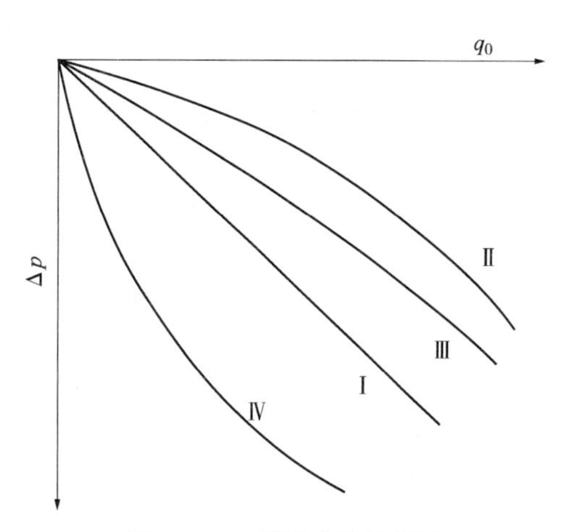

图2-2-1　指示曲线示意图

(1)直线型Ⅰ:Ⅰ为过原点的直线,一般在较小生产差条件下形成,当工作制度不断增加时,单相流动(符合达西定律)将逐渐变为油气两相流动(或单相不符合达西定律流动)。

(2)曲线型Ⅱ:开始为直线段,之后直线发生弯曲,凹向压差轴,一般在较大生产压差或流压小于饱和压力时形成。

(3)混合型Ⅲ:其特征是开始为过原点的直线,直线部分为单相达西渗流,然后变成凹向压差轴的曲线。

曲线形成的原因可能为:①随着生产压差的增大,油藏中出现了单相非达西流,增加了额外的惯性阻力;②随着生产压差增大,流压低于饱和压力,井壁附近地层出现了油气两相渗流,油相渗透率降低,黏滞阻力增大。

(4)异常型Ⅳ:曲线凹向产量轴形成这种生产压差指示曲线。

这种指示曲线形成的原因可能为:①相应工作制度下的生产未稳定;②新井井壁污染,随着生产压差增大,污染逐渐被排除;③在多层合采情况下,随着生产压差增大,新层投入工作。应根据具体情况分析,若有原因,则必须重新进行测试。

J(GJ)BD021 气井系统试井的原理

平面径向流的气井产量大小主要取决于气藏岩石和流体的性质以及生产压差。因此,测量出井的产量和相应压力,就可以推断出井和气藏的流动特性,这就是气井系统试井的原理。具体做法是:依次改变井的工作制度,待每种工作制度下的生产处于稳定时,测量其产量和压力以及其他有关的资料 ,然后根据这些资料绘制产能曲线,得出井的产能方程,计算无阻流量,确定井的生产能力、合理的工作制度。

J(GJ)BD020 气井系统试井的方法

在系统试井过程中,每种工作制度下测试两次流压,其中一次可以测压力梯度曲线(每100m 或 200m 测一个压力台阶,从井口开始至油层中部,若串联井温仪,可一同测取井筒温度梯度曲线)。从压力梯度曲线中可以判断饱和压力点位置并估算饱和压力。从井筒温度曲线可以判断井筒结蜡点深度。从指示曲线可判别指示曲线类型并确定产能方程。

2)系统试井曲线

产量、流压、含水率、含砂量、生产气油比等与工作制度的各个关系曲线总称为系统试井曲线。从系统试井曲线中可以确定油井合理的工作制度。

3)流入动态曲线

流入动态曲线也称为IPR 曲线,指的是流压与产量的关系曲线,主要用于油井的产能预测。

4.单向流稳定试井的分析

1)服从达西流动的分析方法

当流动满足达西渗流规律时,指示曲线为Ⅰ型,可用以下线性方程表示:

$$q=Jp \tag{2-2-2}$$

式中 q——产量,m^3/d;

J——采油指数,$m^3/(d \cdot MPa)$;

p——生产压差,MPa。

根据测试工作制度的产量和压力数据,在 $\Delta p-q$ 的坐标系上绘制曲线得到直线Ⅰ,测出直线的斜率,其倒数即为 J。

2)服从非达西流动的分析方法

当指示曲线为Ⅱ型时,各测点流压均高于饱和压力,既可用指数式方程表示,也可用二项式方程表示。

(1)指数式分析方法。

指数式方程表示方法为:

$$q=C(p_R-p_{wf})^n \tag{2-2-3}$$

式中 C——系数;

p_R——地层压力,MPa;

p_{wf}——流压，MPa；

n——指数，$1/2 \leqslant n < 1$。

系数 C、n 的确定：在双对数坐标系中，以 q 为纵轴、$(p_R - p_{wf})$ 为横轴绘制曲线，得到的直线称为指数式特征曲线，如图 2-2-2 所示。该直线在纵轴上的截距即为 C，斜率即为 n。

(2) 二项式分析方法。

二项式方程表示为：

$$\Delta p = aq + bq^2 \tag{2-2-4}$$

其中 a 和 b 为二项式系数。将方程变为二项式特征方程：

$$\Delta p / q = a + bq \tag{2-2-5}$$

以 $\Delta p/q$ 为纵轴、q 为横轴，在直角坐标系上绘制曲线，得到的直线称为二项式特征曲线，如图 2-2-3 所示；该直线在纵轴上的截距即为 a，斜率即为 b，于是便可确定方程。

3) 单向流稳定试井的分析步骤

J(GJ)BD017 单向流稳定试井的分析方法

(1) 整理稳定试井资料。

将各工作制度下取得的数据列成表格，形式见表 2-2-1。

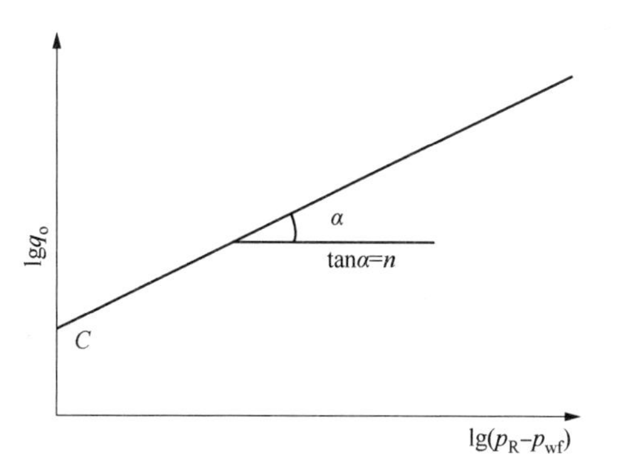

图 2-2-2　指数式特征曲线图

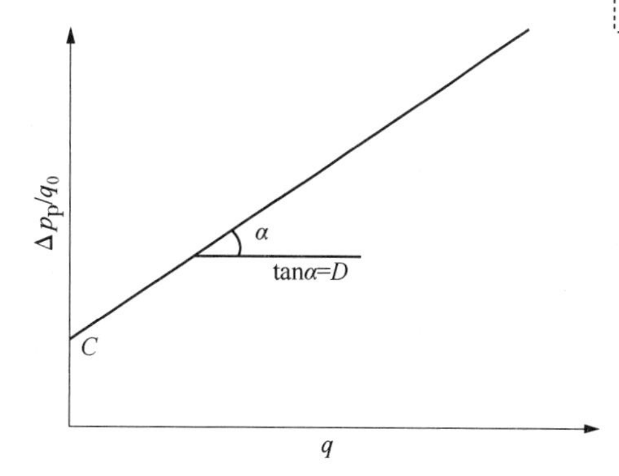

图 2-2-3　二项式特征曲线图

表 2-2-1　______井的工作制度数据表

d, mm	p_R, MPa	p_{wf}, MPa	Δp, MPa	q_0, m^3/d	q_w, m^3/d	f_u, %	S_{ct}, %

(2) 绘制试井曲线。

①指示曲线。

根据表格内容绘制 $\Delta p - q$ 关系曲线。

②系统试井曲线。

绘制产量、流压、含水率、含砂量、生产气油比等与工作制度的各个关系曲线，利用这些关系曲线可确定油井的合理工作制度。

(3) 确定产能方程。

由绘制的指示曲线判别指示曲线类型；由各所属类型确立产能方程。

(4) 油层参数计算。

①直线型指示曲线油层参数计算。

当油藏中流体处于单相(液相)达西流动时，油井指示曲线为直线，以此直线可计算采油指数、油层渗透率和地层压力等参数。

采油指数:$J=q/\Delta p$。

油层渗透率:

$$K=\frac{1.842J\mu B\left[\ln\left(\frac{r_e}{r_w}\right)-\frac{3}{4}+S\right]}{h} \tag{2-2-6}$$

式中 K——泄油区平均渗透率,μm^2;

μ——地层原油黏度,mPa·s;

B——地层原油体积系数,m^3/m^3;

h——油层有效厚度,m;

r_e——泄油半径,m;

r_w——油井半径,m;

S——表皮系数。

估算地层压力:整理 $q=J\Delta p$ 可得:

$$p_{wf}=p_R-q/J \tag{2-2-7}$$

$$\lim_{q\to 0}p_{wf}=\lim_{q\to 0}\left(p_R-\frac{q}{J}\right)=p_R \tag{2-2-8}$$

根据稳定试井数据表中的 p_{wf}和 q 数据绘制曲线,将直线外推至 $q=0$ 处,对应的 p_{wf}读数即为地层压力 p_R。

②曲线型指示曲线油层参数计算。

当油藏中流体处于单相非达西流动时,指示曲线为曲线型,此时可用式(2-2-9)计算地层渗透率:

$$K=\frac{1.842J\mu B\left[\ln\left(\frac{r_e}{r_w}\right)-\frac{3}{4}+S\right]}{ah} \tag{2-2-9}$$

式中 a——二项式方程的系数。

③混合型指示曲线油层参数计算。

当测试期间开始为单相达西流,而后逐渐转变为单相非达西流动时,其指示曲线为混合型。此时,地层参数的计算在直线部分和曲线部分分别依照上述方法求解。

(5)确定井的合理工作制度。

在混合型指示曲线上找出直线部分与曲线部分的切点(即直线部分的终点或曲线部分的起点),该点所对应的产量和生产压差称为合理产量和合理生产压差;此合理产量或压差在系统试井曲线上所对应的工作制度(或油嘴)称为合理工作制度(或合理油嘴)。在此工作制度下,如果系统试井曲线的其他参数不太合理,则应重选合理的产量和压差,直至系统试井曲线的含砂量(S_{et})不超过标准,含水率 f_w 也无明显上升(在油气两相流动时,还应观察生产气油比的变化)。

如果指示曲线为直线型或曲线型,则合理工作制度应在系统试井曲线图中确定。

(6)定性判断井壁污染和流动状况。

由二项式方程特征曲线的形态可定性地判断井壁污染的程度、井壁附近的紊流强弱和地层渗透性好坏，如图 2-2-4 所示。

(1)截距 a 的高低反映渗透率 K 和表皮系数 S 的大小。a 值与渗透 K 成反比，与表皮系数 S 值成正比。于是 a 值高，表示地层渗透率小或表皮系数大；a 值低，表示地层渗透率大或表皮系数小。

(2)斜率 b 的大小反映紊流的强弱程度，斜率 b 越大，紊流越严重(非达西流动越强)。

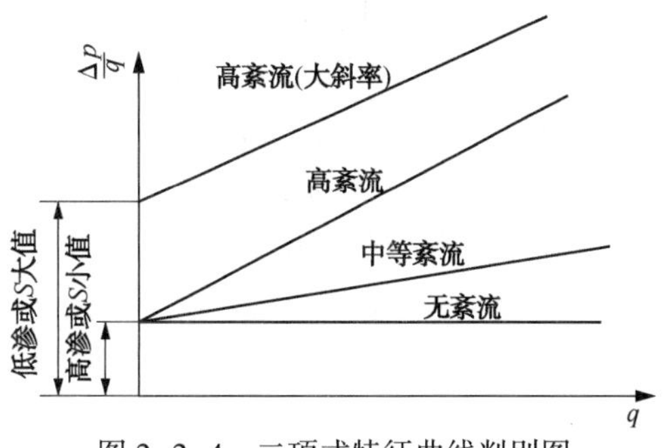

图 2-2-4　二项式特征曲线判别图

(二)不稳定试井分析

1.不稳定试井的基本原理和有关概念

当油藏中流体的流动处于平衡状态(静止或稳定状态)时，若改变其中某一口井的工作制度，即改变流量(或压力)，则将在井底造成一个压力扰动，此压力扰动将随着时间的推移而不断向井壁四周地层径向扩展，最后达到一个新的平衡状态。这种压力扰动的不稳定过程与油藏、油井和流体的性质有关。因此，在该井或其他井中用仪器测量井底压力随时间的变化规律，并进行分析，就可以判断井和油藏的性质。这就是不稳定试井的基本原理。依据不同的分类规则，不稳定试井有不同的分类，图 2-2-5 是常见的不稳定试井分类方法。

J(GJ)BD004 不稳定试井方法的原理

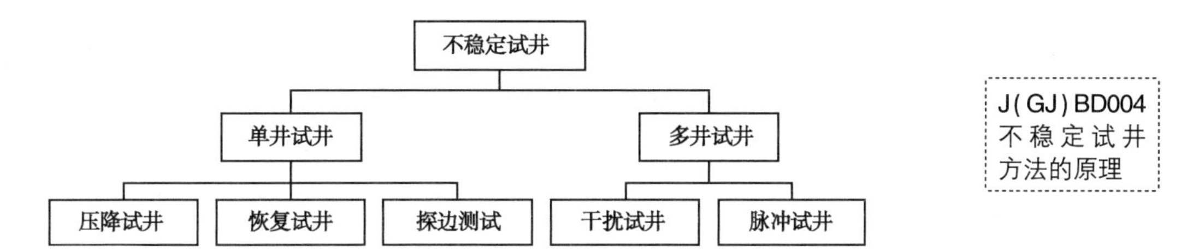

图 2-2-5　不稳定试井的分类

1)不稳定试井分析基本微分方程

单相弱可压缩且压缩系数为常数的液体在水平、等厚、各向同性的均质弹性孔隙介质中渗流，其压力变化服从如下偏微分方程(扩散方程)：

$$\frac{\partial^2 p}{\partial r^2}+\frac{1}{r}\times\frac{\partial p}{\partial r}=\frac{\phi\mu C_t}{3.6K}\times\frac{\partial p}{\partial t} \tag{2-2-10}$$

设在无限大地层中有一口井，在这口井开井生产前，整个地层具有相同的压力 p_i(在勘探初期，这就是原始地层压力)。从 $t=0$ 开始，这一口井以恒定产量 q 生产，则可列出如下定解条件：

$$\left.\begin{aligned}&p(r,0)=p_i(\text{初始条件})\\&p(\infty,t)=p_i\end{aligned}\right\}(\text{外边界条件})$$

$$\left(r\frac{\partial p}{\partial r}\right)_{r=r_w}=\frac{q\mu B}{172.8\pi Kh}(\text{内边界条件}) \tag{2-2-11}$$

式中　$p=p(r,t)$——距离井 r(m)处在 t(h)时刻的压力，MPa；

p_i——原始地层压力，MPa；

r——离井的距离,m;

t——从开井时刻计算的时间,h;

K——地层渗透率,μm^2;

h——地层厚度,m;

μ——流体黏度,mPa·s;

ϕ——地层孔隙度;

C_t——地层及其中流体的综合压缩系数,MPa^{-1};

r_w——井的半径,m;

q——井的地面产量,m^3/d;

B——原油的体积系数。

C_t的定义为:

$$C_t = C_r + C_0 S_0 + C_w S_w + C_g S_g \tag{2-2-12}$$

考虑表皮影响,对上述方程求解,可得无限大地层中井以恒定产量生产时井底的压降公式:

$$\begin{aligned} p_{wf}(t) &= p_i - \frac{2.121\times10^{-3} q\mu B}{Kh}\left(\lg\frac{Kt}{\phi\mu C_t r_w^2} + 0.9077 + 0.8686S\right) \\ &= -\frac{2.121\times10^{-3} q\mu B}{Kh}\lg t + \left[p_i - \frac{2.121\times10^{-3} q\mu B}{Kh}\times\left(\lg\frac{K}{\phi\mu C_t r_w^2} + 0.9077 + 0.8686S\right)\right] \end{aligned} \tag{2-2-13}$$

或写成压差形式:

$$\begin{aligned} p_i - p_{wf}(t) &= \frac{2.121\times10^{-3} q\mu B}{Kh}\left(\lg\frac{Kt}{\phi\mu C_t r_w^2} + 0.9077 + 0.8686S\right) \\ &= \frac{2.121\times10^{-3} q\mu B}{Kh}\lg t + \frac{2.121\times10^{-3} q\mu B}{Kh}\times\left(\lg\frac{Kt}{\phi\mu C_t r_w^2} + 0.9077 + 0.8686S\right) \end{aligned} \tag{2-2-14}$$

上述两式被称为压降公式,它们描述的是压力降落测试中的井底压力变化。

J(GJ)BD005 表皮系数、井筒储集常数的概念

2)不稳定试井分析中一些重要概念

(1)表皮系数。

设想在井筒周围存在一个很小的环状区域,由于种种原因,这个小环状区域的渗透率与油层不相同。因此,当原油从油层流入井筒时,将在这里产生一个附加压力降,这种现象称为表皮效应(或趋肤效应)。把这个附加压力降(用Δp_s表示)用无量纲的形式表示,得到无量纲附加压力降,可用来表征一口井表皮效应的性质和严重情况,这个无因此附加压力降称为表皮系数(或趋肤因子、污染系数),用S表示:

$$S = \frac{Kh}{1.842\times10^{-3} q\mu B}\Delta p_s \tag{2-2-15}$$

式中 S——表皮系数;

K——地层渗透率,μm^2;

q——油井产量,m^3/d;

B——原油的体积系数;

μ——流体黏度,m·s;

Δp_s——附加压力降,MPa。

钻井、完井、修井等作业可能会造成井底附近地层污染，而酸化、压裂作业会改善近井地层的渗透性。污染程度如何、改善效果如何，均可通过表皮系数定量地反映出来，如图2-2-6所示。对于均质地层，表皮系数大于零表示产层受到污染，表皮系数越大污染越严重；表皮系数小于零，表示产层得到改善，表皮系数越小，改善程度越好。

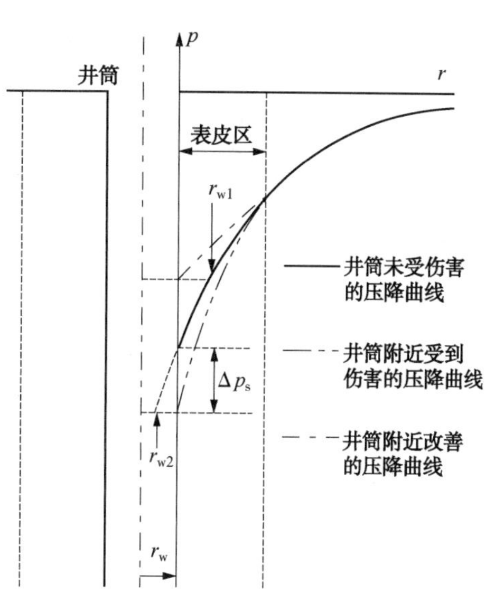

图2-2-6　未受伤害和已受伤害的气井表皮伤害区压力分布示意图

(2)井筒储集效应、井筒储集系数。

由于井筒具有一定的体积，而其中流体又具有压缩性，当在地面进行开井或关井作业时，由于流体压缩性的存在，使得井地面产量 q 与地层流入井底的产量 q 并不相等，这种现象称为井筒储集效应，如图2-2-7所示。其中 $q_2=0$（开井情形）或 $q_2=q$（关井情形）的那段时间，称为“纯井筒储集效应”阶段，英文简称为PWBS。

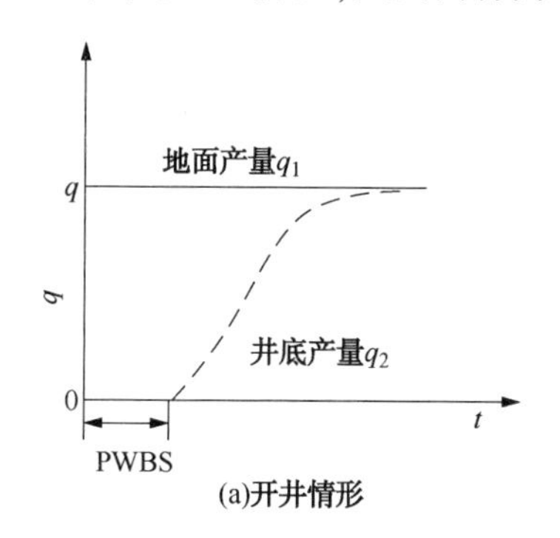

(a)开井情形

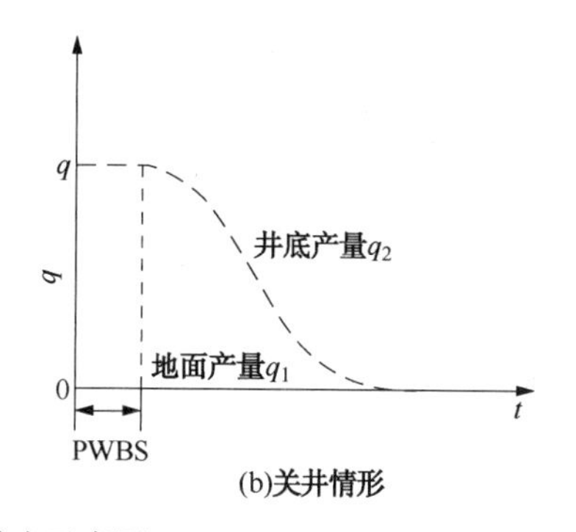

(b)关井情形

图2-2-7　井筒储集效应示意图

地面开井初期，首先产出的是井筒内被压缩的流体，这一时期井底流量小于地面流量；地面关井初期，由于井筒流体的可压缩性，地层中的流体仍继续流入井筒，称为井底续流。井筒储集系数是描述井筒内流体可压缩性强弱的量，即井筒因其中流体的压缩等原因储存或释放井筒中压缩流体的弹性能量而排出原油的能力，其基本计算公式如下：

$$C=\frac{\mathrm{d}V}{\mathrm{d}p}\approx\frac{\Delta V}{\Delta p}\tag{2-2-16}$$

式中　C——井筒储集常数，m^3/MPa；

ΔV——井筒中所储原油的体积变化值，m^3；

Δp——井筒中压力变化值，MPa。

井筒储集常数 C 的物理意义：

在关井情况下，C 是指要使井筒压力升高1MPa，必须从地层流入井筒 Cm^3 的原油；在关井情况下，C 是指当井筒压力降低1MPa时，利用井筒中原油的弹性能量可以排出 Cm^3 原油。

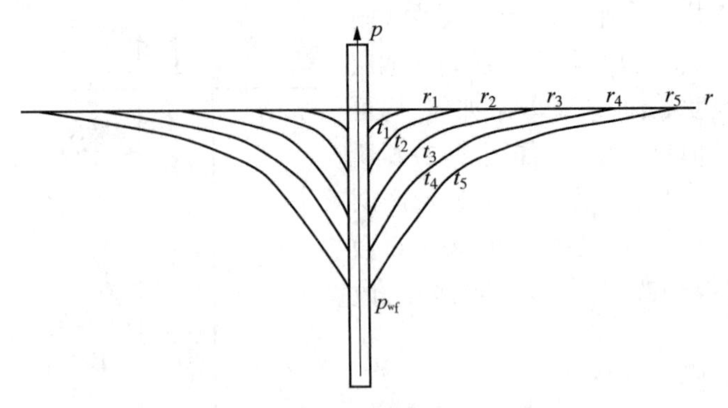

图 2-2-8　压力影响半径示意图

(3)探测半径。

探测半径也称为影响半径,是指当井的工作制度改变后,在某一给定时间内压力扰动前缘所达到的距离,如图 2-2-9 所示。其大小由压降测试时间和油藏岩石、流体的性质决定,并与测压仪表的分辨率有关,与产量或注入量的大小无关。探测半径可通过式(2-2-17)进行计算:

$$r_i=0.12\sqrt{\frac{Kt_{\mathrm{p}}}{\phi\mu C_{\mathrm{t}}}} \tag{2-2-17}$$

式中　r_i——探测半径,m;

K——地层有效渗透率,$10^{-3}\mu m^2$;

t_{p}——关井前生产时间,h;

ϕ——有效孔隙度;

μ——黏度,mPa · s;

C_{t}——综合压缩系数,MPa^{-1}。

探测半径是一种不稳定流动属性,所以不应超出排泄半径的范围。对于井在圆形地层的中心或非圆形地层边界的情形,探测半径应小于井离最近边界的距离。一旦见到地层边界反应后,式(2-2-17)就不再适用了。换言之,r_i必须满足:r_i小于 r_{e}或 r_i小于 d,其中 r_{e}为位于圆形地层中心井的排泄半径,d 为井离最近边界的距离。

(4)不稳定流动、稳定流动和拟稳定流动。

不稳定流动:当改变一口井的工作制度时,压力扰动向地层四周传播,在压力扰动未达到所有边界之前,这时的流动为不稳定流动,其特征是压力是随时间变化的,并且压力变化速率也是变化的。

稳定流动:地层中的流动影响到定压边界后,井底和地层中各点压力保持不变,如油藏有大范围气顶或边水或保持严格注采平衡的井。

拟稳定流动:拟稳定流动实质是一种不稳定流动,当在一个封闭的区块内生产的一口油井以稳定的产量生产时,到后期,压力波及周围的所有边界,自此以后封闭区块中各点压力将以相同的速度下降,达到拟稳定流动状态。

半对数坐标和直角坐标系中的流动分段如图 2-2-9 和图 2-2-10 所示。

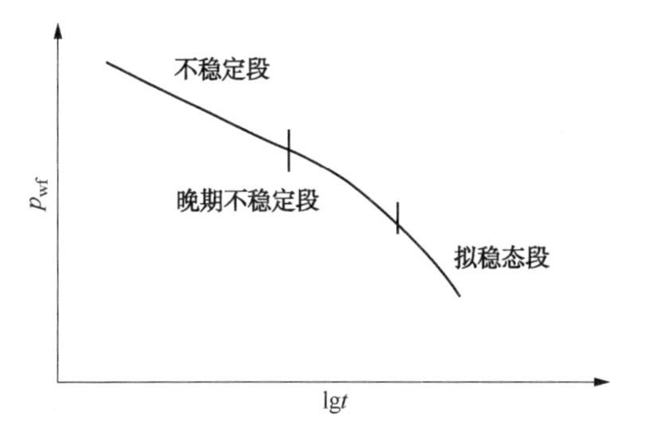

图 2-2-9　半对数坐标上的流动分段

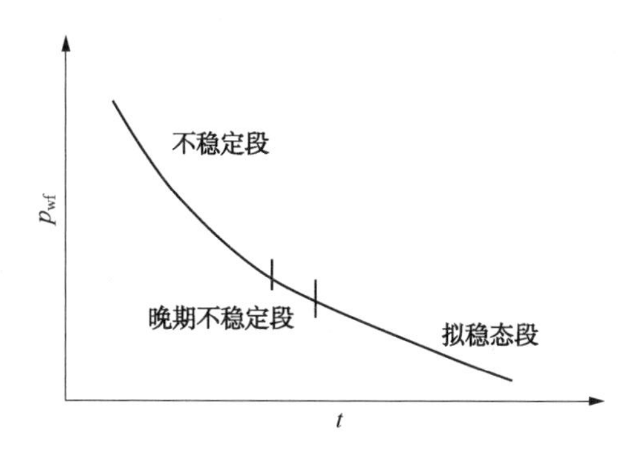

图 2-2-10　直角坐标系上的流动分段

J(GJ)BD007 常规试井的分析方法

2.常规试井分析方法

1)压降试井的分析方法

压降试井是将长期关闭的井开井生产,测量产量和井底流动压力随时间的变化。压降试井包括等产量压降试井、变产量压降试井和探边测试等。

(1)测试程序。

①将仪器下入井底预定位置(尽可能地接近油层中部),记录稳定压力(静压)。

②以恒定产量开井生产,此时仪器记录井底流压随时间的变化情况。

③在需要的情况下,取样分析求取流体的物性参数。

(2)实测压降曲线的形态。

完整的一条压降曲线一般由早期、中期和晚期 3 个流动阶段构成,如图 2-2-11 所示。

①早期段的压力曲线主要受井筒储存效应控制。

②中期段的压力曲线,井筒效应不再干扰,即所谓"无限作用径向流阶段",在这个流动阶段,实测压降曲线与理论压降曲线完全重合,在单对数坐标系中常称为中期直线段。

③晚期段的压力曲线控制因素比较复杂,主要受外围地层物性变化、边界反映及邻井干扰影响。

(3)试井分析方法。

根据压力降落数学模型式,在实际解释时,把压降数据 $p_{wf}(t)-t$ 绘制在半(单)对数坐标纸中,并将中期径向流动段的数据点连成直线(即半对数直线),如图 2-2-12 所示。

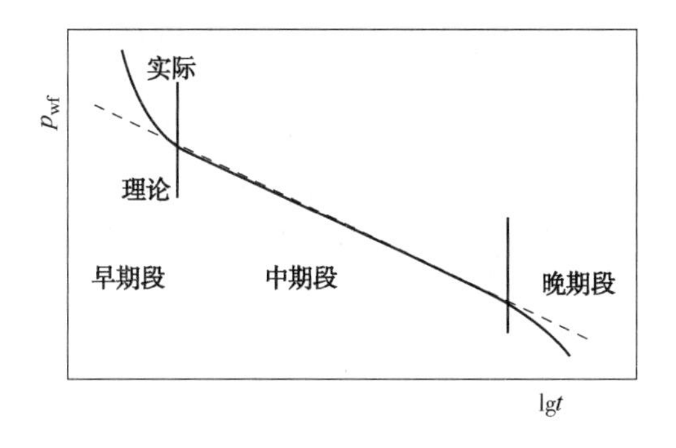

图 2-2-11　实测压降曲线典型形态

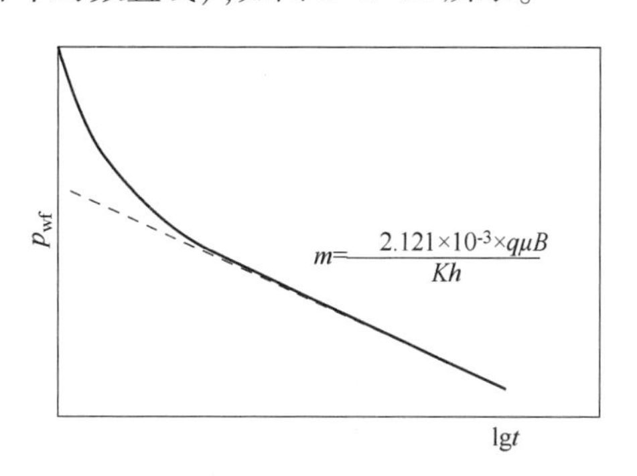

图 2-2-12　压力降落半对数分析图

此直线斜率的绝对值为：

$$m=2.121\times10^{-3}\frac{q\mu B}{Kh} \tag{2-2-18}$$

流动 1h 的截距：

$$p_{1h}=p_i-m\left(\lg\frac{8.0854K}{\phi\mu C_t r_w^2}+0.8686S\right) \tag{2-2-19}$$

测量半对数直线的斜率 m 和 p_{1h}，便可求出流动系数：Kh/μ(或渗透率 K)和表皮系数 S：

$$\frac{Kh}{\mu}=\frac{2.121\times10^{-3}qB}{m} \tag{2-2-20}$$

$$K=\frac{2.121\times10^{-3}q\mu B}{mh} \tag{2-2-21}$$

$$S=1.151\times\left(\frac{p_i-p_{1h}}{m}-\lg\frac{K}{\phi\mu C_t r_w^2}-0.9077\right) \tag{2-2-22}$$

必须注意，公式中 p_{1h}必须是在半对数直线段(或其延长线)上对应于 t 为 1h 的压力值读数。

如果测试井附近有不渗透边界(如断层)，而且压降曲线呈明显的直线型不渗透边界反映：出现两条直线段，后一条直线段与前一条直线段的斜率之比为 2 : 1，则可用式(2-2-23)计算测试井到不渗透边界的距离：

$$d=1.422\sqrt{\frac{Kt_x}{\phi\mu C_t}} \tag{2-2-23}$$

式中 d——测试井到不渗透边界的距离，m；

t_x——压降曲线两条半对数直线段交点所对应的时间，h。

2)压力恢复试井的分析方法

压力恢复试井是油田上最常用的一种试井方法，油井以稳定产量生产一段时间后关井，测取关井后的井底恢复压力，并对这一压力历史进行分析，求取地层参数。

(1)测试程序。

①井以稳定产量生产至井底流动压力稳定。

②将仪器下入井底预定位置(尽可能地接近油层中部)，记录稳定的井底流压。

③关井，测试仪器记录井底压力随时间的变化情况。

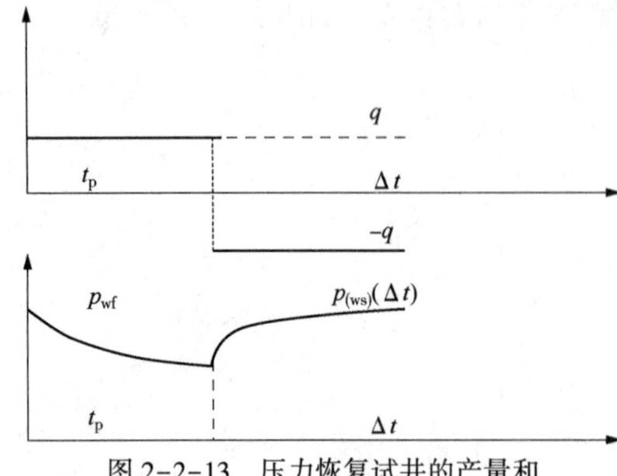

图 2-2-13 压力恢复试井的产量和井底压力历史曲线示意图

(2)分析方法。

无限大均质地层中一口井以稳定产量 q 生产 t 时间后关井，在数学上相当于原来的井仍在生产，但从 t_p时刻开始在同一位置又有一口井以产量 q 注入，如图 2-2-13 所示，根据叠加原理可得压力恢复分析公式：

$$p_{ws}=p_i-\frac{2.121\times10^{-3}\times q\mu B}{Kh}\lg\frac{t_p+\Delta t}{\Delta t} \tag{2-2-24}$$

或

$$p_{ws}=p_i+2.121\times10^{-3}\times\frac{qB\mu}{Kh}\lg\frac{\Delta t}{T+\Delta t} \tag{2-2-25}$$

式中　p_{ws}——关井后的井底压力，MPa；

t——关井时间，h；

t_p——关井任意时间，h；

p_i——原始地层压力，MPa；

T——关井前稳定生产时间，h。

式(2-2-24)与式(2-2-25)均称为霍纳(horner)公式。当 $\Delta t=0$ 时：

$$p_{ws}(\Delta t=0)=p_{wf}(t)=p_i-\frac{2.121\times10^{-3}\times q\mu B}{Kh}\left(\lg\frac{Kt}{\phi\mu C_t r_w^2}+0.9077+0.8686S\right) \tag{2-2-26}$$

且当 $t_p\gg\Delta t$ 时，有：

$$p_{ws}(\Delta t)=p_{ws}(\Delta t=0)-\frac{2.121\times10^{-3}\times q\mu B}{Kh}\left(\lg\frac{Kt}{\phi\mu C_t r_w^2}+0.9077+0.8686S\right) \tag{2-2-27}$$

式(2-2-26)式(2-2-27)与压降公式非常相似，称为 MDH 公式，达到径向流动阶段时，井底压力 p 与 $\lg(t_p+\Delta t)/\Delta t$ 或 $\lg\Delta t$(t 远远大于 Δt)呈线性直线关系，如图 2-2-14 所示，根据直线斜率可确定流动系数和地层渗透率。

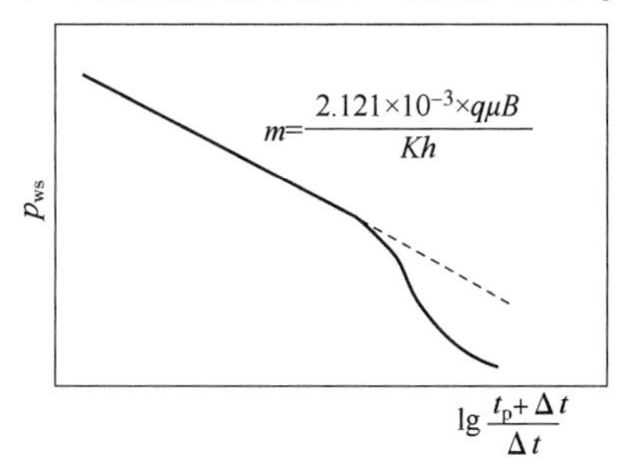

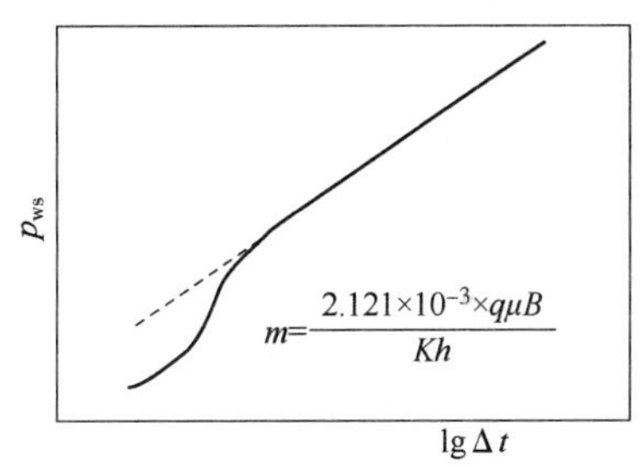

图 2-2-14　霍纳曲线示意图

流动系数和渗透率可由式(2-2-28)计算：

$$K=2.121\times10^{-3}\times\frac{qB\mu}{mh} \tag{2-2-28}$$

表皮系数 S 可由式(2-2-29)计算：

$$S=1.151\times\left(\frac{p_{ws1h}-p_{wf}}{m}-\lg\frac{K}{\phi\mu C_t r_w^2}+\lg\frac{t_p+1}{t_p}-0.9077\right) \tag{2-2-29}$$

式中　m——分析图中霍纳直线段斜率，MPa/cycle；

p_{wf}——关井前流压，MPa；

p_{ws1h}——霍纳直线段或其延长线上对应于 $\Delta t=1$h 的压力，MPa。

径向流直线在 $\lg[\Delta t/(T+\Delta t)]=0$ 直线上的截距及计算的地层压力 p_i 为：

$$\lim_{\Delta t\to\infty}p_{ws}=p_i \tag{2-2-30}$$

3.现代试井解释方法

20 世纪 50~60 年代，世界上普遍使用半对数曲线分析方法(包括 MDH 法和 Horner 法)来进行试井解释,这就是所谓“常规试井解释方法”,然而常规试井解释方法有很大的局限性。

例如,当测不到半对数直线段时,常规试井解释就无能为力了。到底半对数曲线是否出现了直线段,直线段从何时开始,在似乎出现两条以上直线段时,到底哪一条才是真正的直线段,有时也很难判断。

20 世纪 70 年代以来,随着科学技术的飞速发展,特别是计算机和高精度测试仪表的发展,试井解释方法在原来的常规试井解释方法基础上得到了很大的进步和发展,各国试井专家研制成功了许多试井解释图版。图版拟合分析法引起了人们广泛的兴趣和高度的重视,特别是压力导数解释图版及其拟合分析方法的创立,使试井解释进一步取得突破性的重大发展。于是,一套比较完整的“现代试井解释方法”(Modern well test interpretation method)已经建立起来,且日臻完善。

1)现代试井分析方法概述

现代试井分析方法就是利用试井分析的典型曲线进行油藏识别和地层参数求取的一种试井分析方法。

现代试井解释方法可根据常见的各种油气藏建立相应的试井分析理论模型,求出试井解释中对应参数的解,由这些解做出无因次压力与无因次时间之间的关系曲线,这就是试井分析的典型曲线(或称样板曲线)。

随着电子计算机的推广应用,使求解复杂数学模型成为可能,这就使得现代试井分析方法可以解决更复杂的油藏模型试井资料解释问题。

J(GJ)BD018 现代试井分析方法的特点

现代试井分析方法的特点:

(1)运用系统分析的概念和数值模拟方法,使试井解释从理论上前进了一大步。

(2)由于考虑了井筒储存和井壁污染对压力动态的影响,确立了早期资料的解释方法,从过去认为不能利用的早期数据中获得了很多有用的信息。

(3)完善了常规分析方法,给出了半对数直线开始的大致时间,提高了半对数曲线分析的可靠性。

(4)通过实际压力数据曲线与理论图版中的无因次压力和无因次时间的拟合,可以对油藏参数进行局部或全面的定量分析,并能获取常规分析方法中无法获取的一些参数值。

(5)利用导数曲线可以识别不同的油藏模型,为有目的地分析提供了依据,同时也提高了分析精度。

(6)整个解释过程是一个“边解释边检验”的过程,几乎每个流动阶段的识别以及每个参数的计算,都存在两种不同的途径,然后可以进行结果比较。

(7)对最后的解释结果进行了模拟检验和历史拟合,因此提高了解释结果的可靠性和正确性。

J(GJ)BD019 现代试井分析方法的理论基础

2)现代试井分析方法的理论基础

由于现代试井分析的典型曲线描述的是无因次压力与无因次时间之间的关系,因此需要进行无因次压力与无因次时间的定义:

$$p_D = \frac{Kh}{1.84 \times 10^{-3} qB\mu} \Delta p \tag{2-2-31}$$

$$t_D = \frac{3.6K}{\phi \mu C_t r_w^2} t \tag{2-2-32}$$

对上面两式分别取对数可得：

$$\lg t_D - \lg t = \lg \frac{3.6K}{\phi\mu C_t r_w^2} = 常数 \quad (2\text{-}2\text{-}33)$$

$$\lg p_D - \lg \Delta p = \lg \frac{Kh}{1.84\times10^{-3} qB\mu} = 常数 \quad (2\text{-}2\text{-}34)$$

式中　p_D——无因次压力，无量纲；

Δp——压差，MPa；

t_D——无因次时间，无量纲；

t——开关井生产时间，h；

Δt——关井时间，h；

C_t——井筒储集系数，m^3/MPa；

K——地层的渗透率，mD；

h——地层的厚度，m；

q——井的流量（产量），m^3/d；

B——流体的体积系数，无量纲；

r_w——井径，m；

μ——流体的黏度，mPa · S。

从两式看出，当选用正确的试井解释模型时，一般说来实际曲线与解释图版的样板曲线具有完全相同的形状，无量纲压力与实测压差、无量纲时间与实际时间，经取对数后，都只相差一个常数。所以，通过上下、左右平移，可以使实际曲线样板曲线互相叠合，而且此时对应的坐标之差便是 $\lg \frac{Kh}{1.842\times10^{-3}\times q\mu B}$ 和 $\lg \frac{3.6K}{\phi\mu C_t r_w^2}$，由此便可计算出渗透率 K 以及其他有关的参数。

3）图版匹配和曲线拟合

现代试井解释技术包括图版匹配和曲线拟合两种手段。图版匹配是先将试井模型不同参数的理论曲线绘制成图版，然后对比实际试井曲线与理论曲线的差异，找出与实际曲线相吻合的理论曲线，确定模型参数。图版匹配的操作过程如图 2-2-15 所示。

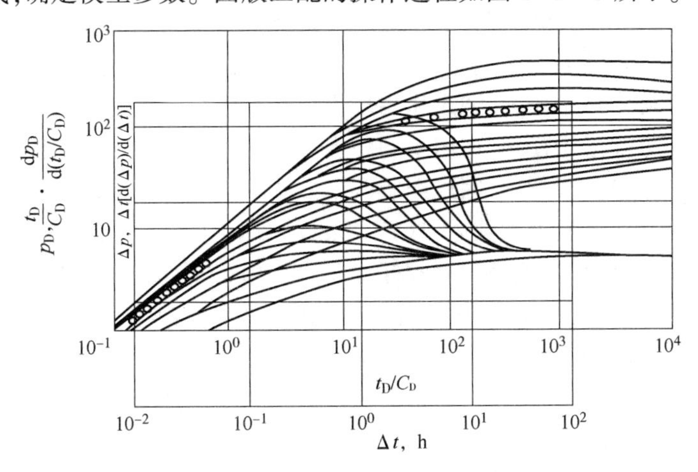

图 2-2-15　均质油藏曲线图版拟合示意图

(1)画实测压力、压力导数曲线。将实测数据在双对数坐标下做成压力点和压力导数点,坐标系的比例和理论图版相同,横坐标为实测时间 t(或 Δt),纵坐标为 Δp 和 $\Delta p'$、Δt,对于压力降落 $\Delta p=p_i-p_{wf}$,对于压力恢复为 $\Delta p=p_{ws}-p_{wf}$。

(2)拟合曲线。把实测曲线图放在解释图版上,通过上下和左右平移,找出与实际数据点匹配最好的理论曲线,一般将导数曲线的拟合最佳作为主要参考。

(3)取拟合点。拟合好后,记下理论曲线的 $C_D e^{2s}$(C_D 是无量纲井筒储集常数),读出拟合值,即从解释图版上读出拟合点的 p_D 和 t_D/C_D,从实测曲线上读出该点的 Δp 和 t 值,再从拟合的样板曲线上读出 $C_D e^{2s}$ 值,$p_D/\Delta p$ 值称为压力拟合值,t_D/C_{Dt} 为时间拟合值,$C_D e^{2s}$ 为曲线拟合值。

(4)参数计算。由步骤(3)所得到的三种拟合值,计算下列参数。

由压力拟合值计算流动系数、地层系数和渗透率:

$$\frac{Kh}{\mu}=1.842\times10^{-3}\times qB\left(\frac{p_D}{\Delta p}\right)_{拟合} \tag{2-2-35}$$

$$h=1.842\times10^{-3}\times q\mu B\left(\frac{p_D}{\Delta p}\right)_{拟合} \tag{2-2-36}$$

$$K=1.842\times10^{-3}\times\frac{q\mu B}{h}\left(\frac{p_D}{\Delta p}\right)_{拟合} \tag{2-2-37}$$

由时间拟合值计算井筒储集常数:

$$C=7.2\pi\times\frac{Kh}{\mu}\times\frac{1}{\left(\frac{t_D/C_D}{t}\right)_{拟合}} \tag{2-2-38}$$

其中 Kh/μ 已由压力拟合值算出,再由 C 算出 C_D 值:

$$C_D=\frac{C}{2\pi\phi C_t h r_w^2} \tag{2-2-39}$$

最后,由曲线拟合值计算表皮系数:

$$S=\frac{1}{2}\ln\frac{(C_D e^{2s})_{拟合}}{C_D} \tag{2-2-40}$$

(5)结果检验。结果检验包括一致性检验、无量纲霍纳检验和压力历史检验。一致性检验是对比图版拟合的结果与半对数结果,它们之间的允许误差小于10%,通过无量纲霍纳检验可以调整和确定外推压力,通过压力历史检验可以检验模型的正确性。

图版匹配分析方法易于使用,但由于图版上理论曲线的条数不可能很多,且模型较复杂时也不易制作试井理论曲线图版,因此图版匹配方法的应用有局限性。

曲线拟合方法是给定模型参数后,计算一条试井理论曲线,与实际试井曲线比较,不断调整模型参数,使理论曲线与实际数据较好地吻合。由于不同模型参数对试井理论曲线形态影响的时间阶段不同、特征不同,因此通过理论曲线与实测数据形态差异对比能确定参数调整的正确方向,逐步实现最优拟合。曲线拟合方法必须依靠计算机和现代试井分析软件才能实施。在进行曲线拟合分析时,通常需要根据双对数拟合图(图2-2-16)、半对数拟合图(图2-2-17)、测试期间模拟图(图2-2-18)综合判别理论曲线与实际数据的符合程度,然后有针对性地调整参数。

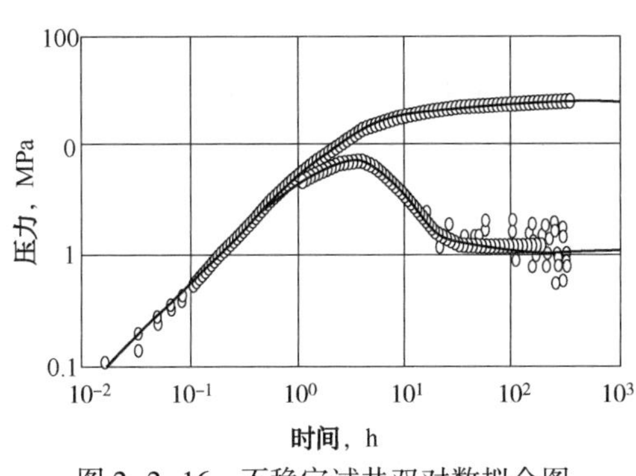

图 2-2-16　不稳定试井双对数拟合图

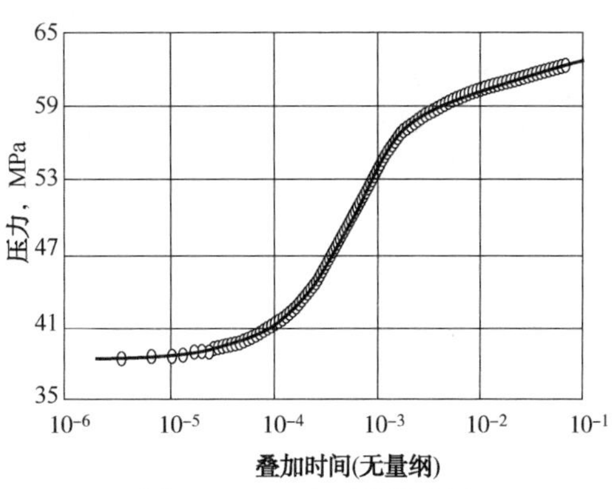

图 2-2-17　半对数拟合图

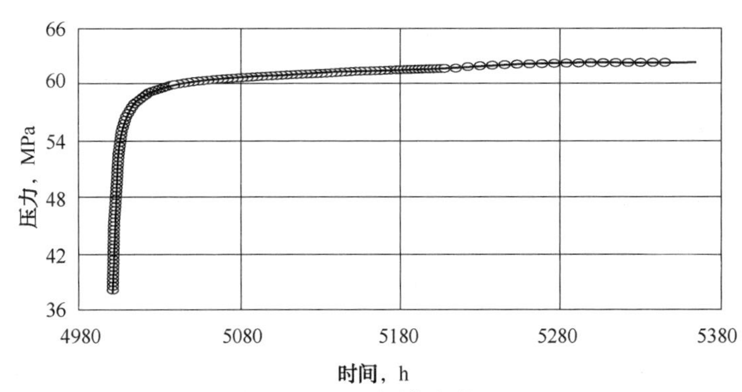

图 2-2-18　测试期间模拟图

4.数值试井技术

试井技术作为油气藏评价的一项重要手段，在油田勘探开发中得到了广泛的应用，并且发挥了重要作用，但是常规解释试井技术限于数学问题的复杂性，试井解释模型开发受到了很大限制，目前仅限于分析模拟一些规则简单的油藏形状和流体特征，对于复杂边界油藏、多变的非均质油藏问题，只能近似分析，造成分析结果和油藏真实情况存在较大的差异，在一定程度上影响了试井资料的应用。目前随着数值试井的发展，有限元数值试井因为可以求解复杂渗流条件下的试井分析问题，能够处理不规则的边界或断层以及复杂的内边界等复杂问题，成为油藏评价新的技术手段，提高了试井资料解释的准确度，为油田动态监测提供了准确、丰富资料，为油田开发方案的制定及方案的调整、精细油藏描述提供了更准确翔实资料。

1）数值试井的基本原理

J(GJ)BD024 数值试井的基本原理

渗流模型：任何油藏流体在储层的流动特征都是一样的，即遵循运动方程和物质守恒定律，以单相不可压缩流体为例，则有：

$$\bar{v}=\frac{k}{\mu}\Delta p \tag{2-2-41}$$

$$-\mathrm{div}(\rho\bar{v})=\partial(\rho\phi)/\partial t \tag{2-2-42}$$

2）油藏的离散化

（1）有限元网格的建立。

数值试井采用有限元法进行离散，有限元法数值试井对于油藏的离散化选用两种基本的网格划分方式:矩形和六边形。在井底附近、储层平面复合区域、油藏断层以及井间干扰区域采用三角形或梯形网格划分方式,从而将基本粗化网格与局部细分网格紧密结合起来,满足数值试井技术对于大范围粗化模拟、局部精细描述的需要,最终形成一个能够准确反映油藏地质特征的组合单元网格模型(图 2-2-19),数值试井模型在生成网格时,可以更好地模拟油藏实际。

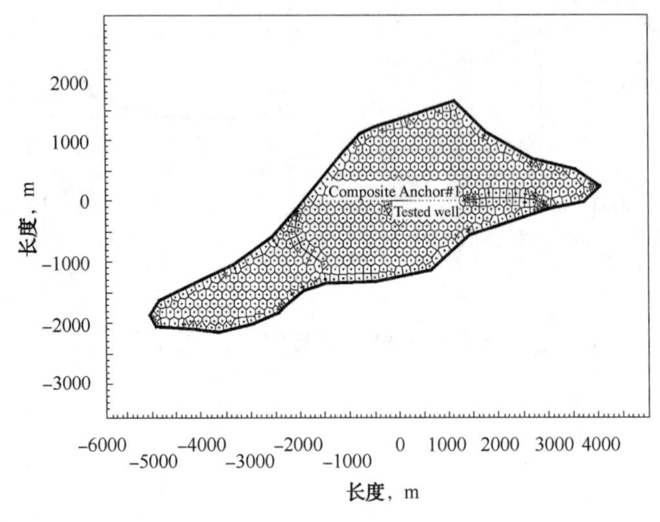

图 2-2-19　组合单元网格模型示意图

(2)离散方程的建立。

将确定的井和储层数学模型进行空间及时间离散后,确定每个网格节点上的微分方程。

(3)离散单元的联立以及求解。

利用 Neton-Paphson 迭代法对系统进行求解,通过对方程进行多次反复求解,最后得到数值模型,并将得到的解通过图形方式表达出来,生成压力响应曲线,在实际分析过程中将生成的理论数值模型特征曲线与实际压力响应曲线进行对比并调整,最终得到最佳的拟合,从而能够准确地描述油藏特征,如图 2-2-20 所示。

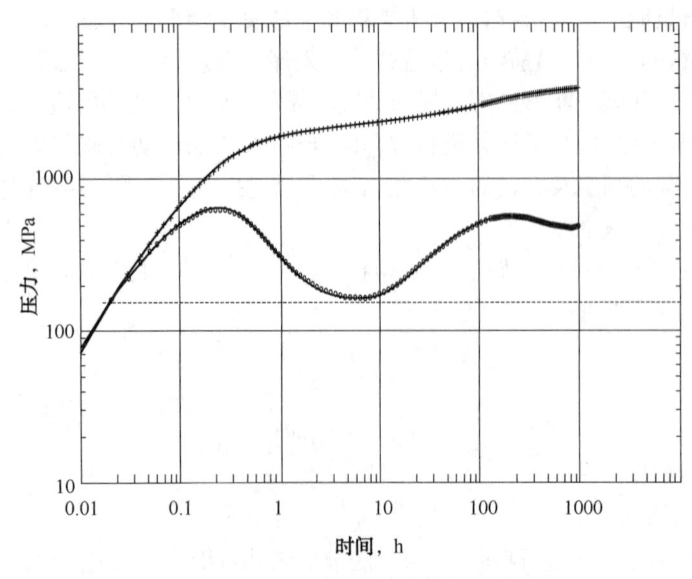

图 2-2-20　压力、压力导数双对数图

3)数值试井所需要的资料及基本步骤

(1)数值试井所需资料。

①地质静态资料主要包括地质构造厚度分布、孔隙度分布、测井渗透率分布等。

②生产动态资料主要有生产井史及产量(日产油、日产水、日产气或日注入量),原始地层压力,井的流压、静压等。

③流体性质资料及岩心分析资料等。

④测试资料主要有测试井的压力数据、流量数据等。

⑤测试井以前的试井分析资料。

(2)数值试井的基本步骤。

①测试数据的输入及预处理。将试井取得的压力——时间数据、油井生产全程流量数据、地层流体数据进行编辑输入。

②输入油藏构造及油藏厚度、孔隙度分布变化资料。

③首先运用常规解析试井方法对试井资料进行预分析,结合对地质的认识,初步建立一个井附近储层的理论动态模型,包括地层参数(K、h 等)以及完井质量参数和地层的外边界条件参数。

④将常规解析试井方法解释的初步分析参数应用到数值试井分析,进行网格划分,建立数值试井模型。

⑤运用全压力历史拟合方法,调整油藏参数,拟合实测压力数据,进行数值动态模型精细调整、修正完善,获得比较符合油藏实际的试井动态模型。

J(GJ)BD023 多井试井的用途

4)数值试井技术优势

数值试井解释技术汲取了油藏数值模拟技术中描述地层流体性质变化、渗流条件非均质性和油藏特殊外边界等复杂属性方面的成熟技术,同时又采纳了高精度压力计录取的压力历史资料作为模型拟合检验的试剂参照,为非均质、复杂边界油气藏试井动态描述和产能预测提供了有效的技术支持,较好地解决了目前解析试井存在的问题。

J(GJ)BD022 干扰和脉冲试井原理

(三)干扰试井

干扰试井是最常用的一种多井试井,与脉冲试井比较对测试工具要求并没有很高。试井时,一般以一口井作为激动井,另一口或多口井作为观察井。激动井改变工作制度,造成地层压力的变化(称为干扰信号);在观察井中下入高灵敏度的测压仪器,记录由于激动井改变工作制度造成的压力变化。根据观察井能否接收到“干扰”压力的变化,便可以判断观察井与激动井之间是否连通,根据接受压力变化的时间和规律,可以计算出井间的流动系数。

J(GJ)BD006 干扰试井的测试方法

1.干扰试井的测试方法

(1)在观测井中下入高精度压力计,测出观测井的井底压力变化趋势。如果条件许可,应提前关闭激动井和观测井,形成一个稳定压力分布,这将使试井资料解释较为容易。

(2)改变激动井的工作制度:为使观测井能接收到尽可能大的压力变化值(常称为“压力干扰值”),应尽可能增大激动井的产量变化值(常称为“激动量”)。激动井改变工作制度可以只改变一次,也可以改变两次,以重复观测压力干扰的变化情况。

(3)按照地质和生产情况决定测试时间(按试井设计要求)。

J(GJ)BD009 干扰试井的用途

2.干扰试井的目的和用途

通过干扰试井可以确定激动井和观测井之间地层的连通性,由此可解决许多与之相关的问题。

(1)直接检验井间是否连通:如果连通,可求解如导压系数、流动系数(或渗透率)和弹性储能系数等。

(2)检验井间断层是否密封。

(3)可求出不同方向的渗透率(要求在一口激动井的周围不同方向上设置多口观测井)。

(4)对于裂缝性地层(或水力压裂地层),可确定裂缝的走向。对于双重孔隙系统地层,可确定两种孔隙介质的弹性储能比 ω 和窜流系数 λ。

J(GJ)BD010 脉冲试井的相关术语

(四)脉冲试井

脉冲试井是多井试井的一种特殊形式,它的功能等同于干扰试井,但与干扰试井不同的是,脉冲试井技术是在激动井形成一系列小流量短时脉冲,而观测井则同样记录由激动井引起的压力响应。

1.与脉冲试井有关的术语

(1)脉冲数:开关井的次数,记为 n。

(2)滞后时间:脉冲(关井或开井脉冲)结束的时间与由此脉冲引起的波峰(或波谷)的时间间隔,记为 t。

(3)压力响应幅度:通过两相邻波峰(或波谷)做公切线再过其间的波谷(或波峰)做平行于公切线的切线,则此两切线的垂直距离称为压力响应幅度,记为 p。

(4)脉冲长度:相邻脉冲之间的时间间隔称。

(5)脉冲周期:相邻一次开井和一次关井的时间之和,记为 Δt_c。

脉冲试井流量和压力响应曲线(图 2-2-21)对相关术语进行了标注。

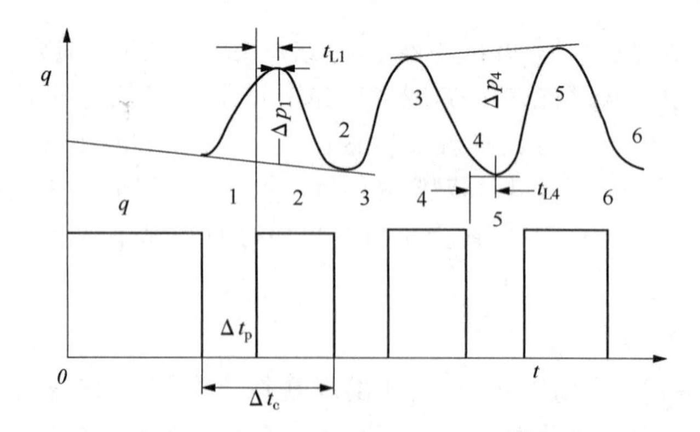

图 2-2-21 脉冲试井流量和压力响应曲线

2.脉冲试井和干扰试井的性能特点

脉冲试井和干扰试井的性能特点见表 2-2-2。

表 2-2-2　多井试井的性能和特点

试井方式	干扰试井	脉冲试井
测试条件	邻井工作制度稳定	邻井工作制度稳定
	稳定流量	脉冲流量不改变
求解参数	产层性质及连通性	产层性质及连通性
优点	压力传播范围大	测试时间短
缺点	测试时间较长	压力计性能要求高

3.脉冲试井资料解释实例

以 L10—PS1832 井组实测资料为例进行测试方案设计、施工，脉冲试井中激动井原始测压曲线如图 2-2-22 所示，原始曲线上应有测井井号、测试日期、压力计编号。

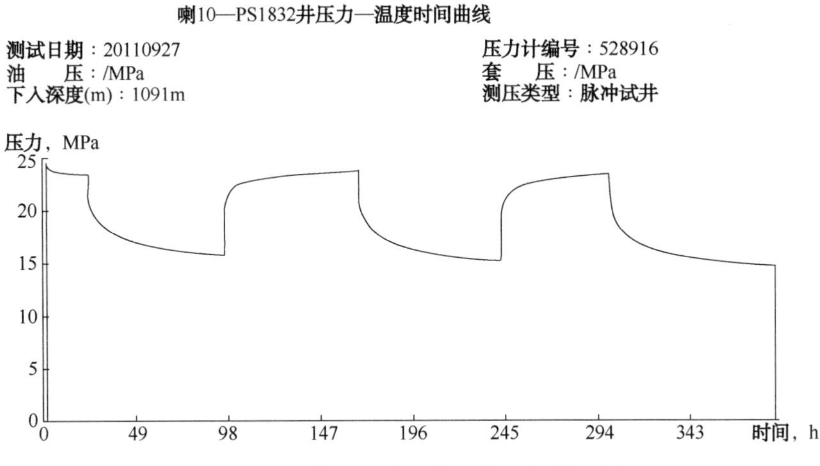

图 2-2-22　脉冲试井中激动井原始测压曲线

脉冲试井中反应井原始测压曲线如图 2-2-23 所示，原始曲线上应有测井井号、测试日期、压力计编号。

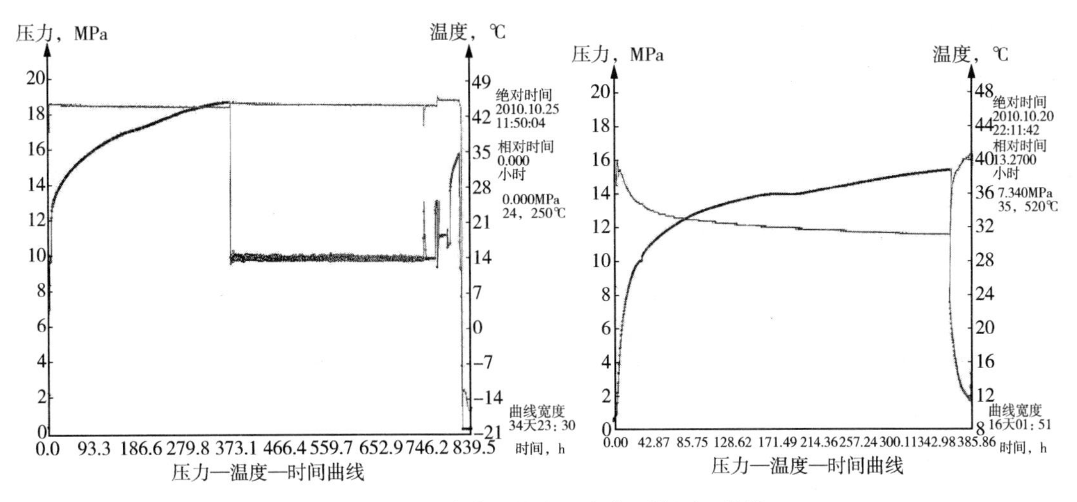

图 2-2-23　脉冲试井中反应井原始测压曲线

脉冲试井中激动井的解释曲线如图 2-2-24 所示。

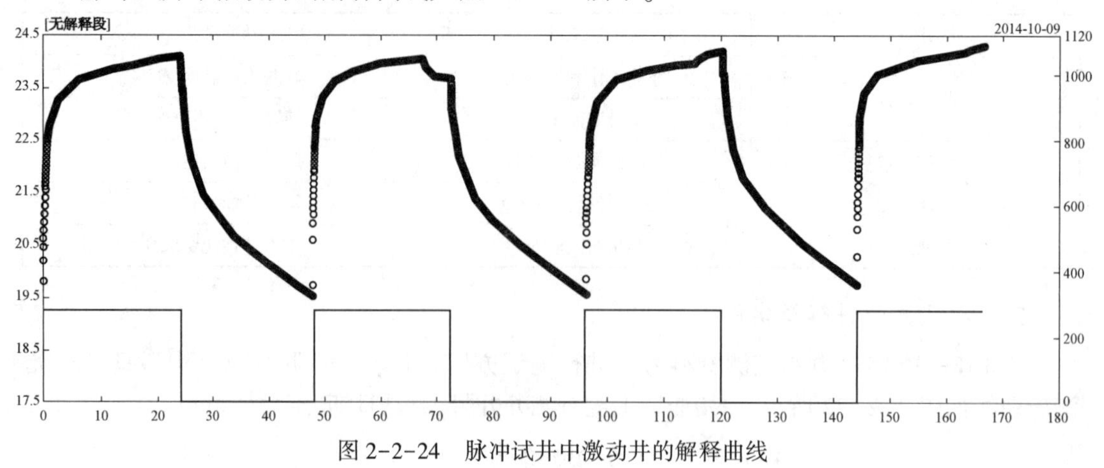

图 2-2-24　脉冲试井中激动井的解释曲线

脉冲试井中反应井的解释曲线如图 2-2-25 所示，如果反应井曲线的压力随着激动井的开关而有规律地变化，则说明两口井之间连通，反之则不连通。

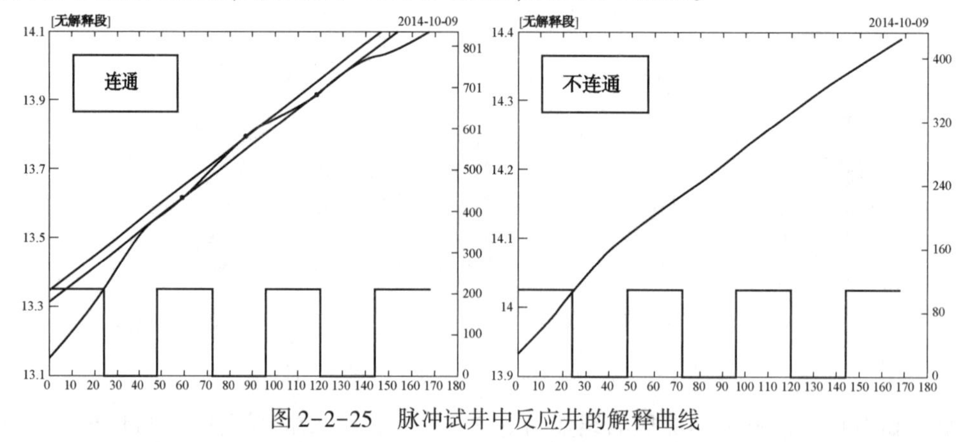

图 2-2-25　脉冲试井中反应井的解释曲线

(五)产能试井

产能试井是气井试井的重要内容，常用的方法有回压试井、等时试井和修正等时试井三种，这些方法都要求测取 3~4 个“产能点”资料(稳定产量和相应的井底压力)，故常称为“多点法试井”。

J(GJ)BC019
高凝油常规自喷井的测试工艺

二、特殊井测试工艺

(一)高凝油常规自喷井测试工艺

高凝油的特点：原油含蜡量高，凝点低，黏度低。

高凝油生产井测试的测试方法、操作步骤与普通井基本相同，不同之处在于：

(1)防喷管带保温套，能进行热水循环，可保持原油温度，特别是在冬天，能够保证测试仪器在井口正常起下。

(2)关井测压力恢复前一周左右，应向油套环形空间注入一定量的柴油或稀油，其注入量应根据油套环形空间的容积或挤入深度而定。还应保证注入的柴油或稀油的温度高于原油凝点的温度，一旦出现关井时间过长，油管上部被高凝油堵死，使测试仪器无法起到井口的情况，可开井生产，利用油流的温度解堵。

（3）若测静压点，在关井前，应向油管内管注柴油或稀油，待井口压力平衡后进行测试。

（二）稠油蒸汽吞吐井测试工艺及管柱

黏度高、相对密度大的原油称为“稠油”或“重油”。稠油油藏开采一般采用热力开采，蒸汽吞吐是热力开采方法的一种，由于见效快、投资少、工艺简单、采油速度高等，现被国内外广泛采用。

蒸汽吞吐是指向一口生产井短期内连续注入一定量的蒸汽，然后关井（焖井）数天，使热量得以扩散，之后开井生产。当瞬时采油量降低到一定水平后，再进行下一轮的注汽、焖井、采油，如此反复，周期循环。

J（GJ）BC020 稠油蒸汽吞吐井的测试工艺

1.测试工艺

在注汽过程中，需要取得井下蒸汽的温度、压力和干度等参数，以便对注汽效果进行分析，为不断提高热采工艺水平提供依据。蒸汽吞吐井测试与正常井测试不同之处在于：

（1）因为注入蒸汽温度都在300℃以上，所以测试中所用的录井钢丝、井下仪器及相应附件都应采用特殊耐高温材料。

（2）在井下测试仪器外壳螺纹处要涂耐高温的密封脂，或缠上聚四氟乙烯胶带，并在端部加一厚度为0.1mm的紫铜垫增加密封。

（3）由于井口温度高，人体不能直接接触防喷装置，必须安装一个操作平台，并穿戴特制的劳保用品。

（4）防喷堵头应用氟塑料作密封填料。

（5）注气正常2~3天后进行井底压力、温度等参数的测试，关井2~3天后测试焖井压力。

J（GJ）BC023 注蒸汽井井下管柱的结构

2.注蒸汽井井下管柱结构

注蒸汽井井下管柱主要由隔热油管、伸缩管、循环阀、高温封隔器、筛管和丝堵组成。

（1）隔热油管结构如图2-2-26所示。

隔热油管主要由接箍、内管、扶正管、隔热层及外管组成，能够减少热采井注蒸汽时井筒热量损失，提高井底蒸汽干度，保护油层套管及管外水泥环免遭损坏。

（2）伸缩管结构如图2-2-27所示。

伸缩管又称热胀补偿器，主要由变螺纹接头、中心管、压力帽、压环、密封件、密封盒和承重接头等组成，主要用来补偿热采井注蒸汽过程中因温度变化而引起注汽管柱的伸长（升温）和缩短（降温），伸缩长度一般为4m。

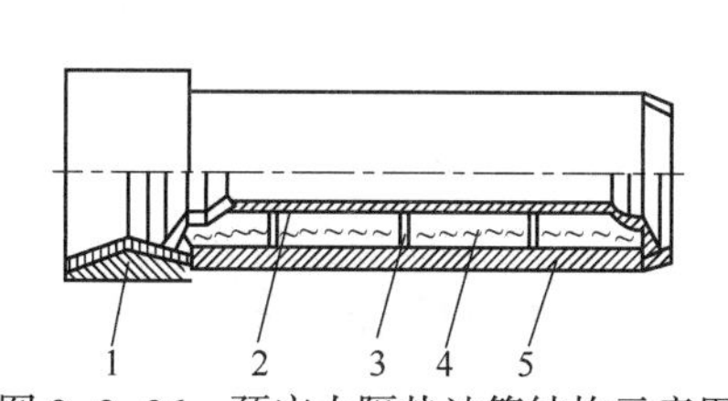

图2-2-26　预应力隔热油管结构示意图

1—接箍；2—内管；3—扶正器；4—隔热层；5—外管

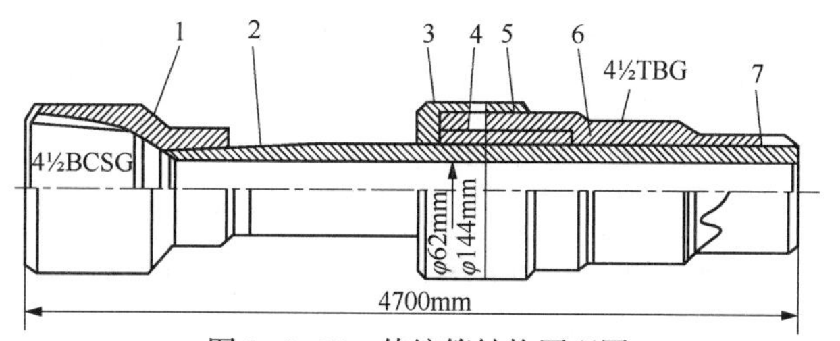

图2-2-27　伸缩管结构原理图

1—接箍；1—变螺纹接头；2—中心管；3—压帽；4—压环；5—密封件；6—密封盒；7—承重接头

(3)循环阀主要用于在注蒸汽前,举出封隔器以上油套环形空间中的水并排空,有利于减少井筒的热损失。

(4)高温封隔器是注蒸汽管柱的重要组成部件,除用于分注管柱分隔油层外,还可用于密封油套环形空间,阻止高温蒸汽进入,从而达到减少井筒热损失,保护油层套管的目的。

近年来各油田广泛推广使用的热胀式金属封隔器具有抗高温、密封性能好,易坐封、易起下、能多级使用等特点。

①构造:热胀式金属封隔器主要由固定压环、封隔件、热敏金属元件、移动压环和钢体等组成。

②工作原理:封隔器下入井内预定位置,当注入蒸汽温度上升到200℃时,热敏金属零件向外膨胀,推动封隔零件与套管接触而实现初步坐封。之后,封隔器上下两端形成压差,所注蒸汽同时推动封隔零件向外扩张,实现自封。此时,坐封力为热敏金属和热蒸汽的合力。由于注汽压力对坐封起到了补充作用,所以注汽压力越高,密封压力就越大,从而保证了密封的持久性和可靠性。实现坐封后,封隔器下端的蒸汽流作用在移动压环上,使其向上运行,阻止封隔器从压环中脱出,并且压缩封隔元件,提高密封性。停止注汽后,封隔零件自动回收,实现解封。

③常用国产高温封隔器主要技术参数见表2-2-3。

表2-2-3　高温封隔器主要技术参数

型号	辽河R-7型	胜利R-2型
工作压力,MPa	20	157
工作温度,℃	350	353
最大外径,mm	152	152
最小内径,mm	62	—
摩擦块(卡瓦)外径,mm	—	172~145
密封件外径,mm	—	150
总质量,kg	—	86
总长度,mm	—	1230
适应套管	7in	7in

(三)气举井测试工艺

气举采油是人工举升法的一种,通过油套环形空间(或油管)注入高压气体降低井筒液体的密度,然后在井底流动压力的作用下将液体排出井口。

气举采油主要有连续气举和间歇气举两种方式。

J(GJ)BC021
连续气举井的测试工艺

1.连续气举井测试工艺

在连续气举井中测试时应采取以下步骤:

(1)依据井场状况布置车位、放置掩木,用警戒线圈闭施工场地,设置逃生牌等。

(2)安装井口防喷装置,连接仪器准备下井。

(3)当产量很高、气液比很大时,下仪器过程中应关生产阀门,防止出现顶钻现象。

(4)仪器下到预定位置后,开井生产并等井口压力稳定后开始测量。

（5）连续气举井测流压时，油井流动状态必须稳定。

（6）为确定油井在举升期的流动压力梯度和阀漏失处，气举阀下应每隔 100～300m 测一个点，为核实注气点，可在每个阀下每隔 3～5m 测一个点。

（7）上提仪器接近井口时，由于流体速度高，为保证安全，可关闭油井。

2.间歇气举井测试工艺

在间歇气举井中进行流动压力测量比在连续气举井中更为困难，这是因为不能确定哪个气举阀在工作，液段和它后面的气体可能向上顶压力计，使钢丝打扭而造成压力计落井。在间歇气举井中测试时，应采取以下步骤：

J(GJ)BC022 间歇气举井的测试工艺

（1）关闭注气管线上的周期-时间间歇控制器。

（2）将压力计下到最下一级气举阀下部后开始测试。

（3）打开周期-时间间歇控制器，产出上部积聚的液体。

（4）关闭间歇控制器，将间歇控制器调到标准生产周期。

（5）使用压力计记录几次波动。

（6）起出压力计并检查卡片，确定工作阀，如果下一级不是工作阀时，换上新卡片，重新将压力计下到已知工作阀下部进行测试。

（7）将压力计较长时间停放于井下，以便记录已知工作阀下液段的油井压力。

气举井的测试设备仪器及操作除包括上述各条内容外，与普通井测试相同。

（四）气举井管柱结构

气举井井下单管柱结构如图 2-2-28 所示。

J(GJ)BC024 气举井管柱的结构

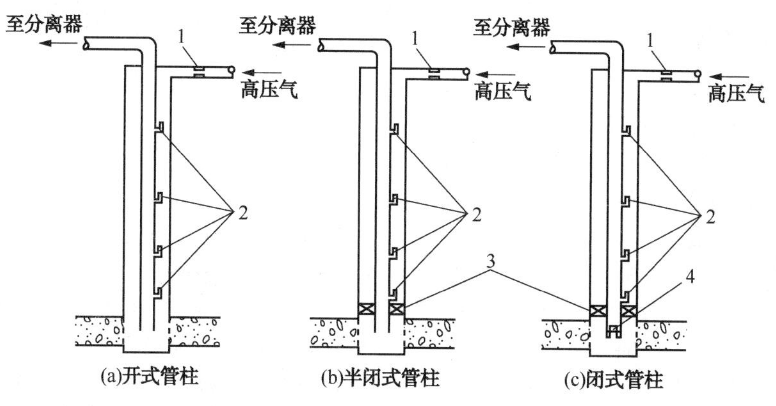

图 2-2-28　气举井单管柱结构图

1—节流嘴；2—气举阀；3—封隔器；4—固定阀

（1）开式管柱，如图 2-2-28（a）所示。在开式管柱结构中，油管管柱不带封隔器且被直接悬挂在井筒内。开式管柱只适用于液面较高的连续气举井，因为这种管柱的油套管是连通的，对于低产井，当液面下降到油管鞋以下时，注入气就会从套管窜入油管，造成注气量失控。该类管柱的另一缺点是当气举关井后重新启动时，由于液面重新升高，必须重新排出工作阀以上的液体，不仅延长了时间，而且液体反复通过气举阀，容易对气举阀造成冲蚀，降低气举阀的使用时间，因此，开式管柱通常用在无法下封隔器的连续气举井上。

（2）半闭式管柱，如图 2-2-28（b）所示。它和开式管柱基本相同，只是在最末一级气举阀以下安装一个封隔器将油套管空间分开,避免了因液面降低而造成注入气进入油管及关井后重新开井时的重复排液过程。半闭式管柱既适用于连续气举井,也适用于间歇气举井,是气举井中最常用的管柱结构。

(3)闭式管柱,如图 2-2-28(c)所示。闭式管柱是在半闭式管柱结构的基础上,在油管底部装一个固定阀,其作用是在间歇气举时,阻止油管内的压力作用在地层上。闭式管柱一般应用在间歇气举井上。

J(GJ)BC025 地面直读式电子压力计的测试工艺

三、地面直读式电子压力计测试工艺

在利用地面直读式电子压力计进行测试时,常用的井口防喷装置的起吊及支撑方式有两种:一种是自立式井口防喷装置(图 2-2-29)。天滑轮安装在防喷装置的顶部,该装置由吊车提放,与井口连接好后,防喷装置加绷绳固定;另一种是井架支撑式井口防喷装置(图 2-2-30),井架可以采用高 18m 的普通试油作业井架,用绷绳固定,另配一台气动绞车(或作业机,绞车容量为 95mm,长 50~100m,拉力为 10kN)作为起升动力。

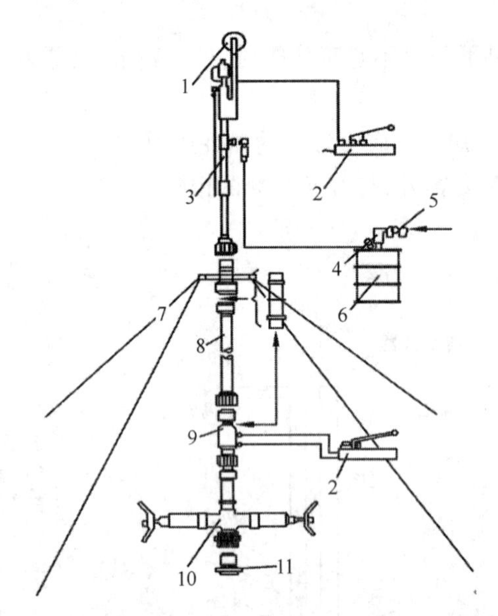

图 2-2-29 自立式井口防喷装置结构示意图

1—滑轮;2—液压泵;3—流通管;4—注脂泵;5—气压管;6—密封脂桶;7—绷绳;8—防喷管;9—捕捉器;10—双翼防喷阀门;11—井口连接头

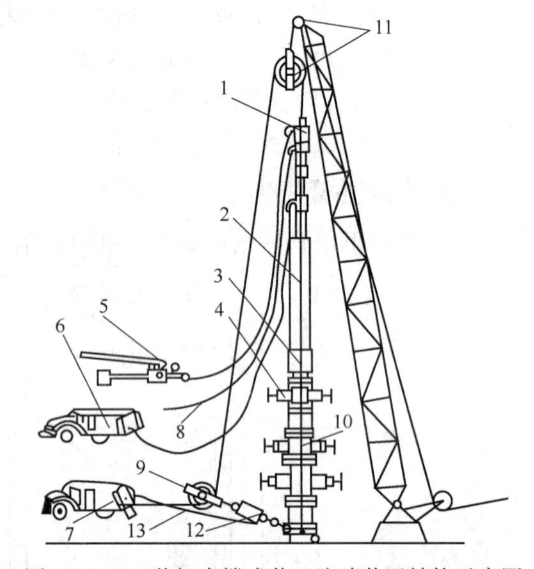

图 2-2-30 井架支撑式井口防喷装置结构示意图

1—注脂头;2—防喷管;3—捕捉器;4—防喷器;5—液压泵;6—油脂泵车;7—绞车、仪器车;8—泄压管线;9—地滑轮;10—采油树;11—天滑轮;12—指重传感器;13—传压管

(一)仪器下井前操作

(1)将电缆车停放在距离井口 20m 左右的上风头,保证滚筒中心与井口对正,启动发电机及空压机。

(2)把井口连接短节及防喷阀门安装到井口采油树上。

(3)在井口至绞车间的地面上,把预先穿好电缆并与电缆头连接妥当的注脂密封头与所需长度的防喷管组装好,连接注脂管线与注脂密封头,装上起吊装置。在使用自立式防喷装置时,应在注脂密封头上安装电缆天滑轮,在防喷管顶部安装固定绷绳装置及绷绳。在使用井架支撑式防喷装置时,首先应把绞车上的电缆拉出,穿过地滑轮,再通过井架天滑轮,悬挂到采油树上方。调整井架,使天滑轮对正井口。固定好绷绳。

(4)把经过自检的电子压力计及加重杆连接到电缆头上,并检查信号输出情况,若正常,则将仪器推入防喷管中,并在防喷管下方活接头螺母上装上防滑脱塞子,以防起吊时仪器滑出防喷管。

(5)用起吊装置把防喷管总成起吊到井口防喷阀门上方,用手拉紧电缆,使仪器悬挂于防喷管内,卸掉防滑脱塞子,极缓慢下放防喷管装置,使其下方的密封头坐入防喷阀门上方的活接头内,拧紧活接头盖,松开电缆,把仪器坐在闸板上。

(6)当使用自立式防喷装置时,把防喷管顶部的四根绷绳连接在井口周围的地矛上,然后脱开吊车。

(7)安装好液压拉力传感器及电缆地滑轮,将注脂管线接到注脂泵上,防喷盒液压管线连接到手压泵上。

(8)启动液压绞车动力系统,慢慢收紧井口与绞车间多余电缆。

(9)将计深器对零。

(10)启动注脂泵,向注脂密封头内注入密封脂。

(二)仪器下井操作

(1)开几圈井口阀门使防喷管内压力上升,等待一定时间检查防喷装置是否渗漏,如有渗漏,及时处理。同时启动地面直读系统,观察压力计的工作情况,如有情况,及时处理。

(2)把井口阀门全部打开,以30m/min最多不超过50m/min的速度下放仪器。在仪器下放过程中,地面直读系统处于记录状态,监测下入过程中仪器工作状态及井内变化。

(3)仪器如不能直接下到油层中部,应在预计最大深度以上各停2~3个梯度点,做压力折算用。

(4)仪器下到预定深度后,刹住刹车,用手压泵压紧防喷盒。

(5)按照试井设计要求进行数据采集。

(6)做好现场安全工作及各种记录。

(三)结束测试操作

(1)仪器在井下停留足够长时间取得合格资料后,在结束测试上起仪器前,首先应保存数据,以免造成数据丢失。

(2)启动注脂系统一段时间后,打开手压泵泄压阀,使防喷盒内的密封填料松开,取下电缆上的警示物,通知绞车操作员上提仪器。

(3)测压力恢复曲线上提仪器时,应停2~3个“反梯度”。上提仪器最大速度不能超过50m/min,距井口150m时减速,距离井口50m时减速到10m/min以下,边拉边收电缆。

(4)仪器进入防喷管后,关2/3圈清蜡阀门,三探闸板确认仪器串在闸板以上,关清蜡阀门,打开防喷管放空阀门。

(5)若用自立式防喷装置,则首先应使吊车钩吊住防喷管的起吊装置,然后卸掉连在地矛上的绷绳,松开防喷管下部活接头,用吊车上提防喷装置。与此同时,用手拉紧电缆,防止仪器滑出防喷管。若用井架支撑式防喷装置,松开防喷管下部活接头后,可使用起吊动力起吊防喷装置。

(6)起吊防喷管后,缓慢将防喷装置平放在井口与绞车之间的专用支座上,取出仪器。

(7)卸下过电缆防喷阀门与井口连接短节,清理现场,确保工具、用具齐全且井场无污染。

(8)结束测试过程。

(四)资料录取操作

(1)在油井当前状态(恒产量生产或关井)下,下入压力计。

(2)测取流压、流温(或静压、静温)梯度数据。

(3)测试层是单层时,要求从井口至测试层顶部,每隔 300m(测试层埋深小于 2000m 时)或 500m(测试层埋深大于 2000m 时)测一个压力、温度梯度点;然后在每一个测试层中部测一个压力、温度梯度点,再在测试层底界以下测 2~3 个压力、温度梯度点,最后上提压力计至测试层中部。

(4)测试层是多层时,要求从井口至最上部测试层的顶部,每隔 300m(测试层埋深小于 2000m 时)或 500m(测试层埋深大于 2000m 时)测一个压力、温度梯度点;然后分别在每一个测试小层中部测一个压力、温度梯度点,再在最底部的测试层底界以下测 2~3 个压力、温度梯度点,最后上提压力计至整个测试层中部。

(5)在特殊情况下,可根据测试井的具体情况做出安排。

(6)测取压力降落(或压力恢复)数据:

①在井的目前状态(恒产量生产或关井)下,改变工作制度(改变流压或开井)测取压力降落,数据测试时间应大于拟稳态流动开始的时间。

②如果井已经生产了足够长的时间并达到拟稳态,可先测取压力恢复(或压力降落)数据。

(7)起出压力计。

(五)技术要求

(1)录取压力、温度数值的要求。

①测取流压、流温(或静压、静温)梯度数据时,要求每 30s 记录一个压力、温度值,每个梯度点都要测得稳定的压力、温度数值,测量时间不得少于 5min。

②测取流压数据(井底流动已达到拟稳态)时,要求每 20min 记录一个压力、温度数值,必须测得符合规则的压力变化数值(在直角坐标上流压数据与生产时间呈直线关系),测量时间一般为 3~4 天。

③改变工作制度(开井、关井或改变流量)后对录取压力、温度数值的要求:

a.0~5min,每 36s 记录一个压力、温度数值;

b.5~10min,每 36s 记录一个压力、温度数值;

c.10min~1h,每 3min 记录一个压力、温度数值;

d.1~10h,每 10min 记录一个压力、温度数值;

e.10h 以后,每 20min 记录一个压力、温度数值。

(2)在测试期间,现场录取和交接班的测试数据应按时序取名存入磁盘并备份,分开压力数据和温度数据(在备份记录中删除温度数据),将压力数据存入试井解释软件的记录中。

(3)交接班数据应包括本班次采集数据和现场描述,现场描述要客观、准确,且采集数据齐全。备份的数据软盘要经过杀毒程序处理。

四、测试故障处理

(一)常见测试事故处理

J(GJ)BG001 螺纹脱扣原因及预防措施

1.防脱扣

仪器在起下过程中,螺纹连接部位易产生脱扣。

1)脱扣原因

(1)仪器校验完毕后,未更换O形胶圈及垫子,且在装配仪器时未拧紧各螺纹。

(2)仪器在使用中未及时清洗连接螺纹中的泥污和砂粒等使螺纹磨损。

(3)打绳结不符合技术要求,绳结在绳帽中转动不灵活,在起下过程中仪器转动造成脱扣。

(4)新钢丝使用前未先下井预松扭力而发生倒扣现象。

2)预防措施

(1)绳帽与仪器连接好后,保证绳结在仪器绳帽内孔中转动灵活。

(2)在装配仪器时,各螺纹连接部分要清洗干净,及时更换O形胶圈及垫子,并用专用工具紧固。

(3)使用新钢丝前一定要先下井预松扭力。

(4)标定仪器时,必须更换O形胶圈及垫子,并上紧各连接处。

J(GJ)BG002 顶钻的原因及预防措施

2.防顶钻

1)顶钻原因

(1)清蜡制度不合理,油管壁结蜡严重。

(2)刚清完蜡就测试,刮下的蜡块还悬浮在井筒中,仪器下行时蜡块挤入仪器和油管的环形空间,堵住油气流通道。

(3)在高产井、稠油井、气油比较高的井中测试时,仪器未加重或加重不够。

(4)控制生产阀门下仪器时,一是深度下得不够就急忙打开生产阀门;二是阀门开得过猛。

(5)进行不关井测压时,开关生产阀门过急。

2)预防措施

(1)对结蜡严重的井测试前应进行清蜡作业,清蜡后必须停留足够的时间后再进行测试。

(2)在高产井、稠油井、气油比较高的井中测试时,仪器需连接适当重量的加重杆。

(3)控制生产阀门下仪器时,待仪器下入一定深度后缓慢打开生产阀门。

(4)进行不关井测压时,最好采用缩小油嘴,转换阀门时要缓慢(仪器必须加重)。

(5)起下仪器要平稳,上起仪器不要中途停留,发现上起负荷变轻,应加快上起速度,对于高压、高产井,应适当控制生产阀门上起。

(6)下放仪器时,发现钢丝不下或钢丝从防喷密封填料盒顶出来时,中间岗位人员要迅速拉钢丝向后走(以防钢丝地面打扭),感觉有负荷后放松钢丝向井中下。

J(GJ)BG003 钢丝拔断的原因及预防措施

3.防拔断

1)拔断原因

(1)钢丝质量不好,有砂眼、内伤或死弯等。

(2)钢丝使用时间过长,材料疲劳过度,没有及时更换。

(3)绳结打得不符合技术要求。

(4)操作不平稳,造成钢丝打扭或跳槽。

(5)计深器失灵,造成深度误差或记错下入深度,导致仪器起至井口强烈碰撞。

(6)仪器在起下过程中遇卡。

(7)过油管鞋后起出时在管鞋处卡住而拔断。

2)预防措施

(1)定期检查钢丝质量。

(2)钢丝绳结必须打结实,严格检查有无伤痕。

(3)起下过程中随时注意计深器运转是否正常。

(4)在斜井及稠油井中上起仪器时,速度应不超过60m/min。在下出油管鞋后,上起时必须用手摇。进入油管内后,方可由机动车上起。

(5)操作平稳,禁止猛起、猛放、猛刹。

(6)使用带卡瓦打捞器的防喷堵头。

(7)建立钢丝使用记录卡,使用一定的次数或时间后要停止使用,及时更换。

(8)电缆试井时注意安装指重表和防喷阀门(BOP)。

J(GJ)BG004 卡钻的原因及预防措施

4.防卡钻

仪器在起下过程中被卡在某一位置称为卡钻。

1)卡钻原因

(1)井内有落物。

(2)分层测试中由于液流中有脏物,仪器卡在工作筒中。

(3)工作筒有毛刺,工具、仪器螺钉退螺纹,下井工具不合格。

(4)油井出砂造成仪器卡钻。

(5)油井结蜡严重,造成蜡卡。

2)预防措施

(1)对于有落物的井,必须打捞出落物后,方可下仪器测试。

(2)仪器通过工作筒时速度要缓慢。

(3)若仪器在油管或工作筒内遇卡,不可硬拔,要勤活动,或调换方向慢慢活动上提。

(4)注意检查下井工作筒及下井工具、仪器。

(5)电缆试井时要安装指重表和防喷阀门(BOP)。

J(GJ)BG005 钢丝跳槽的原因及预防措施

5.防跳槽

钢丝或电缆从滑轮槽内跳出称为跳槽。

1)跳槽原因

(1)下放速度过快,突然遇阻。

(2)下放速度过慢,钢丝放得太松。

(3)操作不稳,导致钢丝猛烈跳动。

(4)滑轮不正,未对准绞车或轮边有缺口。

(5)起仪器时没有去掉密封填料帽上的棉纱。

2)预防措施

(1)操作平稳,下放速度不宜过快,起时不要猛加油门。

(2)下井前一定要把滑轮对准绞车。

(3)下放速度慢时,钢丝不要拖地。

(4)滑轮有缺口或滑轮弹子盘坏了,要停止使用。

(5)起仪器前一定要去掉密封填料帽上的棉纱等物品。

J(GJ)BG006 钢丝关断的原因及预防措施

6.防关断

1)关断原因

(1)作业人员思想不集中,配合不好而关错阀门(测恢复压力时要关生产阀门,却错关清蜡阀门)。

(2)转数表失灵或跳字,仪器没有进到防喷管内,既没有听到声音,又未试探闸板,而一下子关死清蜡阀门而导致把钢丝卡断。

(3)进行不关井测压或测恢复压力时,井口没有挂标示牌,也没有把清蜡阀门与总阀门用锁链锁住或用钢丝绑住,试井人员就离去。采油工或其他人员关此阀门,把钢丝关断,造成钢丝和仪器落井事故。

2)预防措施

(1)作业人员保持思想集中,各岗位密切配合,听班长下达关井指令后方可关闭生产阀门,并用钢丝把清蜡阀门与总阀门绑住或挂牌。

(2)仪器起到井口进入防喷管后,一定要试探闸板,方可把阀门关严。

(3)进行不关井测压或测恢复压力时,用锁链把清蜡阀门与总阀门锁好并挂标示牌,一定要与采油工联系交接后才能离去。

J(GJ)BG007 仪器损坏的原因及预防措施

7.防仪器损坏

1)仪器损坏原因

(1)仪器没有放入专用箱或固定在架子上,车子开动后,仪器左右摆动或倒下。

(2)仪器放入防喷管时过快,发生顿闸板现象。

(3)仪器起到井口时没有减速,撞击井口防喷盒。

(4)上卸仪器时未使用专用扳手,用管钳上卸导致仪器损坏。

(5)仪器螺纹未经常上润滑油致使螺纹磨损或错位。

(6)下放过快或油管深度不清而撞击油管鞋。

(7)进行分层测试时,坐封过猛。

(8)用仪器探测砂面。

2)预防措施

(1)上井测试时把仪器放入专用箱内或固定在架子上。

(2)仪器放入防喷管时,要慢慢放下,以免撞击闸板。

(3)仪器起到距井口 30m 时人工手摇使仪器慢慢进入防喷管。

(4)上卸仪器,禁止使用管钳。

(5)每次测试时要擦洗螺纹并涂抹专用润滑油。

(6)测试时弄清井下管柱情况,一般不得下出油管鞋。

(7)进行分层测试时,接近坐封位置不能猛放。

(8)不准用仪器探测砂面。

J(GJ)BG008 打捞落物前的准备

(二)测试井落物打捞的处理

现场测试中有时会因各种原因造成井下工具或仪器落井事故,严重影响油水井的正常生产。因此,选用合适的打捞工具和打捞方法,将井下落物及时打捞出来是很重要的。一般情况下,打捞掉出油管的落物是困难的,以下内容主要涉及落物在油管内的打捞。

1.打捞前的准备

打捞前的准备工作做得好坏直接关系到打捞措施实施工作的成败。准备得越充分,打捞工作进行得越顺利,成功的可能性就越大。

1)对落物井的要求

(1)井下管柱结构清楚,井口各阀门开关灵活。

(2)了解落物井目前生产情况,如产液量、含水、气油比、油的黏度、出砂情况,油压、套压大小等。

2)落物原因的确定

搞清落物原因、形状、尺寸和深度,因落物原因及形状不同,选用的打捞工具及采取的措施也不同。当落物的形状和深度不清楚时,应先用铅模进行探鱼顶作业,确定落物形状和深度。

(1)若为脱螺纹落物,首先确定脱螺纹部位,落物的结构、长度及外形特征及鱼尾螺纹形。

(2)若为断钢丝落物,要了解断钢丝原因,如仪器遇卡拔断,确定剩余钢丝长度;钢丝在井筒内打扭拉断,确定钢丝拉断深度;绳结拉脱;在井口碰断或井口关断。

(3)一般工具的准备。

一般工具包括胶皮阀门、防喷管短节、捕捉器、加重杆、绷绳、绳卡子等。

3)打捞工具的准备与选择

根据落物位置、形态特点,选用或设计加工出合适的打捞工具并进行详细检查。

(1)打捞脱螺纹落物,确认脱螺纹部位、螺纹型、直径,一般选用以下几种打捞工具:

卡瓦打捞筒,打捞的落物具有外径小、光滑细长的特点,如图2-2-31所示。

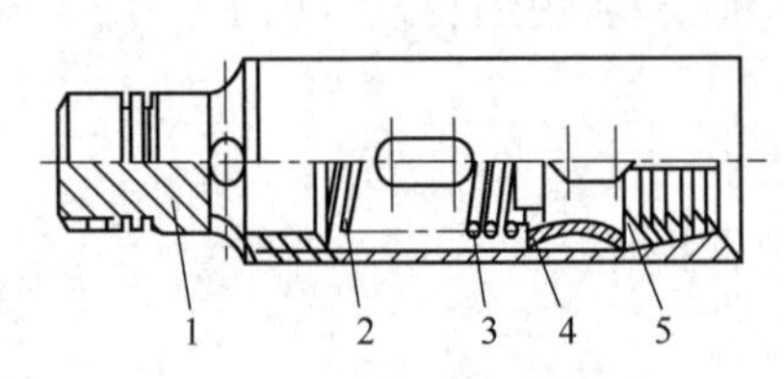

图2-2-31　卡瓦打捞筒结构示意图

1—接头;2—打捞体;3—弹簧;4—弹簧座;5—卡瓦

内胀螺纹打捞器,用于落物的鱼顶为左旋螺纹的管柱体。

内钩打捞筒,用于落物外部带有孔眼状况,如图2-2-32所示。

(2)打捞带录井钢丝或电缆的落物,一般选用内钩打捞器(图2-2-33),外钩打捞器(图2-2-34)及钢丝团子外钩打捞器(图2-2-35)。

(3)捞外部带有伞形台阶的落物,一般选用卡瓦打捞头(图2-2-36)、卡块打捞头(图2-2-37)、抓块打捞筒(图2-2-38)、剪刀打捞头(图2-2-39)。

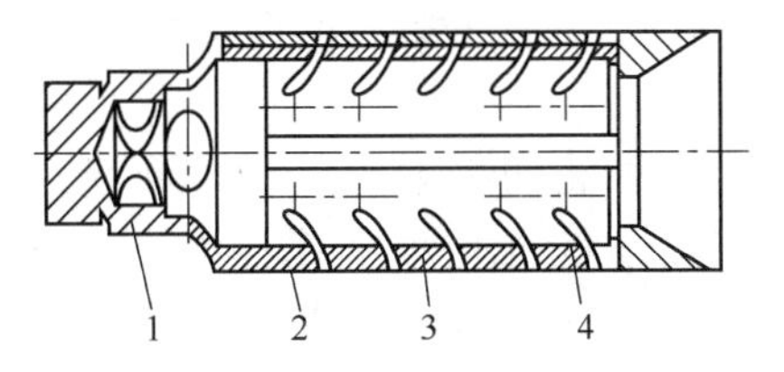

图 2-2-32　内钩打捞筒结构示意图

1—接头;2—外套;3—内套;4—钩齿

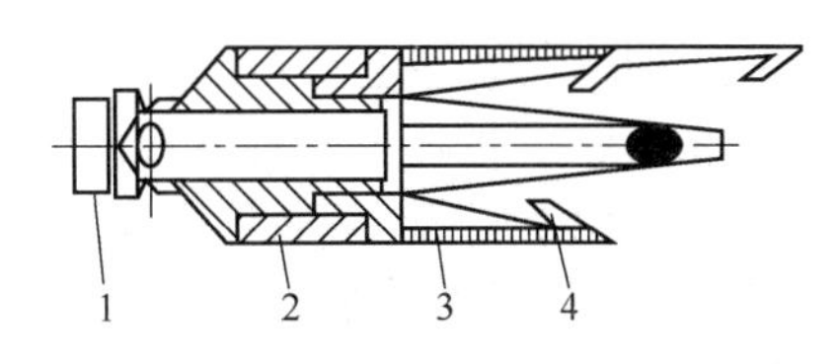

图 2-2-33　内钩打捞器结构示意图

1—压紧接头;2—悬挂接头;3—股;4—抓钩

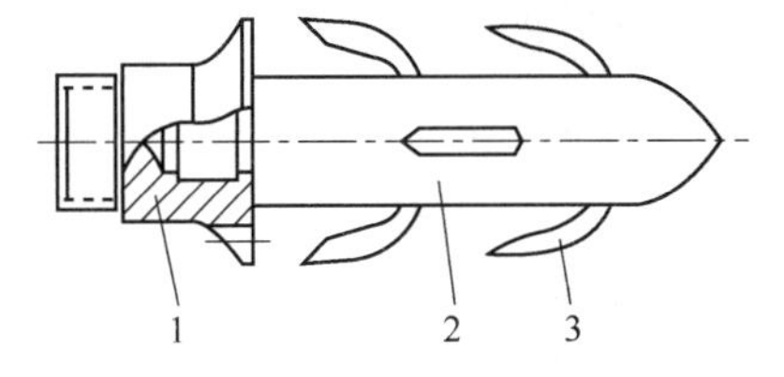

图 2-2-34　外钩打捞器结构示意图

1—接头;2—打捞体;3—抓齿

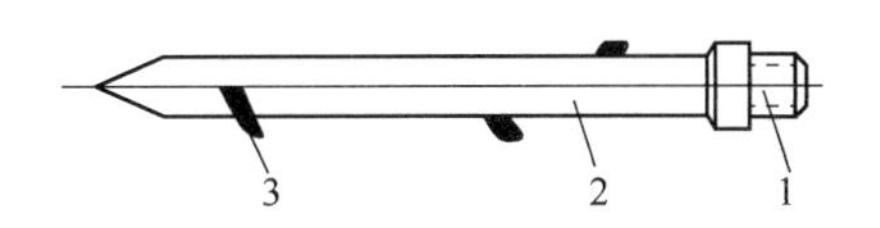

图 2-2-35　钢丝团子外钩打捞器结构示意图

1—接头;2—12~15mm 钢筋;3—钩

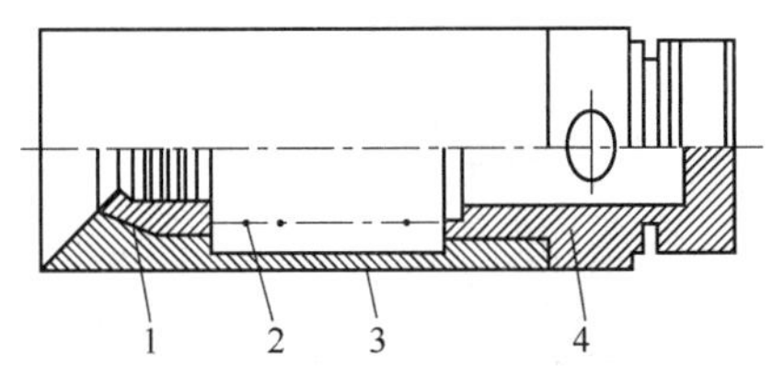

图 2-2-36　卡瓦打捞头示意图

1—卡瓦;2—弹簧;3—打捞体;4—接头

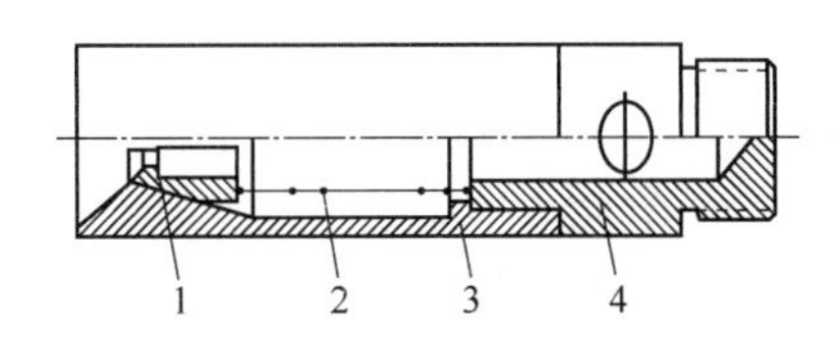

图 2-2-37　卡块打捞头结构示意图

1—卡块;2—弹簧;3—打捞体;4—接头

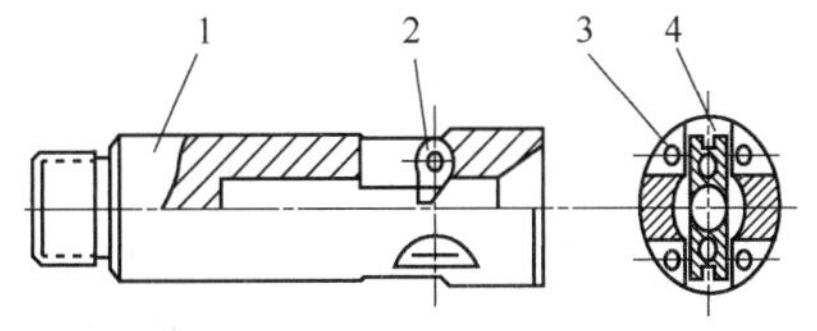

图 2-2-38　抓块打捞筒结构示意图

1—打捞体;2—打捞爪;3—销子;4—弹簧

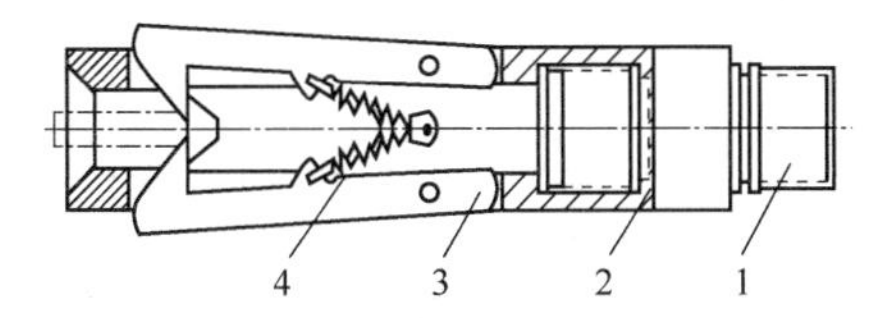

图 2-2-39　剪刀打捞头结构示意图

1—接头; 2—外筒;3—剪刀;4—弹簧

(4)打捞套管内落物。由于落物直径小,套管直径大,落物在套管内往往是呈一定角度斜靠在套管壁上,因此,在一般打捞工具下部应接引鞋,其结构如图 2-2-40 所示。

J(GJ)BG009 打捞卡钻落物的措施

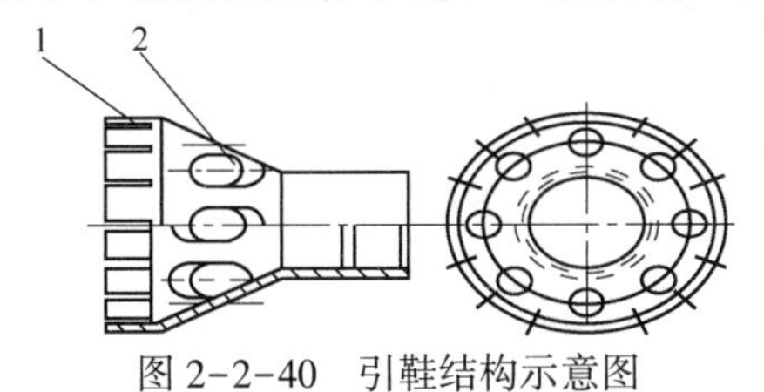

图 2-2-40　引鞋结构示意图

1—引鞋口;2—出油口

4)打捞方案的制定

(1)打捞落物过程中采取的措施。

①打捞卡钻落物。

若为自喷井,为在一定程度上减轻被卡程度,可先放大压差喷一下,然后再下打捞工具。打捞工具的连接顺序为绳帽、加重杆、震荡器(可选用不同类型的震荡器)、打捞筒。捞住落物后不能硬拔,应用震荡器反复振荡。为防止卡钻严重再次把钢丝拔断,有时可在打捞工具上接一个负荷安全接头,如图 2-2-41 所示。当负荷超过钢丝允许值时,安全接头上的销钉便会被剪断,打捞工具以上的工具及钢丝可顺利起出,再改用钢丝绳连接打捞器第二次打捞。

J(GJ)BG010 打捞带钢丝落物的措施

②打捞带钢丝落物。

下放打捞工具的深度不宜过大,应下一定深度后上提,密切注意观察指重器的负荷变化,然后继续下放一定深度再上提,试探负荷的变化,逐步加深,直到捞住钢丝为止。如果一次下得过深,一方面会把钢丝下压成一团,另一方面上提时,会使打捞工具捞住的下部钢丝上翻,使钢丝聚集一团,堵死油管,卡住整个打捞工具,造成重叠事故。打捞带有钢丝落物时,井口装置如图2-2-42所示。

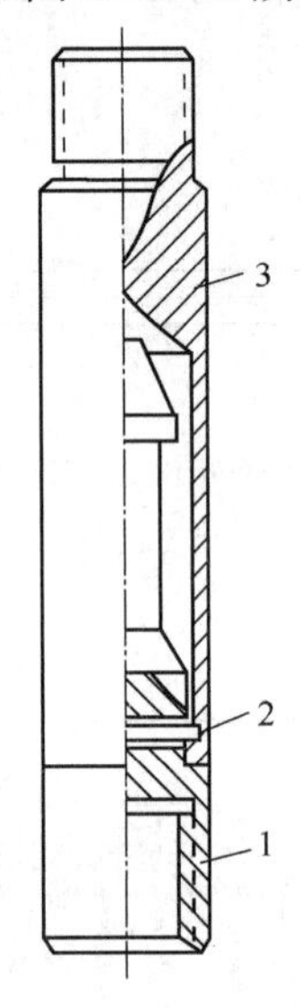

图2-2-41 安全接头结构示意图

1—下接头;2—安全销钉;3—上接头

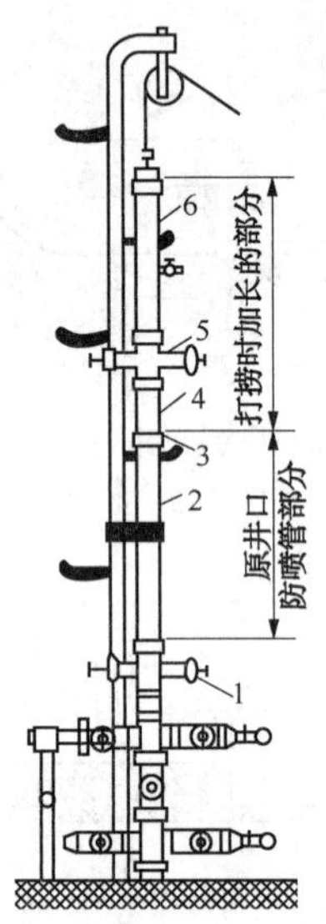

图2-2-42 打捞带有钢丝的井口装置示意图

1—胶皮阀门;2—防喷管;3—接箍;4—新装的短节;5—胶皮阀门;6—防喷管

当打捞工具已抓住钢丝并进入防喷管内时,关胶皮阀门,放空后卸下防喷盒丝堵,提出打捞工具。将胶皮阀门以上部分的钢丝环解开理直,将理直后的钢丝穿过防喷盒丝堵,并将防喷盒上紧,打开胶皮阀门,再慢慢上提。当下部钢丝环达到堵头处提不动时,按上述处理方法,把落井钢丝一节一节地取出,直至取出落物。

J(GJ)BG011 打捞注意事项

(2)打捞注意事项。

①对下井工具必须绘制草图,注明尺寸。

②在打捞过程中,如果一次或多次未捞上,不要一味猛撞,防止损坏鱼顶形状,给下次打捞造成困难。

③在打捞过程中,无论打捞何种落物,下放和上提都应缓慢、平稳,不能猛刹、猛放。

④在打捞过程中,严防发生井下落物,使事故扩大。

⑤注意做好防喷、防火、防冻等安全工作。

⑥采用加长防喷管或扒杆,一般都要用绷绳加固。

⑦在下入的打捞工具遇卡拔不动时,应能脱卡,以便采取下一步措施。

⑧如用手摇绞车,必须打桩加固结实。

⑨人员分工明确,并由专人统一指挥。

项目二　准备打捞井下落物

一、准备工作

(一)设备

试井绞车1台,胶皮阀门一个,防喷装置1套。

(二)工具、用具

打捞工具1套,加重杆1支,震荡器1支,天地滑轮各1个,专用扳手1套。

(三)人员

单人操作,持证上岗,劳动保护用品穿戴齐全。

二、操作规程

序号	工序	操作步骤
1	准备工作	工具准备齐全
2	收集信息	收集井下落物原因、落物形状及落物尺寸等信息,确定鱼顶状况,必要时可采取打铅印的方式确定落物深度等信息
		根据掌握情况分析落物目前在井内的状况和位置
		收集井下管柱结构信息、井下其他落物信息、打捞井目前生产状况及井口设备信息
3	打捞前准备	准备防喷装置、胶皮阀门、震荡器、加重杆、天滑轮、地滑轮、绷绳及常用工具
		选择带有张力装置的绞车
		将密封胶圈放置在采油树测试阀门凹槽内,将胶皮阀门安装在采油树的测试阀门上,并用卡箍固定,之后同理将防喷管安装在胶皮阀门上,同样用卡箍固定,使用专用扳手紧固卡箍螺栓
4	打捞工具选择	打捞脱扣落物应使用卡瓦打捞筒、内钩打捞筒、内钢丝刷打捞筒
		打捞带钢丝的落物应使用内钩、外钩打捞器或钢丝打捞器
		打捞外部带伞状台阶落物应使用卡瓦打捞头、卡块打捞头、抓块打捞头
5	组装打捞工具串	依次连接打捞工具、震荡器、加重杆(如打捞套管落物应在工具串下部装引鞋),并用扳手紧固各连接部位
6	清理现场	将工具摆放整齐
		清理卫生

三、技术要求

(1)必须确定落物情况。

(2)井口防喷装置及其他打捞工具准备齐全。

(3)正确选择打捞工具。

(4)打捞工具连接牢固。

四、注意事项

(1)避免选择错误的打捞工具造成落物无法打捞或二次落物。

(2)卡瓦类打捞工具需检查卡瓦是否完好有效。

(3)安装井口防喷装时应先安装胶皮阀门。

(4)如打捞套管落物应在工具串下部装引鞋。

项目三　识别与使用井下打捞工具

一、准备工作

(一)设备

震荡器每种各 1 个,投捞器 1 个。

(二)人员

单人操作,持证上岗,劳动保护用品穿戴齐全。

二、操作规程

序号	工序	操作步骤
1	准备工作	工具准备齐全
2	识别震荡器	(1)识别机械式震荡器,它是由震击部分和碰锁机构部分组成的。 (2)掌握其适用于打捞较重物体的特点。 (3)了解其工作原理:当地面钢丝绳拉紧后,中心碰撞杆上移,带动滑块上移。当移至中间接头与下孔位置时,下孔的斜面使滑块受力向中心靠拢,并迫使挡钩体脱离滑块,此时中心碰撞杆利用钢丝绳收缩拉力迅速向上移动并撞击震荡器主体
		(1)识别强力式震荡器,像两节能自由延伸的长链连接在一起。 (2)指出上链和下链的部位。 说明其工作原理:利用连接在上部的加重杆来传递地面起下钢丝或钢丝绳时所产生的震动效应,震击力比较大,其大小与震荡器的冲程和上提速度有关。当下井捞住仪器(或工具)后,将钢丝放松,然后快速上提钢丝,使震荡器上升碰撞下链而产生向上的冲击力,反复多次,致使落物解卡
		识别管式震荡器,它是由震击管和中心碰杆组成,震击管四周有对称相互错位的四列小孔,震击管向上移动时排除管内液体。 指出震击管和中心碰杆部位及名称,并说明其工作原理:当下井捞住落物后,上提钢丝绳,使震击管上移碰撞中心碰杆,向上产生一个震击力,反复多次,直至解卡
3	基本投捞工具	(1)识别并说明投捞器主要部位的名称(绳帽、投捞器主体、投捞支臂、转接头、打捞/压送头、导向滑块、锁止凸轮等)及工作原理:投捞器下过配水器后,通过上提仪器经过配水器刮开凸轮,使投捞支臂张开,同时通过导向滑块将仪器导向,再下放仪器,使支臂坐于配水器偏心孔上,进行打捞或投入仪器。 (2)说明该型号投捞器总长、刚体外径、投捞爪张开外径、导向爪张开外径等技术规范
4	清理现场	将工具摆放整齐
		清理卫生

三、技术要求

(1)能够准确识别震荡器种类,并说明主要部件及适用范围。

(2)能够准确说出投捞器各部件名称、作用、工作原理。

四、注意事项

(1)拿取及演示工用具时,避免割伤砸伤。

(2)选取工具时,要检查连接的紧固情况以及是否灵活好用。

项目四　分析注入井分层验封资料

一、准备工作

(一)设备

计算机1台。

(二)工具、用具

验封资料1份,碳素笔1支,A4纸两张。

(三)人员

单人操作,持证上岗,劳动保护用品穿戴齐全。

二、操作规程

序号	工序	操作步骤
1	准备工作	工具准备齐全
2	检查资料	检查验封资料井号、日期、压力计号、测试班组等信息是否填写正确
		检查验封压力、温度曲线是否落基线,有无跳点等
		检查曲线压力值是否与采油队注入压力相符
3	判断曲线	判断验封资料种类: (1)密封段验封曲线为全井配水器混测曲线,由下至上逐层坐封,每一层配水器台阶上压力曲线都有开关开注水阀门过程,间隔5min; (2)堵塞式压力计验封曲线为配水器单层验封曲线,地层曲线为压降曲线,油管曲线有开关开过程
		根据台阶数量,判断密封段验封资料上面有几个测试层位
		根据报表确定堵塞式压力计验封资料为第几层位
4	资料分析	结合井口注入压力及泵压,判断密封段验封资料,在进行开—关—开时,上下压力曲线是否有效分开
		结合相邻层的堵塞式压力计验封资料,判断压力计是否密闭且在进行开—关—开时,油套管压力曲线是否分开并无联动反应
		根据所得判断,正确填写密封层段和不密封层段层号
5	清理现场	将工具摆放整齐
		清理卫生

三、技术要求

(1)资料报表信息填写完整。
(2)曲线无异常。
(3)准确判断验封资料种类。
(4)正确判断层位。
(5)正确判断密封情况。

四、注意事项

(1)能够正确区分堵塞式压力计验封资料与密封段验封资料。
(2)堵塞式压力计验封资料与密封段验封资料判断密封方法不同。
(3)密封段验封资料应先判断共测几个层位。
(4)开关阀门时,操作人员应侧身,避免丝杠飞出伤人。

项目五　处理综合测试仪采集不到载荷信号的故障

一、准备工作

(一)设备

综合测试仪1台。

(二)工具、用具

专用工具1套,万用表1个。

(三)人员

单人操作,持证上岗,劳动保护用品穿戴齐全。

二、操作规程

序号	工序	操作步骤
1	准备工作	工具准备齐全
2	检查仪器	检查仪器外观是否有明显损坏
		打开仪器上盖,拨动电源拨杆,检查仪器是否能够正常开机
		开机后,通过液晶屏上的电压显示,检查仪器电量是否符合使用要求
3	检查线路	将万用表调至欧姆挡,将探笔接触仪器主机与载荷传感器的通讯电缆两端,检查有无断路、短路现象
		检查插头有无松动、接触不良现象
4	检查载荷传感器	通过主界面将仪器选择至测试状态,给载荷传感器加载,检查屏幕显示是否有输出信号
		如无输出信号,可调节载荷传感器上的满量程电位器调节钮
		如仍无输出信号,使用专用工具,拆卸传感器外部固定螺钉,打开传感器露出电路板,使用万用表检查传感器放大器是否损坏

续表

序号	工序	操作步骤
5	检查综合测试仪主机	如载荷传感器有输出信号但仪器主体屏幕仍无信号反应，则判断仪器主机放大线路板有问题需进行更换
6	清理现场	将工具摆放整齐
		清理卫生

三、技术要求

(1)应依外观、线路、载荷传感器、仪器主机逐步排除故障。

(2)正确使用万用表。

(3)拆卸仪器时应使用专用工具。

四、注意事项

(1)使用万用表时，注意量程的选择及使用方法，避免对电路板造成损伤。

(2)检查线路及插头时，注意拔插力度，避免暴力拉扯造成断裂。

项目六　判断与排除示功仪不充电的故障

一、准备工作

(一)设备

示功仪1台。

(二)工具、用具

万用表1个，数字试电笔1个，专用工具1套。

(三)人员

单人操作，持证上岗，劳动保护用品穿戴齐全。

二、操作规程

序号	工序	操作步骤
1	准备工作	工具准备齐全
2	判断电源电路故障	使用数字试电笔，用拇指轻轻按住直接测量按钮(DIRECT)，将金属笔尖插入充电用插座，通过试电笔屏幕显示检查220V电源是否有电
		使用专用工具拆卸示功仪面板四个角的固定螺钉，掀开面板，用万用表欧姆挡判断熔断管、插头是否断路，如有损坏应更换
3	判断电池组故障	使用万用表电压挡检查电池组两端充电电压，如电压数值异常，判别电池组工作状态，如损坏应更换电池组
4	判断充电电路变压器故障	使用万用表电压挡检查判断充电电路工作状态，是否通路有电
		使用万用表检查电源变压器次级电压，如电压异常，判断变压器线圈损坏情况，如有损坏可拆卸变压器固定螺钉，将损坏的变压器拆下更换

续表

序号	工序	操作步骤
5	判断整流元件故障	如变压器次级有电压输出(电压大小视电池组而定),则应使用万用表检查整流原件及电路等器件,如有损坏应更换。可使用电烙铁将损坏的元器件脱焊,并吸走焊锡,之后将要更换的元器件及电路板上锡,进行焊接
6	清理现场	将工具摆放整齐
		清理卫生

三、技术要求

(1)应按照电源电路、电池组、充电电路变压器、整流元件的顺序逐步排除故障。
(2)正确使用万用表。

四、注意事项

(1)应正确测量高压电源,避免触电。
(2)正确选取量程及操作万用表,避免损坏万用表及仪器电路。

项目七　处理试井绞车盘丝机构运转不正常的故障

一、准备工作

(一)设备

试井绞车1台。

(二)工具、用具

黄油500g,棉纱500g,滑块1个,管钳1把,螺丝刀1把,开口扳手1套,手锤1把,套筒扳手1套。

(三)人员

单人操作,持证上岗,劳动保护用品穿戴齐全。

二、操作规程

序号	工序	操作步骤
1	准备工作	工具准备齐全
2	滑块故障的处理	首先根据导向滑块能否提起或在丝杠中运转是否发卡现象,判断是否因导向滑块卡住或损坏造成盘丝机构运转故障
		逆时针卸下滑块连接把手,使用专用工具拆卸滑块压盖固定螺钉,取下压盖
		取出拉杆弹簧,取出损坏的滑块更换,并按相反顺序进行组装
3	丝杠故障的处理	判断是否因丝杠故障造成盘丝机构停止转动
		检查丝杠滑道是否有损坏或异物,造成滑块卡死不能转动
		如丝杠破损,使用专用工具拆卸丝杠在绞车左右两侧的固定螺钉,之后将丝杠取下,并更换新的丝杠,并拧紧固定螺钉
		如丝杠滑道内有异物,则清除异物

续表

序号	工序	操作步骤
4	传动齿轮故障的处理	判断是否因传动齿轮故障使丝杠停止运动
		使用专用工具拆开齿轮箱外罩，检查齿轮能否正常转动，是否有破损造成卡死
		使用专用工具，拆卸损坏齿轮中心部位的固定螺钉，取出并更换破损齿轮，之后拧紧固定螺钉，并装回齿轮箱外罩
5	钢丝排列故障的处理	因钢丝排列不整齐跑偏造成的盘丝机构故障
		调整丝杠及滑杠与支架的间隙，调整计量轮支架的位置
6	保养	操作完成后，对转动机构涂抹黄油进行润滑
7	清理现场	将工具摆放整齐
		清理卫生

三、技术要求

(1)使用专用工具进行拆卸安装。

(2)按滑块、丝杠、传动齿轮、钢丝排列顺序进行故障排除。

(3)操作完成后应对转动机构进行润滑保养。

四、注意事项

(1)绞车机构运转时，严禁进行拆卸操作。

(2)启动绞车前，确定各部位连接紧固。

(3)使用工具拆卸螺钉(栓)时，注意操作力度，避免造成螺钉(栓)滑丝。

项目八　制作外钩钢丝打捞工具

一、准备工作

(一)设备

电焊机1台。

(二)工具、用具准备

手钳1把，台钳1把，三角锉1把，板锉1把，钢锯1把，圆钢1根，钢筋1根。

(三)人员

单人操作，持证上岗，劳动保护用品穿戴齐全。

二、操作规程

序号	工序	操作步骤
1	准备工作	检查材料、工具是否齐全，穿戴好劳保用品
2	绘图	绘制打捞工具草图

续表

序号	工序	操作步骤
3	制作	将直径20mm圆钢夹在台钳上,将一头用板锉打磨成圆锥形,锥长约20mm
		将直径8mm钢筋夹在台钳上,用钢锯将钢筋斜角平行锯成5个钩齿,钩齿两个端面相同,截面为椭圆形,尖角为30°左右,两尖距约为40mm
4	焊接打磨完成	按图纸要求进行焊接,将几个钩齿错落分开,焊接在圆钢主体上,焊接后用三角锉打磨钩齿和有毛刺的地方
5	清理现场	将工具摆放整齐
		清理卫生

三、技术要求

(1)草图绘制应符合规格。
(2)圆锥长约20mm。
(3)钢筋尖角相距约40mm。
(4)不要产生毛刺。

四、注意事项

(1)使用台钳时注意,防止夹伤。
(2)使用钢锯时防止伤人。
(3)防止尖角扎伤。
(4)焊接时防止火花伤人。

项目九　操作联动测调仪

一、准备工作

(一)设备准备

双滚筒联动试井车1台,防喷装置1套,井下测调仪1套,电缆测试滑轮及支架1套。

(二)工具、用具准备

管钳3把,活动扳手1把,擦布若干。

(三)人员

单人操作,持证上岗,劳动保护用品穿戴齐全。

二、操作规程

序号	工序	操作步骤
1	准备工作	检查材料、工具是否齐全,穿戴好劳保用品
2	检查连接仪器 安装井口装置	检查绞车、电缆、计深装置及张力指示装置是否完好、有效
		检查仪器和电缆头各部螺纹有无松动
		检查仪器导向机构能否正常弹出且弹性适中

续表

序号	工序	操作步骤
2	检查连接仪器安装井口装置	检查安装防喷管及电缆测试滑轮支架
		连接仪器及加重杆
		给仪器供电,检查仪器的各项功能是否正常
3	分层流量测试	下放仪器时速度不大于80m/min;仪器在封隔器及测量层段时要减速通过,速度不大于30m/min
		打开井下仪器调节臂与井下偏心配水器内堵塞器调节杆对接,检查坐封对接情况
		测检配卡片,在压力和流量稳定后,采集5min数据
		按照检配的结果和配注方案的要求进行对比,地面控制依次调节该层流量直至符合要求
		等待压力和水量都稳定后按要求录取各压力点测试卡片
4	起出仪器整理资料	上提仪器到油管中,收起调节臂,取出仪器
		整理上报测试资料
5	清理现场	将工具摆放整齐
		清理卫生

三、技术要求

(1)仪器下放速度速度应不大于80m/min。

(2)各个工具设备焊接牢固。

(3)流量测试时水量稳定。

(4)缓慢上提仪器。

四、注意事项

(1)注意高空坠物。

(2)上提和下放仪器要按照操作规程操作。

(3)开关阀门时,操作人员应侧身,避免丝杠飞出伤人。

项目十　绘制分析采气井压力温度梯度曲线

一、准备工作

(一)工具、用具

笔1支,纸2张。

(二)人员

单人操作,持证上岗,劳动保护用品穿戴齐全。

二、操作规程

序号	工序	操作步骤
1	准备工作	检查材料、工具是否齐全,穿戴好劳保用品
2	收集数据	收集数据并进行数据整理(时间、压力、温度)
		计算压力梯度及温度梯度公式: 压力梯度=$(p_2-p_1)/(H_2-H_1)$ 其中p_2-p_1代表两点之间的压力差,H_2-H_1代表两点之间的深度差。 温度梯度=$(T_2-T_1)/(H_2-H_1)$ 其中T_2-T_1代表两点之间的温度差,H_2-H_1代表两点之间的深度差
	采气井压力温度梯度曲线的绘制	根据计算的数据绘制直角坐标系下的压力温度-时间梯度曲线
3	曲线分析	根据液柱及气体不同压力及温度梯度的大小判断气井井下是否存在积液,如存在深度。 $p=(H_2-H_1)$×液柱压力梯度+H_1×气体压力梯度 H_2为测出积液的台阶深度,p为该深度测得压力值,H_1为积液深度,代入数据,即可算出H_1
4	清理现场	将工具摆放整齐
		清理卫生

三、技术要求

(1)收集数据的单位,要按照国际单位标写。

(2)确保公式正确。

(3)绘制曲线时,要直角坐标系绘制。

项目十一　检查与处理试井绞车液压系统无动力输出的故障

一、准备工作

(一)设备

试井液压绞车1台。

(二)工具、用具

黄油500g,棉纱500g,机油500g,活动扳手1把,螺丝刀1把,开口扳手1套,充电器1个,套筒扳手1套。

(三)人员

单人操作,持证上岗,劳动保护用品穿戴齐全。

二、操作规程

序号	工序	操作步骤
1	准备工作	检查材料、工具是否齐全,穿戴好劳保用品
2	液压绞车压力不足或无压力故障排除	检查液压油:拧开液压油箱的上盖,观察油箱液面标尺是否在规定范围内
		检查油质是否清澈无杂质,如油脂过脏可能造成油路堵塞,需要通过放空阀更换液压油
		检查油箱开关是否打开
		检查液压管线及接头有无渗漏情况,如有则需更换液压管线
		发动车后,踩离合器,推动取力器拨杆,检查取力器挂合状态是否正常取力
		检查油泵是否正常转动
		检查压力表指示是否正常
		检查调节阀位置是否处于最大流量范围,调节旋钮大小,是否可以影响动力输出
		检查判断液压马达工作状态是否正常
3	清理现场	将工具摆放整齐
		清理卫生

三、技术要求

(1)使用油箱液面标尺的时候,液面应在两个测点中间。

(2)油质应符合国家标准。

(3)液压马达在工作中应无杂音出现。

四、注意事项

(1)保证油箱开关转动灵活。

(2)检查液压管线没有破损,防止泄漏。

(3)检查调节阀时,防止破损。

项目十二　处理液压绞车振动噪声大、压力失常的故障

一、准备工作

(一)设备

试井液压绞车1台。

(二)工具、用具

黄油500g,棉纱500g,机油500g,活动扳手1把,螺丝刀1把,开口扳手1套,钩扳手1个,套筒扳手1套。

(三)人员

单人操作,持证上岗,劳动保护用品穿戴齐全。

二、操作规程

序号	工序	操作步骤
1	准备工作	检查材料、工具是否齐全,穿戴好劳保用品
2	绞车振动噪声严重压力失常的故障处理	检查绞车油箱液面是否在要求范围内,检查油箱透气孔有无堵塞
		检查油泵轴是否存在漏气现象。 处理方法:取出吸油泵,将原密封圈取出,更换密封环
		检查吸入管或接头连接处是否漏气。 处理方法:使用扳手紧固接头或更换新管
		检查系统内空气是否排除不良。 处理方法:排尽系统内气体
		检查吸入滤清器是否堵塞。 处理方法:拆卸滤清器,如已堵塞或者损坏,应清洗或更换
		检查油温,温度过高会产生蒸气。 处理方法:暂时停止操作,降低油温
		检查油温是否过低。 处理方法:升高油温
		检查油泵是否损坏,有损坏应更换
3	清理现场	将工具摆放整齐
		清理卫生

三、技术要求

(1)使用油箱液面标尺的时候,液面应在两个测点中间。
(2)更换密封环时,要使用规格相同的密封环。
(3)油温不能高于绞车要求的标准温度。

四、注意事项

(1)检查时注意收集废油、废气,防止油气泄漏污染环境。
(2)更换吸入滤清器,注意安装牢固,防止泄漏。
(3)检查油温时,防止过烫伤人。

项目十三 处理液面自动监测仪井口装置不密封的故障

一、准备工作

(一)设备

井口装置1套,液面监测仪标定装置1台。

(二)工具、用具

螺钉若干,密封圈3个,阀杆1个,弹簧1个,钩扳手1把,ϕ75mm 十字螺丝刀1把,棉纱若干。

(三)人员

单人操作,持证上岗,劳动保护用品穿戴齐全。

二、操作规程

序号	工序	操作步骤
1	准备工作	准备工具、用具、材料
2	检查密封性	连接井口装置与检测装置
		启动压缩机打压,检查井口装置的密封性
3	判断故障	如发现井口装置确实漏气,关闭压缩机,泄压后拆卸井口装置
		检查井口装置的各种固定螺钉是否存在松动
		检查密封圈是否存在破损老化、不密封的现象
		检查衔铁高度是否符合要求
		检查弹簧弹性是否充足
		检查阀杆,查看密封圈是否变形、损坏
4	处理故障	更换或维修损坏器件
5	组装仪器	维修后组装仪器
6	检测密封性	连接井口装置与主机,进行密封性测试
7	清理现场	将工具摆放整齐
		清理卫生

三、技术要求

(1)衔铁高度的调整应使阀杆抬起0.5~1.5cm为宜。

(2)检查弹簧应观察是否存在腐蚀变形。

(3)检查阀杆除了检查密封圈之外,还应检查摩擦阻力是否适中。

四、注意事项

(1)衔铁调整时不能向下过分调整,造成阀杆没有移动空间,不能放气发声。

(2)安装密封圈应涂抹黄油。

模块三　测试新技术及综合能力

项目一　相关知识

一、稠油测试技术简介

石油开采生产离不开井下测试技术,稠油热采更是如此,因此下文将介绍部分井下测试技术、高温吸汽剖面测试技术、井下蒸汽干度取样测试技术、高温长效测试测试技术等。

J(GJ)BF014 注蒸汽地面管线的热损失的计算方法

(一)高温吸汽剖面测试

1.理论基础

注蒸汽采油过程中,从地面、井筒到地层,热损失是客观存在的。对此,通过热损失计算,提出减少热损失的措施则是热力采油过程中的一个重要问题。

1)地面管线热损失

注蒸汽管线可以看作是一个稳定的传热过程,主要由四部分组成;蒸汽与管内壁之间的热对流、管内外壁之间的热传导、隔热层的热传导、隔热层外壁与大气层之间的热对流。

$$R=\frac{1}{2\pi}\left(\frac{1}{h_f r_i}+\frac{1}{\lambda_p}\ln\frac{r_o}{r_i}+\frac{1}{\lambda_{ins}}\ln\frac{r_{ins}}{r_o}+\frac{1}{h_{fc} r_{ins}}\right) \tag{2-3-1}$$

式中　R——单位长度管线上的总热阻,$[J/(h·m·℃)]^{-1}$;

h_f——管内表面对流换热系数,J/(h·m·℃);

r_i——注汽管线内半径,m;

λ_p——管线的导热系数,J/(h·m·℃);

r_o——注汽管线外半径,m;

λ_{ins}——隔热层的导热系数,J/(h·m·℃);

r_{ins}——保温层外半径,m;

h_{fc}——隔热层外表面对流换热系数,J/(h·m·℃)。

则地面管线热损失(q_L)为:

$$q_L=\frac{4186.8T_S-T_{ins}}{R} \tag{2-3-2}$$

式中　q_L——单位时间内,单位长度管线中的热损失,J/(h·m);

T_S——蒸汽温度,℃;

T_{ins}——大气层温度,℃;

J(GJ)BF015 注蒸汽井筒热损失的计算方法

2)井筒热损失计算

为了确定井底蒸汽的压力和干度,必须计算井筒中的压力损失和蒸汽干度的变化,这都可归结为井筒热损失计算。

在热流体(蒸汽或热水)注入过程中,井筒中的径向热流量,即由油管柱径向流向井筒周围地层的热流量,就是井筒热损失量。用于井筒热损失计算的井筒结构及径向温度分布如图 2-3-1 所示。

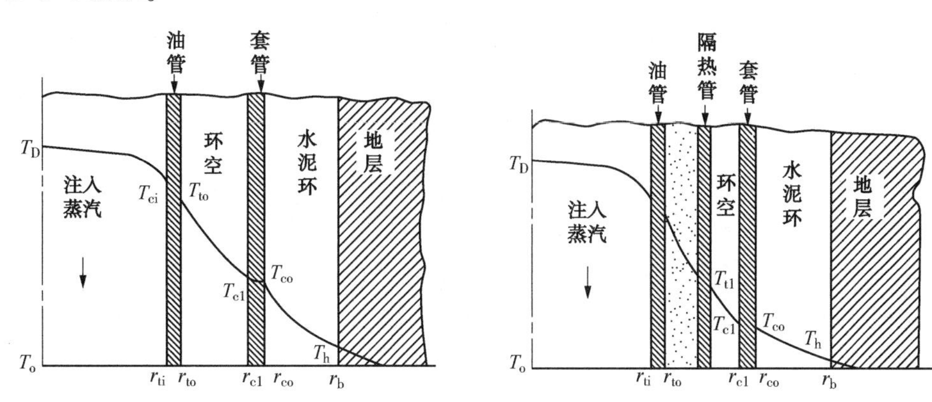

图 2-3-1　井筒结构及径向温度分布示意图

计算井筒热损失时,最关键的是如何确定在具体井筒结构条件下的总传热系数,最困难的是如何准确计算出环空液体或气体的热对流、热传导及辐射都存在的条件下的环空传热系数。因为它与油管外表面性质、液体的物理性质、油管外壁与套管内壁之间的温度与距离、套管与内壁表面性质等都有关系。

在注蒸汽井筒条件下,径向热流速度随注入时间延长而变化,井筒热损失可按 Ramey 的近似公式计算:

$$q=\frac{2\pi\times4186.8K_e(T_h-T_e)}{f(t)}\Delta L \tag{2-3-3}$$

式中　K_e——井筒周围地层的导热系数,J/(m·h·℃);

T_h——水泥环外壁温度,℃;

T_e——原始地层温度,℃

$f(t)$——Ramey 时间函数。

3)流量测量原理

由于注汽井井下温度较高,高温吸气剖面测试通常采用涡轮进行流量测试。

连续流量计的理论方程为:

$$N=k_1Q+k_2v-b \tag{2-3-4}$$

涡轮转速由两部分组成:一部分是流体的流量 Q 造成的,另一部分是由测速 v 造成的。两者之和为仪器以一定测速连续测试时的涡轮总转速。在测井过程中,测速保持稳定,故将测速造成的转速看作常数,设为 N_0。即

$$N_0=k_2v-b \tag{2-3-5}$$

进而得到:

$$N=k_1Q+N_0 \tag{2-3-6}$$

$$N-N_0=k_1Q \tag{2-3-7}$$

在测试曲线上,射孔井段以下测得的涡轮转速为测速形成的,即为 N_0;射孔井段以上测得的流量转速即 N_0,设 $N-N_0=N'$,代入式(2-3-7),得:

$$N' = k_1 Q \tag{2-3-8}$$

4)分层相对吸汽量计算方法

分层相对吸汽量主要通过涡轮转速来确定,测试时分别测得零流量,分层流量、总流量的涡轮转速,通过相对计算法确定分层吸流量的涡轮转速,最后与总流量涡轮转速对比即可得到分层相对吸汽量。

J(GJ)BF022 高温吸汽剖面解释方法

2.解释软件

四参数测试解释软件包括地面管线蒸汽干度及热损失计算、井筒蒸汽干度及热损失计算、吸汽剖面解释三部分软件。

1)地面管线蒸汽干度及热损失计算软件

输入注汽锅炉出口蒸汽参数、地面管线参数、井口实测数据,可计算出锅炉出口到井口之间地面管线任意位置的蒸汽热损失、干度数据。

2)井筒蒸汽干度及热损失计算软件

根据实测数据、井筒参数、注汽参数,通过拟合计算即可得到注汽井管柱及油层按深度分布的干度、热损失数据。

3)吸汽剖面解释软件

将油层段测试数据输入吸汽剖面测试软件可得到测试井各小层的吸汽量及吸汽剖面。输入同一口井的多次测试数据,可得到温度对比图、压力对比图以及吸汽剖面对比图。

J(GJ)BF023 井下蒸汽干度取样测试方法

(二)井下蒸汽干度取样测试

井下任意深度蒸汽干度取样技术主要应用于高温注汽井井下任意深度的蒸汽样品取样,根据样品化验结果可计算蒸汽干度值,为注汽参数调整提供参考。

仪器下井后蒸汽取样器处于开启状态,当下至取样位置时,蒸汽从取样器进汽端密封座进入取样器中心管内部,饱和蒸汽在取样管内部不断聚集又从出汽端密封座不断流出,从而保证蒸汽样品自动替换。当取样时,用重锤撞击取样器撞击滑套,当它受到撞击时,密封阀杆在储能弹簧的作用下发生上移运动,使进汽端密封座和出汽端密封座孔道封闭,达到定点取样的目的。

J(GJ)BF024 高温长效测试的主要应用

(三)高温长效测试

高温长效测试主要针对稠油和超稠油开发动态监测的特点,通过高温长效电子压力计连续监测一个采油生产过程,测出流温、流压资料,主要应用于以下几个方面:

(1)对油井流温资料进行研究,确定了区块油井生产过程中降温模式,根据降温规律对异常温度变化或汽窜影响情况进行油井分析与诊断,同时作为保温油管设计、电加热功率调整等工艺设计的指导依据。

(2)根据油井流压、生产压差、产液变化关系,分析泵工作状况,评价举升参数合理性,积累经验指导同类油井的生产实施等。

(3)针对长效测试解释系统对油藏参数的评价,总结出地层参数受影响的原因及严重程度,从而有针对性地实施溶剂解堵、乳化降黏等措施;在部分井上进行防膨处理的措施。

二、测试设计及解释报告的编写

（一）测试设计的编写格式及内容

1.试井目的

根据油藏不同开发阶段的要求，阐明本次试井所要解决的问题。

2.测试井、层的基础数据

测试井、层的基础数据见表 2-3-1 和表 2-3-2。

表 2-3-1　测试井基础数据表

<table>
<tr><td>井号：</td><td>井别：</td><td>位置：</td></tr>
<tr><td colspan="2">油层套管尺寸及深度：</td><td>生产管柱结构：</td></tr>
<tr><td colspan="2">最大井斜及深度：</td><td>井斜位置：</td></tr>
<tr><td colspan="2">完井方式：</td><td>目前人工井底：</td></tr>
</table>

表 2-3-2　测试层基础数据表

<table>
<tr><td rowspan="2">层位</td><td rowspan="2">层号</td><td>解释井段</td><td>射孔井段</td><td>射开厚度</td><td>有效厚度</td><td rowspan="2">孔隙度
%</td><td rowspan="2">渗透率
$10^{-3}\mu m^2$</td><td rowspan="2">试油结论</td></tr>
<tr><td colspan="4">m</td></tr>
<tr><td></td><td></td><td></td><td></td><td></td><td></td><td></td><td></td><td></td></tr>
<tr><td></td><td></td><td></td><td></td><td></td><td></td><td></td><td></td><td></td></tr>
<tr><td></td><td></td><td></td><td></td><td></td><td></td><td></td><td></td><td></td></tr>
<tr><td></td><td></td><td></td><td></td><td></td><td></td><td></td><td></td><td></td></tr>
</table>

3.测试时间估算

（1）对于稳定试井，应计算每个测点流动达到稳定的时间：

$$t_s = 27.8\phi\mu C_t A/K \tag{2-3-9}$$

式中　t_s——流动达到稳定的时间，h；

ϕ——地层孔隙度；

μ——地下原油黏度，mPa·s；

C_t——综合压缩系数，MPa^{-1}；

A——泄油区面积，km^2；

K——地层有效渗透率，$10^{-3}\mu m^2$。

稳定试井的最小测试时间应大于 t_s

（2）对于不稳定试井，应计算径向流开始的时间：

$$t_b = 2210Ce^{0.14S}/(Kh/\mu) \tag{2-3-10}$$

式中　t_b——径向流开始的时间，h；

C——井筒储集系数，m^3/MPa；

S——表皮系数；

h——地层有效厚度，h。

不稳定试井的最小测试时间应大于 $10t_b$。

J(GJ)BD012 探边测试时间的要求

(3)对探边测试,应计算拟稳态出现的时间:

$$t_{pss}=83.3\phi\mu C_t A/K \tag{2-3-11}$$

式中 t_{pss}——拟稳态出现的时间,h。

探边测试的最小测试时间应大于 $10t_{pss}$。

4.试井方法的选择

1)稳定试井方法的选择

根据流动达到稳定的时间选择分析方法:

(1)当 $t_s \leq 10h$ 时,采用系统试井法。

(2)当 $t_s > 10h$ 时,采用等时试井或修正等时试井法。

J(GJ)BD014 试井方法的选择

2)不稳定试井方法的选择

可根据下列情况进行选择:

(1)一般情况下采用压力恢复测试。

(2)井底压力稳定的关闭井采用压力降落测试。

(3)在不具备关井条件的情况下,采用变流量测试。

5.测试步骤

(1)测试前应先深通油管,然后下入压力计,并测取不同井深的压力、温度及其梯度数据,最后将压力计下至预定位置(一般下至油层中部)。

(2)根据测试目的和要求,测取稳定试井或不稳定试井数据。

(3)测试完毕后,起压力计,并测取不同井深的压力、温度及其梯度数据,最后起出压力计,结束本次测试。

6.测试设备

根据试井要求选择流量计、压力计的类型,配备相应的试井设备。高压油井应配备专用防喷及安全装置。

7.经费预算

经费预算包括人员配备、仪器仪表、试井装置、折旧费、油料费、通信设备、井场和道路维修费、必要的安全措施费用、试井资料处理费及其他费用。

8.录取资料要求

1)稳定试井的要求

(1)选择4~5个工作制度进行测试,测点产量由小到大,逐步递增。

(2)在每一个工作制度下均应保持产量稳定,其波动范围不超过本井产量的10%,并使流压达到稳定。

(3)在每一个工作制度下测量井底压力、温度,油压、套压,油、气、水产量和含砂量。

(4)等时试井要求测试4~6个工作制度,最后1个工作制度应适当延长测试时间,使其达到稳定流状态。

J(GJ)BD011 不稳定试井的要求

2)不稳定试井的要求

(1)测试期间测试井和邻井的工作制度应保持稳定,测试井产量波动不超过本井产量的10%。

(2)探边测试应开井生产较长的时间,待压力波及边界后再关井。

J(GJ)BD015 数据采集的总体要求

(3)应做到瞬时关井,从关阀门到完全关闭的时间不要超过1min。

3)数据采集要求

(1)在测取压力、温度及其相应的梯度数据时,要求每30s记录一个压力、温度值,每个深度点都要测得稳定的压力、温度值,测量时间不得少于5min。

(2)在测流压数据时,要求每20min记录一个压力、温度值。

(3)改变工作制度(开、关井或改变流量)后,对记录压力、温度值的要求:

①0~5min,每36s记录一个压力、温度值;

②5~10min,每36s记录一个压力、温度值;

③10min~1h,每3min记录一个压力、温度值;

④1~10h,每10min记录一个压力、温度值;

⑤10h以后,每20min记录一个压力、温度值。

J(GJ)BD013 测试井的基本数据

(二)解释报告的编写方法

1.测试井的基本情况

(1)测试井的基础数据。测试井的基础数据包括井号、井别、地理位置、构造位置、完钻日期、完井日期、完钻井深、油层中深、人工井底,如为斜井,应有最大井斜及最大井斜深度。

(2)测试层的基础数据。测试层的基础数据包括层位、层号、解释井段及厚度、有效厚度及电测解释参数,电测解释参数包括孔隙度、渗透率、含油饱和度和解释结论。

(3)试油试采及生产情况。试油数据包括试油日期、试油结论、标准工作制度下的产量数据。标准工作制度下的产量数据包括日产油、日产气、日产水、油压、套压、含水、气油比、井底压力温度资料、累计生产的油气水量和总的流动时间以及高压物性(PVT)分析数据和地面油气水分析。试采数据包括试采和投产以后的生产数据,具体内容与试油阶段的生产数据相同。另外还要有产出剖面数据,对于水井,应有吸水剖面数据。

2.测试目的

报告中要写明本次测试要解决的问题。

3.测试概况

(1)测试方式、测试仪器的技术指标、工作制度、测试时间、现场施工过程的描述。

(2)测试所取得的压力、温度梯度数据和压力、温度随时间变化的实测数据。

4.曲线形态分析

(1)实测压力史分析。分析测试的几个测试周期,如有异常,分析原因。

(2)产能曲线分析。绘制指数式、二项式特征曲线,计算产能方程。

(3)双对数压力及压力导数曲线诊断分析。双对数压力及压力导数曲线一般分为几个流动期,用来确定解释模型,若发现异常反映,分析原因。

(4)曲线拟合分析。曲线拟合分析包括双对数压力及压力导数曲线拟合分析、无量纲霍纳拟合曲线分析、压力史曲线拟合分析。

(5)拟稳态曲线分析(压降)。

J(GJ)BD016 试井解释报告的内容

5.分析结果

1)输入参数

输入参数包括油层及流体物性参数和流量史数据。

2)解释结果

(1)产能曲线分析结果,包括产能方程、采油指数,对于气井,要计算无阻流量。

(2)常规试井分析结果。

(3)双对数分析结果,包括地层有效渗透率、表皮系数、地层压力、流动系数、地层系数、流度、边界距离、弹性储能比、窜流系数等。

(4)拟稳态分析结果(压降),可用于计算单井控制原始储量。

6.结论与建议

对测试结果进行评述,并对下一步措施提出建议。

7.附表

附表中有压力随时间变化的实测压力数据表。

8.附图

(1)压力曲线图;

(2)产能分析曲线图;

(3)双对数压力及压力导数诊断图;

(4)双对数压力及压力导数拟合图;

(5)无量纲霍纳拟合图;

(6)拟稳态曲线图(压降);

(7)压力史拟合图;

(8)构造井位图。

J(GJ)BG012 SolidWorks 绘制软件的操作

三、软件应用 SolidWorks 基础

SolidWorks 公司是专业从事三维机械设计、工程分析和产品数据管理软件开发和营销的跨国公司,其软件产品 SolidWorks 自 1995 年问世以来,以其优异的性能、易用性和创新性,极大地提高了机械设计工程师的设计效率。

功能强大、易学易用和技术创新是 SolidWorks 的三大特点,使得 SolidWorks 成为领先的、主流的三维 CAD 解决方案。

SolidWorks 公司根据实际需求及技术的发展,推出了 SolidWorks2010,该软件在用户界面、模型的布景及外观、草图绘制、特征、零件、装配体、配置、运算实例、工程图、出详图、尺寸和公差及其他模拟分析功能等方面功能更加强大,使用更加人性化,缩短了产品设计的时间,提高了产品设计的效率。

(一)SolidWorks2010 操作界面

1.启动 SolidWorks2010

安装 SolidWorks 后,在 Windows 的操作环境下,选择【开始】—【所有程序】—【SolidWorks2010】菜单命令,或者双击桌面上的 SolidWorks2010 的快捷方式图标,就可以启

动 SolidWorks2010,也可以直接双击打开已经做好的 SolidWorks 文件,启动 SolidWorks2010。图 2-3-2 是 SolidWorks2010 启动后的界面。

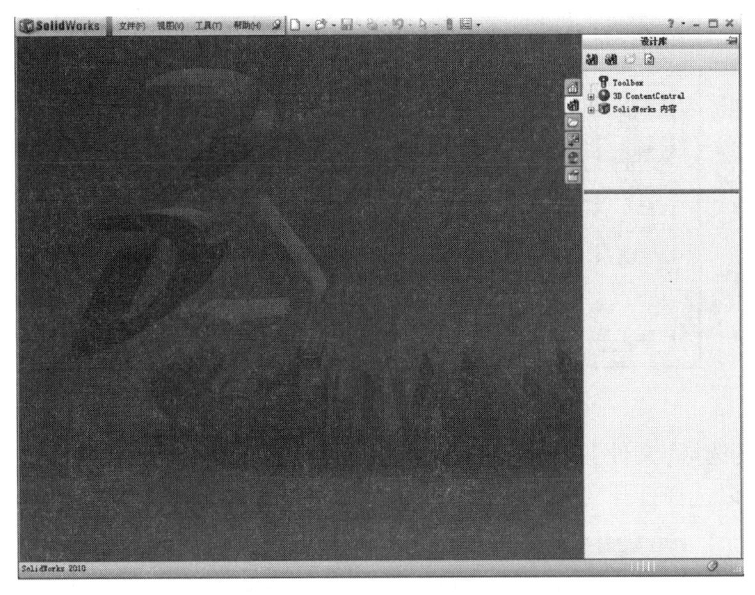

图 2-3-2　SolidWorks 界面

2.菜单栏

SolidWorks2010 包括【文件】【编辑】【视图】【插入】【工具】【窗口】和【帮助】等菜单,单击鼠标左键或者使用快捷键的方式可以将其打开并执行相应的命令。

3.工具栏

(1)工具栏位于菜单栏的下方,一般分为两排,用户可自定义其位置和显示内容。

(2)工具栏上排一般为【标准】工具栏。下排一般为【CommandManager(命令管理器)】工具栏。用户可选择【工具】—【自定义】菜单命令,打开【自定义】对话框,自行定义工具栏。

4.状态栏

状态栏显示了正在操作对象的状态。

5.特征管理区

特征管理区主要包括 PropertyManager(属性管理器)、ConfigurationManager(配置管理器)、FeatureManager 设计树(特征管理设计树)、FeatureManager 过滤器(特征管理过滤器)、RenderManager 标签以及 DimXpertManager(尺寸专家管理器)六部分。

6.任务窗口

特征管任务窗口包括【SolidWorks 资源】【设计库】【文件探索器】【搜索】【查看调色板】等选项卡。

(二)文件的基本操作

新建文件:选择【文件】|【新建】菜单命令,或单击工具栏上的(新建)按钮,打开【新建 SolidWorks 文件】对话框,可以新建文件,如图 2-3-3 所示。

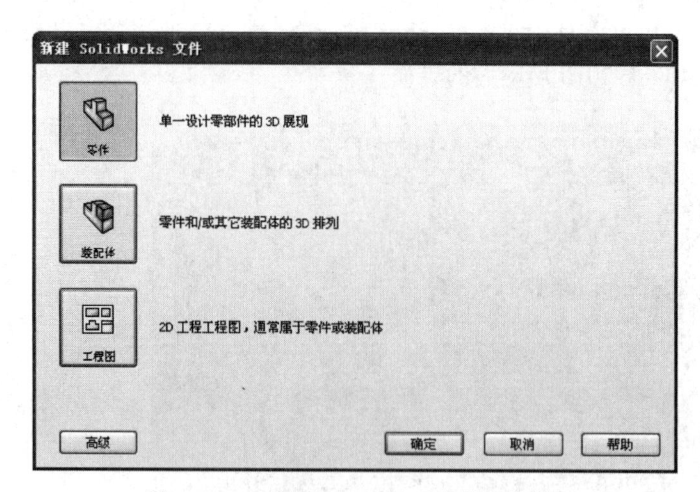

图 2-3-3 “新建 SolidWorks 文件”对话框

打开文件:选择【文件】—【打开】菜单命令,或单击工具栏上的(打开)按钮,打开【打开】对话框,可以选择打开文件,如图 2-3-4 所示。

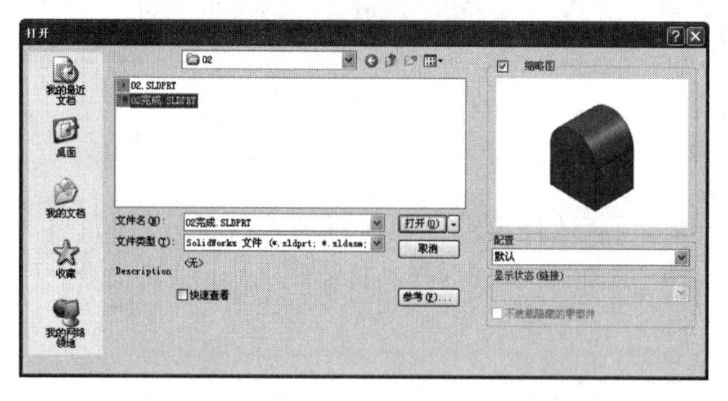

图 2-3-4 “打开 SolidWorks 文件”对话框

保存文件:选择【文件】—【保存】菜单命令,或单击工具栏上的【保存】按钮,打开【另存为】对话框,可以保存文件,如图 2-3-5 所示。

图 2-3-5 “保存 SolidWorks 文件”对话框

选择【文件】—【退出】菜单命令,或单击操作界面右上角的【退出】按钮,可退出 SolidWorks。

(三)SolidWorks2010 主要模块的介绍

SolidWorks 是一个大型软件包,由多个功能模块组成,每一个功能模块都有自己独立的功能。设计人员可以根据需要来调用其中的某一个模块进行设计,不同的功能模块创建的文件有不同的文件扩展名。

SolidWorks 主要有草图绘制、零件设计、装配、工程图、钣金设计、模具设计、运动仿真等模块。在用 SoldiWorks 做设计时,常用模块有草图绘制、零件与特征、装配以及工程图模块。

1.草图绘制模块

当创建一个新的零件的时候,首先需要做的是生成草图。草图模块就是创建零件的截面,与 AutoCAD 比较类似。实现这个功能,主要是通过 SolidWorks 2010 的插件 2D Emulator 来完成。除了可以绘制 2D 草图以外,SolidWorks 2010 也可以绘制 3D 草图。

2.零件和特征模块

SolidWorks 具有基于特征的实体建模功能,能够通过拉伸、旋转、薄壁特征、高级抽壳、特征阵列以及打孔等操作来实现产品的设计,通过对特征和草图的动态修改,用拖拽的方式实现实时的设计修改。三维草图功能为扫描、放样生成三维草图路径,或为管道、电缆、线和管线生成路径。3D 零件是 SolidWorks 机械设计软件中的基本组件。通过这个模块,可以做如下操作:

(1)实体、多实体零件建模;

(2)应用自定义属性;

(3)对特征和面编辑属性;

(4)编辑、移动和复制;

(5)使用颜色;

(6)指定材料属性;

(7)使用方程式;

(8)使用压缩和解除压缩进行从属关系编辑;

(9)派生零件和外部参考引用;

(10)分割零件;

(11)显示模型的剖面视图;

(12)注解零件;

(13)指定光源特性;

(14)计算或指定质量属性;

SolidWorks 的实体建模,曲面建模都是通过这个模块完成的。

3.装配模块

使用 SolidWorks 可以创建由许多零部件所组成的复杂装配体,这些零部件可以是零件或其他装配体。对于大多数的操作,两种零部件的行为方式是相同的。添加零部件到装配体,在装配体和零部件之间生成连接。当 SolidWorks 打开装配体时,将查找零部件文件在装配体中显示。零部件中的更改自动反映在装配体中。使用 SolidWorks 可以做如下操作:

(1)设计方法;

(2)添加装配体零部件;

(3)选择零部件;

(4)配合;

(5)子装配体操作;

(6)简化大型装配体;

(7)爆炸装配体视图;

(8)自定义装配体的外观;

(9)智能扣件;

(10)装配体文档中的材料明细表。

4.工程图模块

SolidWorks 的工程图模块分为出详图和工程图模块。出详图就是为工程图添加尺寸、注解、材料明细表、修订表等,不仅可以为 2D 工程图添加,还可以为 3D 模型添加。使用 SolidWorks 的工程图模块,可以做如下操作:

(1)设定选项;

(2)打开工程图;

(3)生成工程图;

(4)自定义图纸格式;

(5)工程图中的 2D 草图;

(6)工程图文件;

(7)生成标准视图(模型视图和标准三视图);

(8)生成派生视图,如局部、剖面、投影、断裂视图等;

(9)对齐和显示视图;

(10)保存工程图;

(11)打印和发送工程图。

(四)实例操作

以图 2-3-6 为例,介绍 SolidWorks 的操作方法。

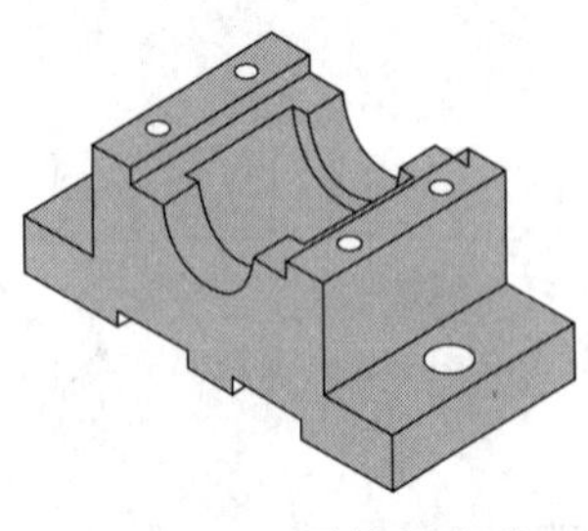

图 2-3-6　零件的造型

(1)打开 SolidWorks 界面后,单击【文件】→【新建】命令或者单击按钮,出现“新建 SolidWorks 文件”对话框,选择【零件】命令后单击【确定】按钮,出现一个新建文件的界面,首先单击【保存】按钮,将这个文件保存为“底座”。

(2)在控制区单击【前视基准面】,然后在草图绘制工具栏单击按钮,出现如图 2-3-7 所示的草图绘制界面;在图形区单击鼠标右键,取消选中快捷菜单的【显示网格线】复选框,图形区就没有网格线了。因为在作图的过程中实行参数化,一般不应用网格,所以在以后的作图中,都去掉网格。

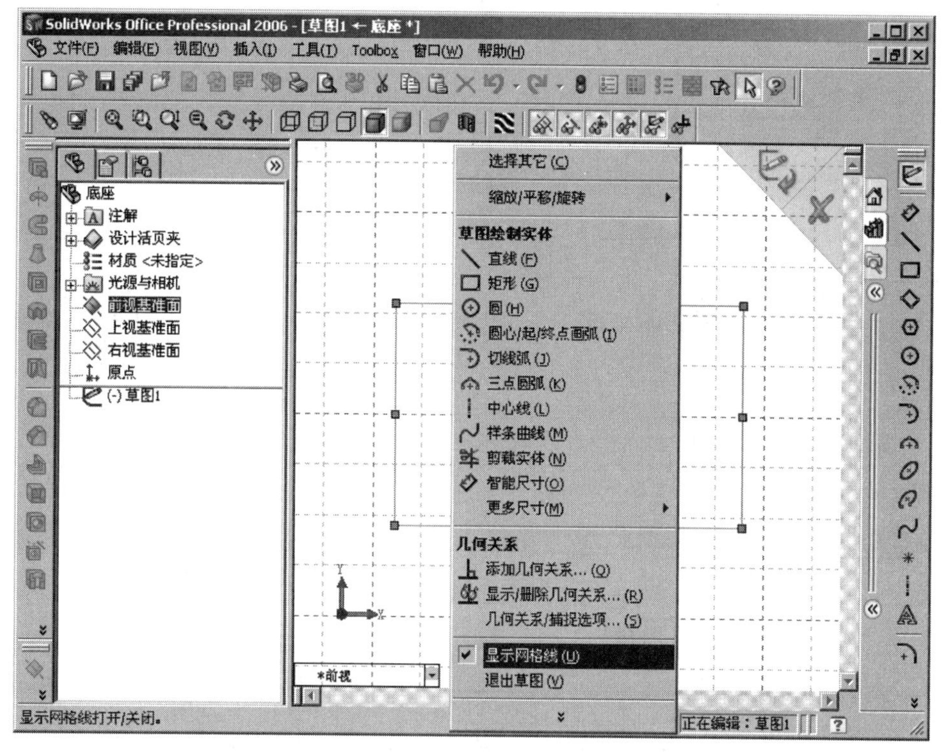

图 2-3-7　草图绘制界面

(3)单击绘制【中心线】按钮，在图形区过原点绘制一条中心线，然后单击【直线】按钮，在图形区绘制图形，需要注意各条图线之间的几何关系。不需要具体确定尺寸，只需确定其形状即可，实际大小是在参数化的尺寸标注中确定的。

提示：在图 2-3-8 草图中，表示“竖直”的意思；表示“水平”的意思；表示“重合”的意思，例如图中下面显示的两个符号，表示左边的上面的直线和原点重合，也就是两条直线在一条直线上。最后按住 Ctrl 键单击选择圆弧的圆心和圆弧的起点，在属性管理器中【添加尺寸关系】中选择水平；同样选择圆弧的圆心和圆弧的终点，在属性管理器中【添加尺寸关系】中选择垂直。如果不要显示这些几何关系，则可以单击视图工具栏的按钮，使其浮起，需要显示，就使其凹下。

画图中右上角的圆弧是在画完一段直线时，将鼠标靠近刚才确定的直线的终点，这时鼠标的标记后面由原来的直线图案变成一对同心圆的图案，或者单击鼠标右键，在弹出的快捷菜单中选择转到圆弧，这时就可以画圆弧了，如图 2-3-9 所示。

(4)单击工具栏【智能尺寸】按钮，标注尺寸，标注一条直线的长度，就单击这条直线，就会自动标注尺寸了，此时的尺寸不是所要求的尺寸，鼠标确定尺寸的位置，单击鼠标左键，就会出现【修改】对话框，如图 2-3-10(a)，在对话框中输入实际尺寸大小，单击按钮或者按回车键即可；标注圆或者圆弧的尺寸是一样的。如果标注图 2-3-10(b)所示的尺寸，用鼠标单击一条直线和中心线，然后将鼠标拉到中心线的另一边，就可以出现对边距的标注，图 2-3-10(b)中的尺寸 10mm、40mm、80mm 就是这样标注的。标注结束后，图形如图 2-3-11 所示。

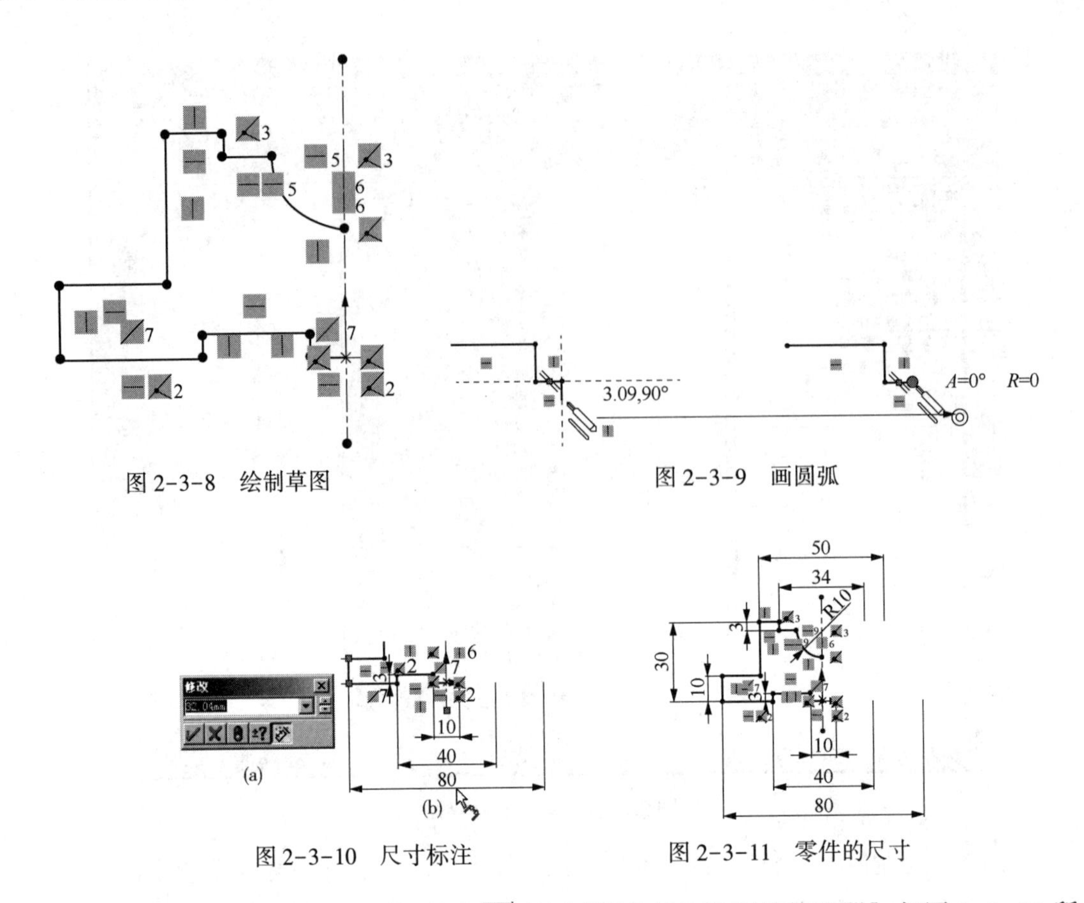

图 2-3-8　绘制草图

图 2-3-9　画圆弧

图 2-3-10　尺寸标注

图 2-3-11　零件的尺寸

(5)单击工具栏的【镜向实体】按钮，则在控制区显示【属性管理器】，如图 2-3-12 所示，在【要镜向的实体】选项中选择图形左面直线和圆弧共 12 个，【镜向点】选择中心线，然后单击按钮，图形变成图 2-3-13 所示的图形。

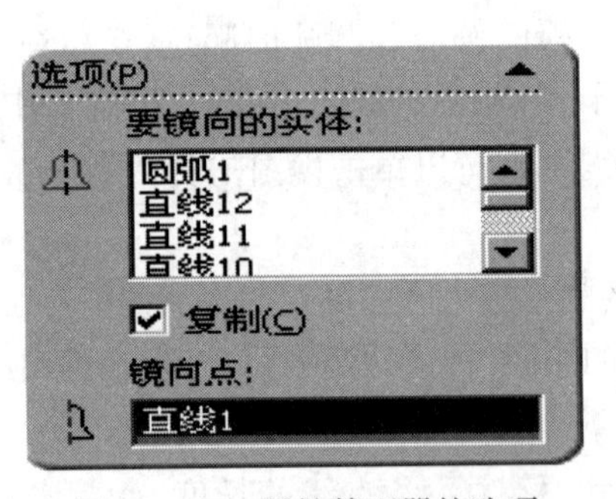

图 2-3-12　属性管理器的选项

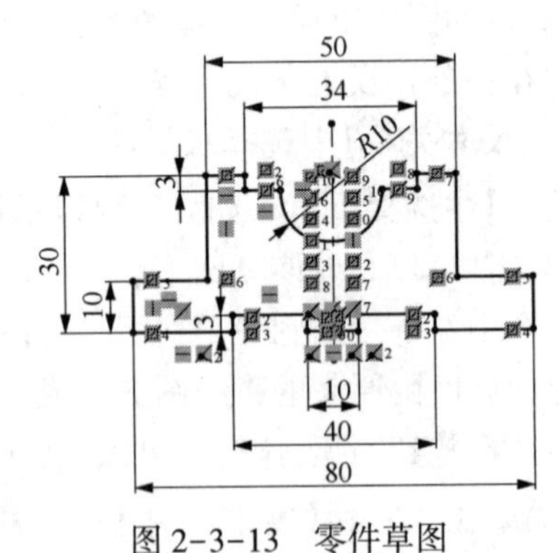

图 2-3-13　零件草图

(6)单击特征工具栏的【拉伸凸台、基体】按钮后，图形区和控制区如图 2-3-14 所示，在【属性管理器】中的【从(F)】的【开始条件】选择【草图基准面】选项，【方向 1】中的【终止条件】选择【两侧对称】选项，【深度】栏输入 40mm 后，单击按钮，即可出现图 2-3-14 所示图形。

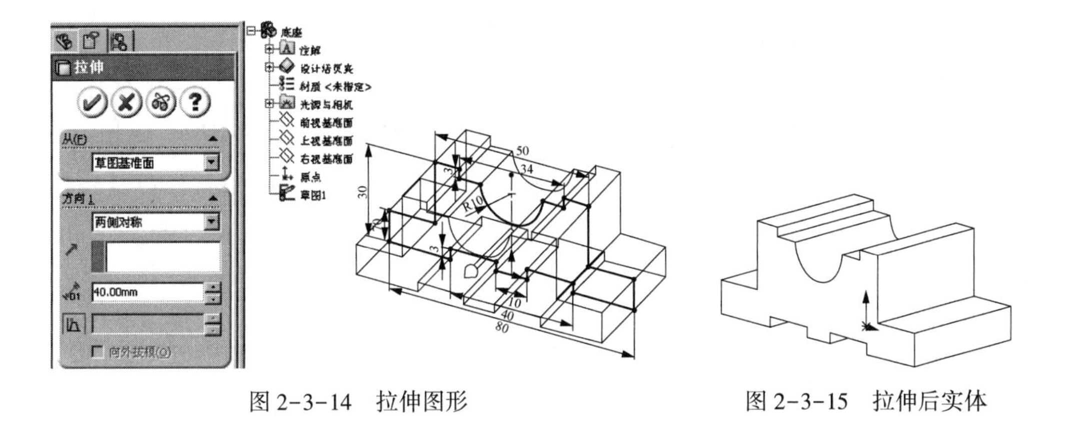

图 2-3-14　拉伸图形　　　　图 2-3-15　拉伸后实体

(7)继续单击【前视基准面】,在草图绘制工具栏单击按钮,然后单击【正视于】按钮,出现图 2-3-16(a)所示的图形,然后用【圆心/起点/终点画弧】按钮画圆弧,再执行【直线】命令,单击【智能尺寸】按钮标注尺寸,即可画出如图 2-3-16(b)所示的图形。

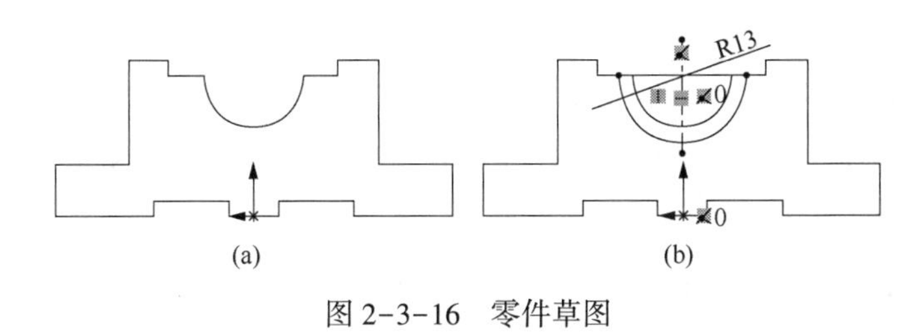

图 2-3-16　零件草图

(8)单击特征工具栏的【拉伸切除】按钮,图形区和控制区如图 2-3-17(a)所示,在【属性管理器】中的【从(F)】的【开始条件】选择【草图基准面】选项,【方向 1】中的【终止条件】选择【两侧对称】选项,【深度】栏输入 24mm 后,单击按钮,即可出现图 2-3-17(b)所示图形。

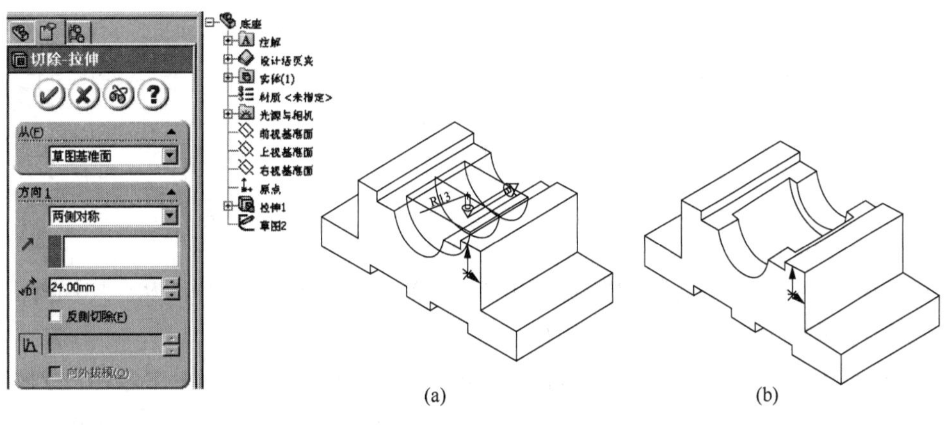

图 2-3-17　拉伸切除后实体

(9)单击实体底板的下底面(选择上面是一样的做法),选定,单击草图绘制工具栏的按钮,单击控制区的【上视基准面】后,单击【正视于】按钮,开始画草图。单击【中心线】按钮,先画出图形的两条对称中心线和一条圆弧的中心线,如图 2-3-18(a)所示;在左边中心线的交点处,单击【圆】绘制命令按钮,单击【智能尺寸】按钮标注尺寸,如图 2-3-18(b)所示;单击【镜向实体】按钮,选择圆和短的中心线为【要镜向的实体】,【镜向点】选择中间垂直的中心线,勾选【复制】,单击按钮,则可以作出草图 3,如图 2-3-18(c)所示。

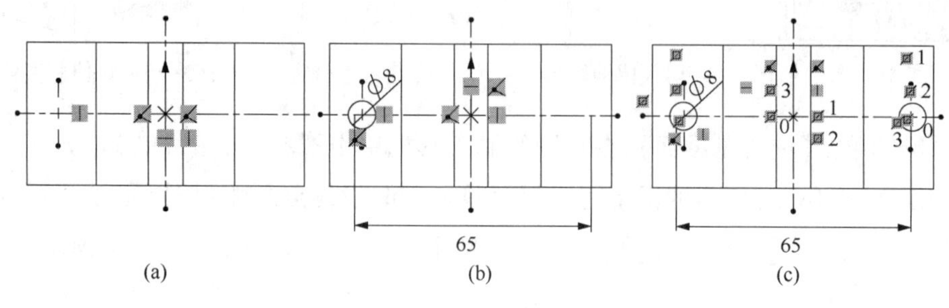

图 2-3-18 零件草图

(10)单击特征工具栏的【拉伸切除】按钮,在【属性管理器】中的【从(F)】的【开始条件】选择【草图基准面】选项,【方向 1】中的【终止条件】选择【完全贯穿】选项,单击按钮,即可出现图 2-3-19 所示图形。

(11)选择实体的最上面,选定,单击【草图绘制】工具栏的按钮,单击控制区的【上视基准面】后,单击【正视于】按钮,开始画草图。单击【中心线】按钮,先画出图形的两条对称中心线和一个圆的对称中心线;单击【智能尺寸】按钮标注尺寸,如图 2-3-20(a)所示;单击【镜向实体】按钮,同上一样做两次镜向实体,则可以作出草图,如图 2-3-20(b)所示。

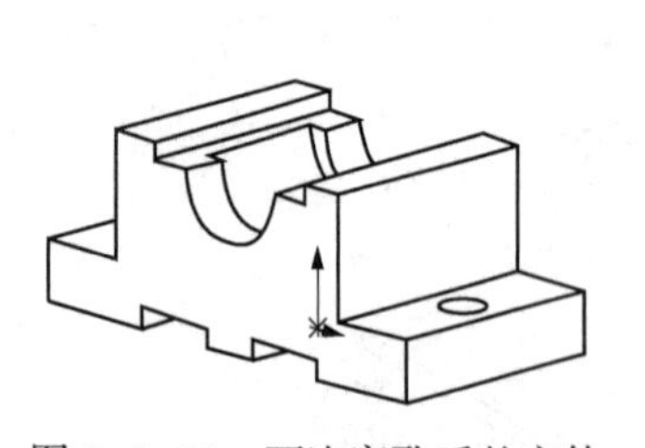

图 2-3-19 两边穿孔后的实体

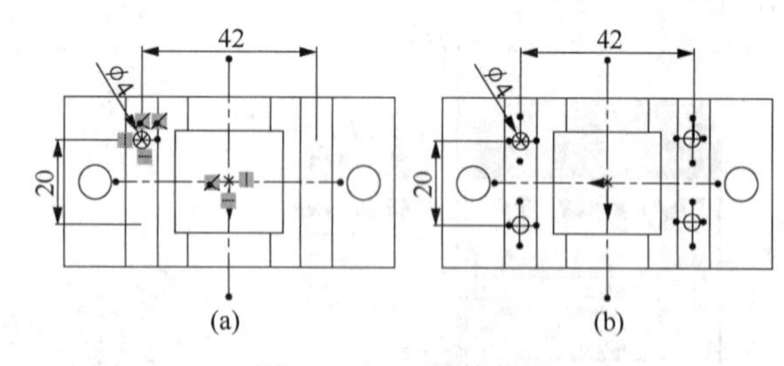

图 2-3-20 零件草图

(12)单击特征工具栏的【拉伸切除】按钮,在【属性管理器】中的【从(F)】的【开始条件】选择【草图基准面】,【方向 1】中的【终止条件】选择【给定深度】,【深度】栏输入 12mm 后,单击按钮,即可完成穿孔后的实体;右击原点,在弹出的快捷菜单中选择【隐藏】选项或者单击视图工具栏的【观阅原点】按钮,使其凸起,出现图 2-3-6 所示图形,表示实体的造型已完成。

项目二　组装井下干度取样器

一、准备工作

(一)设备

井下蒸汽干度取样测试器1支。

(二)工具、用具

专用扳手2把,擦布若干,取样器开启工具1套,喷灯1个,螺丝刀2把,手钳1把,紫铜垫2个,高温弹簧2个,高温螺纹脂1桶。

(三)人员

单人操作,持证上岗,劳动保护用品穿戴齐全。

二、操作规程

序号	工序	操作步骤
1	准备工作	工具准备齐全
2	检查外观	检查取样器型号、仪器编号是否清晰,检查仪器外壳、螺纹、进排气密封阀杆控制套是否完好有效
3	处理紫铜垫	将要更换的紫铜垫在喷灯上烧至发红
4	拆卸井下蒸汽干度取样器	用擦布清除新微音器油污
		用 $\phi36$ 扳手卸下取样器上下密封总成
		取出紫铜垫、弹簧等
5	更换高温消耗件	更换紫铜垫,更换高温弹簧,调节弹簧松紧程度
6	组装井下蒸汽干度取样器	安装紫铜密封垫
		涂抹高温螺纹脂
		用 $\phi36$ 扳手组装取样器
		用取样器开启工具打开取样器
7	清理现场	将工具摆放整齐
		清理卫生

三、技术要求

(1)处理紫铜垫时将紫铜垫烧至红色。
(2)取样器室内、密封面清洁无残留油、水。
(3)调节弹簧松紧程度,使密封总成能够打开,触发时能够迅速关闭。

四、注意事项

(1)喷灯火焰方向勿对向有人方向,防止伤人。
(2)待紫铜垫完全降温后再进行紫铜垫安装,防止烫伤。

(3)安装弹簧时,弹簧弹出方向不能对向有人方向,防止伤人。

(4)操作过程中防止划、碰仪器密封面及紫铜垫,防止影响密封效果。

项目三 编写井下落物打捞方案

一、准备工作

(一)设备

计算机1台,打印机1台。

(二)工具、用具

笔1支,纸若干张,带有落物印记的铅模1个。

(三)人员

单人操作,持证上岗,劳动保护用品穿戴齐全。

二、操作规程

序号	工序	操作步骤
1	准备工作	工具准备齐全
2	编制事故井打捞设计	收集井的基本情况: (1)井身结构示意图。包括井下工具情况、深度、人工井底等; (2)油水井生产动态。包括注入量、油套压等; (3)地面设备情况。包括井口结构、采油树种类
		分析落物原因、形状、尺寸、深度,确定鱼顶状况,必要时可采取打铅印的方式进行确认
		编写打捞的目的,如: (1)为了不影响油水井的正常生产; (2)清除井内落物,对油水井施工负责
3	一般工具准备(地面)	胶皮阀门、防喷管、绷绳、地滑轮等
4	打捞工具准备(井下)	打捞脱扣落物应使用卡瓦打捞筒、内钩打捞筒、内钢丝刷打捞筒
		打捞带钢丝的落物应使用内钩、外钩打捞器或钢丝打捞器
		打捞外部带伞状台阶落物应使用卡瓦打捞头、卡块打捞头、抓块打捞头
5	制定方案	制定打捞过程中的施工方案及措施,如: (1)穿戴好劳保用品; (2)操作时严格按照操作规程严禁违章; (3)本次参与人要熟悉打捞流程; (4)井口安装胶皮阀门、防喷管、防喷装置、绷绳、地滑轮; (5)打捞工具连接顺序依次为绳帽、加重杆、震荡器、打捞头; (6)听取现场人员描述; (7)确定使用水井绳帽打捞头直接抓取; (8)捞取仪器后,时刻注意压力表变化

续表

序号	工序	操作步骤
5	制定方案	制定打捞注意事项及应急方案。 注意事项： (1)在打捞过程中,起下速度都应缓慢； (2)打捞过程中严防二次落物情况； 应急方案： 打捞过程中,地面应有专人观察防喷管及各阀门情况
6	出具方案	设计书必须有设计人、审核人、批准人并签字;打印成文
7	清理现场	将工具摆放整齐
		清理卫生

三、技术要求

(1)准确判断落物形状。

(2)选择的打捞工具能够有效打捞落物。

(3)防喷管总长度应大于打捞仪器串加落物的总长度。

(4)打捞工具遇卡捞不动时应解卡,以便采取其他措施。

(5)在施工要求中,说明对井口防喷设备的要求。

四、注意事项

(1)方案中应包含 HSE 相关要求。

(2)不能损坏铅模。

项目四　绘制一般零件图

一、准备工作

(一)设备

计算机 1 台,打印机 1 台,零件 1 个。

(二)工具、用具

铅笔 1 支,橡皮 1 个,纸若干张,尺子 1 把,圆规 1 个,游标卡尺 1 把。

(三)人员

单人操作,持证上岗,劳动保护用品穿戴齐全。

二、操作规程

序号	工序	操作步骤
1	准备工作	工具准备齐全
2	绘制前的准备	观察被测零件形状,确定视图表达方法
		使用测量工具测量工件各部位尺寸,游标卡尺可测量圆柱体直径、圆孔内径、长宽、厚度,直尺可测量各种长度,记录数据

续表

序号	工序	操作步骤
3	绘制零件图	布置视图,徒手画出基本视图(或剖视图)的基准线、主要中心线和轴线、对心线等
		视图间要留出标注尺寸的位置
		画出零件长、宽、高及直径的尺寸界限及箭头。 (1)尺寸界限的标注方法:要标明的边两端画出垂直延长线,并在两个延长线内再画一个两端箭头垂直连接线,连接线中间空出一段用来标注数值。 (2)圆柱体的直径标注方式:直接从圆周曲线的右上部分用一条线引出至工件图外,使用 ϕ 加数值直接表明直径
		在图上以横向统一方向标注各部位尺寸
		填写标题栏
4	清理现场	将工具摆放整齐
		清理卫生

三、技术要求

(1)测量精度小于0.05mm。

(2)尺寸标注位置准确。

(3)图中标出中心线、轴线、对心线。

四、注意事项

(1)使用工具时防止划伤。

(2)采用统一的标注方法及单位。

项目五 使用安全防护用具判断环境场所的安全性

一、准备工作

(一)设备

可燃气体报警器1台,正压式呼吸器1台。

(二)工具、用具

鉴定证书。

(三)人员

单人操作,持证上岗,劳动保护用品穿戴齐全。

二、操作规程

序号	工序	操作步骤
1	准备工作	检查材料、工具是否齐全,穿戴好劳保用品
2	检查呼吸器	从呼气器包内取出气瓶、背架、面罩并连接,检查全面罩的镜片、系带、环状密封、呼气阀、吸气阀是否完好;检查气瓶外观、背具有无破损;检查各连接部位是否牢固。打开气瓶阀,确认气瓶内的压缩空气压力大于24MPa;关闭气瓶阀,30s内压力表显示压力值下降应小于1MPa;检查报警笛:缓慢按下供气阀按钮,观察压力表,压力在(5.5±0.5)MPa时报警笛响起
3	穿戴呼吸器	将空气呼吸器背在身后,瓶头阀在下方,调节好肩带、腰带;佩戴面罩,检查面罩的气密性;打开气瓶阀,轻按供气按钮,检查有无气流通过;将供气阀连接到面罩的接口处,将气瓶与背架分离,清洁面罩,将气瓶、面罩、背架放回呼吸器包内
4	查看检定证书	确认气体报警器的检定周期
5	开机,查询电量	确认设备的使用时长,按自检键,判断可燃气体报警器是否工作正常
6	检查可燃报警器正常显示数值	在进入井场前,检查各项显示数值:一氧化碳为0,硫化氢为0,可燃气体(甲烷)为0,氧气为20.8%左右
7	判断环境场所	了解施工周围环境的一氧化碳、氧气、硫化氢和可燃气体的含量并记录,当有硫化氢、一氧化碳、可燃气体超出标准值,判断井场不具施工条件
8	卸下呼吸器	使用后,将供气阀与面罩分离;解开全面罩系带,摘下全面罩,关上气瓶阀,按下供气阀按钮,排空整个系统内空气,松开腰带、背带,取下呼吸器
9	清理现场	将工具摆放整齐
		清理卫生

三、技术要求

(1)检查气瓶压力,气瓶压力大于24MPa视为合格,反之不合格。

(2)检查气密性:30s内压力下降小于1MPa视为合格,反之不合格。

(3)检查报警笛,压力小于(5.5±0.5)MPa时报警视为合格,反之不合格。

(4)进入施工环境时注意观察可燃气体报警器读数变化。

四、注意事项

(1)使用可燃气体报警器、正压式呼吸器时,应轻拿轻放,避免剧烈振动和碰撞。

(2)空气呼吸器严禁接触油脂。

(3)每月应对空气呼气器进行一次全面检查。

项目六　回放蒸汽驱五参数吸汽剖面资料

一、准备工作

(一)设备

计算机1台,蒸汽驱五参数吸汽剖面测试仪1支。

(二)工具、用具

深度控制箱1台,数据线1根,万用表1台。

(三)人员

单人操作,持证上岗,劳动保护用品穿戴齐全。

二、操作规程

序号	工序	操作步骤
1	准备工作	检查仪器、设备、工具,穿戴劳保用品,测量仪器电池电压,确保电池电量充足
2	设置仪器	打开计算机进入应用程序,连接仪器与计算机,选择仪器连接串口,设置仪器采样间隔
3	开始测量	单击"启动测井",然后单击"暂停接收"
		连接深度数据线与笔记本,选择深度数据串口,单击"继续接收",断开仪器与计算机连接,开始下井测试
4	回放数据	测量结束后,单击结束"测井",连接计算机与仪器,选择菜单读取试井数据
5	保存资料	读取结束后自动弹出数据保存菜单,输入文件名,保存数据
6	清理现场	关闭仪器、深度控制箱电源,断开通信电缆,关闭应用程序,将仪器、深度控制箱安放好待用
		收拾工具,清理操作现场

三、技术要求

(1)电池电量应大于3.5V。

(2)应在计算机设备管理器中确认仪器串口和深度数据串口。

(3)设置仪器串口后,单击读取仪器编号,应可显示仪器编号。

(4)软件中显示深度数据应与绞车深度面板显示一致。

(5)下井测试过程中保证计算机正常工作,记录深度数据。

四、注意事项

(1)操作仪器要轻拿轻放,避免猛烈振动或撞击。

(2)测试过程中注意观察计算机深度数据是否与深度面板数据一致,保证深度数据记录准确。

(3)保证计算机供电正常,防止测井途中断电。

项目七　计算注蒸汽地面管线的热损失

一、准备工作

(一)工具、用具

笔1支,纸若干,科学计算器1台。

(二)人员

单人操作,持证上岗,劳动保护用品穿戴齐全。

二、操作规程

序号	工序	操作步骤
1	准备工作	检查准备材料、设备、工具,穿戴劳保用品
2	参数选取	收集数据并进行数据(管线温度、环境温度、保温材料制品热传导系数等)整理
3	利用公式计算	计算保温层热阻力: $$R_i=\frac{1}{\lambda}\ln\frac{r_1}{r_2}$$ R_i——保温层热阻,$(m^2\cdot K)/W$ λ——保温材料制品热传导系数,$W/(m\cdot K)$ r_1——保温层外半径,m r_2——管道外半径,m
		计算管道中空气的热阻力: $$R_s=\frac{1}{ar_1}$$ R_s——保温层表面热阻,$(m^2\cdot K)/W$ a——保温层外表面向大气的放热系数,$W/(m^2\cdot K)$
		计算热损失: $$q=\frac{t-t_a}{R_i+R_s}=\frac{2\pi(t-t_a)}{\frac{1}{\lambda}\ln\frac{r_1}{r_2}+\frac{1}{ar_1}}$$ q——单位长度管线外表面的热损失量,W/m t——管道壁温,℃ t_a——环境温度,℃

三、技术要求

(1)各数据单位应准确统一。

(2)管线保温材料制品热传导系数、保温层外径、管道外半径可向厂家咨询或经测量得出。

(3)保温层外表面向大气的放热系数,可取 $a=11.6W/(m^2\cdot K)$,或由 $\alpha=1.163(6+\omega/2)$ 计算,其中 ω 为风速,单位为 m/s。

项目八　编写压力测试设计方案

一、准备工作

(一)设备

计算机 1 台,打印机 1 台。

(二)工具、用具

笔 1 支,纸张若干。

(三)人员

单人操作,持证上岗,劳动保护用品穿戴齐全。

二、操作规程

序号	工序	操作步骤
1	准备工作	检查材料、设备、工具,穿戴劳保用品
2	编写压力测试设计方案	详细阅读地质设计要求,了解测试井基础信息,测试项目、关井时间等内容
		核实地质数据的准确性,包括油中深度、有效厚度、产液、含水等数据
		定点检测井,查询上次测试压力情况,确定使用的压力、温度量程
		根据地质要求设计压力计采样间隔。注明施工过程要求,包括测试项目、测试日期、仪器起下要求、仪器停点要求、班组报表记表填写要求等项目
		设计方案应写清测试单位、设计人、审核人等

三、技术要求

(1)设计中基础信息应准确无误。

(2)被测压力应在压力计量程的 1/3~2/3,设计仪器最高测量温度应高于被测介质温度。

(3)设计书格式应符合最新相关标准要求。

(4)应注明井内有无落物或其他工具等情况。

(5)仪器起下速度不超过 100m/min。

四、注意事项

设计中应包含 HSE 要求。

项目九　编写培训计划

一、准备工作

(一)设备

计算机 1 台,打印机 1 台。

(二)工具、用具

笔 1 支,纸张若干。

(三)人员

单人操作,持证上岗,劳动保护用品穿戴齐全。

二、操作规程

序号	工序	操作步骤
1	准备工作	检查仪器、设备、工具,穿戴劳保用品
2	编写培训计划	阐明培训的目的,应可说明对什么群体进行哪些课程的培训,能够达到怎样的效果
		培训课程设置应贴近实际情况,符合培训初衷,要有针对性
		培训教学计划包括培训教材与培训内容、培训时间、培训形式及方法的说明
		培训教师,需要配备擅长该类课程的培训讲师,同时要填写该讲师的单位、文化程度、职称级别等相关信息
		培训学员情况需填写学员姓名、员工编号、年龄、职务职称、文化程度等信息
		培训结果最终会根据学员参与的培训学时及考核分数,给予优良、中、差的培训结果评价
		最终教学计划打印成文,并由主管领导审批签字

三、技术要求

(1)培训目的应明确。

(2)培训课程应与培训目的相关。

(3)培训教材应与培训内容相符。

(4)培训方法应明确。

四、注意事项

(1)培训课程设计要贴近生产中的员工实际需求。

(2)对于不同学历,不同年龄的员工,培训应有针对性的课程设置。

理论知识练习题

高级工理论知识练习题及答案

一、单项选择题(每题有4个选项,只有1个是正确的,将正确的选项填入括号内)

1. AA001　(　　)是指依靠何种能量驱油开发油田。

A. 开发方式　　B. 开采方式　　C. 注水方式　　D. 布井方式

2. AA001　依靠(　　)开发油田属于依靠天然能量驱油。

A. 注水、注气　　B. 气顶压头、溶解气

C. 自喷方式　　D. 机械采油方式

3. AA002　油藏的天然能量有(　　)。

A. 注入水、边水和底水的压力

B. 注入气、气顶压力

C. 边水或底水的压力气顶气压力、流体和岩石的膨胀力、液体的重力等

D. 注入蒸汽气、溶解气压力

4. AA002　油藏中的人工补给能量主要是(　　)等。

A. 边水、底水　　B. 注水、注气

C. 气顶压头、溶解气　　D. 注气、气顶压头

5. AA003　油水均匀地混合在一起,用一般过滤的方法不能分开的水称为(　　)。

A. 乳化水　　B. 油包水　　C. 游离水　　D. 水包油

6. AA003　细小的水滴在原油介质中存在的形式称为(　　)。

A. 油包水　　B. 游离水　　C. 水包油　　D. 乳化水

7. AA004　注水井在油田上的分布位置及注水井与采油井的比例关系和排列方式称为(　　)。

A. 注水方式　　B. 井网　　C. 开发方式　　D. 开采方式

8. AA004　注水井和生产井按一定几何形状均匀分布在整个油田上,同时进行注水采油的方式称为(　　)注水方式。

A. 行列式　　B. 腰部　　C. 顶部　　D. 面积

9. AA005　在注水井内下封隔器将油层分隔成几个注水层段,下配水器、安装不同直径的水嘴的注水工艺称为(　　)。

A. 分层配注　　B. 分层配产　　C. 分层改造　　D. 分层采油

10. AA005　由于油层各层系存在不均质性,只有采取(　　)方法才能提高注水效率。

A. 笼统注水　　B. 油管注水　　C. 分层注水　　D. 套管注水

11. AA006　下列选项中,关于注采平衡的定义叙述正确的是(　　)。

A. 注入油层的水量等于采出油量的地下体积

B. 注入油层的水量等于采出油量的地面体积

C. 注入油层的水量等于采出液量的地下体积

D. 注入油层的水量等于采出液量的地面体积

12. AA006 注采比是指(   )。

A. 油田注入剂(水、气)地下体积与采出液量地下体积之比

B. 油田注入剂(水、气)地面体积与采出液量地下体积之比

C. 油田注入剂(水、气)地面体积与采出液量地面体积之比

D. 油田注入剂(水、气)地下体积与采出液量地面体积之比

13. AA007 非均质多油层油田在注水开发过程中,注入水沿高渗透层单层突进,低渗透层见效差,这种差异称为(   )矛盾。

A. 层内　　B. 层间　　C. 层中　　D. 平面

14. AA007 一个油层在平面上由于渗透率高低不同,注入水沿高渗透方向推进速度快,造成同一油层各井之间的生产差异,称为(   )矛盾。

A. 平面　　B. 层内　　C. 层间　　D. 层中

15. AA008 非均质多油层油田由于各小层渗透率差别很大,注入水往往沿高渗透层推进速度最快,这种现象称为(   )。

A. 单层突进　　B. 层中指进　　C. 边水舌进　　D. 窜通

16. AA008 小层内部在平面存在非均质性,平面上各部位渗透率差别大,造成注入水的推进速度不一致,沿高渗透带推进快,这种现象称为(   )。

A. 单层突进　　B. 舌进　　C. 层中指进　　D. 窜通

17. AA009 某井水淹厚度系数为 40%,见水层厚度为 2m,见水层有效厚度为(   )。

A. 5m　　B. 6m　　C. 7m　　D. 8m

18. AA009 被水淹体积内采出油量与单层控制的原始油量的比值称为(   )。

A. 水淹厚度系数　　B. 扫油面积系数　　C. 水驱油效率　　D. 采出程度

19. AA010 含油面积是指由(   )圈定的面积。

A. 含水边界　　B. 含油边界　　C. 油水过渡带　　D. 油气过渡带

20. AA010 油水接触面与油层顶面的交线是(   )。

A. 含水边界　　B. 油水过渡带　　C. 含油边界　　D. 流体边界

21. AA011 把实际井的各个因素对压力的影响,变成一个由于某一井径引起对(   )的等效作用,这个等效半径称为折算半径。

A. 产量　　B. 压力　　C. 液面深度　　D. 温度

22. AA011 某井进行压裂作业时,地层破裂压力为 30MPa,地层深度 2500m,则该井破裂梯度为(   )。

A. 0.012　　B. 0.084　　C. 0.12　　D. 0.84

23. AB001 油气井水力压裂是由高压泵将压裂液注入井中,使地层(   ),并由支撑剂对其进行支撑,在储层中形成一定几何形状的支撑裂缝,最终实现增产目的。

A. 被压裂　　B. 被压裂并延伸裂缝

C. 延伸裂缝　　D. 增压

24. AB002 压裂液按泵注顺序和作用不同分为(   )。

A. 预前置液、前置液和携砂液　　B. 前置液、携砂液和顶替液

C. 预前置液、前置液和顶替液　　D. 预前置液、前置液、携砂液和顶替液

25. AB002　为了降低井底附近地层中流体的渗流阻力和改变流体的渗流状态，达到增产增注效果，应采取(　　)措施。

A. 酸化　　B. 压裂　　C. 解堵　　D. 补孔

26. AB003　支撑剂物理性能包括粒度组成、(　　)、密度、酸溶解度、浊度和抗破损能力。

A. 球度和圆度　　B. 球度　　C. 圆度　　D. 粒径

27. AB003　支撑剂是水力压裂时地层压开裂缝后，用来支撑裂缝的一种固体颗粒，可分为(　　)两大类。

A. 石英砂和陶粒　　B. 陶粒砂和树脂砂　　C. 天然和人造　　D. 石英砂和树脂砂

28. AB004　支撑裂缝导流能力是(　　)的综合反映，它是支撑剂选择与优化设计中最关键的参数之一。

A. 支撑剂物理性能　　B. 裂缝所处条件和地层孔隙

C. 支撑剂物理性能和裂缝所处条件　　D. 地层孔隙

29. AB004　对于压裂井，压裂后形成的支撑带中的支撑剂承受的裂缝闭合压力是(　　)之差。

A. 地层最小应力与地层孔隙压力　　B. 地层最小应力与流压

C. 地层应力与静压　　D. 静压与流压

30. AB005　压裂的主要目的是(　　)。

A. 提高油层压力　　B. 提高油层渗透率

C. 提高流动压力　　D. 除去井壁钻井液污染

31. AB005　对于压裂井，压后不稳定试井分析主要是为了取得(　　)，为评估压裂效果提供依据。

A. 支撑裂缝长度

B. 支撑裂缝导流能力

C. 支撑裂缝长度、支撑裂缝导流能力和地层渗透率

D. 裂缝半长、支撑裂缝导流能力和地层的渗透率

32. AB006　(　　)主要用于砂岩、碳酸盐岩油气层的表皮解堵及疏通射孔孔眼。

A. 基质酸化　　B. 酸洗　　C. 酸压裂　　D. 酸化

33. AB006　酸化的主要目的是(　　)。

A. 提高油层压力　　B. 提高油层渗透率

C. 提高流动压力　　D. 除去井壁钻井液污染

34. AB007　地层吸水具有不均匀性，为了提高注入水的波及系数，需要封堵吸水能力强的高渗透层，这种作业称为(　　)。

A. 偏心静压　　B. 调剖　　C. 水井静压　　D. 分层测试

35. AB007　封堵高产水层，改善产液剖面的作业称为(　　)。

A. 调剖　　B. 找漏　　C. 找水　　D. 堵水

36. AB008　在施工中，(　　)堵水、调剖化学剂主要作用原理是各组分经化学反应形成树脂堵塞物，在地层条件下固化不溶，造成对出水层的永久性堵塞。

A. 沉淀型无机盐类　B. 聚合物冻胶类　　C. 树脂类　　D. 颗粒类

37. AB008　堵水、调剖技术中,(　　)用清水或油作隔离液,将水玻璃、隔离液和氯化钙依次注入地层。随着注入液往外推移,隔离液所形成的隔离环厚度越来越小,直至失去隔离作用使两种液体相遇而产生沉淀物,达到堵水目的。

A. 沉淀型无机盐类　B. 聚合物冻胶类　C. 颗粒类　D. 树脂类

38. AC001　我国《计量法》是为了加强计量(　　)管理。

A. 经济　B. 质量　C. 监督　D. 行政

39. AC001　对计量违法行为具有现场处罚权的是计量(　　)人员。

A. 检定　B. 监督　C. 管理　D. 校验

40. AC002　力矩的单位名称是(　　)。

A. 牛顿/米　B. 牛顿·米　C. 牛顿米　D. 牛顿

41. AC002　下列选项中不属于渗透率的单位的是(　　)。

A. 达西　B. 毫达西　C. 平方微米　D. 立方米

42. AC003　使质量为 1 千克的物体产生加速度为 1 米每二次方秒的力为(　　)。

A. 吨　B. 镑　C. 牛顿　D. 帕斯卡

43. AC003　在 1 秒时间间隔内产生 1 焦耳能量的功率为(　　)。

A. 伏特　B. 瓦特　C. 焦耳　D. 牛顿

44. AC004　在国际单位制的基本单位中,长度的计量单位名称是(　　)。

A. 米　B. 毫米　C. 厘米　D. 分米

45. AC004　在国际单位制的基本单位中,电流的计量单位名称是(　　)。

A. 伏特　B. 安培　C. 毫伏　D. 毫安

46. AC005　相对误差是误差与(　　)之比。

A. 修正值　B. 真实值　C. 测量值　D. 绝对误差

47. AC005　实际工作中,标定仪器时产生的误差主要来源于(　　)误差。

A. 方法　B. 人员　C. 装置　D. 各方面

48. AC006　由(　　)引起的误差不属于仪器(仪表)误差。

A. 天平　B. 电源　C. 秒表　D. 检流计

49. AC006　计量器具使用不正确产生的误差属于(　　)误差。

A. 系统　B. 随机　C. 粗大　D. 系统和随机

50. AC007　多次测量的平均值的随机误差(　　)单次测量的误差。

A. 大于　B. 小于　C. 等于　D. 略小于

51. AC007　某量真值为 A,测得值为 B,则相对误差为(　　)。

A. $A-B$　B. $B-A$　C. $(B-A)/A$　D. $(A-B)/A$

52. AD001　电感在电路最常见的功能就是与电容一起,组成 LC (　　)电路。

A. 滤波　B. 整形　C. 振荡　D. 放大

53. AD001　电感主要分为磁芯电感和空心电感,磁芯电感电感量大常用在滤波电路,空心电感电感量小常用于(　　)电路。

A. 振荡　B. 放大　C. 高频　D. 滤波

54. AD002　电阻率的单位是(　　)。

A. $\Omega \cdot mm^2/m$　B. $m \cdot mm^2/\Omega$　C. $\Omega \cdot m/mm^2$　D. $mm^2/m \cdot \Omega$

55. AD002 将标有“220V 200W”和“220V 40W”的两灯泡串联后，接入380V的电路中，将会烧坏的是(   )。

A. “40W”的灯泡　　B. “200W”的灯泡

C. “40W”和“200W”的灯泡　　D. 无法确定

56. AD003 使用试电笔时，(   )应与导电金属接触。

A. 笔尖金属体　　B. 笔身　　C. 氖管　　D. 笔尾金属体

57. AD003 试电笔可以用来判别交流电和直流电，在用试电笔进行测试时，如果测电笔氖泡中的(   )，则测试体通过的是交流电。

A. 笔尖端的一极发光　　B. 手指端的一极发光

C. 两极都发光　　D. 两极都不发光

58. AD004 下列选项中，被人们称为计算机的加工处理中心的是(   )。

A. 运算器　　B. 控制器　　C. 存储器　　D. 硬盘

59. AD004 计算机的运算器能够完成数据传递和(   )。

A. 加工　　B. 判断　　C. 移位　　D. 逻辑比较

60. AD005 被称为计算机指挥中心的是(   )。

A. 运算器　　B. 控制器　　C. 存储器　　D. 硬盘

61. AD005 键盘中包括所有字符键和几个控制键的是(   )，其功能主要是输入字符。

A. 打字键区　　B. 功能键区　　C. 数字光标小键区　　D. 光标控制键区

62. AD006 鼠标是计算机系统中普遍使用的一种(   )。

A. 输出设备　　B. 输入设备　　C. 系统　　D. 软件

63. AD006 计算机显示器根据输入信号可分为数字显示器和(   )两种。

A. 模拟显示器　　B. 单色显示器　　C. 图像显示器　　D. 彩色显示器

64. AD007 计算机开关机需间隔(   )以上。

A. 1min　　B. 2min　　C. 3min　　D. 5min

65. AD007 “U”盘存储器在使用完毕后，应先退出工作程序，当指示灯(   )后，再拔出“U”盘。

A. 闪亮　　B. 不亮　　C. 闪烁　　D. 休息

66. AD008 在计算机网络中，(   )的地理范围一般在10km以内。

A. 局域网　　B. 城域网　　C. 广域网　　D. 因特网

67. AD008 下列选项中，不属于Internet提供基本服务功能的是(   )。

A. 电子邮件　　B. 远程登录　　C. 文件传输　　D. 图片扫描

68. AD009 计算机病毒最根本的特征是(   )，这也是计算机病毒与正常程序的本质区别。

A. 传播性　　B. 隐蔽性　　C. 破坏性　　D. 激发性

69. AD009 计算机病毒的(   )特征是指在一定的条件下，通过外界刺激可以使病毒程序活跃起来。

A. 传播性　　B. 激发性　　C. 破坏性　　D. 隐蔽性

70. AD010 保存现有文档的快捷方法是(   )。

A. 按下“Ctrl+S”组合键　　B. 按下“Ctrl+V”组合键

C. 按下“Ctrl+D”组合键　　D. 按下“Ctrl+C”组合键

71. AD010　选中不连续的文本,首先选取文档中的一段文本,然后再按下(　　)键不放,再连续选中。

A. Alt　　B. Ctrl　　C. Del　　D. Shift

72. AD011　Excel 表格在一个单元格中最多可输入(　　)字符。

A. 32000　　B. 31000　　C. 30000　　D. 20000

73. AD011　在 Excel 函数计算中,(　　)为求和函数。

A. SUM　　B. ENTER　　C. MAX　　D. MIN

74. AD012　在三视图中,最富有零件形状特征的视图是(　　)。

A. 低视图　　B. 主视图　　C. 正投影图　　D. 左视图

75. AD012　使视图符合零件的加工位置是选择(　　)的条件原则。

A. 主视图　　B. 俯视图　　C. 左视图　　D. 其他视图

76. AD013　在图样上标注尺寸时,应从尺寸基准出发,那么标注轴长尺寸的基准是(　　)。

A. 两个端面　　B. 轴线　　C. 侧面　　D. 端点

77. AD013　标注轴的直径尺寸,一般以(　　)为基准。

A. 端面　　B. 零件底面　　C. 轴线　　D. 圆心点

78. AD014　国家规定使用正投影体法时,通常要画出物体(　　)方向的投影。

A. 3 个　　B. 4 个　　C. 6 个　　D. 前后两个

79. AD014　物体在水平面上的投影称为(　　)。

A. 主视图　　B. 左视图　　C. 正投影图　　D. 俯视图

80. AE001　液压绞车滤油芯累计工作(　　)后应及时清洗。

A. 100h　　B. 50h　　C. 200h　　D. 500h

81. AE001　更换液压绞车液压油时,应选择(　　)型号。

A. 新标准　　B. 普通　　C. 生产厂家所提供　　D. 通用

82. AE002　试井绞车起下速度不能超过 60m/min 的测试项目是(　　)。

A. 测配　　B. 高压物性取样　　C. 自喷井测压　　D. 抽油机环空测压

83. AE002　偏心分注井测配,当投捞器下至距上部工作筒(　　)时减速。

A. 100m　　B. 50m　　C. 150m　　D. 80m

84. AE003　接触硫化氢浓度超过(　　),无论时间长短都可能是致命的,受害人会在没有任何危险征兆的情况下迅速失去知觉,并在几秒钟内由于呼吸中断而死亡。

A. 750mg/m^3　　B. 300mg/m^3　　C. 150mg/m^3　　D. 75mg/m^3

85. AE003　接触浓度为(　　)或以上的硫化氢超过 30min 会引起肺水肿。

A. 15mg/m^3　　B. 200mg/m^3　　C. 20mg/m^3　　D. 300mg/m^3

86. AE004　常用的硫化氢检测仪器包括(　　)和固定式报警仪。

A. 便携式报警仪　　B. 捆绑式报警仪　　C. 数字式报警仪　　D. 自动式报警仪

87. AE004　便携式报警仪通常在硫化氢浓度超过设定值时进行(　　),并能持续读出硫化氢的浓度值。

A. 声报警　　B. 光报警　　C. 声光报警　　D. 数字报警

88. BA001　半导体是指(　　)。

A. 只能向一个方向导电的物质

B. 外加高电压,几乎没有电流通过的物质

C. 导电性介于导体和绝缘体之间的物质

D. 具有整流体作用的物质

89. BA001　下列选项中,说法错误的是(　　)。

A. 半导体导电特征是向一个方向导电

B. 半导体中的自由电子和空穴参与导电

C. 半导体导电性极差

D. 掺入杂质的本征半导体称为掺杂半导体

90. BA002　下列选项中关于半导体二极管叙述错误的是(　　)。

A. 它由一个半导体加上电极引线与外壳构成

B. 由 P 区引出的电极称为阳极

C. 由 N 区引出的电极称为阴极

D. 它共有两个极

91. BA002　普通半导体二极管的主要作用是(　　)。

A. 将直流电压转化为单一方向的脉动电压

B. 将交流电压转化为单一方向的脉动电压

C. 将直流电压转化为交流电压

D. 稳定电压

92. BA003　半导体三极管的集电极用符号(　　)表示。

A. a　　B. b　　C. c　　D. e

93. BA003　半导体三极管有三个极、三个区,其中集电区是与(　　)相连接的区域。

A. 基极　　B. 集电极　　C. 发射极　　D. 正电极

94. BA004　下列选项中,属于第一代计算机特点的是(　　)。

A. 采用电子管作为开关元件　　B. 用晶体管作开关元件

C. 采用了集成电路　　D. 采用小规模集成电路

95. BA004　用集成电路取代晶体管是第(　　)计算机的主要特点之一。

A. 一代　　B. 二代　　C. 三代　　D. 四代

96. BA005　电阻器是具有一定电阻数值的电子元件,当电流通过时在它上面产生(　　),这是电阻器的一大特性。

A. 电流　　B. 电压　　C. 压降　　D. 阻抗

97. BA005　电阻器的阻值误差一般都标在电阻器上,其方法有数字表示法和(　　)。

A. 色环表示法　　B. 文字表示法　　C. 符号表示法　　D. 图形表示法

98. BA006　电阻器的标称功率取决于其(　　)的大小。

A. 几何尺寸　　B. 电阻阻值　　C. 工作电压　　D. 稳定性

99. BA006　符号—□□—表示电阻功率为(　　)。

A. 5W　　B. 2W　　C. 1W　　D. 0.5W

100. BA007　电位器实际上是一个可滑动的可变电阻器,它经常用于电路中以取得不同(　　)。

A. 电阻　　B. 电位　　C. 电压　　D. 电流

101. BA007　电位器的型号一般由三四个字母组成,第一个字母为(　　),表示电位器。
A. W　　B. X　　C. D　　D. E
102. BA008　可变式电容器有空气式和(　　)两种。
A. 电解电容器　　B. 瓷介电容器　　C. 固定介质式　　D. 云母电容器
103. BA008　符号-⌷|-表示的是(　　)。
A. 可变电容　　B. 电解电容　　C. 普通电容　　D. 瓷介电容
104. BA009　能够储存电能的元件是(　　)。
A. 电阻器　　B. 电容器　　C. 电感　　D. 变压器
105. BA009　电容器的工作电压是指电容器能够安全可靠工作的(　　)电压。
A. 最低　　B. 平均　　C. 最高　　D. 瞬间
106. BA010　在纯电感交流电路中,电感对电流的阻碍作用称为(　　)。
A. 电阻　　B. 阻抗　　C. 容抗　　D. 感抗
107. BA010　电感的单位是(　　),用字母 H 表示。
A. 法拉　　B. 欧姆　　C. 亨利　　D. 伏特
108. BA011　变压器初、次级绕组电压之比与变压器初级、次级绕组匝数之比(　　)。
A. 不相等　　B. 相等　　C. 成反比　　D. 无关
109. BA011　在电子设备中,利用变压器进行阻抗变换,以便在负载上获得最大功率的方法,称为(　　)匹配。
A. 容抗　　B. 感抗　　C. 阻抗　　D. 功率
110. BB001　SJ-6000 型试井车主要由装载车主体、(　　)、绞车组成。
A. 动力选择箱、防振传动轴　　B. 防振传动轴
C. 排丝器　　D. 重量指示器
111. BB001　如果机械压力计记录笔尖高度不合适,会造成卡片(　　)。
A. 划痕太轻或太重　　B. 起落点落基线以下
C. 双基线　　D. 起落点落基线以上
112. BB002　按表所测量的(　　)的不同,仪表可分为化工、电子、机械测量仪表。
A. 工作场合　　B. 物理量　　C. 组合方式　　D. 能源分类
113. BB002　按(　　)分类,仪表可分为基地式仪表和单元组合仪表。
A. 组合方式　　B. 物理量　　C. 工作场合　　D. 能源
114. BB003　按测量误差的(　　),误差可分为绝对误差和相对误差。
A. 原因　　B. 范围　　C. 性质　　D. 系统
115. BB003　反应测量结果离散程度的误差是(　　)误差。
A. 迟滞　　B. 随机　　C. 偶然　　D. 系统
116. BB004　仪表的精度反映测量仪表在其标尺范围内各点读数的(　　)大小程度。
A. 相对误差　　B. 绝对误差　　C. 系统误差　　D. 随机误差
117. BB004　能引起仪表示值发生变化的被测参数的最小变化量称为(　　)。
A. 灵敏度　　B. 稳定度　　C. 线性度　　D. 灵敏限
118. BB005　ZJY-1 型液面自动监测仪现场测试时,套压应不大于(　　)。
A. 5MPa　　B. 6MPa　　C. 8MPa　　D. 10MPa

119. BB005　液面自动监测仪外接电源电压为(　　),因此测试时要防止电缆断线而发生触电。

A. 36V　　B. 60V　　C. 250V　　D. 220V

120. BB006　电潜泵井压力测试过程中,当测压连接器接近测压阀时,应(　　)坐入测压阀。

A. 快速　　B. 加速　　C. 慢慢　　D. 全部

121. BB006　为保证测试合格率,电潜泵井和水力活塞泵井测压均应重复测试(　　)。

A. 2 次　　B. 3 次　　C. 4 次　　D. 20 次

122. BB007　使用注脂密封装置时,注脂压力一般应比井口压力高(　　),以井口上方不漏为准。

A. 10%~20%　　B. 15%~20%　　C. 20%~30%　　D. 5%~50%

123. BB007　测井选用天、地滑轮时,其直径与电缆直径比值约为(　　)。

A. 45∶1　　B. 50∶1　　C. 60∶1　　D. 100∶1

124. BB008　使用兆欧表测量低压电气设备的绝缘电阻时,一般可选用(　　)挡。

A. 0~200MΩ　　B. 0~300MΩ　　C. 0~400MΩ　　D. 0~500MΩ

125. BB008　选择兆欧表量程的原则:所选量程不宜过多地超出被测电气设备的绝缘电阻值,以免产生(　　)。

A. 损坏　　B. 短路　　C. 较大误差　　D. 断路

126. BB009　常规电缆液压绞车起下速度应控制在(　　)以内。

A. 5000km/h　　B. 4000km/h　　C. 3000m/h　　D. 2500m/h

127. BB009　试井液压绞车正常测试起下速度应控制在(　　)以内。

A. 120m/min　　B. 150m/min　　C. 180m/min　　D. 200m/min

128. BB010　偏心配水管柱测试遇卡时,应及时对防喷管进行加绷绳或安装(　　)操作。

A. 防跳槽装置　　B. 防喷器　　C. 天滑轮　　D. 地滑轮

129. BC001　井下取样器是采集(　　)井底液体样品的专用仪器。

A. 水井　　B. 油井　　C. 气井　　D. 油水井

130. BC001　井下取样器的种类很多,但结构大体相同,主要是(　　)有所区别。

A. 控制阀　　B. 钟控上　　C. 直径上　　D. 长度上

131. BC002　下列选项中,不属于 SQ_3 型井下取样器的组件是(　　)。

A. 取样器、控制套　　B. 上下阀及阀座　　C. 导杆、钟机　　D. 扶正器

132. BC002　SQ_3 型井下取样器的最高工作压力是(　　)。

A. 20MPa　　B. 40MPa　　C. 60MPa　　D. 70MPa

133. BC003　压差式井下取样器下到目的层(某一球座)以后,停留(　　)后才能将取样器上提离开球座。

A. 2~3min　　B. 4~5min　　C. 5~8min　　D. 5~10min

134. BC003　压差式井下取样器主要用于在下有空心或固定配注管柱的(　　)中取得井底水样。

A. 自喷井　　B. 注气井　　C. 注水井　　D. 油井

135. BC004　分层取样器取样方式为(　　)。

A. 上提式或压开式　　B. 提挂抽吸式　　C. 压差式　　D. 刮壁式

136. BC004　分层取样器一般和(　　)井下压力计配套使用。
A. CY613 型　　B. JY72-1 型　　C. CY641 型　　D. SY4 型

137. BC005　BCY-312 型泵下取样器的工作压力为(　　)。
A. 12MPa　　B. 10MPa　　C. 8MPa　　D. 6MPa

138. BC005　BCY-321 型泵下取样器的储样管内径为(　　)。
A. 20mm　　B. 24mm　　C. 28mm　　D. 30mm

139. BC006　由于 DQJ-1 取样器的样室内为常压(大气压力),在吸入压力作用下(　　)打开,地层流体进入取样室。
A. 取样阀　　B. 单流阀　　C. 下部阀　　D. 上部阀

140. BC006　DQJ-1 型泵顶取样器工作压力是(　　)。
A. 18MPa　　B. 20MPa　　C. 22MPa　　D. 25MPa

141. BC007　高压物性取样时,至少用(　　)取样器分别下井取样,以便对比分析。
A. 2 支　　B. 3 支　　C. 4 支　　D. 10 支

142. BC007　检查取样器取得的高压样品是否有漏失时,可用手挤压看是否能打开,并把取样器放入(　　)中看是否漏气。
A. 手　　B. 空气　　C. 水　　D. 仪器箱

143. BC008　金时-3 型测试诊断仪采用(　　)工业单片机作为控制主机。
A. 45 型　　B. 48 型　　C. 51 型　　D. 56 型

144. BC008　金时-3 型测试诊断仪配备了(　　)液晶显示器。
A. 160×110　　B. 160×120　　C. 160×128　　D. 160×130

145. BC009　金时-3 型测试诊断仪载荷测量最大为 150kN,误差不大于(　　)。
A. 1%　　B. 2%　　C. 3%　　D. 4%

146. BC009　金时-3 型诊断仪可测试最大电动机电流为(　　)。
A. 120A　　B. 150A　　C. 170A　　D. 200A

147. BC010　下列不属于金时-3 型测试诊断仪所具备的测试功能的是(　　)。
A. 测示功图、电流、电压　　B. 测功率、冲程、冲次
C. 测扭矩　　D. 测阀漏失及憋压

148. BC010　金时-3 型测试诊断仪可存储(　　)的载荷、位移、电流、电压、功率、液面等全套数据。
A. 20 口井　　B. 25 口井　　C. 30 口井　　D. 32 口井

149. BC011　SHD-3 型计算机综合测试仪组成中不包括(　　)。
A. 主机　　B. 传感器　　C. 减程轮　　D. 软件

150. BC011　SHD-3 型计算机综合测试仪采用两种数据存储方法,一种是磁盘存储,另一种是(　　)存储。
A. 内存　　B. 模块　　C. 回放　　D. 转移至计算机

151. BC012　SHD-3 型计算机综合测试仪主机可将各类传感器测量信号经(　　)转换为计算机可以识别的数字量,并将数据存储在磁盘上。
A. 内存程序　　B. A/D　　C. 主机　　D. 转换装置

152. BC012　SHD-3 型计算机综合测试仪主机可根据不同的软件功能对采集的数据进行处理,分别完成(　　)、电流图、TV 和 SV 的漏失曲线和液面的测量。

A. 诊断　　B. 功率图　　C. 扭矩图　　D. 示功图

153. BC013　SHD-3 型计算机综合测试仪可测动最大液面深度为(　　)。

A. 2000m　　B. 2300m　　C. 2500m　　D. 3000m

154. BC013　SHD-3 型计算机综合测试仪高密磁盘可存储(　　)的示功图。

A. 60 口井　　B. 80 口井　　C. 100 口井　　D. 120 口井

155. BC014　ZHCY-E 型综合测试仪进行固定、游动阀漏失测试时,应将抽油机分别停在接近上、下死点位置,由(　　)将光杆载荷位移缓慢变化信号并绘制在 LCD 屏幕上。

A. 功率传感器　　B. 载荷—位移传感器

C. 电流及电压传感器　　D. 压力传感器

156. BC014　ZHCY-E 型综合测试仪传感器不包括(　　)。

A. 功率传感器　　B. 电流及电压传感器

C. 压力传感器　　D. 产量传感器

157. BC015　ZHCY-E 型综合测试仪动液面测深范围为(　　)。

A. 0~1500m　　B. 0~2000m　　C. 0~2500m　　D. 0~3000m

158. BC015　ZHCY—E 型综合测试仪电流测量范围为(　　)。

A. 0~160A　　B. 0~180A　　C. 0~200A　　D. 0~220A

159. BC016　SW-5 无线遥测诊断仪可存储大于(　　)的全套数据。

A. 600 井次　　B. 500 井次　　C. 400 井次　　D. 300 井次

160. BC016　SW-5 无线遥测诊断仪连续开机工作时间可达(　　)。

A. 20h　　B. 16h　　C. 12h　　D. 10h

161. BC017　ZJY-3 液面自动监测仪能准确记录液面曲线并现场显示,且能用(　　)方式计算声速和初始液面深度。

A. 2 种　　B. 3 种　　C. 4 种　　D. 5 种

162. BC017　ZJY-3 液面自动监测仪自动监测功能是拍按用户自编或机内固定的(　　),自动测试套压和液面深度。

A. 时间表　　B. 数据表　　C. 工作表　　D. 日期表

163. BC018　ZJY-3 监测仪测深采用(　　)原理。

A. 压力探底　　B. 回声测深　　C. 压力测深　　D. 回声探底

164. BC018　使用 ZJY-3 型监测仪测试时,套压作用于压力传感器,压力传感器将待测的压力信号转换为(　　)。

A. 光信号　　B. 电磁信号　　C. 电信号　　D. 脉冲信号

165. BC019　ZJY-3 型监测仪测试过程中,若套压大于(　　)时,只要液面曲线波形清晰,就不需要外接气瓶,可直接利用套管内气体发声。

A. 0. 1MPa　　B. 0. 2MPa　　C. 0. 3MPa　　D. 0. 4MPa

166. BC019　下列选项中,用于连接 ZJY-3 控制仪与计算机的串行通信口的是(　　)。

A. 充电线　　B. RS500 通信电缆　　C. USB 通信电缆　　D. RS232 通信电缆

167. BC020　ZJY-3 监测仪的最大测点数是每井次 1024 测点,每测点“测试记录”包括时间、套压、(　　)、深度数据。

A. 光速　B. 温度　C. 声速　D. 油压

168. BC020　ZJY-3 监测仪的最大存储器容量是(　　)。

A. 3 井次　B. 7 井次　C. 11 井次　D. 15 井次

169. BC021　HYKJ 综合测试仪可存储(　　)的载荷、位移、冲程、冲次、动液面接箍波与液面波等全套数据。

A. 80 井次　B. 100 井次　C. 120 井次　D. 150 井次

170. BC021　HYKJ 综合测试仪面板的(　　)用于显示操作过程菜单等提示与测试结果。

A. 显示区　B. 键盘区　C. 感应区　D. 接口区

171. BC022　HYKJ 综合测试仪的井口测试器击发后,由微音器转变收集到的信号,经滤波后,送给(　　)。

A. D/A 转换器　B. A/D 转换器　C. 计算机　D. 存储器

172. BC022　HYKJ 综合测试仪在进行液面测试时,(　　)将采集到的反射波数据存在数据区内,供计算动液面深度时使用。

A. CPU　B. A/D 转换器　C. 微音器　D. 传感器

173. BC023　HYKJ 型综合测试的载荷量程是(　　)。

A. 0~30kN　B. 20~70kN　C. 20~90kN　D. 0~150kN

174. BC023　HYKJ 型综合测试的位移量程是(　　)。

A. 0~3m　B. 0~4m　C. 0~5m　D. 0~6m

175. BC024　CY612 型井下取样器的取样容积为(　　)。

A. 200mL　B. 300mL　C. 400mL　D. 500mL

176. BC024　CY612 型井下取样器的最高工作压力为(　　)。

A. 20MPa　B. 30MPa　C. 40MPa　D. 50MPa

177. BC025　当 SQ3 型井下取样器下阀及弹簧受压缩时,下阀插座(　　),其锥头伸出弹簧套。

A. 上移　B. 下移　C. 左移　D. 右移

178. BC025　SQ3 型井下取样器的最大工作压力为(　　)。

A. 50MPa　B. 60MPa　C. 70MPa　D. 80MPa

179. BC026　DQJ-1 型井下取样器的最大工作温度为(　　)。

A. 70℃　B. 120℃　C. 150℃　D. 180℃

180. BC026　DQJ-1 型井下取样器的密封压差应不小于(　　)。

A. 25MPa　B. 30MPa　C. 35MPa　D. 40MPa

181. BC027　采用双阀结构取样器的优点是(　　)。

A. 造价低廉　B. 结构简单

C. 在井下不需要冲洗时间　D. 操作简单

182. BC027　采用钟表机构控制器的优点是(　　)。

A. 造价低廉　B. 钢丝和钢丝绳均能用

C. 简单可靠　D. 操作简单

183. BC028 CPG25-003 型钟机的节拍 BEAT 是(　　)。

A. 120　　B. 180　　C. 216　　D. 300

184. BC028 CPG25 型钟机的工作圈数是(　　)。

A. 10　　B. 15　　C. 20　　D. 25

185. BC029 BCY-321 型泵下取样器的外径大小为(　　)。

A. 32mm　　B. 34mm　　C. 36mm　　D. 38mm

186. BC029 BCY-321 型泵下取样器的工作压力为(　　)。

A. 10MPa　　B. 12MPa　　C. 14MPa　　D. 16MPa

187. BC030 采用钟机控制器时,应考虑取样井(　　)的大小。

A. 深度　　B. 液体质量　　C. 液体黏度　　D. 配水器

188. BC030 下列选项中属于钟机结构组成的是(　　)。

A. 同模系统　　B. 电机　　C. 齿轮系统　　D. 锤头

189. BC031 ZJY-3 型液面自动监测仪进行进入自动监测后,要将开关打到“(　　)”。

A. 低功耗　　B. 能耗　　C. 变频　　D. 制动

190. BC031 使用 ZJY-3 型液面自动监测仪进行测试时,若液面到达井口,停止进行“(　　)”,以免油水灌入井口装置内。

A. 自动测试　　B. 手动测试　　C. 电动测试　　D. 智能测试

191. BC032 HYKJ 综合测试仪通过串行口可将测试结果传送到(　　)中。

A. 计算机　　B. 控制仪　　C. 井口连接装置　　D. 电缆

192. BC032 按井名、日期进行浏览属于 HYKJ 综合测试仪的(　　)功能。

A. 显示　　B. 通信　　C. 测试　　D. 数据文件管理

193. BC033 调整钟控式取样器时,应检查(　　)的自锁功能,如不能自锁应调整。

A. 控制套　　B. 钟机　　C. 上阀　　D. 下阀

194. BC034 拆卸综合测试仪微音器时,应用擦布清洁微音器护筒表面油污,用(　　)卸下微音器护筒。

A. 管钳　　B. 螺丝刀　　C. 钩扳手　　D. 套筒扳手

195. BC034 测试综合测试仪微音器时,应轻敲井口装置外壳,查看(　　),判断新微音器好坏。

A. 套压　　B. 液面波　　C. 温度　　D. 时间

196. BC035 如果电子压力计软件提示没有新端口,应用万用表检查通讯线各芯线通断情况,用万用表检查计算机端口(　　)直流电压是否正常。

A. 5V　　B. 6V　　C. 8V　　D. 10V

197. BC035 检查电子压力计电池时,应连接通信线与计算机并选择通信口,打开软件选择通信端口,选择新端口后,如无法通信应拔掉通信线,用扳手拆卸(　　)。

A. 压力计电路板　　B. 压力计电池　　C. 压力计接头　　D. 压力计外壳

198. BC036 检查示功仪显示屏时,应检查显示屏及显示屏(　　)是否有短路、断路、虚接,如有应更换。

A. 螺钉　　B. 排线　　C. 屏幕　　D. 主板

199. BC036 检查示功仪主机主板及元器件时,若发现(　　)工作不正常,应更换主板。
A. DPS　B. DKB　C. AMD　D. CPU
200. BD001 注水井分层调配前要求注水波动不大于(　　)。
A. 5%　B. 10%　C. 15%　D. 20%
201. BD001 注水井流量计的采样速率为每个点(　　)。
A. 2~3s　B. 2~4s　C. 2~5s　D. 2~6s
202. BD002 采气井上的阀门开时遵守必须(　　)。
A. 从内到外　B. 从外到内　C. 任意　D. 从下到上
203. BD002 正常生产气井多采用(　　)。
A. 套管生产　B. 油管生产　C. 油套管合产　D. 裸眼生产
204. BD003 选择不稳定试井方式时,根据井类的不同,采油(气)井优先选择(　　),注水井优先选择关井测落差。
A. 关井测恢复　B. 关井测落差　C. 干扰试井　D. 脉冲试井
205. BD003 注水井测试要求测前五天内日注量波动不超过平均量的(　　)。
A. ±1%　B. ±2%　C. ±5%　D. ±10%
206. BD004 偏心抽油机井测压使用的压力计量程宜为测试井最高压力的(　　)。
A. 1 倍　B. 1.5 倍　C. 2 倍　D. 2.5 倍
207. BD004 偏心抽油机井测压应根据(　　)设计关井时间。
A. 施工设计书　B. 井况　C. 仪器情况　D. 井深
208. BD005 测示功图前应检查并调整抽油机的密封盒(　　)松紧度,光杆应不发热、不漏气、不带油。
A. 螺钉　B. 外壳　C. 压帽　D. 护盖
209. BD005 测示功图前应检查抽油机的(　　)是否偏斜,钢丝绳有无拔脱、断丝现象。
A. 光杆　B. 悬绳器　C. 平衡块　D. 井口
210. BD006 当液面自动监测仪主机电量不足时,应采取保养的方法是(　　)。
A. 不用充电　B. 充一点就可以　C. 及时充足电　D. 更换电池
211. BD006 液面自动监测仪测试液面前必须知道抽油井音标深度、泵挂深度、(　　)和产液量等资料。
A. 油管压力　B. 套管压力　C. 冲程　D. 工作制度
212. BD007 测电动潜油泵井泵出口压力时,仪器应下至测压阀以上(　　)处停止下放进行测试。
A. 10m　B. 30m　C. 50m　D. 100m
213. BD007 检泵测压工艺是利用抽油井将井内抽油管柱全部起出后,在(　　)内进行压力测试。
A. 套管　B. 油管　C. 油套管环形空间　D. 空间
214. BD008 试井绞车刹车带有油污时,应使用手锤轻击刹车带两端的(　　),卸下刹车带,清洁刹车带,涂抹机油进行保养。
A. 固定销钉　B. 固定螺钉　C. 螺帽　D. 钢钉

215. BD008 若试井绞车刹车杆没调整好,应调节螺帽后测试刹车(　　),未调整好应继续调节。

A. 速度　　B. 松紧　　C. 刚性　　D. 灵活性

216. BE001 电动潜油泵测压装置对电动潜油泵进行测压时,应为测压仪器提供与(　　)连通的流通。

A. 油管　　B. 工作筒　　C. 地层　　D. 测压堵塞器

217. BE001 电动潜油泵测压控制器工作筒总长为(　　)。

A. 654mm　　B. 634mm　　C. 500mm　　D. 450mm

218. BE002 电动潜油泵测压连接器具与压力计组合后再与(　　)密封接合。

A. 测压柱塞　　B. 测试控制器　　C. 测试打捞头　　D. 传压室

219. BE002 电动潜油泵测压连接器(　　)的密封性可直接影响测试资料的准确性。

A. 密封填料　　B. 螺母　　C. 压环　　D. 触头

220. BE003 抽油机井充不满和(　　)是影响泵效的因素之一。

A. 液体　　B. 固体　　C. 气体　　D. 混合物

221. BE003 抽油机泵的(　　)是影响泵效的因素之一。

A. 漏失　　B. 颜色　　C. 质量　　D. 形状

222. BE004 电动潜油泵的地面设备不包括(　　)。

A. 变压器　　B. 控制柜　　C. 井口设施　　D. 油气分离器

223. BE004 电动潜油泵的井下部分不包括(　　)。

A. 多级离心泵　　B. 变压器　　C. 油气分离器　　D. 保护器

224. BE005 抽油机抽油泵是将机械能转化为(　　)的设备。

A. 流体压能　　B. 电能　　C. 动能　　D. 热能

225. BE005 抽油杆柱带着活塞向下运动的距离称为(　　)。

A. 上冲程　　B. 冲次　　C. 冲速　　D. 下冲程

226. BE006 螺杆泵由泵壳、(　　)、轴承、轴封等组成。

A. 电动机　　B. 螺杆　　C. 抽油杆　　D. 扶正器

227. BE006 螺杆泵的配套工具部分包括专用井口、特殊光杆、抽油杆扶正器、(　　)、抽油杆防倒转装置等。

A. 井口动密封　　B. 螺杆　　C. 驱动电动机　　D. 油管扶正器

228. BE007 KGLB500-14 为空心转子螺杆泵的一种型号,其中 500 代表(　　)。

A. 每转理论排量　　B. 转子与定子头数比

C. 泵的总级数　　D. 改进特征代号

229. BE007 随着定子、转子间过盈量的增加,螺杆泵定子、转子间的(　　)将增大。

A. 温度　　B. 摩擦扭矩　　C. 排量　　D. 动能

230. BE008 电动潜油泵可利用(　　)的作用将油举升到地面。

A. 向心力　　B. 离心力　　C. 重力　　D. 摩擦力

231. BE008 电动潜油泵电动机里的转子可将电磁能转化为(　　)。

A. 电能　　B. 光能　　C. 机械能　　D. 热能

232. BE009　电动潜油泵井欠载整定电流是工作电流的(　　)。

A. 60%　　B. 70%　　C. 80%　　D. 90%

233. BE009　变频器是电动潜油泵系统的一种新型控制设备,输出频率可在(　　)连续变化。

A. 10~70Hz　　B. 30~90Hz　　C. 30~120Hz　　D. 40~120Hz

234. BE010　从流量计校对曲线查得某分层注水井偏Ⅲ水量为 $30m^3/d$,偏Ⅱ水量为 $75m^3/d$,偏Ⅰ水量为 $120m^3/d$,该井实际注水量为 $138m^3/d$,则该井水量校正系数为(　　)。

A. 1.25　　B. 1.15　　C. 1.10　　D. 1.0

235. BE010　从流量计校对曲线查得某分层注水井偏Ⅲ水量为 $30m^3/d$,偏Ⅱ水量为 $75m^3/d$,偏Ⅰ水量为 $120m^3/d$,该井实际注水量为 $138m^3/d$,则该井偏Ⅲ实际吸水量为(　　)。

A. $30m^3/d$　　B. $34.5m^3/d$　　C. $75m^3/d$　　D. $120m^3/d$

236. BE011　分层注水井选取水嘴时,其嘴损压差应(　　)封隔器工作压力,保证封隔器密封。

A. 等于　　B. 小于　　C. 大于　　D. 低于

237. BE011　分层注水井选取水嘴时,要依据层段配注合格水量的(　　)来选水嘴。

A. 下限　　B. 压力　　C. 上限　　D. 中限

238. BE012　注水井的分层定时注水是通过(　　)来实现的。

A. 配水嘴　　B. 封隔器　　C. 筛管　　D. 堵塞器

239. BE012　分层注水过程中,可通过(　　)简单计算出要完成目标配注量所需水嘴直径。

A. 温度曲线　　B. 嘴损曲线　　C. 投捞器　　D. 压力曲线

240. BF001　在流压梯度的计算公式 $G=\dfrac{p_2-p_1}{H_2-H_1}$ 中,p_1 和 p_2 表示(　　)。

A. 两个台阶的压力　B. 两个台阶的梯度　C. 两个台阶的高度　D. 两个台阶的深度

241. BF001　压力梯度一般是指每百米深度增加多少(　　)。

A. 压力　　B. 压差　　C. 温度　　D. 气量

242. BF002　油层中部深度为 2160m,仪器下入深度为 1800m 时,压力为 14.90MPa,深度为 1900m 时,压力为 15.55MPa,则该井的油层中部压力是(　　)。

A. 18.5MPa　　B. 18.1MPa　　C. 17.45MPa　　D. 10MPa

243. BF002　油层中部深度为 550m,仪器下入深度为 300m 时,压力为 3MPa,深度为 400m 时,压力为 4MPa,则该井的油层中部压力是(　　)。

A. 4MPa　　B. 4.5MPa　　C. 5MPa　　D. 5.5MPa

244. BF003　压力恢复曲线尾部冒尖形成原因是(　　)。

A. 时钟未走完就停　　B. 传压系统有油污

C. 测压过程中井口忽然漏气　　D. 卡纸筒变形

245. BF003　测压过程中开井后又关井,压力恢复曲线(　　)。

A. 不圆滑,呈台阶形并冒尖　　B. 有凹形

C. 间断、不连续　　D. 下降

246. BF004 电动潜油泵井测压力记录曲线时,测试仪器应下入距测压阀(　　)处进行停点测压。
A. 8m　B. 10m　C. 12m　D. 15m

247. BF004 水力活塞泵井压力记录曲线测试过程中,测压器在油管内从井口下放到泵顶处所测得的压力为(　　)。
A. 动力液井口压力　B. 泵吸入压力　C. 动力液压力　D. 地层压力

248. BF005 注水井指示曲线平行上移,说明(　　)。
A. 吸水能力增强,吸水指数变小　B. 吸水能力下降,吸水指数变小
C. 地层压力下降,吸水指数未变　D. 地层压力升高,吸水指数未变

249. BF005 注水井指示曲线左移,斜率变大,说明(　　)。
A. 吸水能力增强,吸水指数变小　B. 吸水能力下降,吸水指数变小
C. 地层压力下降,吸水指数未变　D. 地层压力升高,吸水指数未变

250. BF006 现场实际测得的井底压力恢复曲线一般分三段,第一段称为(　　)。
A. 边界影响段　B. 径向流段　C. 续流段　D. 恒流段

251. BF006 由于关井后井筒中油气分布状态发生改变而造成的压力恢复曲线是(　　)型压力恢复曲线。
A. 直线　B. 续流—直线　C. 驼峰　D. 曲线

252. BF007 只有在地层条件比较好的井内及井底有封隔器的井上测得的压力恢复曲线是(　　)型压力恢复曲线。
A. 驼峰　B. 直线　C. 续流—直线　D. 边界干扰

253. BF007 压力恢复曲线测试中,地层内油流流入井筒使井底压力恢复滞后,这个续流过程的长短直接影响(　　)的出现。
A. 直线段　B. 驼峰　C. 曲线　D. 干扰波

254. BF008 每张示功图上必须填写(　　)、井口压力、力比、减程比、仪器号及示功图测试顺序号。
A. 测试人、井号　B. 测试人、日期　C. 井号、测试日期　D. 测试人、油套压力

255. BF008 每张示功图应绘有上、下理论(　　)。
A. 力比　B. 冲刺　C. 负荷线　D. 冲程

256. BF009 下列选项中关于动液面测试说法正确的是(　　)。
A. 动液面较浅的井(约 500m)应有 1 次液面波的反射记录
B. 液面较深井的液面波形大于 5mm 以上
C. 接箍波形能分辨,至少有 5 个接箍波以上
D. 对测不出液面波的曲线的井测一条即可

257. BF009 每条液面记录曲线上必须标注的有(　　)。
A. 井号、仪器号、测试人及测试日期　B. 井号、仪器号、测试时间及测试日期
C. 井号、仪器号、油套压及测试日期　D. 井号、仪器号、测试类型及测试日期

258. BF010 下列选项中属于造成液面曲线上音标重复反射的原因是(　　)。
A. 回音标离井口过近　B. 回音标离井口过远
C. 仪器性能不稳　D. 灵敏度调节不当

259. BF010　动液面曲线干扰波形成的原因是(　　)。
　A. 灵敏度调节不当　　B. 油层供液能力强
　C. 井筒不干净及蜡堵　　D. 回音标离井口过近

260. BF011　在抽油杆断脱位置计算公式 $h=\frac{l'L}{l}$ 中,h 表示(　　)。
　A. 抽油杆断脱位置至井底距离　　B. 动液面深度
　C. 井底深度　　D. 抽油杆断脱位置至井口距离

261. BF011　在抽油杆断脱位置计算公式 $h=\frac{l'L}{l}$ 中,L 表示(　　)。
　A. 动液面深度　　B. 全井深度　　C. 抽油杆柱长度　　D. 抽油杆断裂长度

262. BF012　抽油机在下死点处的悬点静载荷为(　　)。
　A. 抽油杆柱在液体中的重量　　B. 抽油杆柱在空气中的重量
　C. 泵柱塞以上液柱的重量　　D. 泵筒内液体的重量

263. BF012　抽油泵在吸入过程中,游动阀处于关闭状态,固定阀处于(　　)状态。
　A. 锁死　　B. 失控　　C. 关闭　　D. 打开

264. BF013　抽油机下冲程的前半冲程有一个由大变小的向上作用的惯性载荷,使悬点载荷(　　)。
　A. 都不对　　B. 不变　　C. 变大　　D. 变小

265. BF013　抽油机下冲程的后半冲程悬点载荷增加,造成总载荷由等于杆柱重量到(　　)杆柱重量。
　A. 都不对　　B. 大于　　C. 小于　　D. 等于

266. BF014　在抽油泵的理论排量计算公式 $Q_{理}=KSN$ 中,S 表示(　　)。
　A. 泵的理论排量　　B. 冲程　　C. 冲次　　D. 液柱体积

267. BF014　在抽油泵的理论排量计算公式 $Q_{理}=KSN$ 中,K 表示(　　)。
　A. 系数　　B. 泵的理论排量　　C. 泵的排量系数　　D. 冲程

268. BF015　某井泵的理论排量为 40.8m^3/d,实际产量为 33.6m^3/d,则该井泵效为(　　)。
　A. 1.20　　B. 1.21　　C. 0.80　　D. 0.82

269. BF015　泵的充满系数与泵内(　　)和泵结构有关。
　A. 气液比　　B. 气油比　　C. 油水比　　D. 气水比

270. BF016　分析示功图时,应对(　　)进行全面了解。
　A. 油井生产情况　　B. 抽油机工作情况　　C. 抽油机工作时间　　D. 动液面、泵效

271. BF016　测功图分析中,如果(　　)有故障,会对所测功图分析会得出错误的结论。
　A. 回声仪　　B. 动力仪　　C. 井口微音器　　D. 电流传感器

272. BF017　抽油井诊断技术以抽油杆为导线,导线下端(　　)作为信号发生器,其上端为接收器。
　A. 深井泵　　B. 光杆　　C. 油管　　D. 柱塞

273. BF017　抽油井诊断技术可根据由深井泵所产生的脉冲或力的变化,以(　　)的形式沿抽油杆传递上来,将有关井下状况的信息连续不断地传送到光杆上的传感器。
　A. 电信号　　B. 应力波　　C. 脉冲信号　　D. 数据信号

274. BF018 抽油井油管结蜡严重,油管被堵死时,(　　)直上直下,图形肥胖。
A. 增载线和卸载线 B. 增载线 C. 卸载线 D. 载荷线
275. BF018 油井结蜡严重时,油管被堵,还造成(　　)等问题。
A. 抽油杆柱断脱 B. 油管不出油
C. 蜡卡、油管不出油 D. 油管不出油、抽油杆柱断脱
276. BF019 稠油黏度大,上、下载荷线波动不大,示功图四周比较圆滑,容易区别于(　　)的示功图。
A. 油井出砂 B. 油管漏失 C. 油管结蜡 D. 抽油杆断脱
277. BF020 油井出砂时,细小的砂粒将随着油流进入泵筒内,造成活塞在泵筒内产生附加阻力,上冲程悬点载荷受附加阻力的影响急剧变化,载荷线呈不规则的(　　),超过最大理论载荷线。
A. 曲线 B. 斜线 C. 波浪线 D. 锯齿状尖锋
278. BF020 油井出砂时,下冲程的悬点载荷又不能降低到(　　)理论载荷。
A. 理想 B. 最大 C. 恒定 D. 最小
279. BF021 由于泵筒的余隙内存在一定数量的气体,上冲程开始活塞上行程,泵内压力因气体膨胀而不能很快降低,使得固定阀打开滞后,因此,增载过程(　　)。
A. 加快 B. 不变 C. 提前 D. 变慢
280. BF021 受气体影响的示功图的形状常常发生变化,测这类井示功图时,要测 1 个(　　)的示功图。
A. 封闭 B. 月 C. 周期 D. 星期
281. BF022 当游动阀和固定阀同时漏失时,下冲程中,主要是受(　　)漏失的影响。
A. 放空阀 B. 止回阀 C. 游动阀 D. 固定阀
282. BF023 绘制理论示功图,不需要考虑的载荷是(　　)。
A. 抽油杆在液体中的重力 B. 液柱载荷
C. 光杆承受的静载荷 D. 惯性载荷
283. BF023 理论条件下,抽油泵活塞下行时悬点载荷为(　　)。
A. 抽油杆的重力 B. 抽油杆在液体中的重力
C. 管柱内液体的重力 D. 振动载荷
284. BF024 根据实测示功图,可分析判断出(　　)工作状况的一般问题。
A. 抽油机 B. 抽油泵 C. 井下油管 D. 封隔器
285. BF024 抽油机不出液量可通过(　　)分析原因。
A. 井口油压 B. 示功图 C. 液面曲线 D. 井口回压
286. BF025 排出部分漏失的示功图是由(　　)装配不合格或磨损,衬套和泵间隙过大而引起的。
A. 游动阀 B. 固定阀 C. 固定阀和游动阀 D. 衬套
287. BF025 当排出部分漏失严重时,活塞上行速度始终小于漏失速度,(　　)始终是关闭的,泵的排量等于零。
A. 游动阀 B. 固定阀 C. 固定阀和游动阀 D. 活塞

288. BF026　抽油泵工作正常时,测得示功图近似(　　)。
A. 长方形　B. 正方形　C. 平行四边形　D. 梯形

289. BF026　在抽汲过程中,液体不能及时充满泵的工作筒的示功图属于(　　)。
A. 供液不足　B. 蜡影响　C. 液面低　D. 砂影响

290. BF027　一般情况下,稳定试井在最后一个工作制度测试结束后,均需要(　　)。
A. 做油、气、水全井分析　B. 关井测静压
C. 高压物性取样　D. 探砂面、捞砂样

291. BF027　稳定试井过程中,要取全取准(　　)工作制度下生产稳定后的 6 项资料。
A. 1~2 个　B. 2~3 个　C. 3~4 个　D. 4~5 个

292. BF028　控制好注水压力,用(　　)测指示曲线,要求测 3 个压力点的分层水量。
A. 升压法　B. 降压法　C. 递进法　D. 调整法

293. BF028　指示曲线测试过程中保持注水压力稳定,装卸仪器时,不允许(　　)。
A. 开井　B. 关井　C. 保持压力稳定　D. 测试温度

294. BF029　理论示功图中,S 代表(　　)。
A. 光杆冲程　B. 活塞冲程　C. 液柱载荷　D. 静载荷

295. BF029　理论示功图中,S_P 代表(　　)。
A. 光杆冲程　B. 活塞冲程　C. 液柱载荷　D. 静载荷

296. BG001　关于综合测试仪电源不足时的处理措施,下列叙述正确的是(　　)。
A. 充电 10h 以上或更换电池　B. 更换开关
C. 焊接线路　D. 更新开机

297. BG001　测量综合测试仪电源线路不通的排除方法为(　　)。
A. 更换电池　B. 更换开关
C. 检查线路、焊接断点　D. 电池充电

298. BG002　综合测试仪使用时,若中途出现死机现象,(　　)是其产生的原因。
A. 操作不当或开关接触不好　B. 电源不足
C. 导线断裂　D. 抽油机停机

299. BG002　示功图或电流出现负值的原因是(　　)。
A. 电源开关坏　B. 载荷传感器故障　C. 电源不足　D. 井口连接器漏气

300. BG003　关于综合测试仪测液面无反映的排除方法,下列叙述错误的是(　　)。
A. 重新调节灵敏度　B. 关闭套管阀门
C. 检查维修信号电缆　D. 检查维修井口连接器

301. BG003　综合测试仪测液面时,液面波基值太大的处理方法是(　　)。
A. 更换信号电缆　B. 关闭套管阀门　C. 维修井口连接器　D. 重新调节灵敏度

302. BG004　驱纸机构磨损可能造成 CJ-1 型回声仪(　　)。
A. 走纸速度不均匀　B. 电源不稳定　C. 子弹意外击发　D. 有杂波

303. BG004　调整电源使之稳定可排除回声仪(　　)故障。
A. 自激发生　B. 有干扰波　C. 子弹意外击发　D. 走纸速度不均匀

304. BG005　回声仪井口连接器的微音器内被污物堵塞可能造成(　　)。
A. 电源指示灯不亮　B. 子弹意外击发　C. 刷不出记录曲线　D. 记录笔电压不够

305. BG005　回声仪记录笔电压不够时记录笔(　　)。
　A. 出现自激现象　B. 灵敏度不高　C. 刷不出记录曲线　D. 不稳定

306. BG006　电子井下压力计在测试中电池接触不良会导致(　　)。
　A. 仪器短路　B. 测得压力值有偏差
　C. 测得温度出现偏差　D. 仪器停止采点

307. BG006　电子井下压力计在测试压力传感器的桥路有问题会造成(　　)。
　A. 与计算机不能通信　B. 测得压力值有偏差
　C. 测得温度值有偏差　D. 校对表出现偏差

308. BG007　电子井下压力计测试中,(　　)将导致测得的温度值不正常。
　A. 通信电缆有问题　B. 压力传感器的桥路有问题
　C. 相关电容有问题　D. 压力信号通道的放大器工作不正常

309. BG007　电子井下压力计测试中,(　　)将造成仪器性能不稳定。
　A. 电池电压低　B. 压力传感器的桥路有问题
　C. 晶振损坏　D. 元器件老化严重

310. BG008　使用试井绞车液压系统前发现油箱内油面过低,则需要(　　)。
　A. 添加同型号液压油　B. 添加任意液压油
　C. 添加高温液压油　D. 添加低温液压油

311. BG008　试井绞车液压系统油箱透气孔堵塞造成油泵吸空,会导致绞车(　　)。
　A. 噪声、压力异常　B. 振动　C. 液压油流量太小　D. 压力不足

312. BG009　试井车行驶过程中发现排丝机构传来撞击声,原因可能是(　　)。
　A. 导向滑块没有回位　B. 绞车刹车没有刹死
　C. 计数器没归零　D. 钢丝断裂

313. BG009　施工结束后,车辆行车前,司机应(　　)。
　A. 检查滚筒外观　B. 脱开绞车取力器　C. 检查绞车刹车　D. 将计深装置归零

314. BG010　仪器在使用过程中应(　　)、平稳操作。
　A. 保持最低电量　B. 持续充电　C. 轻拿轻放　D. 用力晃动

315. BG010　多数电子压力计软件是根据标定系数的文件名来寻找标定系数的,当文件名与标定系数不配套时,回放出来的数据(　　)。
　A. 基本没影响　B. 会发生混乱　C. 数值比例增大　D. 数值比例减小

二、多项选择题(每题有4个选项,至少有2个是正确的,将正确的选项填入括号内)

1. AA001　油田开发方式分为(　　)驱油。
　A. 依靠气顶、溶解气　B. 依靠天然能量
　C. 依靠边水、底水　D. 依靠人工补给能量

2. AA002　在油田正式投入开发以后,(　　)是油(气)层能量的主要来源。
　A. 注水　B. 边水　C. 注气　D. 弹力

3. AA003　注入水由于水源不同,水处理的方法也不同,常用的水处理方法有(　　)。
　A. 沉淀　B. 过滤　C. 脱氧　D. 暴晒

4. AA004　行列式内部切割注水方式主要适用于(　　)的大油田。
　A. 油层分布稳定　B. 边缘渗透性差　C. 连通性好　D. 形态规则

5. AA005　下列选项中,属于油田开发“四清”内容的是(　　)。
A. 分层压力清　B. 分层产量清　C. 分层管理改造清　D. 分层注水量清

6. AA006　油层的渗透性是决定油层(　　)的主要因素。
A. 吸水能力　B. 砂岩厚度　C. 启动压力　D. 压力平衡

7. AA007　在一个较厚的油层内,只可能产生(　　)矛盾。
A. 层间　B. 平面　C. 层内　D. 层中

8. AA008　下列关于油井见水预兆的说法正确的是(　　)。
A. 测气带雾状及水珠　B. 清蜡(试井)钢丝发黑
C. 结蜡下移,清蜡变困难　D. 产量下降

9. AA009　水淹厚度系数与(　　)有关。
A. 见水层面积　B. 控制层面积　C. 见水层厚度　D. 见水层有效厚度

10. AA010　随着油层含水饱和度的增加,(　　)。
A. 油井采油指数增加　B. 油井采油指数减小
C. 注水井吸水指数增加　D. 注水井吸水指数减小

11. AA011　压裂所用的支撑剂按其力学性质可分为(　　)。
A. 方形支撑剂　B. 脆性支撑剂　C. 韧性支撑剂　D. 圆形支撑剂

12. AB001　判断地层裂缝方向的方法有(　　)。
A. 声波测定　B. 磁定位测定　C. 地电测定　D. 水动力学试井

13. AB002　常用压裂液按配制材料的化学性质可分为(　　)。
A. 水基压裂液　B. 油基压裂液　C. 胶质压裂液　D. 乳化压裂液

14. AB003　支撑剂物理性能对裂缝导流能力影响比较敏感的主要是(　　)。
A. 强度　B. 球度　C. 圆度　D. 粒径

15. AB004　裂缝导流能力的大小与储层岩石强度、(　　)、盐水环境、非达西流动条件、承压时间以及压裂液对支撑剂层的伤害等因素有关。
A. 化学性质　B. 硬化物　C. 温度　D. 流体性质

16. AB005　对于压裂井,压后评估所使用的基本手段为(　　)。
A. 压后不稳定试井分析　B. 压后稳定试井分析
C. 压裂后生产数据分析　D. 油藏模拟的生产历史拟合分析

17. AB006　酸化是油气井增产、水井增注的主要手段之一,可以通过(　　)实现增产增注。
A. 解除生产井和注水井井底附近的污染　B. 清除孔隙或裂缝中的堵塞物质
C. 降低地层中流体的渗流阻力　D. 疏通地层原有孔隙或裂缝

18. AB007　从施工工艺来分,化学堵水可分为(　　)。
A. 单液法　B. 双液法　C. 高压法　D. 低压法

19. AB008　油田堵水、调剖作业中的表面活性剂段塞可以是(　　)。
A. 高浓度的胶束溶液　B. 高浓度的微乳
C. 高浓度的表面活性剂水溶液　D. 低浓度的表面活性剂水溶液

20. AC001　计量保证是法制计量中用于保证测量结果可信性的(　　)和必要的活动。
A. 所有法规　B. 法律法规　C. 技术手段　D. 政策手段

21. AC002　计量检定应遵循的原则是(　　)。
A. 统一标准　　B. 经济合理
C. 就地就近　　D. 严格执行计量检定规程
22. AC003　根据误差的特征,测量误差可分(　　)类。
A. 随机误差　　B. 系统误差　　C. 粗大误差　　D. 综合误差
23. AC004　下列选项中属于 SI 导出单位的是(　　)。
A. 频率　　B. 压力　　C. 功　　D. 电阻
24. AC005　(　　)统称为器具误差。
A. 标准器误差　　B. 仪表误差　　C. 附件误差　　D. 环境误差
25. AC006　环境误差主要是由(　　)误差组成的。
A. 干扰　　B. 附加　　C. 温度　　D. 基本
26. AC007　人员误差主要是测量人员生理上的最小分辨力、感觉器官的生理变化、(　　)引起的误差。
A. 反映速度　　B. 观察方向　　C. 固有习惯　　D. 视觉角度
27. AD001　电感有(　　)的功能。
A. 通直流　　B. 阻交流　　C. 电压放大　　D. 电流放大
28. AD002　两只灯泡串联在电路中,其中一只亮,另一只不亮,这原因可能是两灯相比,(　　)。
A. 不亮的灯泡灯丝断了或接触不良　　B. 不亮灯泡的电阻太小
C. 不亮的灯泡其电阻太大　　D. 通过不亮灯泡的电流较小
29. AD003　试电笔由氖管、(　　)和笔身组成。
A. 电感　　B. 电容　　C. 弹簧　　D. 电阻
30. AD004　计算机运算器主要功能是对二进制数码进行(　　)等算术运算和基本逻辑运算。
A. 加、减　　B. 求和　　C. 乘、除　　D. 开方
31. AD005　下列属于计算机输入设备的是(　　)。
A. 键盘　　B. 鼠标器　　C. 扫描仪　　D. 显示器
32. AD006　计算机“热启动”是指同时按(　　)进行启动。
A. Ctrl 键　　B. Shift 键　　C. Alt 键　　D. Del 键
33. AD007　非击打式打印机有激光打印机(　　)等。
A. 链式打印机　　B. 喷墨打印机　　C. 点阵打印机　　D. 静电打印机
34. AD008　计算机网络的分类标准多种多样,按网络的覆盖面积可分为(　　)。
A. 局域网　　B. 城域网　　C. 企业网　　D. 广域网
35. AD009　病毒按传染对象可以划分为(　　)。
A. 引导型病毒　　B. 文件型病毒　　C. 网络型病毒　　D. 复合型病毒
36. AD010　打开 Word“查找和替换”对话框的快捷键有(　　)。
A. Ctrl+F　　B. Ctrl+H　　C. Ctrl+G　　D. Ctrl+A
37. AD011　在 Excel 中,插入一个工作表的方法有(　　)。
A. 选择【插入】|【工作表】命令　　B. Shift+F11
C. Alt+Shift+F11　　D. Ctrl+Shift+F1

38. AD012　选择零件的一组视图应达到(　　)目的。

A. 图形清晰　B. 零件结构完整　C. 画图简便　D. 读图方便

39. AD013　尺寸分析首先测绘出零件各方向主要尺寸基准,结合画图,分清(　　)。

A. 尺寸　B. 主要尺寸　C. 次要尺寸　D. 一般尺寸

40. AD014　布置视图要根据各视图的轮廓尺寸,确定各视图位置的(　　)。

A. 基线　B. 中心线　C. 轴线　D. 轴心

41. AE001　操作液压绞车前应进行检查的项目包括(　　)等。

A. 液压油箱　B. 绞车面板　C. 液压管线密封　D. 防喷装置

42. AE002　关于在分层调配过程中仪器在工作筒内拔不出,处理做法正确的是(　　)。

A. 调换方向　B. 慢慢活动上提　C. 猛拔　D. 猛冲

43. AE003　硫化氢是一种神经毒剂,也是(　　)气体。

A. 窒息性　B. 刺激性　C. 无色　D. 密度比空气小

44. AE004　在有可能产生硫化氢等有毒有害气体的场所,必须为从业人员配备(　　)等物资装备。

A. 气体检测、报警仪器　B. 呼吸器

C. 医疗救护设备、药品　D. 通信设备

45. BA001　下列选项中不是 N 型半导体的是(　　)。

A. 纯净晶体结构的半导体　B. 掺入五价元素的本征半导体

C. 掺入三价元素的本征半导体　D. 掺入杂质的本征半导体

46. BA002　下列选项中关于半导体二极管的说法正确的是(　　)。

A. 稳定二极管的主要作用是稳定电压　B. 普通半导体二极管典型作用是整流

C. 二极管有三个极　D. 由 P 区引出的电极称阴极

47. BA003　三极管不具有(　　)作用。

A. 整流　B. 稳压　C. 滤波　D. 电流放大

48. BA004　下列选项中,不属于第一代计算机特点的是(　　)。

A. 采用电子管作开关元件　B. 用晶体管作开关元件

C. 采用了集成电路　D. 采用小规模集成电路

49. BA005　下列选项中属于电阻的是(　　)。

A. 线绕电阻器　B. 合线型电阻器　C. 二极管　D. 表面电阻器

50. BA006　下列选项中不是电阻器的标称功率单位的是(　　)。

A. W　B. A　C. V　D. Ω

51. BA007　电位器实际上是一个可滑动的可变电阻器,它经常用于电路中,但不能取得(　　)。

A. 电阻　B. 电位　C. 电压　D. 电流

52. BA008　电容器具有(　　)的特性。

A. 充电放电　B. 隔断直流　C. 通过交流　D. 瓷介电容

53. BA009　下列选项中,不能够储存电能的元件是(　　)。

A. 电阻器　B. 电容器　C. 电感　D. 变压器

54. BA010 “由一个线圈中电流的变化导致在其他线圈中产生感应电压的现象”不是(　　)的定义。

A. 自感现象　B. 互感现象　C. 压电现象　D. 光电现象

55. BA011 变压器不可用来改变交流电的(　　)。

A. 电压　B. 频率　C. 功率　D. 周期

56. BB001 使用钢丝试井车时,为了用电安全,必须使用(　　)。

A. 接地线　B. 接地棒　C. 灭火器　D. 逃生通道

57. BB002 根据仪表的工作场合不同,仪器可以分为(　　)。

A. 井下仪表　B. 地面仪表　C. 基地式仪表　D. 单元组合式仪表

58. BB003 下列选项中,属于粗大误差产生原因的是(　　)。

A. 测量环境条件的突然变化　B. 噪声干扰

C. 测量操作疏忽或失误　D. 测量方法不当或错误

59. BB004 衡量仪器仪表的主要技术指标是(　　)、响应时间。

A. 灵敏度　B. 精确度　C. 稳定度　D. 线性度

60. BB005 拆卸液面自动监测仪电源时,不应先拆(　　)。

A. 低压线　B. 火线　C. 零线　D. 高压线

61. BB006 目前应用较多的井下取样器是(　　)取样器。

A. 锤击式　B. 钟控式　C. 挂壁式　D. 差压式

62. BB007 选择安装电缆测试防喷装置的依据包括(　　)。

A. 油压　B. 套压　C. 井况　D. 井场

63. BB008 使用兆欧表测量时,兆欧表接线柱与被测设备之间的连接导线不可使用(　　)。

A. 双股绝缘线　B. 平行线　C. 绞线　D. 单股铜线

64. BB009 操作液压绞车应进行检查的项目包括(　　)。

A. 液压油箱　B. 绞车面板　C. 液压管线密封　D. 防喷装置

65. BB010 为防止偏心注水井投送堵塞器时在工作筒处遇阻,下列做法错误的是(　　)。

A. 以小于 60m/min 的速度通过　B. 以小于 70m/min 的速度通过

C. 以小于 100m/min 的速度通过　D. 以小于 150m/min 的速度通过

66. BC001 下列选项中,属于锤击式井下取样器的是(　　)。

A. CY61 型井下取样器　B. SQ3 型井下取样器

C. 612-A 型井下取样器　D. SQ-400 型井下取样器

67. BC002 下列选项中属于 SQ3 型井下取样器可应用的外形尺寸的是(　　)。

A. ϕ36mm×1900mm　B. ϕ36mm×2260mm　C. ϕ36mm×2700mm　D. ϕ36mm×3100mm

68. BC003 压差取样器主要由(　　)、下部阀、定位节流器和尾管组成。

A. 上部阀　B. 取样器　C. 中部阀　D. 底堵

69. BC004 分层取样器由(　　)等组成。

A. 短节　B. 拉杆　C. 弹簧　D. 钟机

70. BC005 BCY-321 型泵下取样器长度有(　　)。

A. 300mm　B. 600mm　C. 800mm　D. 1000mm

71. BC006　DQJ-1 型泵顶取样器由(　　)、放样总成、单流阀、取样阀总成及 T 形密封圈等部件组成。

A. 打捞头　　B. 样室　　C. 角阀　　D. O 形密封圈

72. BC007　取样器每次取样可同时测(　　)。

A. 温度　　B. 流量　　C. 流压　　D. 流速

73. BC008　金时-3 型测试诊断仪可将(　　)数据以二进制数据格式存在数据区内。

A. 电流　　B. 电压　　C. 位移　　D. 载荷

74. BC009　下列选项中,超出金时-3 型测试诊断仪可测试载荷的是(　　)。

A. 120kN　　B. 150kN　　C. 170kN　　D. 190kN

75. BC010　金时-3 型测试诊断仪具有(　　)、分析和诊断功能,数据文件管理功能、通信及显示、打印功能。

A. 绘图功能　　B. 语言功能　　C. 测试功能　　D. 远程操控功能

76. BC011　SHD-3 型综合测试仪具备(　　)的功能。

A. 地面示功图　　B. 电流图　　C. 电压图　　D. 液面曲线

77. BC012　SHD-3 型计算机综合测试仪采用了(　　)、计算机及数据存储的总体工作方案。

A. 传感器　　B. 测深方案　　C. 数据采集器　　D. 诊断分析程序

78. BC013　下列选项中,超过 SHD-3 型计算机综合测试仪最大测量载荷的是(　　)。

A. 110kN　　B. 150kN　　C. 170kN　　D. 180kN

79. BC014　ZHCY-E 型综合测试仪组成中包括(　　)。

A. 主机　　B. 传感器　　C. 井口装置　　D. 面板组件

80. BC015　下列选项中,在 ZHCY-E 型综合测试仪位移测量范围内的是(　　)。

A. 4m　　B. 6. 5m　　C. 7m　　D. 8. 5m

81. BC016　SW-5 无线遥测诊断仪具有(　　)功能。

A. 动液面深度自动计算　　B. 计算井下泵功图

C. 计算沉没度　　D. 计算理论载荷

82. BC017　ZJY-3 液面自动监测仪能够准确地全天候监测抽油机井的(　　)参数,监测数据结合油田绘解软件即可得出抽油机井的相关井况数据。

A. 液面　　B. 油压　　C. 套压　　D. 管柱结构

83. BC018　ZJY-3 监测仪的关键技术是(　　)、声反射波的放大、滤波等。

A. 自动发声　　B. 液面波搜索　　C. 自动识别　　D. 自我检测

84. BC019　ZJK-3 井口装置主要由自动气枪组件、(　　)、压力传感器组件和连接头等组成。

A. 放气系统　　B. 充气系统　　C. 微音器组件　　D. 止回阀

85. BC020　下列选项中符合 ZJY-3 监测仪测点时间间隔设置要求的是(　　)。

A. 0. 5min　　B. 50min　　C. 180min　　D. 265min

86. BC021　下列选项中属于 HYKJ 综合测试仪测试功能的是(　　)。

A. 测示功图　　B. 测冲次

C. 液面波深度自动计算　　D. 显示示功图测试结果

87. BC022　HYKJ 型综合测试仪主机电路自动判断抽油井工作周期的(　　)，计算冲次，然后采集一个完整周期的载荷与位移数据。

A. 工作频率　　B. 上死点　　C. 下死点　　D. 载荷

88. BC023　下列选项中，符合 HYKJ 型综合测试仪工作温度的是(　　)。

A. -32℃　　B. -20℃　　C. 35℃　　D. 65℃

89. BC024　CY612 型井下取样器下井前，先用控制器上的顶片与取样筒内的(　　)打开上下阀，插销进入连接器内的钢珠球处，钢珠胀出挂住下阀，这时上下阀处于张开状态。

A. 控制器　　B. 弹簧卡子组件　　C. 连杆　　D. 搅拌器

90. BC025　SQ3 型井下取样器钟机旋转时带动锥轮转动，当钟机走到预定时间时，锥轮凹槽和控制架舌头对正，控制架在拉簧作用下使舌头拉入槽中，控制架横轴离开中心位置，芯杆在上阀弹簧的作用下顶出控制座，上阀(　　)。

A. 上移　　B. 下移　　C. 打开　　D. 关闭

91. BC026　下列关于 DQJ-1 型井下取样器说法正确的是(　　)。

A. 取样阀开启力约为 50kN　　B. 取样阀开启力约为 60kN

C. 打捞头外径为 20mm　　D. 打捞头外径 21mm

92. BC027　取样筒按照结构方式可分为(　　)等类型。

A. 双阀循环　　B. 抽空后在井下充满

C. 在井下替换或抽汲　　D. 自动控制抽汲

93. BC028　节拍 BEAT 为 150 的钟机型号是(　　)。

A. CPG25-120　　B. CPG25-130　　C. CPG25-144　　D. CPG25-180

94. BC029　BCY-321 型泵下取样器的长度有两种，分别为(　　)。

A. 400mm　　B. 600mm　　C. 1200mm　　D. 1300mm

95. BC030　钟机结构同普通的钟表一样，只是在结构形式上比较特殊，由壳体、机架、擒纵机构、(　　)、输出轴(条轴)、离合器等组成。

A. 齿轮系统　　B. 发条组　　C. 绝缘磁块　　D. 锤头

96. BC031　电压为(　　)时，ZJY-3 型液面自动监测仪可以正常使用。

A. 9V　　B. 9. 4V　　C. 12. 4V　　D. 12. 7V

97. BC032　下列选项中，属于 HYKJ 综合测试仪测试功能的是(　　)。

A. 测示功图　　B. 测位移　　C. 测冲程　　D. 测冲次

98. BC033　下列选项中，钟控式取样器安装顺序正确的是(　　)。

A. 先安装绳帽再安装钟机　　B. 先安装上接头再安装上短节

C. 先安装下阀再安装上阀　　D. 先安装导锥再安装下阀

99. BC034　下列选项中，属于微音器外观检查内容的是(　　)。

A. 仪器外壳　　B. 仪器型号　　C. 仪器号　　D. 连接螺纹

100. BC035　检查电子压力计电路元件时，应检查接口芯片是否有(　　)等情况。

A. 温度高　　B. 温度低　　C. 颜色变化　　D. 烧毁

101. BC036　检查示功仪电源时，应用万用表检查电源开关通断情况，是否存在(　　)等情况，如有维修或更换。

A. 开焊　　B. 短路　　C. 温度高　　D. 断路

102. BD001 注水井分层调配前应选择( )合格的井下流量计。
A. 效验 B. 格式 C. 性能 D. 量程
103. BD002 下列选项为空气中的硫化氢浓度,其中能导致中毒的是( )。
A. $0.002g/m^2$ B. $0.01g/m^2$ C. $0.02g/m^2$ D. $0.03g/m^2$
104. BD003 注水井测压力恢复前应根据设计要求,选择效验合格、( )适当的电子压力计。
A. 精度 B. 直径 C. 量程 D. 长度
105. BD004 抽油机停机时应根据油井情况使驴头停在适当位置,比如( )、稠油井应停在下死点位置。
A. 气油比高 B. 电流高 C. 油层深 D. 结蜡严重
106. BD005 测示功图前,应检查抽油机井各部轴承有无( )现象,听运转声音是否正常。
A. 死油 B. 机油 C. 缺油 D. 渗油
107. BD006 下列选项中,不是造成液面自动监测仪开机后屏幕闪烁、按键无反应问题的原因的是( )。
A. 屏幕损坏 B. 主机电池电压不足
C. 按键损坏 D. 电路损坏
108. BD007 电动潜油泵井测压工艺是利用专门的( )使油套管环空沟通,在油管内测取环空压力的方法。
A. 测压阀 B. 连接器 C. 偏心堵塞器 D. 打捞器
109. BD008 更换试井绞车刹车带前应对新刹车带进行检查,如果有( )等情况不能使用。
A. 不光滑 B. 变色 C. 损坏 D. 变形
110. BE001 ( )组合在一起,形成了流道控制开关。
A. 电动潜油泵测压装置 B. 井下泵管
C. 测压堵塞器 D. 测压连接器
111. BE002 电动潜油泵测压连接器由上接头密封填料、( )、压环及对接件组成。
A. 弹簧 B. 触头 C. 外套 D. 螺母
112. BE003 影响泵效的因素有很多,( )的弹性伸缩都是其中之一。
A. 水泥环 B. 抽油杆柱 C. 油管柱 D. 套管柱
113. BE004 电动潜油泵由地面电源通过( )等设备将电能传送给井下潜油电动机。
A. 变压器 B. 控制柜 C. 动力电缆 D. 多级离心泵
114. BE005 抽油机抽油泵主要由泵筒( )几大部分组成。
A. 外筒 B. 吸入阀 C. 排除阀 D. 活塞
115. BE006 螺杆泵驱动装置一般分为( )。
A. 机械驱动装置 B. 液压驱动装置 C. 压力驱动装置 D. 动能驱动装置
116. BE007 螺杆泵井泵况诊断技术主要有( )。
A. 电流法 B. 憋压法 C. 测压法 D. 洗井法
117. BE008 电动潜油泵井生产时,液体通过叶轮,液体的( )增加。
A. 电能 B. 光能 C. 压能 D. 动能

118. BE009 电动潜油泵井(　　)一般为额定电流的120%。
A. 过载整定电流　B. 过载保护电流　C. 欠载保护电流　D. 欠载整定电流
119. BE010 注井从流量计校对曲线查得某分层注水井偏Ⅲ水量为 $30m^3/d$,偏Ⅱ水量为 $75m^3/d$,偏Ⅰ水量为 $120m^3/d$,该井实际注水量为 $138m^3/d$,则下列说法正确的是(　　)。
A. 该井偏Ⅱ视吸水量为 $75m^3/d$　B. 该井偏Ⅱ视吸水量为 $45m^3/d$
C. 该井偏Ⅱ实际吸水量为 $51.75m^3/d$　D. 该井实际吸水量为 $120m^3/d$
120. BE011 分层注水井选取水嘴时,要(　　)以满足差层的吸水要求。
A. 充分利用套压　B. 充分利用泵压　C. 提高泵压注水　D. 提高油压注水
121. BE012 分层注水井指示曲线是各层段(　　)的关系曲线。
A. 井口压力　B. 井口套压　C. 各层配注压力　D. 配注量
122. BF001 压力梯度值的单位是(　　)。
A. MPa/m　B. MPa/100m　C. MPa/1000m　D. MPa/10m
123. BF002 下列选项中关于计算油层中部压力公式不正确的是(　　)。
A. $p_2+[(p_2-p_1)/(H_2-H_1)](H_中-H_2)$　B. $(p_2-p_1)/(H_2-H_1)$
C. $p=Hr/10$　D. $[(p_2-p_1)/(H_2-H_1)](H_中-H_2)$
124. BF003 若卡片上有油、笔尖打滑,会造成压力恢复曲线(　　)。
A. 有凹形　B. 间断　C. 不连续　D. 尾部冒尖
125. BF004 水力活塞泵井压力记录曲线(　　)。
A. 横坐标表示时间　B. 纵坐标代表压力　C. 纵坐标表示深度　D. 横坐标表示压力
126. BF005 注水井指示曲线右移,斜率变小,说明(　　)。
A. 吸水能力增强　B. 吸水能力下降　C. 吸水指数变大　D. 地层压力上升
127. BF006 实测井底压力恢复曲线分为(　　)。
A. 断层反应　B. 径向流段　C. 续流段　D. 边界反应段
128. BF007 关于续流—直线—边界干扰波型压力恢复曲线产生的原因,下列说法正确的是(　　)。
A. 油井位于油水边界　B. 油井在封闭断层附近
C. 有不渗透边界　D. 放套管气
129. BF008 每口井所测示功图必须图形(　　),线条清楚连贯。
A. 适中　B. 清洁　C. 封闭　D. 清楚
130. BF009 对于未下回音标井,每条液面曲线的接箍波形应(　　)。
A. 清楚　B. 能分辨
C. 至少有10个接箍波　D. 至少有5个接箍波
131. BF010 测动液面曲线时,(　　)是产生自激现象的原因。
A. 抽油机工作时井口振动　B. 仪器性能不稳
C. 回音标离井口过近　D. 灵敏度调节不当
132. BF011 下列关于抽油杆断脱位置计算公式 $h=\frac{l'L}{l}$ 的说法正确的是(　　)。
A. L 的单位是 m　B. L 是抽油杆柱长度
C. h 是抽油杆柱长度　D. I 是采油树高度

133. BF012　抽油机从上死点开始下行后,液柱载荷逐渐地由活塞转移到油管上,由此引起(　　)。

A. 抽油杆柱伸长　B. 抽油杆柱缩短　C. 油管弹性伸长　D. 油管长度不变

134. BF013　下列选项关于抽油机在上冲程过程的说法正确的是(　　)。

A. 前半冲程有一个由小变大的向下作用的惯性载荷

B. 前半冲程有一个由大变小的向下作用的惯性载荷

C. 悬点载荷增加

D. 悬点载荷减小

135. BF014　在抽油泵的理论排量计算公式 $Q_{理}=KSN$ 中,关于 K 的计算公式错误的是(　　)。

A. $1400\times F$　B. $6000\times F$　C. $1445\times F$　D. $60\times F$

136. BF015　泵效是泵(　　)的比值。

A. 井口实际产量　B. 泵的理论排量　C. 井口理论产量　D. 泵的实际排量

137. BF016　在分析示功图时应了解地面及地下设备情况、近期所测得的(　　)以及电流情况。

A. 静液面　B. 动液面　C. 示功图　D. 沉没度

138. BF017　抽油机井的计算机诊断技术可利用数学诊断方法处理地面示功图和有关资料,得到抽油杆柱任一断面上的(　　)示功图。

A. 载荷　B. 位移　C. 流量　D. 压力

139. BF018　油井结蜡可造成游动阀和固定阀(　　),甚至堵塞油管的油流通道。

A. 关闭　B. 失灵　C. 漏失　D. 关闭不严

140. BF019　油稠、双漏两种示功图主要根据井口憋泵情况进行判断,如果(　　)就断定为油稠。

A. 憋泵起压较快　B. 压力下降较慢　C. 憋泵起压较慢　D. 压力下降较快

141. BF020　油井出砂时,(　　)。

A. 载荷线呈不规则的锯齿状尖锋　B. 连续测试时图形重复性差

C. 载荷线呈规则的锯齿状尖锋　D. 连续测试时图形重复性好

142. BF021　抽油泵受气体影响严重时会发生气锁,此时,油井(　　)。

A. 出气　B. 出油　C. 不出气　D. 不出油

143. BF022　游动阀漏失时,增载线的倾角比泵工作正常时小,卸载线比增载线陡;测阀漏失时(　　)。

A. SV 线向上移动　B. SV 线与 TV 线接近

C. SV 线向下移动　D. SV 线不动

144. BF023　理论条件下泵活塞上行时,应考虑悬点所受载荷有(　　)。

A. 抽油杆柱在液体中的重力　B. 抽油杆柱的重力

C. 活塞以下的液柱重力　D. 活塞以上的液柱重力

145. BF024　在应用典型示功图分析时,还应结合平时生产中的一些资料,如(　　),才可以判别原因对症下药。

A. 产量　B. 液面　C. 压力　D. 含水

146. BF025　固定阀座配合不严,阀座锥体装配不合格,阀罩内落入脏物等原因,不会造成(　　)漏失。

A. 固定阀　　B. 游动阀　　C. 排出部分　　D. 吸入部分

147. BF026　抽油杆断脱时的示功图不会呈(　　)。

A. 长方形　　B. 正方形　　C. 平行四边形　　D. 水平条带状

148. BF027　对于低产气井,可以通过(　　)等改造措施提高单井产量,提高产气能力。

A. 洗井　　B. 酸化　　C. 压裂　　D. 细分

149. BF028　下列选项中,属于测试指示曲线注意事项的是(　　)。

A. 保持注水压力稳定　　B. 改变压力值重复下井操作

C. 关井拆卸仪器　　D. 控制好注水温度

150. BF029　下列选项中,属于绘制理论示功图时常用计算公式的是(　　)。

A. $W_L = \gamma L$　　B. $W_r = q_r L$　　C. $W_L = q_L L$　　D. $W_r = \Delta p S$

151. BG001　打开综合测试仪主机电源开关,指示灯不亮的原因是(　　)。

A. 电源开关损坏　　B. 电池亏电　　C. 电源线路断　　D. 灵敏度低

152. BG002　下列选项中不属于综合测试仪测试示功图时出现跳变的原因的是(　　)。

A. 接触不良,接插有虚接　　B. 抽油机正常生产

C. 电源不足　　D. 重新开机

153. BG003　综合测试仪测液面时,如果井口连接器微音器堵塞,不会出现(　　)现象。

A. 无电源　　B. 走纸不均匀　　C. 液面无反映　　D. 液面声波基值太大

154. BG004　下列选项中说法正确的是(　　)。

A. 回声仪驱纸机构有磨损可造成走纸速度不均匀

B. 回声仪驱纸机构有磨损可造成自激发生

C. 回声仪仪器电压不够,记录笔刷不出记录曲线

D. 回声仪仪器电压不够可造成自激发生

155. BG005　下列关于回声仪井口连接器的说法错误的是(　　)。

A. 井口连接器堵塞可造成电源指示灯不亮

B. 若井口连接器堵塞,应更换密封填料

C. 井口连接器堵塞可能造成记录笔刷不出记录曲线

D. 井口连接器堵塞可造成回声仪产生自激现象

156. BG006　电子式井下压力计无法与计算机通信的原因可能是(　　)。

A. 压力计晶振有故障　　B. 数据线损坏

C. 电脑接口损坏　　D. 压力传感器损坏

157. BG007　下列关于电子式井下压力计故障分析的说法正确的是(　　)。

A. 在测试中不采点可能是单片机损坏

B. 在测试中采集的温度乱,可能是 A/D 损坏

C. 在测试中不采点可能是电池没电

D. 测得的温度值不正常,可能是相关电容有问题

158. BG008　试井绞车液压系统使用前应检查(　　)。

A. 液压油面是否达标　　B. 液压油质量是否合格

C. 试井车是否缺机油　　D. 绞车照明灯是否正常

159. BG009 施工结束后,绞车岗应(　　)。

A. 检查滚筒外观　　B. 将绞车挡位置于空挡

C. 拉紧绞车刹车　　D. 关闭钥匙

160. BG010 解决电子压力计标定系数不对的方法主要有(　　)。

A. 在领取电子压力计的同时拷贝该压力计的标定系数

B. 在送还电子压力计的同时拷贝该压力计的标定系数

C. 在数据录取软件中尽量把标定系数设置为从工具中读取

D. 在数据录取软件中尽量把标定系数设置写入仪器

三、判断题(对的画"√",错的画"×")

(　　)1. AA001 油田注水开发和利用边水、底水压开发都具有水压驱动的特点。

(　　)2. AA002 两种或两种以上流体同时流动称为多相流动。

(　　)3. AA003 依靠注水、注气(汽)开发油田,属于天然能量驱油的开发方式。

(　　)4. AA004 油层分布不稳定、渗透性差、形状不规则、面积较小的油田宜采用面积注水方式。

(　　)5. AA005 油田开发"六分"是指分层注水、分层采油、分层测试、分层研究、分层管理和分层配产。

(　　)6. AA006 注入油层的水量与采出油量的地下体积相等称为注采平衡。

(　　)7. AA007 油田注水开发后,对于产生的层间矛盾可采用分层注水、分层采油的方法来解决。

(　　)8. AA008 油井见水前地层压力、流动压力下降。

(　　)9. AA009 水驱油效率是指采出油量与原始油量的比值。

(　　)10. AA010 含油边界与含水边界之间的地段称为油水过渡带。

(　　)11. AA011 油气井水力压裂最终目的是实现稳产。

(　　)12. AB001 压裂液按泵注顺序和起作用不同分为前置液、携砂液和顶替液。

(　　)13. AB002 水力压裂使用的支撑剂大致可分为天然和人造两种。

(　　)14. AB003 对于压裂井,压裂后生产时最低的地层孔隙压力应是静压。

(　　)15. AB004 压裂后使用油藏模拟进行生产历史拟合,可反演取得支撑裂缝导流能力或裂缝半长。

(　　)16. AB005 酸化措施主要有酸洗、基质酸化和压裂酸化三种类型。

(　　)17. AB006 酸化技术有不同的分类方法,如按照作用原理可以分为解堵酸化和浅层酸化。

(　　)18. AB007 堵水能够提高注入水的波及系数,堵水的成功率往往取决于找水的成功率。

(　　)19. AB008 交联聚合物弱凝胶在地层中的封堵是静态的。

(　　)20. AC001 计量立法是为了保障国家计量单位制的统一和量值的准确可靠。

(　　)21. AC002 法定计量单位和词头的符号有国际通用符号和中文符号时,一般以国际通用符号优先。

(　　)22. AC003 千克是质量单位,等于国际千克原器的质量。

(　　)23. AC004 在国际单位制的基本单位中,时间的计量单位名称是小时。

(　　)24. AC005　环境误差是由实际环境条件与规定环境条件不一致所引起的误差。
(　　)25. AC006　测量方法不完善所引起的误差属于人员误差。
(　　)26. AC007　某量真值为 A,测得值为 B,则绝对误差为 $(B-A)/A$。
(　　)27. AD001　频率较高的干扰波最容易被电感阻抗,因此电感可以抑制较高频率的干扰信号。
(　　)28. AD002　导线电阻与导线的长度成正比,而与横截面积成反比。
(　　)29. AD003　试电笔中的电阻为降压电阻。
(　　)30. AD004　信息的输入和输出都是在运算器的统一指挥下进行的。
(　　)31. AD005　电容式键盘的特点是触感好、使用灵活、操作省力。
(　　)32. AD006　一个完整的计算机显示系统是由显示器和显示卡组成的。
(　　)33. AD007　给计算机加电的顺序是:打印机、主机、其他外设,最后开显示器电源。
(　　)34. AD008　局域网是介于广域网和城域网之间的一种高速网络。
(　　)35. AD009　计算机病毒是一种人为编制的小程序,通过非授权入侵而隐藏在可执行程序或数据文件中。
(　　)36. AD010　编辑文档时,应用 Ctrl+S 组合键实现对文本剪切。
(　　)37. AD011　Excel 编辑工作中,将光标移动至该单元格的右下,当鼠标指针呈“+”字形时,按下鼠标左键不放,向下拖动释放,可实现相同数据填充。
(　　)38. AD012　选择左视图和俯视图时,以表达清楚零件结构尺寸为原则。
(　　)39. AD013　标注一个圆锥体的高度时应以顶点为基准。
(　　)40. AD014　主视图是指物体在水面上的投影。
(　　)41. AE001　绞车液压油箱内的油位越高越好。
(　　)42. AE002　偏心分注井测配时,投捞器上起通过工作筒时应加速。
(　　)43. AE003　接触硫化氢浓度超过 $150mg/m^3$,受害人会在没有任何危险征兆的情况下迅速失去知觉,并在几秒钟内由于呼吸中断而死亡。
(　　)44. AE004　便携式硫化氢报警仪量程在 $0\sim75mg/m^3$ 范围内,检测仪设置在小于 $50mg/m^3$ 报警。
(　　)45. BA001　半导体中的自由电子和空穴参与导电。
(　　)46. BA002　普通半导体二极管的主要作用是稳压。
(　　)47. BA003　三极管的发射极用符号 e 表示。
(　　)48. BA004　集成电路按集成规模分为巨型、大、中、小规模电路。
(　　)49. BA005　同一规格的电阻阻值也不完全一样,互相总有差异,也就是存在误差。
(　　)50. BA006　电阻在工作时要消耗一定的功率,因此会发出热量,在使用时电阻上的耗散功率,不应超过其标称功率。
(　　)51. BA007　符号─▭─(带箭头)表示电位器。
(　　)52. BA008　电容器的绝缘是指电容器具有一个很大的阻值,一般在百兆欧以上。
(　　)53. BA009　用绝缘体隔开的两个导体的组合称为电容器。
(　　)54. BA010　在纯电感电路中,加在电感线圈两端的电压与电流的相位差为 180°。
(　　)55. BA011　变压器是根据电磁感应原理制成的。
(　　)56. BB001　子弹意外击发产生的原因是枪机未扳到安全位置,撞针未缩回。

( )57. BB002 测量仪表一般是指用来测量各种物理量的装置或工具。
( )58. BB003 测量过程就是将被测参数信号进行转换和传送,并将其与相应的测量单位进行比较的过程。
( )59. BB004 表示测量仪表对被测参数变化的灵敏程度称为精度。
( )60. BB005 拆卸液面自动监测仪电源时,应先拆火线后拆零线。
( )61. BB006 使用锤击式取样器取样时,在放锤前应将钢丝绞紧,以免砸断钢丝。
( )62. BB007 使用自立式防喷装置时,仪器下入、上提前必须用起吊装置换到天滑轮。
( )63. BB008 使用兆欧表测量前,对兆欧表进行一次开路和短路试验,以检查兆欧表是否良好。
( )64. BB009 试井绞车起下仪器时只需观察计数器。
( )65. BB010 偏心注水井测配时,投捞器在上提或下放过程中遇卡,只能硬拔。
( )66. BC001 CY612 型井下取样器的取样方式为挂壁式。
( )67. BC002 SQ_3型井下取样器的最高工作温度为 150℃。
( )68. BC003 压差式井下取样器在油井中也能取样。
( )69. BC004 分层取样器用来在下有分层配产管柱的井中取得分层液样。
( )70. BC005 BCY-321 泵下取样器的起下靠地面动力液驱动。
( )71. BC006 DQJ-1 型泵顶取样器靠取样器的重量打开泵顶控制器的测试通道。
( )72. BC007 取样器下到取样深度后需停留 15min 以上,上、下活动 3~5 次进行冲洗样筒。
( )73. BC008 金时-3 型测试诊断仪在测液面时,其 CPU 将采集到的反射波数据存储在数据区,供计算动液面深度及打印输出。
( )74. BC009 金时-3 型测试诊断仪充足电可连续测试 80 井次。
( )75. BC010 金时-3 型测试诊断仪具备绘制图形功能。
( )76. BC011 SHD-3 型计算机综合测试仪的高频旋钮在测液面时用作接箍信号。
( )77. BC012 SHD-3 型计算机综合测试仪的计算机具备计算能力和处理能力。
( )78. BC013 SHD-3 型计算机综合测试仪可测最大光杆位移为 6m,误差小于 1%。
( )79. BC014 ZHCY-E 型综合测试仪的井口装置为液面发射枪。
( )80. BC015 ZHCY-E 型综合测试仪精度小于 3%。
( )81. BC016 SW-5 型抽油机升无线遥测诊断仪可以进行现场诊断处理。
( )82. BC017 ZJY-3 控制仪与计算机只能进行串行通信。
( )83. BC018 ZJY-3 监测仪是机电一体化的数据采集处理系统。
( )84. BC019 信号电缆用于连接 ZJK-3 井口装置与 ZKY-3 控制仪,是二者之间的套压、液面及电磁阀控制信号传输线。
( )85. BC020 ZJK-3 井口装置耐压性能:额定工作压力 8MPa,最大安全压力 10MPa。
( )86. BC021 HYKJ 型综合测试仪具有测试功能、分析与计算功能、数据文件管理功能、通信功能、显示和打印功能。
( )87. BC022 HYKJ 型综合测试仪采集载荷、位移等数据以十六进制数据格式存在仪器电路板数据存储区内。
( )88. BC023 HYKJ 型综合测试的可靠无线遥测距离是 150m。

(　　)89. BC024　CY612 型井下取样器用录井钢丝从油管下入到取样位置,经冲洗样筒后,由地面井口放锤,重锤沿录井钢丝下落到取样器撞击控制帽,使控制帽上的顶片离开上阀,与此同时,在阀弹簧的作用下,上下阀脱离弹簧卡子组件的控制而自行关闭,即取得井下油样。

(　　)90. BC025　压下 SQ3 型井下取样器下接头导块,上阀弹簧座受压缩,使上阀下移及和上阀连在一起的连杆、控制套随同向下移动。

(　　)91. BC026　DQJ-1 型井下取样器的取样体积为 1500mL。

(　　)92. BC027　锤击结构控制器的优点是简单可靠。

(　　)93. BC028　CPG25-180 型钟机的上条圈数约为 19 圈。

(　　)94. BC029　BCY-321 型泵下取样器的储样管内径为 24mm。

(　　)95. BC030　绝缘磁块是钟机结构组成的一部分。

(　　)96. BC031　使用 ZJY-3 型液面自动监测仪上井测试时,要注意紧固控制仪和井口装置上的螺钉。

(　　)97. BC032　示功图、动液面等测试结果回放属于 HYKJ 综合测试仪的通信功能。

(　　)98. BC033　拆装钟控式取样器时,应使用专用工具进行操作,防止仪器损坏。

(　　)99. BC034　综合测试仪井口连接装置与主机连接时,应注意插孔方向,禁止胡乱操作造成接口损坏。

(　　)100. BC035　应根据电子压力计型号选择相应的通信线和压力计软件。

(　　)101. BC036　检查示功仪开关时应检查、调节示功仪主机面板上辉度开关,左右调节查看屏幕是否正常。

(　　)102. BD001　分层注水就是根据油田开发制定的配产配注方案,对注水井的各个注水层位进行分段注水。

(　　)103. BD002　气井测试前,应准备铜质管钳,用于开关阀门。

(　　)104. BD003　正注井的套管压力表示油套环形空间的压力。

(　　)105. BD004　抽油刹死刹车后,刹车锁块与刹车轮接触面应达到 80%以上。

(　　)106. BD005　检查抽油机的电动机温度时,应用手心触摸电动机,确保电动机运行温度不超过 60℃。

(　　)107. BD006　抽油机的平衡重块固定螺栓松动故障原因主要有紧固螺栓松动、曲柄平面与平衡重块之间有油污或脏物。

(　　)108. BD007　电动潜油泵井受气体影响严重时,易出现过载停机。

(　　)109. BD008　若试井绞车刹车杆没调整好,应使用活动扳手调节刹车连杆上部的螺帽。

(　　)110. BE001　电动潜油泵测压装置主要由工作筒和测压控制器组成。

(　　)111. BE002　电动潜油泵测压连接器在井下工作时会影响油井正常生产。

(　　)112. BE003　计算悬点载荷时,一般只考虑抽油杆柱的重力、液柱的重力以及抽油杆柱引起的静载荷。

(　　)113. BE004　电动潜油泵整套设备分为井下、地面和电力传送三个部分。

(　　)114. BE005　抽油机上行(上冲程)时,游动阀是关闭的,悬点(光杆)所受静载荷为抽油杆重、活塞断面以上的液柱重。

(　　)115. BE006　螺杆泵井杆脱主要原因有蜡堵、卡泵、停机后油管内液体回流、杆柱反转等,所以必须实施锚定工具防脱技术。
(　　)116. BE007　为了减少或消除定子的振动,螺杆泵井需要设置管柱扶正器。
(　　)117. BE008　电动潜油泵井过载值和欠载值的设定主要是为了保证机组正常运行。
(　　)118. BE009　电动潜油泵井过载值的设定为最高工作电流的 1.2 倍。
(　　)119. BE010　分层吸水量校正系数为偏 I 水量与全井注水量之比。
(　　)120. BE011　提高泵压注水时,吸水强的层段可控制阀门。
(　　)121. BE012　简易法计算水嘴对调整水量大的层段较准确。
(　　)122. BF001　压力梯度值的单位是 m/MPa。
(　　)123. BF002　$\frac{p_2-p_1}{H_2-H_1}$是计算测压点至油层中部压差的公式。
(　　)124. BF003　合格压力恢复曲线卡片应为基线平值,不双不弯,压力记录线清晰,起落点良好。
(　　)125. BF004　水力活塞泵井基本的压力记录曲线有泵吸入压力曲线和压力恢复曲线。
(　　)126. BF005　若用井口实测注水压力绘制指示曲线,必须用同一管柱所测试曲线对比吸水能力的变化。
(　　)127. BF006　压力恢复曲线测试中,油井含气量越高,续流过程越短。
(　　)128. BF007　驼峰段曲线不反映油层真实恢复情况,只能利用驼峰段以后的直线段来求得有关油层参数。
(　　)129. BF008　测示功图时,每口井至少应测 3 个连续示功图。
(　　)130. BF009　测试动液面曲线时,每条液面曲线必须有一个频道记录的波形,且波形应清楚,连贯易分辨。
(　　)131. BF010　由于油井产气较多,受井内游离泡沫的影响,同一时间内先后测得的曲线上液面波位置有所不同。
(　　)132. BF011　在估算抽油杆断脱位置的公式$\frac{lL'}{L}$,l 表示抽油杆柱在液体中最小理论负载线在图上的距离。
(　　)133. BF012　示功图圈闭面积的大小表示泵做功的多少。
(　　)134. BF013　理论示功图考虑惯性载荷时,一般把惯性载荷叠加在动载荷上。
(　　)135. BF014　泵的理论排量在数值上等于活塞上移一个冲程时移让出的体积。
(　　)136. BF015　某井泵的实际产量为 20.8m^3/d,泵的理论排量为 33.6m^3/d,则泵效为 1.62。
(　　)137. BF016　在分析示功图时,有必要到井上进行仔细的观察,如听、看、摸、放及简单的操作。
(　　)138. BF017　计算机诊断技术可将抽油泵活塞上的载荷和位移以振弦波的形式由抽油杆柱传输到地面。
(　　)139. BF018　油管结蜡严重甚至被堵死时,图形肥胖,大大超出最大理论负荷线。
(　　)140. BF019　由于稠油黏度大,当抽油杆作上、下冲程运动时,摩擦阻力较大,只有最小载荷线超过理论载荷线。

(　　)141. BF020　油井出砂时,载荷线呈不规则的锯齿状尖锋,连续测试时图形重复性好。

(　　)142. BF021　受气体影响的示功图其形状常常发生变化,测这类井示功图时,要测一个封闭示功图。

(　　)143. BF022　当游动阀和固定阀同时漏失,上冲程中,泵主要是固定阀漏失的影响。

(　　)144. BF023　作用在悬点上的惯性载荷的变化与悬点加速度的变化规律是同步的。

(　　)145. BF024　抽油机井无产量,可通过液面曲线分析原因。

(　　)146. BF025　泵漏失示功图分为吸入部分漏失和排出部分漏失两种。

(　　)147. BF026　水平条带状实测示功图是油管漏失引起的。

(　　)148. BF027　等时试井实施时并不要求流动压力达到稳定,但每个工作制度开井生产前,都必须关井并使地层压力得到恢复,基本达到原始地层压力。

(　　)149. BF028　指示曲线测试完毕,如果水量不合格应立即复测。

(　　)150. BF029　理论示功图中,λ 代表冲程损失。

(　　)151. BG001　综合测试仪电源指示灯不亮的原因是电池亏电和电源开关损坏或断线。

(　　)152. BG002　综合测试仪使用中途死机可重新操作运行。

(　　)153. BG003　综合测试仪测试液面声波基值太大,可重新调节灵敏度。

(　　)154. BG004　回声仪驱纸机构有磨损可造成自激发生。

(　　)155. BG005　井口连接器微音器堵塞可能造成回声仪产生自激现象。

(　　)156. BG006　电子井下压力计测试中若滤波电容漏电,压力计能工作但耗电快。

(　　)157. BG007　电子式井下压力计在测试中不采点可能是单片机损坏。

(　　)158. BG008　试井绞车液压系统使用前必须对各部位进行检查。

(　　)159. BG009　试井绞车液压系统使用后及行车时取力器必须脱开。

(　　)160. BG010　在满足设计要求的情况下,为了节约电量,可使电子压力计采点的加密区尽量短。

四、简答题

1. AA002　油藏驱动类型有哪些?

2. AA005　什么是分层注水?

3. AA007　什么是层间矛盾?解决层间矛盾的途径主要是什么?

4. AB006　酸化的原理是什么?酸化的工艺类型有哪些?

5. AC006　根据误差来源的性质,测量误差可分哪几类?

6. AC007　在实际工作中,如何选用真值?

7. AD008　什么是计算机网络?

8. AD014　看零件图的基本要求是什么?

9. BA004　简述集成电路的定义与按集成规模的分类。

10. BB004　测量仪表的技术指标有哪些?

11. BC001　简述钟机控制器的使用方法。

12. BC001　井下取样器种类有哪些?哪几种取样器应用较多?

13. BE002　简述电动潜油泵测压连接器的工作原理。

14. BF004　标准压力恢复曲线应具备的特点是什么?
15. BF012　什么是理论示功图?理论示功图是什么形状?理论示功图圈闭面积大小表示什么?
16. BF022　简述抽油泵吸入部分漏失示功图的特点。
17. BF023　实测示功图可以计算哪些参数?
18. BG001　如何判断光杆综合测试仪加速度传感器的好坏?
19. BG003　综合测试仪载荷不准有什么现象?原因有哪些?如何处理?
20. BG007　电子井下压力计无压力数据或压力数据超差的原因有哪些?

五、计算题

1. AA001　某区块原油地质储量为 3107.0×10^4t,截至 2011 年底累计产油 1005.7×10^4t,计算该区块的采出程度。
2. AA006　某注水井上半年测得井底压力为 11.5MPa,地层压力为 0.8MPa,日注水量为 225m^3,试求该井的吸水指数。
3. AA009　某井见水层厚度为 2m,见水层有效厚度为 5m,求水淹厚度系数。
4. AA011　某井需要进行压裂作业,已知该井地层破裂压力梯度为 0.014MPa/m,地层深度为 2500m,求该井地层的破裂压力。
5. AC003　10dm^3等于多少毫升,多少升?
6. AC007　用一只标准电压表检定甲电压表时,标准电压表读数为 100V,甲表的读数为 100.5V,试求甲表的绝对误差。
7. AD002　某电路中,通过一电子元件的电流为 35mA,该元件两端的电压为 70V,试求该电子元件的电阻值。
8. AD002　试求两只阻值分别为 2Ω 和 3Ω 的电阻并联后的电阻值。
9. BA006　一电路中有一阻值为 100kΩ 电阻,其两端的电压为 1000V,该电阻的功率是多少?如果该电阻损坏,现有一阻值为 100kΩ 功率为 5W 的电阻,能否用来代替?
10. BA009　两个电容,一个电容为 2μF,另一个为 3μF,试求它们并联后的总电容。
11. BB003　一支温度仪的测量范围为-30~120℃,测量精度等级为 0.2 级,那么其测量最大绝对误差为多少?
12. BC001　某井取样测试,预测试期流量 $Q=1.75cm^3/s$,地层压力为 16.89MPa,流动压力为 12.75MPa,使用 10.41L 取样筒,估算充空气垫取样时的取样时间。
13. BE003　一口抽油机井中抽油机冲程为 5m,冲次为 5 次/min,抽油泵活塞横截面积为 10cm^2,已知该井每天产出液量折算至泵挂位置的体积为 18m^3,试求该井抽油机的泵效。
14. BE010　某分注井从流量计校对曲线查得偏Ⅲ水量为 20m^3/d,偏Ⅱ水量为 85m^3/d,偏Ⅰ水量为 140m^3/d,该井实际注水量为 168m^3/d,试求该井水量校正系数。
15. BE010　某分注井从流量计校对曲线查得偏Ⅲ水量为 20m^3/d,偏Ⅱ水量为 85m^3/d,偏Ⅰ水量为 140m^3/d,该井实际注水量为 168m^3/d,试求该井偏Ⅰ实际吸水量。
16. BF001　某注入井压力测试结果显示,下入深度为 1800m 时,压力值为 24.90MPa,下入深度为 2100m 时压力值为 28.55MPa,试求该井的压力梯度(单位分别换算为 MPa/m 和 MPa/100m)。

17. BF002　某一油井油层中部为 2160m，仪器下入深度为 1900m 时，压力为 15.55MPa，下入深度为 2000m 时，压力为 16.28MPa，试求该井的油层中部压力。

18. BF011　某油井抽油杆柱深 510m，实测示功图解释抽油杆断脱，从示功图上量出 L 为 15mm，L 断为 13mm，计算该井抽油杆断脱位置。

19. BF014　某抽油机冲程为 3m，冲次 9 次/min，动液面为 888m，泵径为 56mm，泵排量系数为 3.5468，试求该井泵的理论排量。

20. BF015　某一抽油井泵的理论排量为 40.8m^3/d，实际产量为 33.6m^3/d，试求该井泵效。

答　案

一、单项选择题

1. A　2. B　3. C　4. B　5. A　6. A　7. A　8. D　9. A　10. C　11. A
12. A　13. B　14. A　15. A　16. B　17. A　18. C　19. A　20. C　21. B　22. A
23. B　24. D　25. B　26. A　27. C　28. C　29. A　30. B　31. C　32. B　33. D
34. B　35. D　36. C　37. A　38. C　39. B　40. C　41. D　42. C　43. B　44. A
45. B　46. B　47. C　48. B　49. C　50. C　51. C　52. A　53. C　54. A　55. A
56. A　57. C　58. A　59. C　60. B　61. A　62. B　63. A　64. A　65. B　66. A
67. D　68. A　69. B　70. A　71. B　72. A　73. A　74. B　75. A　76. A　77. C
78. A　79. D　80. C　81. C　82. D　83. B　84. A　85. D　86. A　87. C　88. C
89. A　90. A　91. B　92. C　93. B　94. A　95. C　96. C　97. B　98. A　99. C
100. B　101. A　102. C　103. B　104. B　105. C　106. D　107. C　108. B　109. C　110. A
111. A　112. B　113. C　114. C　115. B　116. B　117. D　118. C　119. D　120. C　121. B
122. B　123. B　124. A　125. C　126. C　127. B　128. D　129. D　130. A　131. D　132. D
133. D　134. C　135. A　136. A　137. B　138. B　139. B　140. D　141. A　142. C　143. C
144. C　145. A　146. B　147. C　148. D　149. C　150. B　151. B　152. D　153. C　154. C
155. B　156. D　157. B　158. B　159. A　160. B　161. B　162. A　163. B　164. C　165. C
166. D　167. C　168. B　169. D　170. A　171. B　172. A　173. D　174. C　175. C　176. B
177. A　178. C　179. B　180. C　181. D　182. B　183. D　184. B　185. A　186. A　187. C
188. C　189. A　190. B　191. A　192. D　193. C　194. C　195. B　196. A　197. D　198. B
199. D　200. A　201. D　202. A　203. B　204. A　205. C　206. B　207. A　208. C　209. B
210. C　211. B　212. A　213. A　214. A　215. D　216. C　217. B　218. B　219. A　220. C
221. A　222. D　223. B　224. A　225. D　226. B　227. D　228. A　229. B　230. A　231. C
232. C　233. B　234. B　235. B　236. C　237. C　238. A　239. B　240. A　241. A　242. C
243. D　244. A　245. B　246. B　247. C　248. D　249. B　250. C　251. C　252. B　253. A
254. C　255. C　256. B　257. C　258. A　259. C　260. D　261. C　262. A　263. D　264. D
265. B　266. B　267. C　268. D　269. A　270. A　271. B　272. A　273. B　274. A　275. D
276. C　277. D　278. D　279. D　280. C　281. D　282. D　283. B　284. B　285. B　286. A
287. B　288. C　289. A　290. B　291. C　292. B　293. B　294. A　295. B　296. A　297. C
298. A　299. B　300. B　301. D　302. A　303. D　304. C　305. C　306. D　307. B　308. C
309. D　310. A　311. A　312. A　313. B　314. C　315. B

二、多项选择题

1. BD 2. AC 3. ABCD 4. ACD 5. ABD 6. AC 7. BC 8. ABC
9. CD 10. AC 11. BC 12. ACD 13. ABD 14. ABCD 15. CD 16. AD
17. ABD 18. ABD 19. ABD 20. AC 21. BC 22. ABC 23. ABCD 24. ABC
25. BD 26. AC 27. AB 28. AB 29. CD 30. AC 31. ABC 32. ACD
33. BD 34. ABD 35. ABCD 36. ABC 37. ABC 38. ABCD 39. BD 40. AB
41. ABC 42. AB 43. ABC 44. ABCD 45. ACD 46. AB 47. ABC 48. BCD
49. ABD 50. BCD 51. ACD 52. ABC 53. ACD 54. ACD 55. BCD 56. AB
57. AB 58. ACD 59. AB 60. ACD 61. ABC 62. ABC 63. ABC 64. ABC
65. BCD 66. ACD 67. ABC 68. CD 69. ABC 70. BD 71. AB 72. AC
73. CD 74. CD 75. BC 76. ABD 77. AC 78. CD 79. ABC 80. AB
81. ABD 82. AC 83. ABC 84. BC 85. AD 86. AB 87. BC 88. BCD
89. BC 90. AD 91. AD 92. ABC 93. ACD 94. BC 95. AB 96. CD
97. ACD 98. CD 99. ABCD 100. ACD 101. BD 102. AD 103. CD 104. AC
105. AD 106. AC 107. ACD 108. AB 109. CD 110. AB 111. ABCD 112. BC
113. ABC 114. BCD 115. AB 116. AB 117. CD 118. AB 119. BC 120. BC
121. AD 122. AB 123. BCD 124. BC 125. AB 126. AC 127. BCD 128. ABC
129. ABC 130. ABC 131. ABC 132. AB 133. BC 134. BC 135. BCD 136. AB
137. BC 138. AB 139. BD 140. AB 141. AB 142. AD 143. BC 144. AD
145. ABD 146. ABC 147. ABC 148. BC 149. AB 150. BC 151. ABC 152. BCD
153. ABD 154. AC 155. ABD 156. ABC 157. ABCD 158. AB 159. BCD 160. AC

三、判断题

1. √ 2. √ 3. × 正确答案:依靠注水、注气(汽)开发油田,属于人工补给能量驱油的开发方式。 4. √ 5. × 正确答案:“六分”是指分层注水、分层采油、分层测试、分层研究、分层管理和分层改造。 6. √ 7. √ 8. × 正确答案:油井见水前地层压力、流动压力上升。 9. × 正确答案:水驱油效率是指被水淹体积内采出油量与单层控制的原始油量的比值。 10. √ 11. × 正确答案:油气井水力压裂最终目的是实现增产。 12. × 正确答案:压裂液按泵注顺序和起作用不同分为预前置液、前置液、携砂液和顶替液。 13. √ 14. × 正确答案:对于压裂井,压裂后生产时最低的地层孔隙压力应是井底流压。 15. √ 16. √ 17. × 正确答案:酸化技术按照作用原理可以分为解堵酸化和深传透酸化。 18. √ 19. × 正确答案:交联聚合物弱凝胶在地层中的封堵是动态的。 20. √ 21. √ 22. √ 23. × 正确答案:在国际单位制的基本单位中,时间的计量单位名称是秒。 24. √ 25. × 正确答案:测量方法不完善所引起的误差属于方法误差。 26. × 正确答案:某量真值为 A,测得值为 B,则绝对误差为 $B-A$。 27. √ 28. √ 29. √ 30. × 正确答案:信息的输入和输出都是在控制器的统一指挥下进行的。 31. √ 32. √ 33. × 正确答案:给计算机加电的顺序是:打印机、显示器、其他外设,最后开主机电源。 34. × 正确答案:城域网是介于广域网和局域网之间的一种高速网络。 35. √ 36. × 正确答案:编辑文档时,应用 Ctrl+X 组合键实现对文本剪切。 37. √ 38. √ 39. √ 40. × 正确答案:主视图是指物体在正投影面上的投影。 41. × 正确答案:绞车液压油箱内的油位必须在油尺规定范围内。 42. × 正确答案:偏心分注井测配时,应用手摇绞车上起通过工作筒。 43. × 正确答案:接触硫化氢浓度超过 750mg/m³,受害人会在没有任何危险征兆的情况下迅速失去知觉,并在几秒钟内由于呼吸中断而死亡。 44. × 正确答案:便携式硫化氢(H_2S)报警仪量程在 0~75mg/m³范围内,检测仪设置在小于 10mg/m³报警。 45. √ 46. × 正确答案:普通半导体二极管的主要作用是整流。 47. √ 48. × 正确答案:集成电路按集成规模分为大、中、小规模电路。 49. √ 50. √ 51. × 正确答案:用符号 、 表示电位器。 52. × 正确答案:电容器的绝缘是一个很大的阻值,一般在千兆欧以上。 53. √ 54. × 正确答案:在纯电感电路中,加在电感线圈两端的电压与电流的相位差为 90°。 55. √ 56. √ 57. √ 58. √ 59. × 正确答案:表示测量仪表对被测参数变化的灵敏程度称为灵敏度。 60. √ 61. √ 62. √ 63. √ 64. × 正确答案:试井绞车起下仪器时,应随时观察计数器及张力变化。 65. × 正确答案:偏心注水井测配时,投捞器在上提或下放过程中如遇卡,不能硬拔、硬下,应勤活动,慢上提。 66. × 正确答案:CY612 型井下取样器的取样方式为锤击式。 67. √ 68. × 正确答案:压差式井下取样器主要用于在下有空心或固定配注管柱的注水井中取得井底水样。 69. √ 70. √ 71. √ 72. √ 73. √ 74. × 正确答案:金时-3 型测试诊断仪充足电可连续测试 60 井次。 75. × 正确答案:金时-3 型测试诊断仪不具备绘制图形功能。 76. √ 77. √ 78. √ 79. √ 80. × 正确答案:ZHCY-E 型综合测试仪精度小于 1%。 81. √ 82. × 正确答案:ZKY-3 控制仪与计算机可进行串行通信或 USB 通信。 83. √ 84. √ 85. √ 86. √ 87. × 正确答案:HYKJ 型综合测试仪采集载荷、位移等数据以二进制数据格式存在仪器电路板数据存储区内。 88. × 正确答案:HYKJ 型综合测试的可靠无线遥测距离是 100m。 89. √ 90. √ 91. × 正确答案:DQJ-1 型井下取样器的取样体积为 500mL、1000mL。 92. √ 93. √ 94. √ 95. × 正确答案:绝缘磁块不是钟机结构组成的一部分。 96. √ 97. × 正确答案:示功图、动液面等测试结果回放是 HYKJ 综合测试仪的数据文件管理功能。 98. √ 99. √ 100. √ 101. √ 102. √ 103. √ 104. √ 105. √ 106. × 正确答案:检查抽油机的电动机温度时,应用手背触摸电动机,确保电动机运行温度不超过 60℃。 107. √ 108. × 正确答案:电动潜油泵井气体影响易导致欠载停机。 109. × 正确答案:刹车杆没调整好,使用活动扳手调节刹车连杆下部的螺帽。 110. × 正确答案:电动潜油泵测压装置主要由工作筒和测压堵塞器组成。 111. × 正确答案:电动潜油泵测压连接器在井下工作时,可不影响油井正常生产。 112. × 正确答案:计算悬点载荷时,一般只考虑抽油杆柱的重力、液柱的重力以及抽油杆柱引起的惯性载荷。 113. √ 114. √ 115. × 正确答案:螺杆泵井杆脱主要原因有蜡堵、卡泵、停机后油管内液体回流、杆柱反转等,所以必须实施安装机械防反转装置、降压制动防反转、井口回流控制阀等防脱技术。 116. √ 117. √ 118. × 正确答案:电动潜油泵井过载值的设定为电动机额定电流的 1.2 倍。 119. × 正确答案:分层吸水量校正系数为全井实际注入量与全井注水量之比。 120. × 正确答案:提高泵压注水时,吸水强的层段可缩小该层水嘴,不许控制阀门。 121. × 正确答案:简易法计算水嘴对调整水量不大的层段较准确。 122. × 正确答案:压力梯度值的计算单位是 MPa/m 或 MPa/100m。 123. × 正确答案:$\frac{(p_2-p_1)(H_{中}-H_2)}{H_2-H_1}$是计算测压点至油层中部压差的公式。 124. √ 125. √ 126. √ 127. × 正确答案:压力恢复曲线测试中，油井含气量越高，续流过程越长。 128. √ 129. × 正确答案：测示功图时，每口井至少测有 4 个连续示功图。 130. √ 131. √ 132. √ 133. √ 134. × 正确答案：考虑惯性载荷时，一般把惯性载荷叠加在静载荷上。 135. √ 136. × 正确答案：某井泵的实际产量为 20.8m^3/d，泵的理论排量为 33.6m^3/d，则泵效为 62%。 137. √ 138. × 正确答案：计算机诊断技术可将抽油泵活塞上的载荷和位移以应力波的形式由抽油杆柱传输到地面。 139. × 正确答案：油管结蜡严重甚至被堵死时，图形肥胖，大大超出最大和最小理论负荷线。 140. × 正确答案：由于稠油黏度大，当抽油杆作上、下冲程运动时，摩擦阻力较大，最大、最小载荷线均超过理论载荷线。 141. × 正确答案：油井出砂，载荷线呈不规则的锯齿状尖锋，连续测试时图形重复性差。 142. × 正确答案：受气体影响的示功图的形状常常发生变化，测这类井示功图时，要测一个周期的示功图。 143. × 正确答案：当游动阀和固定阀同时漏失，上冲程中，泵主要是游动阀漏失的影响。 144. √ 145. × 正确答案：抽油机井无产量，可通过示功图与液面曲线综合分析原因。 146. √ 147. × 正确答案：水平条带状实测示功图是抽油杆断脱引起的。 148. √ 149. √ 150. √ 151. √ 152. √ 153. √ 154. × 正确答案：回声仪驱纸机构有磨损可造成走纸速度不均匀。 155. × 正确答案：井口连接器微音器堵塞可能造成回声仪记录笔刷不出记录曲线。 156. √ 157. √ 158. √ 159. √ 160. √

四、简答题

1. 答：①有水压驱动、②弹性驱动、③气压驱动、④溶解气驱动、⑤重力驱动 5 种。

   评分标准：答对①②③④⑤各占 20%。

2. 答：①在注水井内下封隔器把油层分隔成几个注水层段，②下配水器，③安装不同直径的水嘴的注水工艺称为分层配注。

   评分标准：答对①占 40%；答对②③各占 30%。

3. 答：①层间矛盾是指非均质多油层油田开发，②由于层与层之间渗透率不同，③注水后在吸水能力、④水线推进速度、④地层压力、⑤采油速度等方面发生的差异。⑥解决层间矛盾主要途径是分采、分注。

   评分标准：答对①②③④⑤各占 15%；答对⑥占 25%。

4. 答：①酸化是油气井增产、水井增注的重要手段之一，可以解除生产井和注水井井底附近的污染，清除孔隙或裂缝中的堵塞物质，②或者沟通（扩大）地层原有孔隙或裂缝，实现增产增注。③酸化措施主要有三种类型：酸洗、④基质酸化和⑤酸压裂。

   评分标准：答对①②③④⑤各占 20%。

5. 答：①测量误差可分为系统误差、②随机误差和③粗大误差三类。

   评分标准：答对①②各占 35%，答对③占 30%。

6. 答：①真值是被测量的真正大小。②在实用中应根据误差的需要，用尽可能接近真值的约定真值来代替真值。③实际工作中，如仪表指示值加上修正值后，可作为约定真值，又如标准器与被检器的误差相比，④前者为后者的 1/3~1/10 时，则认为前者是后者的约定真值。

   评分标准：答对①②③④各占 25%。

7. 答：①将不同地点的多台具有独立功能的计算机通过传输介质相互连接起来，②按照一定的网络协议相互通信,③并能实现资源(指软件、硬件和数据资源)共享,这样就形成了计算机网络。

评分标准:答对①占 40%;答对②占 30%;答对③占 30%。

8. 答:①了解零件的名称、②用途和③材料;④想象出零件各部分的几何形状及结构形状;⑤了解零件各部分的大小、⑥精度、⑦表面粗糙度以及相对位置;⑧了解零件的技术要求;⑨分析了解零件的加工过程和⑩加工方法。

评分标准:答对①②③各占 10%,答对④占 15%,答对⑤⑥⑦各占 10%。答对⑧占 15%,答对⑨⑩各占 5%。

9. 答:①定义:所有不同数量的元器件和连线做在一个一定体积的半导体基片的电路称为集成电路。②分类:按集成规模分为大、中、小规模电路。

评分标准:答对①②各占 50%。

10. 答:①仪表的精度;②灵敏度和灵敏限;③变差;④稳定度;⑤线性度。

评分标准:答对①②③④⑤各占 20%。

11. 答:①使用钟机式控制器时应考虑取样井液体的黏度大小;②估计仪器下井所需时间;③在地面调试好控制阀关闭时间;④当取样器下到预定深度,等待关闭;⑤估计钟机走时并确定调试阀关闭,然后上提仪器。

评分标准:答对①②③④⑤各占 20%。

12. 答:种类:①锤击式、②钟控式、③挂壁式、④坐开式、⑤压差式。应用较多:⑥锤击式、⑦钟控式、⑧挂壁式。

评分标准:答对①②③④⑤各占 14%,答对⑥⑦⑧各占 10%。

13. 答:①与压力计组合后,②下入井内与测试控制器接合,③靠自重打开控制器的测试通道,进行压力测试,④不影响油井正常生产。

评价标准:答对①②③④各占 25%。

14. 答:①曲线圆滑、②拐点清楚;③续流段、④直线段、⑤边界三段清楚;⑥重复压力恢复曲线拐点出现时间相同;⑦特殊形状易于解释(指驼峰、鼓包等)。

评价标准:答对①②③④⑤各占 10%,答对⑥⑦各占 25%。

15. 答:①驴头只承受抽油杆和活塞截面以上的液柱静载荷时,理论上得到的示功图。②平行四边形。③泵做功多少。

评价标准:答对①占 60%,答对②③占 20%。

16. 答:①卸载线为一向上凹的曲线,②其倾角比理论载荷线倾角要小,③漏失越大,相对的倾角越小,并且漏失越严重,右下角变得越圆。④由于提前增载,示功图的左下角变圆,而且漏失愈加厉害,下角变得越圆。⑤当吸入部分严重漏失,游动阀一直不能打开,⑥悬点载荷不能将液柱载荷全部转移到油管上,使得载荷降不到理论最小载荷,此时深井泵停止排油。

评价标准:答对①②⑤各占 10%,答对③④各占 20%,答对⑥占 30%。

17. 答:①负荷(光杆最大、最小负荷),②泵的理论排量,③泵效,④油杆柱重力(抽油杆在空气中、液柱中的重力),⑤液柱重力,⑥上、下理论负荷线高度,⑦冲程损失。

评价标准:答对①占20%,答对②③各占10%,答对④⑤⑥⑦各占15%。

18. 答:①加速度传感器水平放置和垂直放置时,其输出的两个值就构成了该传感器的量程范围;②在校平后的水平台上放置标准角度块,使传感器分别呈00、300、450、600、900状态放置;③其各个输出值与垂直放置时输出值的比值就应该依次为以上各个角度的正弦值,否则该传感器损坏。

评分标准:答对①②各占35%,答对③占30%。

19. 答:①故障现象:载荷误差大,载荷值时有时无。载荷线性度差。②故障原因:通道零位和满量程的可调电阻值发生偏移或损坏。主机上的信号插座内有油污导致接触不良。信号电缆接触不良。传感器电路板上的运放、2DW232稳压管损坏。弹性体损坏。③处理方法:重新调节可调电阻,如损坏应更换。清洁主机上的信号插座。维修或更换信号电缆。更换运放、2DW232稳压管。更换弹性体。

评分标准:答对①②占30%,答对③占40%。

20. 答:①仪器电池电压低于工作电压;②仪器的通信线芯损坏;③晶振损坏;④电路板上电源线断线;⑤压力传感器工作不正常或损坏;⑥电器元件老化。

评价标准:答对①②③④⑤各占18%,答对⑥占10%。

五、计算题

1. 解:

$$采出程度=(累计采油量/控制地质储量)\times100\%$$
$$=(1005.7\times10^4/3107.0\times10^4)\times100\%=32.4\%$$

答:该区块采出程度为32.4%。

评分标准:公式正确占40%,过程正确占40%,结果正确占20%,公式、过程不对,结果对不得分。

2. 解:

$$吸水指数=日注水量/(井底压力-地层压力)$$
$$=225/(11.5-0.8)=21.0[m^3/(d\cdot MPa)]$$

答:该井吸水指数为$21.0m^3/(d\cdot MPa)$。

评分标准:公式正确占30%,过程正确占30%,结果正确占30%,单位正确占10%,公式、过程不对,结果对不得分。

3. 解:

$$水淹厚度系数=见水层厚度/见水层有效厚度\times100\%=2\div5\times100\%=40\%$$

答:水淹厚度系数为40%。

评分标准:公式正确占40%,过程正确占40%,结果正确占20%,公式、过程不对,结果对不得分。

4. 解:

$$地层的破裂压力=破裂压力梯度\times地层深度=0.014\times2500=35(MPa)$$

答:该井地层破裂压力为35MPa。

评分标准:公式正确占30%,过程正确占40%,结果正确占20%,单位正确占10%,公式、过程不对,结果对不得分。

5. 解:

$$1dm^3 = 1000cm^3 = 1000mL$$

$$10dm^3 = 10000mL = 10L$$

答:10dm³等于 10000mL,等于 10L。

评分标准:公式对占 30%;过程对占 40%;结果对占 30%;公式、过程不对,结果对不得分。

6. 解:

$$\text{绝对误差}=\text{测量值}-\text{真实值}=100.5-100=+0.5(V)$$

答:甲表的绝对误差为+0.5V。

评分标准:公式对占 30%;过程对占 40%;结果对占 30%;公式、过程不对,结果对不得分。

7. 解:

$$\text{电阻}=\text{电压}/\text{电流}=70/0.035=2000(\Omega)$$

答:该电子元件的电阻为 2000Ω。

评分标准:公式对占 30%;过程对占 40%;结果对占 30%;公式、过程不对,结果对不得分。

8. 解:

$R=(R_1R_2)/(R_1+R_2)=(2\times3)/(2+3)=1.2(\Omega)$

答:并联后的电阻为 1.2Ω。

评分标准:公式对占 30%;过程对占 40%;结果对占 30%;公式、过程不对,结果对不得分。

9. 解:

$$P=U^2/R$$

$$\text{电阻功率}=1000^2/(100\times10^3)=10(W)$$

$$5W<10W$$

答:该电阻的功率为 10W,不能代替。

评分标准:公式正确占 30%;过程正确占 30%;答案正确占 30%;第二问答案正确占 10%,公式、过程不对,结果对不得分。

10. 解:

$$C=C_1+C_2=2+3=5(\mu F)$$

答:并联后电容为 5μF。

评分标准:公式正确占 30%;过程正确占 30%;答案正确占 30%;单位正确占 10%,公式、过程不对,结果对不得分。

11. 解:

$$\begin{aligned}\text{最大绝对误差}&=\text{测量精度}\times\text{测量范围差值}\\&=0.2\%\times[120-(-30)]\\&=0.3(^\circ C)\end{aligned}$$

答:该温度仪的测量最大绝对误差为 0.3℃。

评分标准:公式正确占 30%;过程正确占 40%;答案正确占 30%,公式、过程不对,结果对不得分。

12. 解：

$$\text{取样时间 } T = 16.67V(p_i - p_f)/(Qp_i)$$
$$= 16.67\times10.41\times(16.89-12.75)/(1.75\times16.89)$$
$$= 24.3(\text{min})$$

答：取样时间为 24.3min。

评分标准：公式正确占 30%，过程正确占 30%，结果正确占 40%，公式、过程不对，结果对不得分。

13. 解：

$$\text{抽油泵理论抽出液量} = \text{冲程}\times\text{活塞横截面积}\times\text{冲次}\times24\times60$$
$$= 5\times10\times10^{-4}\times5\times24\times60 = 36(\text{m}^3)$$
$$\text{泵效} = (\text{实际产液量}/\text{理论产液量})\times100\%$$
$$= (18/36)\times100\% = 50\%$$

答：该井抽油机的泵效为 50%。

评分标准：两个公式正确各占 15%；两个过程正确各占 20%；答案正确占 30%，公式、过程不对，结果对不得分。

14. 解：

$$\text{校正系数} = \text{全井实际注入量}/\text{全井视注入量} = 168/140 = 1.2$$

答：该井注水量校正系数为 1.2。

评分标准：公式正确占 40%；过程正确占 40%；答案正确占 20%，公式、过程不对，结果对不得分。

15. 解：

$$\text{校正系数} = \text{全井实际注入量}/\text{全井视注入量} = 168/140 = 1.2$$
$$\text{偏 I 视吸水量} = \text{偏 I 水量} - \text{偏 II 水量} = 140-85 = 55(\text{m}^3/\text{d})$$
$$\text{偏 I 实际吸水量} = \text{偏 I 视吸水量}\times\text{校正系数} = 55\times1.2 = 66(\text{m}^3/\text{d})$$

答：该井偏 I 实际吸水量为 $66\text{m}^3/\text{d}$。

评分标准：三个公式正确各占 10%；三个过程正确各占 10%；答案正确占 40%，公式、过程不对，结果对不得分。

16. 解：

$$\text{压力梯度} = (p_2 - p_1)/(H_2 - H_1)$$
$$= (28.55-24.90)/(2100-1800)$$
$$= 0.0122(\text{MPa/m})$$
$$= 1.22(\text{MPa/100m})$$

答：该井压力梯度是 0.0122MPa/m，合计 1.22MPa/100m。

评分标准：公式正确占 30%，过程正确占 30%，结果正确占 40%，公式、过程不对，结果对不得分。

17. 解：

已知：$H_{中} = 2160\text{m}$，$H_2 = 2000\text{m}$，$H_1 = 1900\text{m}$，$p_2 = 16.28\text{MPa}$，$p_1 = 15.55\text{MPa}$。

$$p_{中} = p_2 + \left[(H_{中} - H_2)\times\frac{p_2 - p_1}{H_2 - H_1}\right]$$

(1)计算流压梯度:

$$G=\frac{p_2-p_1}{H_2-H_1}=\frac{16.28-15.55}{2000-1900}=0.73(\text{MPa}/100\text{m})$$

(2)测压至油层中部压差:

$$\Delta H=H_{中}-H_2=(2160-2000)\times0.73/100=1.17(\text{MPa})$$

(3)油层中部流压:

$$p_{中}=p_2+\Delta HG=28+1.17=17.45(\text{MPa})$$

答:该井的油层中部压力是 17.45MPa。

评分标准:公式正确占 40%,过程正确占 40%,结果正确占 20%,公式、过程不对,结果对不得分。

18. 解:

$$理论排量=3.5468\times3\times9=95.76(\text{m}^3/\text{d})$$

答:该井泵的理论排量为 95.76m^3/d。

评分标准:公式正确占 40%,过程正确占 40%,结果正确占 20%,公式、过程不对,结果对不得分。

19. 解:

已知:$Q_{实}=33.6\text{m}^3/\text{d}$,$Q_{理}=40.8\text{m}^3/\text{d}$。

$$\eta=Q_{实}/Q_{理}\times100\%=\frac{33.6}{40.8}=82.35\%$$

答:该井泵效为 82.35%。

评分标准:公式正确占 40%,过程正确占 40%,结果正确占 20%,公式、过程不对,结果对不得分。

20. 解:

已知:$D=510\text{mm}$,$L_{断}=13\text{mm}$,$L=15\text{mm}$。

$$D_{断}=\frac{L_{断}D}{L}=\frac{13\times510}{15}=442(\text{m})$$

答:该井抽油杆断脱在 442m 处。

评分标准:公式正确占 40%,过程正确占 40%,结果正确占 20%,公式、过程不对,结果对不得分。

技师、高级技师理论知识练习题及答案

一、单项选择题(每题有4个选项,只有1个是正确的,将正确的选项填入括号内)

1. AA001 油田在未开发前,如果油层中同时存在油、气、水时,则占据在圈闭构造顶部孔隙中的是( )。

A. 油 B. 气 C. 水 D. 油、气、水混合物

2. AA001 如果在油藏中没有气顶存在,只有油和水存在,那么( )。

A. 天然气溶解在石油中 B. 天然气溶解在水中

C. 天然气溶解在油或水中 D. 油层中没有天然气

3. AA002 油层出现溶解气驱油方式的压力条件是( )。

A. 油层压力高于饱和压力 B. 油层压力低于饱和压力

C. 流动压力高于饱和压力 D. 流动压力低于饱和压力

4. AA002 若油田采用注水开发,则生产过程中起主导作用的驱油方式是( )驱动。

A. 弹性 B. 气顶 C. 水压 D. 溶解气

5. AA003 过水截面上各点的流线皆为平行直线,且流速彼此相等的渗流,属于( )渗流方式。

A. 单向流 B. 平行流 C. 径向流 D. 稳定流

6. AA003 当地层中液流横断面变化不大,液源来自( )方向,其余三面为不渗透边界地层时,向井排的渗流属于多向流。

A. 单一 B. 多个 C. 三个 D. 同一

7. AA004 若油井打开全部地层厚度,裸眼完井,则油流向油井的渗流方式为( )。

A. 单向流 B. 平面径向流 C. 球面径向流 D. 多向流

8. AA004 平面径向流属于( )向井流动的情况。

A. 油、水 B. 油、气 C. 气 D. 水

9. AA005 所谓完善井是指( )完成的井。

A. 目的层全部打开,贯眼 B. 钻穿油层,下油层套管射孔

C. 目的层部分打开,裸眼 D. 目的层全部打开,裸眼

10. AA005 不完善井的产量与完善井的产量之比一般( )。

A. 小于1 B. 等于1 C. 大于1 D. 不小于1

11. AA006 稳定流是指( )的渗流。

A. 流量与井底压力无关 B. 井底压力与时间无关

C. 井底压力和流量与时间无关 D. 流量与时间无关

12. AA006 井底压力随时间变化的复压卡片上的曲线是在( )情况下测得的。

A. 稳定流 B. 不稳定流 C. 单向流 D. 径向流

13. AA007　达西定律证明,砂层的渗流流量与(　　)成正比。
A. 压力　B. 压差　C. 流体的黏度　D. 渗流段长度

14. AA007　不稳定试井是在井底处于(　　)状态下进行的。
A. 单向流　B. 径向流　C. 不稳定流　D. 稳定流

15. AA008　平面单向流的渗流规律说明,液流流量与(　　)成正比。
A. 液体流道距离　B. 液体流出处压力　C. 液体横断面积　D. 供给边界压力

16. AA008　在平面单向流的条件下,液流流量与(　　)成反比。
A. 地层的渗透率　B. 液体流出处压力　C. 液体黏度　D. 液流横断面积

17. AA009　在平面径向流的情况下,其他条件一定时,供油半径越大,流体流量越(　　)。
A. 小　B. 大　C. 明显增大　D. 不受影响

18. AA009　若用平面径向流渗流规律的公式计算油井的流量,则流量与(　　)成正比。
A. 供油半径　B. 油井半径　C. 生产压差　D. 井底流压

19. AA010　气体的相对密度是在温度、压力分别为(　　)条件下,气体的密度与干燥空气密度之比。
A. 293K、0.101MPa　B. 273K、0.101MPa
C. 293K、1.0MPa　D. 273K、1.0MPa

20. AA010　地层水物性参数主要有地层水的(　　)、体积系数和压缩系数。
A. 溶解气油比　B. 饱和压力　C. 黏度、密度　D. 天然气的溶解度

21. AA011　砂岩主要是指由粒度(　　)的颗粒组成的岩石。
A. 大于1mm　B. 0.1~1mm　C. 0.01~0.1mm　D. 小于0.01mm

22. AA011　(　　)主要由粒度大于1mm的碎颗粒组成,含量达50%~80%。
A. 砂岩　B. 细砂岩　C. 砾岩　D. 泥岩

23. AA012　目前能够从石油中分离出来的烃类已达(　　)多种。
A. 100　B. 150　C. 200　D. 250

24. AA012　在地面直接观察到的石油标志称为(　　)。
A. 油田　B. 油井　C. 油苗　D. 原油

25. AA013　生油岩内有一定数量的(　　)存在是石油生成的根本条件。
A. 有机质　B. 无机质　C. 水　D. 气体

26. AA013　石油生成的原始物质是石油生成的(　　)。
A. 条件　B. 内因　C. 外因　D. 因素

27. AA014　岩石的孔隙度是指岩石的总孔隙体积与岩石体积(　　),以百分数来表示,称为绝对孔隙度。
A. 之和　B. 之差　C. 之比　D. 乘积

28. AA014　渗透率表示(　　)使流体通过的能力。
A. 岩石　B. 岩层　C. 岩浆　D. 砂岩

29. AA015　根据成因,圈闭基本可分为(　　)种类型。
A. 3　B. 4　C. 5　D. 8

30. AA015　在一个圈闭内,具有独立(　　)和统一油气水界面的油气聚集称为油气藏。
A. 含油层　B. 储层　C. 断层　D. 压力系统

31. AA016　系统保护油层主要包括(　　)过程中的油层保护。

A. 钻井、固井、射孔、修井、增产措施、注水

B. 钻井、固井、射孔、修井、增产措施

C. 钻井、固井、修井、注水

D. 钻井、固井、修井、增产措施

32. AA016　如果油层中同时存在油、气、水时，则圈闭构造中上、中、下部位分别被(　　)占据。

A. 油、气、水　B. 油、水、气　C. 气、油、水　D. 气、水、油

33. AA017　岩心分析内容中常规物性分析总项目数有(　　)。

A. 7 项　B. 9 项　C. 11 项　D. 13 项

34. AA018　岩心 X 射线衍射分析主要应用点为(　　)。

A. 开发方案设计　B. 完井液设计

C. 保护油层设计　D. 完井液设计及保护油气层技术方案设计

35. AA018　岩心扫描电镜分析主要应用于(　　)、完井液设计及保护油气层技术方案的设计。

A. 完井设计　B. 油气层评价　C. 开发方案设计　D. 完井评价

36. AA019　油层伤害主要表现在(　　)方面。

A. 二个　B. 三个　C. 四个　D. 五个

37. AA019　酸敏实验在保护油气层技术方面的应用，为基质酸化提供了科学依据，为确定合理的解堵方法和(　　)提供依据。

A. 增产措施　B. 修井依据　C. 合理注水　D. 改造油层

38. AA020　溶解气驱油藏的油井产量与流压的关系是(　　)的。

A. 线性　B. 非线性　C. 曲线性　D. 直线性

39. AA020　油气两相渗流发生在溶解气驱油藏中，油藏流体的物理性质和相渗透率将明显地随(　　)而改变。

A. 渗透率　B. 体积　C. 压力　D. 产油量

40. AA021　油井生产系统是指油井生产过程中从油藏、井筒到地面(　　)所组成的整个流动系统。

A. 储油罐　B. 井口　C. 油气分离器　D. 集输站

41. AA021　在油井生产系统中，关系到气举井能否正常生产的是(　　)，它在气举井生产中占有至关重要地位。

A. 油管　B. 套管　C. 气举杆　D. 气举阀

42. AA022　在采用节点系统分析方法进行油井(　　)分析时，应根据需要解决的问题性质和条件确定系统的范围，既能使问题得到全面的解决，又能简化分析计算。

A. 生产动态　B. 生产过程　C. 生产变化　D. 生产情况

43. AA022　油井稳定生产时，整个流动系统必然满足(　　)的质量和能量守恒原理。

A. 油　B. 气　C. 水　D. 混合物

44. AA023　岩石力学是研究岩石在载荷作用下(　　)和破坏规律的学科。

A. 变化　B. 变形　C. 受力　D. 压缩

45. AA024　地壳岩石中到处都存在内应力,这种赋存于地壳岩石中的内应力称为(　　)。
A. 扰动应力　　B. 重应力　　C. 地应力　　D. 原地应力
46. AA024　地应力随深度增加(　　)。
A. 变小　　B. 增大　　C. 不变　　D. 成倍变化
47. AB001　采油工程方案的目标是经济(　　)地提高产量和原油的采收率。
A. 全面　　B. 有效　　C. 完整　　D. 广泛
48. AB001　在油田正式投入开发前需(　　)。
A. 编制钻井工程方案　　B. 研究油藏地质模型
C. 编制油田开发方案　　D. 编制油藏工程方案
49. AB002　采油工程方案中对油层保护措施中应含有(　　)措施。
A. 油藏分析　　B. 防污　　C. 地面设施　　D. 动态监测
50. AB002　在油田开发过程中系统保护油层的工作主要是优选入井流体、(　　)。
A. 采取合理的防砂方法　　B. 采取合理的防污措施
C. 优化工程设计实施工艺　　D. 优选解堵工艺方案
51. AB003　采油工程方案的基本内容主要包括(　　)大方面。
A. 五　　B. 六　　C. 八　　D. 十
52. AB003　采油工程方案从油田开发全过程出发,应满足(　　)的要求。
A. 采油工艺　　B. 注水工艺　　C. 增产措施　　D. 修井工艺
53. AC001　若电阻的真值是1000Ω,计算结果是1008Ω,则正确结论是(　　)。
A. 该电阻的误差是8Ω　　B. 计算结果误差是8Ω
C. 电阻的相对误差是8Ω　　D. 计量器具的准确度是0.8%
54. AC001　修正值与误差的(　　)相同。
A. 绝对值　　B. 指示值　　C. 测量值　　D. 真实值
55. AC002　下列选项中有两位有效数字的是(　　)。
A. 12.00　　B. 0.0250　　C. 1.100　　D. 2.4×10^5
56. AC002　按“4舍6入,遇5偶数法则”修约3.1415926至小数点后3位的结果是(　　)。
A. 3.141　　B. 3.142　　C. 3.140　　D. 3×10^3
57. AC003　为消除系统误差,用代数法加到测量结果上的值称为(　　)。
A. 误差值　　B. 残差值　　C. 修正值　　D. 真值
58. AC003　对压力计检定装置而言,下列选项中不属于系统误差的是(　　)。
A. 被检仪器误差　　B. 装置传感器误差　　C. 装置接地误差　　D. 重力加速度误差
59. AD001　机构和机器原理的简称为(　　)。
A. 机械原理　　B. 机构原理　　C. 机器原理　　D. 机械
60. AD001　游梁式抽油机可利用(　　)将旋转运动转变为往复运动。
A. 游梁　　B. 四连杆机构　　C. 曲柄　　D. 电动机
61. AD002　构件在载荷作用下抵抗破坏的能力称为(　　)。
A. 强度　　B. 刚度　　C. 稳定性　　D. 硬度
62. AD002　构件在外力作用下抵抗变形的能力指的是构件的(　　)。
A. 强度　　B. 刚度　　C. 稳定性　　D. 承载能力

63. AD003　应力的常用单位是(　　)。

A. MN/m^2　　B. N　　C. kN/m　　D. N/m^2

64. AD003　材料因受外力而变形,在(　　)阶段服从虎克定律。

A. 屈服　　B. 强化　　C. 弹性　　D. 局部变形

65. AD004　作用在杆件上的作用力方向相反,且在一条直线上,将使杆件发生(　　)形变。

A. 拉伸或压缩　　B. 拉伸　　C. 压缩　　D. 剪切或扭转

66. AD004　作用在杆件上两个方向的作用力相互平行,不在一条直线上,将使杆件发生(　　)变形。

A. 拉伸　　B. 压缩　　C. 剪切　　D. 弯曲

67. AD005　在交变载荷作用下,构件内的最大应力虽然低于材料的(　　),但长期工作就有可能发生疲劳破坏。

A. 许用应力　　B. 屈服极限　　C. 弹性极限　　D. 比例极限

68. AD005　在交变载荷作用下工作的构件的最大应力应低于(　　)极限。

A. 弹性　　B. 屈服　　C. 强度　　D. 危险应力

69. AD006　电阻型号中,精密电阻用数字(　　)表示。

A. 1 或 2　　B. 3 或 4

C. 5 或 6　　D. 6 或 7

70. AD006　将右图所示电阻箱接入电路,则接入电路的电阻为(　　)。

A. 247Ω　　B. 724Ω

C. 427Ω　　D. 742Ω

71. AD007　变压器的铁损包括两个方面:一是磁滞损耗,另一是(　　)损耗。

A. 铜损　　B. 电流

C. 热量　　D. 涡流

72. AD007　在电力系统中,变压器能将不同(　　)的线路连接起来。

A. 电阻等级　　B. 电抗等级　　C. 电压等级　　D. 电流等级

73. AD008　声波的频率范围是(　　)。

A. 5~2000Hz　　B. 10~20000Hz　　C. 20~2000Hz　　D. 20~20000Hz

74. AD008　某仪器的输出信号频率为 10Hz,则其周期为(　　)。

A. 100s　　B. 10s　　C. 1s　　D. 0. 1s

75. AD009　计算机内存中,每个基本单元都被赋予一个唯一的序号,称为(　　)。

A. 编号　　B. 地址　　C. 字节　　D. 容量

76. AD009　微型计算机硬件系统中最核心的部件是(　　)。

A. 存储器　　B. O/I 设备　　C. CPU　　D. UPS

77. AD010　在计算机硬件设备中,即可做输入设备又可做输出设备的是(　　)。

A. 扫描仪　　B. 绘图仪　　C. 磁盘驱动器　　D. 手写笔

78. AD010　下列选项中,表示并行打印机接口的是(　　)。

A. COM1　　B. LPT1　　C. Cache　　D. I/O

79. AD011　零件草图是画零件图的依据,它包括零件图所要求的(　　)。

A. 主要内容　　B. 主要尺寸　　C. 关键尺寸　　D. 全部尺寸

80. AD011　画零件图时首先应选择(　　)。
A. 比例　B. 图幅　C. 技术要求　D. 布置试图

81. AD012　螺纹画法规定,外螺纹的大径平顶用(　　)表示。
A. 细实线　B. 点化线　C. 粗实线　D. 虚线

82. AD012　内螺纹的画法规定大径(牙底)用(　　)表示。
A. 粗实线　B. 细实线　C. 虚线　D. 直线

83. AD013　有一定强度、钢塑性较高的普通碳素钢的代号为(　　)。
A. T_1、T_2　B. T_3、T_4　C. T_5、T_6　D. T_7

84. AD013　井下测试仪器常用不锈钢作外壳,常用不锈钢代号为(　　)。
A. Cu　B. 45 号　C. 1Cr13　D. 40Cr

85. AD014　计算机病毒是指(　　)。
A. 编制有错误的计算机程序　B. 设计不完善的计算机程序
C. 计算机的程序已被破坏　D. 以危害系统为目的特殊的计算机程序

86. AD014　下列选项中,不属于预防计算机病毒措施的是(　　)。
A. 建立备份　B. 专机专用　C. 不上网　D. 定期检查

87. AD015　操作系统中的文件管理系统可提供的功能是(　　)。
A. 按文件作者存取文件　B. 按文件名管理文件
C. 按文件创建日期存取文件　D. 按文件大小存取文件

88. AD015　操作系统的主要功能是(　　)。
A. 对用户的数据文件进行管理,为用户管理文件提供方便
B. 对计算机的所有资源进行统一控制和管理,为用户使用计算机提供方便
C. 对源程序进行编译和运行
D. 对汇编语言程序进行翻译

89. AD016　Word 文档可以对文字、图片、公式和(　　)进行编辑。
A. 英文　B. 艺术字　C. 文本框　D. 表格

90. AD016　如果要将 WORD 文档中一部分文本内容复制到别处,首先应该(　　)这部分内容。
A. 复制　B. 粘贴　C. 选择　D. 剪切

91. AD017　负责管理多媒体计算机各种信息和资源的操作系统是(　　)操作系统。
A. 计算机网络　B. 计算机多机　C. 分步式　D. 多媒体

92. AD017　操作系统按处理方法分为批处理系统、实时系统及(　　)三类。
A. 分时系统　B. 单机系统　C. 多机系统　D. 计算机操作系统

93. AD018　仅显示当前演示文稿中所有标题和正文的视图方式是(　　)视图。
A. 备注页　B. 幻灯片浏览　C. 幻灯片　D. 大纲

94. AD018　按照幻灯片演示文稿中出现的顺序,在同一窗口显示每张幻灯片缩图的视图方式称为(　　)。
A. 大纲　B. 备注页　C. 幻灯片　D. 幻灯片浏览

95. BA001　弹簧管式压力表的关键部件是(　　)。
A. 接口支撑部件　B. 测量机构　C. 传动放大机构　D. 示数装置

96. BA001　弹簧管式压力表感压元件是(　　)。

A. 指针　B. 传动机构　C. 外壳　D. 弹簧管

97. BA002　弹簧管式压力表表盘上标有(　　)。

A. 挡针　B. 数码　C. 刻度线　D. 示值

98. BA002　测量上限值在10(含)~60MPa(含)的弹簧管式压力表称为(　　)。

A. 微压表　B. 中压表　C. 高压表　D. 超高压表

99. BA003　仪表经常使用的压力应为其分度上限值的(　　)为宜。

A. 1/3　B. 1/2　C. 3/5　D. 2/3

100. BA003　仪表的储藏和使用环境的周围空气中不应含有能引起其腐蚀的有害杂质,且空气相对湿度应不大于(　　)。

A. 60%　B. 70%　C. 80%　D. 85%

101. BA004　相啮合齿轮的齿轮产生严重磨损,致使其齿形显著变形——处于"咬死"状态,造成压力表(　　)。

A. 指针在负荷作用下停留在相当于测量上限的1/3~3/4范围内的任一位置上

B. 指针的指示失灵,即在负荷作用下,指针不产生相应的回转

C. 指针运动不平稳,有抖动

D. 指针在回转蚀很滞钝,且油突跳现象

102. BA004　弹簧管式压力表指针与表盘间距离过大,或指针的刚性差,经振动影响跳到止销之后,造成压力表(　　)。

A. 指针的指示端处于零位止销之后

B. 指针偏离零位,示值误差超过允许误差

C. 指针运动不平稳,有抖动

D. 压力去除后指针不回零位

103. BA005　弹簧管式压力表指针跳动的原因是(　　)。

A. 传动比调整超差　B. 轴与轴径不同心　C. 中心轮未装游丝　D. 有残余形变

104. BA005　弹簧管式压力表超差是(　　)等原因造成的。

A. 加压太快或不稳　B. 有残余形变

C. 游丝太松,转矩太小　D. 拉杆长度不合适

105. BA006　国产活塞式压力计主要由活塞部件、校验泵和(　　)组成。

A. 底盘　B. 接头　C. 砝码　D. 手柄

106. BA006　活塞式压力计共有(　　)阀门。

A. 2个　B. 3个　C. 4个　D. 5个

107. BA007　清洗保养二等标准活塞式压力计时,最好用(　　)清洗保养。

A. 变压器油　B. 化验汽油　C. 蓖麻油　D. 机油

108. BA007　测量范围为0.04~0.6MPa的二等活塞式压力计活塞有效面积是(　　)。

A. $1cm^2$　B. $0.5cm^2$　C. $0.1cm^2$　D. $0.01cm^2$

109. BA008　CLJA型存储流量计系统由超声流量计、回放仪、(　　)和充电器组成。

A. 数据处理软件　B. 打印机　C. 计算机　D. 配套电缆

110. BA008　超声波在水中的传播速度约为(　　)。

A. 1500m/s　B. 1600m/s　C. 1700m/s　D. 1800m/s

111. BA009　外观判断严重变形的仪器属于(　　)仪器。

A. 停用　B. 不合格　C. 合格　D. 报废

112. BA009　校准井下流量计前,外观检查时通信接口无法连接,应(　　)。

A. 直接校准　B. 直接返厂

C. 退还给送检单位　D. 维修通信接口至连接自如后再开始校准

113. BB001　活塞式压力计可用于检定(　　)。

A. 井下钟机　B. 取样器　C. 标准压力表　D. 井下流量计

114. BB001　二等活塞压力计检定前,压力计须在检定室放置不少于(　　)。

A. 2h　B. 3h　C. 4h　D. 5h

115. BB002　活塞式压力计稳不住压主要是(　　)造成的。

A. 工作介质黏度太大　B. 工作介质有杂质

C. 皮碗损坏　D. 活塞间隙太小

116. BB002　活塞式压力计下降速度太快是(　　)造成的。

A. 皮碗损坏　B. 未关油杯阀门　C. 连接处有漏失　D. 工作介质黏度太大

117. BB003　精度为 0.1 级的电子压力计标定时应使用精度等级为(　　)的活塞压力计标定。

A. 0.10　B. 0.05　C. 0.02　D. 0.005

118. BB003　电子压力计绝缘性检查时主控板与外壳绝缘电阻应(　　)。

A. 大于 10MΩ　B. 大于 15MΩ　C. 大于 20MΩ　D. 无限大

119. BB004　使用中的电子式井下压力计校准周期应不超过(　　)。

A. 1 个月　B. 2 个月　C. 3 个月　D. 6 个月

120. BB004　目前校准井下电子式井下压力计所依据的技术规范是(　　)。

A. 电子式井下压力计校准方法

B. 井下压力计检定规程

C. 电子式井下压力计检定方法

D. 井下压力计校准规程

121. BB005　综合测试仪的位移测量范围为(　　)。

A. 1~8m　B. 1~10m　C. 1~12m　D. 1~15m

122. BB005　综合测试仪按精度可分为(　　)。

A. 1.0 级、2.0 级、3.0 级、5.0 级　B. 1.0 级、1.5 级、3.0 级、5.0 级

C. 1.0 级、2.0 级、3.5 级、5.0 级　D. 1.0 级、2.0 级、3.0 级、4.0 级

123. BB006　超声波井下流量计在校准时,每支仪器要有三组曲线台阶,校对点不少于(　　)。

A. 15 个　B. 18 个　C. 24 个　D. 30 个

124. BB006　使用中的超声波井下流量计的校准周期为(　　)。

A. 6 个月　B. 3 个月　C. 2 个月　D. 1 个月

125. BC001　油水井大修主要包括(　　)等项目。

A. 井下事故处理、套管清蜡　　B. 井下事故处理、套管修理、侧钻

C. 打捞施工、压裂、酸化　　D. 射孔找水、补孔、分采化堵

126. BC001　对于油水井采取酸化、压裂补孔等措施属于(　　)修井作业。

A. 油水井小修　　B. 油水井中修　　C. 油水井大修　　D. 油水井维护

127. BC002　压裂酸化的主要目的是(　　)。

A. 提高油层压力　　B. 提高油层渗透率　　C. 提高流动压力　　D. 除去油井壁污染

128. BC002　对于压力高又无管柱的井,需要压井时应选择(　　)压井。

A. 正循环压井法　　B. 反循环压井法　　C. 灌注压井法　　D. 挤压井法

129. BC003　几个分隔开来的(　　)互相窜通称为窜槽。

A. 水层　　B. 油层　　C. 地层　　D. 岩层

130. BC004　压缩式封隔器的分类代号是(　　)。

A. Z　　B. X　　C. Y　　D. K

131. BC004　提放管柱坐封方式的代号是(　　)。

A. 1　　B. 2　　C. 3　　D. 4

132. BC005　K344 系列封隔器的工作压力是(　　)。

A. 10MPa　　B. 12MPa　　C. 15MPa　　D. 20MPa

133. BC005　Y141-114 封隔器坐封压力是(　　)。

A. 15~16MPa　　B. 14~15MPa　　C. 8~12MPa　　D. 6~8MPa

134. BC006　Y111-115 封隔器总长度为(　　)。

A. 370mm　　B. 440mm　　C. 530mm　　D. 725mm

135. BC006　Y111-150 封隔器的重量为(　　)。

A. 11kN　　B. 25kN　　C. 37kN　　D. 42kN

136. BC007　使用封隔器时,必须检查(　　)并存档。

A. 说明书　　B. 合格证　　C. 密封圈　　D. 弹簧

137. BC007　起下封隔器时必须装(　　)或拉力计。

A. 指重表　　B. 密封圈　　C. 调节环　　D. 销钉

138. BC008　Y111 型封隔器主要由密封部分和(　　)部分组成。

A. 中心管　　B. 导向滑动　　C. 胶环　　D. 弹簧

139. BC008　上提油管柱,释放(　　),即可解封起出封隔器。

A. 密封圈　　B. 胶环　　C. 封隔件　　D. 坐封剪钉

140. BC009　控制类工具分类型号中分类代号 K 表示控制类工具,X 则表示(　　)。

A. 修井工具类　　B. 偏心工具类　　C. 开关工具类　　D. 固定工具类

141. BC009　KKX-106 型空心配水器中的 106 代表(　　)。

A. 最大外径　　B. 钢体长度　　C. 设计代号　　D. 最大内径

142. BC010　水力震荡器带打捞工具下井捞住落物后,应在地面上要拉紧钢丝,使(　　)上移。

A. 主体和皮碗　　B. 外套和皮碗　　C. 进液接头和主体　　D. 阻尼接头和主体

143. BC010　在进行投捞或测试作业中,可在震荡器上部连接一个或几个(　　),用来增加仪器串重量,促进震荡器回位。

A. 打捞器　B. 加重杆　C. 压力计　D. 流量计

144. BC011　直接式机械震荡器由(　　)组成。

A. 上链和下链　B. 上链和绳帽下链

C. 绳帽接头和上、下链　D. 绳帽和下链

145. BC011　直接式机械震荡器震击力的大小与震荡器的(　　)和上提速度有关。

A. 重量　B. 长短　C. 冲程　D. 应力

146. BC012　关节式震荡器冲程为(　　)。

A. 10cm　B. 12cm　C. 15cm　D. 18cm

147. BC012　关节式震荡器下井过程中,它的(　　)可以自由转动。

A. 主体　B. 关节　C. 接头　D. 关节杆

148. BC013　机械弹簧式震荡器工作时,地面钢丝绳拉紧后,中心碰撞杆上移,带动(　　)上移。

A. 滑块　B. 挡杆　C. 下震击体　D. 震击立体

149. BC013　机械弹簧式震荡器是一种打捞(　　)物体的工具

A. 较轻　B. 较重　C. 较长　D. 较短

150. BC014　减振器下部弹簧通常承受一个接在(　　)下端的精密仪器的恒定重量。

A. 主体　B. 底部连接仪器接头

C. 芯轴　D. 打捞接头

151. BC014　减振器用于减轻下井仪器的(　　),以防仪器失灵。

A. 重量　B. 遇卡　C. 震荡　D. 遇阻

152. BC015　卡瓦式打捞筒打捞落物时,是靠卡瓦片上的(　　)夹住带外螺纹的鱼顶的。

A. 钩　B. 齿　C. 挡钩体　D. 打捞头

153. BC015　卡瓦式打捞筒可用于打捞外部带有(　　)的落物。

A. 孔眼　B. 螺纹　C. 钢丝　D. 伞形台阶

154. BC016　当脱螺纹落物外部带有孔眼时,可用(　　)打捞。

A. 卡瓦式打捞筒　B. 特种捞头　C. 内钩打捞筒　D. 内胀螺纹打捞器

155. BC016　内钩打捞筒打捞时,落物进入打捞筒内后,由筒内(　　)而捞住落物。

A. 钩齿插入落物孔眼内　B. 卡瓦卡住落物

C. 钩子抓住钢丝　D. 内钩抓住钢丝团

156. BC017　锤击式脱卡器工作时,逆时针扭动螺栓,(　　)被释放落下,撞击伸缩绳帽,使脱落爪子张开脱离仪器,完成脱卡动作。

A. 伸拉弹簧　B. 压缩弹簧　C. 重锤　D. 扭簧

157. BC017　脱卡器的作用是使测试仪器与试井钢丝(　　)脱开。

A. 断裂　B. 配合　C. 自动　D. 连动

158. BC018　防掉器可防止(　　)。

A. 下井仪器掉入井内　B. 下井仪器落入井底

C. 钢丝断裂　D. 上提仪器时碰堵头掉入井内

159. BC018　防掉器可用于(　　)内作业。
A. 油管　B. 套管　C. 双管管　D. 油、套管

160. BC019　高凝油常规自喷井在关井测压力恢复曲线前一周左右,应向油套环形空间注入一定量的(　　),以便下井仪器正常提下。
A. 柴油或稀油　B. 汽油或稀油　C. 蒸气　D. 煤油或机油

161. BC019　高凝油常规自喷井若关井测压力恢复曲线(　　),油管上部可能被高凝油堵死。
A. 时间短　B. 时间过长　C. 24h　D. 8h

162. BC020　稠油蒸汽吞吐井的蒸汽吞吐过程是一个十分复杂的综合作用过程,同时也是一个具有不同流动梯度的(　　)过程。
A. 稳定吞吐　B. 稳定溢流　C. 非稳定渗流　D. 非稳定径向流

163. BC020　稠油蒸汽吞吐井注入蒸汽温度都一般在(　　)以上。
A. 100℃　B. 150℃　C. 200℃　D. 300℃

164. BC021　在连续气举井中测试时,应在气举阀下每隔(　　)测一个点,以便确定油井在举升期的流压梯度和阀漏失处。
A. 100~150m　B. 100~200m　C. 100~250m　D. 100~300m

165. BC021　在连续气举井中测试,为了核实注气点,可在每个阀下面(　　)处测 1 个压力点。
A. 2~3m　B. 3~5m　C. 2~4m　D. 3~6m

166. BC022　间歇气举井中测试中,关间歇控制器后压力计下井时,不论产量多大,首先均应把压力计下到(　　)以下开始测量。
A. 气举阀　B. 每级气举阀　C. 最下一级气举阀　D. 最上一级气举阀

167. BC022　在间歇气举井中,(　　)一定要关闭注气管线上的周期—时间间歇控制器。
A. 准备工作时　B. 测试前　C. 测试中　D. 测试后

168. BC023　高温封隔器下入井内预定位置后,当注入蒸汽温度上升到(　　)时,热敏金属零件向外膨胀,可推动封隔零件与套管接触而坐封。
A. 180℃　B. 200℃　C. 250℃　D. 300℃

169. BC023　循环阀主要用在注蒸汽前将封隔器以上(　　)中的水举出并排空。
A. 井底　B. 油管　C. 套管　D. 油套环形空间

170. BC024　气举阀按安装方式分类可分为固定式气举阀和(　　)。
A. 投捞式气举阀　B. 注入压力操作阀　C. 导流阀　D. 弹簧式气举阀

171. BC024　气举阀工作筒分为(　　)工作筒和投捞式偏心工作筒两类。
A. 移动式　B. 正心式　C. 活动式　D. 固定式

172. BC025　地面直读测试期间,要求产量的稳定波动范围不超过(　　)。
A. 3%　B. 5%　C. 10%　D. 15%

173. BC025　地面直读测试单层时,要求从井口至测试顶部每隔(　　)测 1 个压力温度梯度。
A. 100m　B. 150m　C. 200m　D. 300m

174. BC026　若水力震荡器处于正常状态,(　　)突出外套应小于 1mm。
A. 销钉　B. 止动片　C. 主体弹簧　D. 止动片弹簧

175. BC026　使用前对震荡器进行检查时,要求主体弹簧完好,拉开力不小于(　　)。
A. 150N　B. 200N　C. 280N　D. 320N

176. BC027　在打捞过程中,当钢丝绳拉直后,震荡器会对物体产生一个向上的附加(　　)作用。
A. 拉伸　B. 推动　C. 震击　D. 反向

177. BC027　当地面钢丝绳拉紧后,震荡器中心碰撞杆上移,带动(　　)上移。
A. 震击主体　B. 挡块　C. 下部接头　D. 滑块

178. BC028　压缩式注水封隔器通常和偏心配水器或同心配水器配套使用,用于(　　)。
A. 高压分层注水　B. 低压分层注水　C. 高压笼统注水　D. 低压笼统注水

179. BC028　压缩式注水封隔器从(　　)内加液压,作用在坐封活塞上。
A. 套管　B. 井口　C. 油管　D. 井底

180. BC029　提挂式井下脱卡器靠提速或(　　)控制开关以达到脱挂的目的。
A. 开关杆　B. 拉簧　C. 中心管　D. 急刹车

181. BC029　提挂式井下脱卡器(Ⅱ型)直径为(　　)。
A. 41mm　B. 42mm　C. 43mm　D. 45mm

182. BD001　稳定试井是测出井的产量和相应的压力,推断出井和油藏的(　　)的方法。
A. 液体物性　B. 流动特性　C. 油层特性　D. 生产能力

183. BD001　油藏岩石的(　　)和原油地下的黏度性质,是决定井产量的主要因素之一。
A. 孔隙度　B. 含油饱和度　C. 有效渗透率　D. 渗透率

184. BD002　在稳定试井最后一个工作制度测试结束后,要(　　)。
A. 做油、气、水全分析　B. 关井测静压
C. 高压物性取样　D. 探砂面、捞砂样

185. BD002　稳定试井中,待每种工作制度生产稳定后要下压力计测取(　　)资料。
A. 静压　B. 复压　C. 油压、套压　D. 井底流压及流温

186. BD003　油井指示曲线是指(　　)与产量的关系。
A. 流压　B. 静压　C. 油压　D. 生产压差

187. BD003　从井筒温度曲线可以判断(　　)。
A. 结蜡点深度　B. 生产能力　C. 井下压力　D. 含水状况

188. BD004　不稳定试井方法假设油层的驱动类型为(　　)驱动。
A. 弹性　B. 水压　C. 重压　D. 溶解气

189. BD004　不稳定试井分析是通过测取油水井工作制度改变后井底压力与时间的变化过程,从而(　　)的一种分析方法。
A. 认识地层性质　B. 确定工作制度　C. 提高产量　D. 录取资料

190. BD005　对于均质地层,表皮系数大于(　　)表示产层受到污染。
A. 0　B. 1　C. 2　D. 3

191. BD005　井筒储集常数是描述井筒内流体(　　)的量。
A. 多少　B. 流动　C. 黏度大小　D. 可压缩性

192. BD006　进行干扰试井时,要改变工作制度的井、要下压力计的井分别是(　　)。
A. 观察井、激动井　B. 激动井、观察井
C. 观察井、生产井　D. 水井、油井

193. BD006 作为测试井,当关井进行干扰压力监测时,它过去的(　　)会影响目前的压力变化趋势。

A. 产液量　　B. 含水率　　C. 地层压力　　D. 生产史

194. BD007 将 p_t-lg[$t/(T+t)$]关系绘制在半对数坐标纸上,以获得直线斜率、新井的原始地层压力等资料试井分析方法的是(　　)。

A. 霍纳法　　B. MDH 法　　C. 图板拟合法　　D. 现代解释法

195. BD007 用样板曲线或图版进行拟合解释的方法称为(　　)解释法。

A. 普通试井　　B. 现代试井　　C. 常规试井　　D. 稳定试井

196. BD008 应用压力恢复资料可以检查和判断(　　)。

A. 管柱的最大承压　　B、油气水井增产措施效果

C. 套损程度　　D. 固井程度

197. BD008 应用压力恢复资料可以了解油井和油田的(　　)。

A. 套损状况　　B. 生产能力　　C. 井位分布　　D. 温度变化

198. BD009 下列选项中不属于干扰试井的目的和用途的是(　　)。

A. 推算井间平均地层压力　　B. 直接检验井间是否连通

C. 检验井间断层是否密封　　D. 求出不同方向的渗透率

199. BD009 干扰试井是利用(　　)在地层中的传播来研究井与井之间的情况的。

A. 地震波　　B. 声波　　C. 振动波　　D. 压力波

200. BD010 脉冲试井是在(　　)上进行的。

A. 生产井和停产井　　B. 一口油井、多口水井

C. 一口激动井和多个观测井　　D. 生产井和观察井

201. BD010 脉冲试井的相关术语——脉冲数是指(　　)。

A. 开、关井的次数　　B. 每小时开关井次数

C. 开井次数　　D. 关井次数

202. BD011 探边测试的主要目的是确定油藏边界的(　　)和大小,这是确定开发方案和开发方式的重要依据。

A. 压力　　B. 形状　　C. 性质　　D. 尺寸

203. BD011 为了解决油井产量与测试之间的矛盾可采用(　　)进行探边测试。

A. 压降法　　B. 压力恢复法　　C. 变流量测试法　　D. 流压曲线测试法

204. BD012 关井测试压力探边时,关井前应至少测试(　　)的流压曲线。

A. 1 天　　B. 1~2 天　　C. 2~3 天　　D. 3 天

205. BD012 探边测试应从井口到油层中部每(　　)测试一个压力温度数据。

A. 100m　　B. 200m　　C. 300m　　D. 500m

206. BD013 不稳定试井的最小测试时间间隔应是径向流开始的时间的(　　)。

A. 3 倍　　B. 5 倍　　C. 8 倍　　D. 10 倍

207. BD013 探边测试的最小测试时间间隔应比拟稳态出现的时间大(　　)。

A. 10 倍　　B. 12 倍　　C. 15 倍　　D. 20 倍

208. BD014 当流动达到稳定的时间不大于(　　)时,采用系统试井法。

A. 8h　　B. 10h　　C. 12h　　D. 14h

209. BD014　当流动达到稳定的时间大于(　　)时,采用等时测井或修正等时试井法。

A. 5h　B. 7h　C. 10h　D. 15h

210. BD015　稳定试井每个工作制度下均应保持产量稳定,其波动应不超过本井产量的(　　)。

A. 3%　B. 5%　C. 10%　D. 15%

211. BD015　等时试井要求测试(　　)工作制度。最后一个工作制度适当延长测试时间。

A. 2~3 个　B. 3~5 个　C. 4~6 个　D. 5~7 个

212. BD016　试井解释报告中测试井基本情况应包括(　　)。

A. 产油量　B. 井底压力　C. 作业时间　D. 最大井斜

213. BD016　试井解释报告中测试层数据应包括(　　)。

A. 地理位置　B. 构造位置　C. 含油饱和度　D. 油层中部

214. BD017　当单相流流动满足达西渗流规律时,指示曲线为(　　)。

A. 直线型　B. 曲线型　C. 混合型　D. 异常型

215. BD017　当指示曲线为(　　),各测点流压均高于饱和压力。

A. 直线型　B. 曲线型　C. 混合型　D. 异常型

216. BD018　20 世纪(　　)年代以来,随着科学技术的飞速发展,一套比较完整的"现代试井解释方法"已经建立起来。

A. 50　B. 60　C. 70　D. 80

217. BD018　现代试井解释方法可根据常见的各种(　　),建立相应的试井分析理论模型。

A. 油气藏　B. 静态数据　C. 动态数据　D. 压力曲线

218. BD019　现代试井分析的典型曲线描述的是无量纲压力与(　　)之间的关系。

A. 无量纲时间　B. 压力　C. 时间　D. 无量纲产量

219. BD020　系统试井测试前,必须先测得稳定的(　　)。

A. 油管压力　B. 地层压力　C. 油管温度　D. 地层温度

220. BD020　系统试井过程中,每种制度下测试二次流压,其中一次可以测(　)。

A. 压力恢复曲线　B. 静压曲线　C. 温度梯度曲线　D. 压力梯度曲线

221. BD021　根据系统试井测试资料绘制指示曲线,系统试井曲线,可得出(　　)。

A. 流体性质　B. 套管压力数值　C. 油管压力数值　D. 产能方程

222. BD021　系统试井依据的原理是井和油藏的(　　)。

A. 静态特性　B. 动态特性　C. 稳定特性　D. 统一特性

223. BD022　激动井的一次关井和一次开井的时间总长度称为(　　)。

A. 时间周期　B. 脉冲周期　C. 长度周期　D. 开井周期

224. BD022　在背景压力下,单纯由于激动井影响而产生的压力变化称为(　　)。

A. 干扰时间　B. 干扰压力　C. 纯干扰压力　D. 纯干扰时间

225. BD023　一般情况下进行多井试井时,要求使用(　　)均较高的电子压力计。

A. 分辨率　B. 精度　C. 分辨率和精度　D. 分辨率和测压量程

226. BD023　多井试井是利用(　　)在地层中的传播来研究井与井之间的情况的。

A. 地震波　B. 声波　C. 震动波　D. 压力波

227. BD024　数值试井必须进行(　　),为此要选用适合的网格。
A. 数字化　B. 油气藏评价　C. 离散化　D. 油藏描述

228. BD024　常规解析试井方法解释的初步分析参数应用到数值试井分析,需进行(　　),建立数值试井模型。
A. 网格划分　B. 模型选择　C. 微分方程计算　D. 节点选择

229. BE001　超声流量计可存储(　　)数据点。
A. 5000 个　B. 6000 个　C. 8000 个　D. 10000 个

230. BE001　涡轮流量计可将管子截面积的流体(　　)变成涡轮的旋转。
A. 线性运动　B. 流量　C. 大小　D. 匀速运动

231. BE002　液面自动监测仪打印机通电后尖叫是(　　)造成的。
A. 电压低　B. 打印机坏　C. 开关置置于“ON”　D. 开关置置于“OFF”

232. BE002　给液面自动监测仪井口压力传感器加压 8MPa 时应输出(　　)左右电压。
A. 2V　B. 3V　C. 5V　D. 8V

233. BE003　超声波井下流量计回放出的卡片图形完整,但是时间与井下实际测试时间不符,可能原因是(　　)。
A. 传感器损坏　B. 数模转换晶振损坏
C. 模拟电路板损坏　D. 电池电压不足

234. BE003　某超声波井下流量计没有压力曲线可能原因是为供电三极管坏、压力传感器坏和(　　)。
A. 温度传感器坏　B. 晶振损坏　C. 流量传感器坏　D. 电感断路

235. BE004　压力传感器正常,液面自动监测仪显示压力超高,应检查(　　)。
A. 存储器　B. 放大器　C. 标定时间表　D. 驱动电压

236. BE004　液面自动监测仪资料无法回放,应检查(　　)。
A. 回放接口　B. 放大器　C. 测试资料　D. 电池电压

237. BE005　井口连接器不击发,应检查(　　)。
A. 击发线圈　B. 放大器　C. 压力传感器　D. 微音器

238. BE005　井口连接器进气室(　　)损坏,测试时会出现漏气现象。
A. 弹簧　B. 密封圈　C. 堵头　D. 销子

239. BF001　人工地震采油技术是利用地面可控震源产生强大的波动场,以(　　)的形式对地下油层进行大面积振动处理,实现区块多口井共同增产的目的。
A. 机械波　B. 压力波　C. 电磁波　D. 超声波

240. BF001　高能气体压裂是利用(　　)快速燃烧产生的高压气体,通过控制其升压速度和峰值压力,在井壁上压出多条径向裂缝,提高其导流能力,从而达到增产的目的。
A. 天然气　B. 火药或火箭推进剂
C. 氧气　D. 地层中石油和天然气

241. BF002　注水井化学调剖技术主要解决油田开发中的(　　)矛盾。
A. 平面　B. 层内　C. 注采失衡　D. 层间

242. BF002　化学反应产生的热量可以解除死油、胶质及(　　)堵塞。

A. 蜡块　　B. 有机盐　　C. 水堵　　D. 杂物

243. BF003　在非竖直采油井中,(　　)井的井眼直线是倾斜直线,井身从地面一直倾斜到井底。

A. 定向　　B. 水平　　C. 斜直　　D. 侧钻

244. BF003　定向井的井眼轴线(　　)。

A. 是倾斜直线　　B. 由垂直段、造斜段、水平段组成

C. 由直井段、稳斜段、水平段　　D. 由直井段、造斜段、稳斜段组成

245. BF004　下列采油方法属于三次采油的是(　　)。

A. 自喷采油　　B. 注水采油　　C. 机械采油　　D. 注聚合物采油

246. BF004　聚合物是通过(　　),减少水的指进来提高驱油剂的波及系数,从而提高油层的采收率的。

A. 提高水油流度比　　B. 降低水油流度比

C. 提高水相渗透率　　D. 降低注入水的黏度

247. BF005　聚合物溶液的黏度随着温度的升高而(　　)。

A. 升高　　B. 上下波动　　C. 降低　　D. 不变

248. BF005　聚合物溶解过程要经过(　　)阶段。

A. 2 个　　B. 3 个　　C. 4 个　　D. 5 个

249. BF006　随着聚合物相对分子质量的增加,聚合物驱油效率(　　)。

A. 不变　　B. 下降　　C. 升高　　D. 与此无关

250. BF006　聚合物最佳变异系数为(　　)。

A. 0. 2~0. 4　　B. 0. 5~0. 7　　C. 0. 6~0. 8　　D. 0. 6~0. 9

251. BF007　井网选择的不同对聚合物驱油效果的影响也不同,研究结果表明:当采油井距为 250m 时,(　　)法提高原油采收率的幅度最大。

A. 七点　　B. 四点　　C. 五点　　D. 反九点

252. BF007　若注聚合物井驱油的采油指数明显下降且较注水时低(　　),应采用机械采油法。

A. 1/4~1/2　　B. 1/3~1/2　　C. 1/2~2/3　　D. 1/2~1

253. BF008　聚合物驱油的第一阶段是水区空白阶段,这一阶段一般需要(　　)。

A. 3~6 个月　　B. 3~6 年　　C. 1~2 年　　D. 1~2 月

254. BF008　聚合物溶液全部注完之后,注入井继续注水,进入第三阶段,即后续水驱阶段,以保持聚合物驱油效果,直到采油井含水达到(　　)为止。

A. 100%　　B. 98%　　C. 95%　　D. 90%

255. BF009　聚合物驱油过程中,要求每(　　)对注入水、配制站聚合物用水的水质(矿化度、含铁量)及水中含氧量检测一次,分析水质变化情况。

A. 1 个月　　B. 半个月　　C. 7 天　　D. 3 天

256. BF009　聚合物驱油过程中,对采油井流压和静压监测的要求是流压每(　　)测一次,静压每季度或半年测一次。

A. 季度　　B. 月　　C. 周　　D. 天

257. BF010　注聚合物后,水井注入压力增加,注入能力(　　)。

A. 下降　　B. 上升　　C. 不变　　D. 无法预测

258. BF010　注聚合物后,油井流动压力下降,生产能力(　　)。

A. 无法预测　　B. 下降　　C. 不变　　D. 增强

259. BF011　为了防止聚合物溶液降解,整套聚合物分散装置全部采用(　　)材料。

A. 不锈钢　　B. 聚乙烯　　C. 铝合金　　D. 橡胶

260. BF011　为了防止聚合物溶液黏度损失,目前在注聚合物流程中均采用(　　)泵来做混合液和聚合物母液的输送泵。

A. 柱塞　　B. 单螺杆　　C. 离心　　D. 齿轮

261. BF012　饱和蒸汽的性质与注入量的热量有关,取决于注蒸汽的压力(温度)和(　　)。

A. 黏度　　B. 孔隙度　　C. 导热系数　　D. 干度

262. BF012　进入油层中的热量与油藏岩石的导热系数有关,而油层温度的升高,则与油藏岩石的(　　)有关。

A. 黏度　　B. 孔隙度　　C. 热容量、比热容　　D. 干度

263. BF013　当油层多孔介质中流体的运动速度较大时,(　　)为主要传热机理。

A. 对流作用　　B. 热辐射作用　　C. 热传导作用　　D. 热接触作用

264. BF013　辐射是依靠(　　)传递热量的一种过程。

A. 超声波　　B. 电磁波　　C. 无线电波　　D. β 射线

265. BF014　注蒸汽热采中,一般将(　　)看作影响热损失的唯一热阻。

A. 管线的结构　　B. 管线的材质　　C. 绝热层　　D. 管道内流动的压力

266. BF014　通过井筒油管壁、套管壁及水泥环的热流是以(　　)的方式发生的。

A. 对流　　B. 辐射　　C. 热传导　　D. 热接触

267. BF015　注蒸汽井中,随着注汽的进行,地层温度增加,井筒热损失(　　)。

A. 增加　　B. 降低　　C. 保持不变　　D. 有时增加有时降低

268. BF015　注蒸汽井中,随着井深的增加,热损失百分数(　　)。

A. 增大　　B. 减小　　C. 不变　　D. 不确定

269. BF016　蒸汽吞吐是先将高温、高压湿蒸汽注入油层,对油井周围油层(　　),焖井换热后开井采油。

A. 加压增黏　　B. 加热降黏　　C. 加热增黏　　D. 加压降压

270. BF016　注蒸汽热采效果的好坏主要取决于(　　)利用程度。

A. 蒸汽热量　　B. 干度　　C. 黏度　　D. 热损失

271. BF017　(　　)是设计最佳蒸汽吞吐措施的主要参量。

A. 蒸汽注入量　　B. 注汽速度　　C. 冷油产率　　D. 原油黏度

272. BF017　原始含油饱和度低,蒸汽吞吐(　　)。

A. 开采效果差,峰值产量低　　B. 开采效果好,峰值产量高

C. 开采效果差,峰值产量高　　D. 开采效果好,峰值产量低

273. BF018　蒸汽干度(　　),蒸汽吞吐开采效果越好。

A. 越低　　B. 越高　　C. 不变　　D. 不确定

274. BF018 深层稠油油藏油层压力较高,关井焖井时间不宜过长,一般为 2~3 天,最长不超过(　　)。
A. 5 天　　B. 6 天　　C. 7 天　　D. 8 天

275. BF019 对蒸汽驱采收率的贡献最大的是(　　)。
A. 热膨胀作用　　B. 蒸汽蒸馏　　C. 溶解汽驱　　D. 混相与乳化驱

276. BF019 随着蒸汽前缘温度的(　　),溶解气从油中逸出,溶解气发生膨胀形成驱油动力,增加了原油的产量。
A. 降低　　B. 升高　　C. 先低后高　　D. 先高后低

277. BF020 薄油层,要求最优注汽强度要高,油层厚度变大,最优注汽强度(　　)。
A. 变小　　B. 变大　　C. 不变　　D. 不确定

278. BF020 采注比是(　　)与注汽速度之比。
A. 排液速度　　B. 注入蒸汽干度　　C. 采油效率　　D. 注汽质量

279. BF021 对蒸汽驱来说,油藏压力越低越好,一般应低于(　　)。
A. 5MPa　　B. 6MPa　　C. 7MPa　　D. 8MPa

280. BF021 油层含油饱和度对蒸汽驱采收率影响较大,二者在直角坐标系中呈(　　)。
A. 双对数关系　　B. 折线关系　　C. 直线关系　　D. 指数关系

281. BF022 高温吸汽剖面测试结束后,通过计算可得出管柱内蒸汽干度、(　　)及油层的吸汽量。
A. 热损失　　B. 注汽半径　　C. 油层厚度　　D. 油层孔隙度

282. BF022 通过热损失模型计算可得到井筒热损失及(　　)。
A. 温度　　B. 压力　　C. 流量　　D. 干度

283. BF023 蒸汽取样器下井后处于(　　)状态。
A. 关闭　　B. 开启
C. 上部打开、下部关闭　　D. 下部打开、上部关闭

284. BF023 井下蒸汽干度取样测试通过(　　)取得饱和蒸汽干度值。
A. 测量蒸汽样品质量　　B. 观察蒸汽样品颜色
C. 测量蒸汽样品体积　　D. 化学分析蒸汽样品

285. BF024 高温长效测试时,将高温长效测试仪置于(　　)内随生产管柱下井。
A. 油管内　　B. 套管内　　C. 保护托筒内　　D. 泵筒内

286. BF024 通过高温测试资料分析,可以确定区块油井生产过程的(　　),进而对异常温度变化或汽窜影响状况进行油井分析与诊断。
A. 地层压力　　B. 流体密度　　C. 降温模式　　D. 生产能力

287. BF025 通过汽水分离器去除蒸汽里面的(　　),可有效改善蒸汽工况,提高蒸汽加热效能。
A. 气态水　　B. 液态水　　C. 铁屑等杂质　　D. 矿物杂质

288. BF025 通过汽水分离器通常可以将蒸汽干度提高(　　)。
A. 10%~15%　　B. 20%~25%　　C. 25%~30%　　D. 30%~35%

289. BF026 我国发现的稠油油藏储层主要为(　　)。
A. 岩浆岩　　B. 砂岩　　C. 变质岩　　D. 火山岩

290. BF026 我国发现的稠油油藏的特点是( )。

A. 稠油中轻质馏分很少　B. 胶质沥青含量很少

C. 稠油中轻质馏分很多　D. 线性关系较好

291. BF027 在热力采油过程中,随着油层温度的升高,地下原油、水及岩石都将产生不同程度的( ),为驱动提供能量。

A. 膨胀　B. 收缩　C. 增加　D. 减少

292. BF027 当温度由常温升高到200℃时,原油体积将增加( )。

A. 5%　B. 10%　C. 20%　D. 30%

293. BG001 新钢丝使用前未先预松扭力可能发生( )现象。

A. 钢丝打扭　B. 仪器倒扣

C. 钢丝打扭断　D. 绳结在绳帽中不转动

294. BG001 下井仪器在装配时未拧紧螺纹,容易造成下井仪器( )。

A. 进气　B. 报废　C. 螺纹磨损　D. 螺纹脱扣

295. BG002 测压时,如开关生产阀门过急,易造成仪器( )。

A. 下不到位置　B. 顶钻　C. 脱扣　D. 转动

296. BG002 在测试中起下仪器要平稳,上起仪器不要中途停留,发现上提负荷变轻应( )。

A. 停止上提仪器　B. 变上提为下放　C. 加快上提速度　D. 停止上提,找原因

297. BG003 在提、下仪器过程中应随时观察( )运转是否正常,避免碰堵头或打扭。

A. 仪器　B. 绞车　C. 测深器　D. 钢丝

298. BG003 下井仪器过油管鞋后,起出油管鞋卡住容易造成( )事故发生。

A. 顶钻　B. 脱扣　C. 卡钻　D. 拔断

299. BG004 工作筒有毛刺,工具、仪器螺钉退扣,下井工具不合格,都易造成( )。

A. 卡钻　B. 遇阻　C. 顶钻　D. 钢丝拔断

300. BG004 油井出砂严重容易造成仪器( )。

A. 脱扣　B. 顶钻　C. 拔断　D. 卡钻

301. BG005 起下仪器时,若滑轮不正,未对准绞车或轮边有缺口易造成( )。

A. 钢丝遇卡　B. 仪器下不去　C. 钢丝跳槽　D. 钢丝拔断

302. BG005 上提仪器时没有去掉堵头密封填料上的( )易造成钢丝跳槽。

A. 油杯　B. 油脂　C. 棉纱　D. 工用具

303. BG006 在上提仪器时,应( ),确认仪器在防喷管内方可关清蜡阀门。

A. 听到声音　B. 试探闸板

C. 听到声音并试探闸板　D. 碰堵头听到声音

304. BG006 进行不关井测压或测恢复压力时,关闭清蜡阀门或总阀门容易造成( )事故发生。

A. 顶钻　B. 拔断　C. 关断　D. 卡掉

305. BG007　平式或加厚油管螺纹最高允许压力为(　　)。

A. 20MPa　　B. 21MPa　　C. 35MPa　　D. 70MPa

306. BG007　测试偏心静压过程中,仪器起到距井口(　　)后,由人工手摇使仪器慢慢进入防喷管。

A. 5m　　B. 10m　　C. 20m　　D. 100m

307. BG008　若井下为仪器脱扣落物,首先应确定(　　)、落物的结构、长度及外形特征及鱼尾扣形。

A. 脱扣原因　　B. 脱扣部位　　C. 预防措施　　D. 打捞工具

308. BG008　打捞前的准备工具包括防喷管、防喷管短节、绷绳和(　　)等。

A. 胶皮阀门　　B. 一般阀门　　C. 高压阀门　　D. 低压阀门

309. BG009　在卡钻井打捞住落物后不能硬拔,可用震荡器(　　)。

A. 打捞　　B. 震荡　　C. 反复震荡　　D. 解卡

310. BG009　为防止落物卡钻严重再次把钢丝拔断,可在打捞工具上接(　　)。

A. 震荡器　　B. 减振器　　C. 解卡器　　D. 负荷安全接头

311. BG010　打捞带钢丝的落物,下放打捞工具的深度不宜过大,下到一定深度上提,注意观察(　　)的变化。

A. 试井车　　B. 指重器　　C. 防喷管　　D. 钢丝

312. BG010　打捞带钢丝的落物必须先用(　　)探明钢丝断头位置。

A. 铅锤　　B. 钢丝探测器　　C. 铅印　　D. 打捞钩

313. BG011　打捞时下井工具制作必须(　　)。

A. 绘制草图　　B. 注明尺寸

C. 绘制草图、注明尺寸　　D. 适合下井打捞

314. BG011　井下落物打捞时,一次或多次未捞上,不要一味(　　)。

A. 猛顿　　B. 快下　　C. 快起　　D. 深通

315. DG012　在 SolidWorks 中,装配体文件的扩展名为(　　)。

A. dwg　　B. sldprt　　C. sldasm　　D. doc

316. DG012　在 SolidWorks 中,下列要素属于参考几何体的是(　　)。

A. 基体　　B. 草图　　C. 点、坐标系　　D. 三维图

二、多项选择题(每题有4个选项,至少有2个是正确的,将正确的选项填入括号内)

1. AA001　油藏工程是一门以(　　)为基础,以油藏数值模拟为手段,研究油气田开发设计和工程分析方法的综合性学科。

A. 地球物理勘探　　B. 油田地质学　　C. 渗流力学　　D. 古生物学

2. AA002　有边水、底水的纯油中,如果油藏封闭,没有外来能量补充,则应依靠(　　)作用来驱油。

A. 气顶　　B. 水压　　C. 弹性　　D. 溶解气

3. AA003　在单相流动条件下,(　　)基本不随压力变化。

A. 油层物性　　B. 流体性质　　C. 流体速度　　D. 产量

4. AA004 下列答案与平面径向流的流线特点不相符的是( )。
A. 所有流线都相互平行
B. 所有流线都辐射状汇于一点
C. 所有流线都由一点向外扩散
D. 所有流线都平行于水面

5. AA005 井既没有钻开目的层的全部厚度,又为射孔或贯眼完成,这类井不属于( )。
A. 完善井
B. 打开性质上不完善井
C. 打开程度上不完善井
D. 双重不完善井

6. AA006 在井底附近地层中,流体处于不稳定流的情况下,以下说法错误的是( )。
A. 井底压力和流量随时间变化
B. 流量不随时间变化
C. 压力升高,流量增大
D. 压力变化,流量不变化

7. AA007 根据达西定律可知,采用以下措施不能使油井产量增加的是( )。
A. 保持静压 B. 提高静压 C. 降低流压 D. 增加流压

8. AA008 在通常的条件下,多孔介质中的传热方式有( )。
A. 传导 B. 交换 C. 对流 D. 辐射

9. AA009 在平面径向流的情况下,油井的流量不仅与压差有关,还与( )有关。
A. 油层厚度 B. 供油半径 C. 油井半径 D. 地层温度

10. AA010 天然气的物理参数包括( )。
A. 天然气的密度
B. 天然气的压缩系数
C. 天然气的黏度
D. 饱和压力

11. AA011 岩石按成因可分为( )。
A. 火成岩 B. 岩浆岩 C. 沉积岩 D. 变质岩

12. AA012 下列选项中,属于石油的组成成分的是( )。
A. 油质 B. 胶质 C. 沥青质 D. 碳质

13. AA013 碳酸盐岩孔隙类型划分方法甚多,根据孔隙形成时期与成岩作用之间的关系,可将其划分为( )。
A. 粒间孔隙 B. 原生孔隙 C. 次生孔隙 D. 粒内孔隙

14. AA014 储集岩主要为( )和其他岩类。
A. 碎屑岩 B. 白云岩 C. 石灰岩 D. 碳酸盐岩

15. AA015 储集层的两个重要特性是( )。
A. 裂缝性 B. 渗透性 C. 溶洞性 D. 孔隙性

16. AA016 属于保护油气层技术主要内容的是( )。
A. 岩心分析 B. 油水分析 C. 测试技术 D. 设备维护

17. AA017 属于岩矿分析项目的是( )。
A. X 射线、CT 扫描
B. 重矿物分析和鉴定
C. 阴极发光
D. 红外光谱

18. AA018 岩心常规物性分析所获的主要资料是( )。
A. 孔隙度 B. 渗透度 C. 地层砂粒度分布 D. 地层压力

19. AA019 在地层条件下,随着液体流动而发生运移的是( )。
A. 黏土 B. 砂岩 C. 岩石 D. 其他微粒矿物

20. AA020　油气在岩石的孔隙和裂缝等通道中运移的物理状态有(　　)。
A. 固态　B. 液态　C. 气态　D. 蒸气态
21. AA021　电动潜油泵油井生产系统是由油层、井筒、(　　)等子系统组成。
A. 井下电泵机组　B. 井下电缆　C. 地面输油管线　D. 分离器
22. AA022　通过求解点的选择,可将油井生产系统划分为(　　)两大部分。
A. 流入　B. 产油　C. 产水　D. 流出
23. AA023　岩石受到地应力作用后会发生变形,从变形特征来看,可以分为(　　)。
A. 均匀变形　B. 非均匀变形　C. 弹性变形　D. 塑性变形
24. AA024　地应力是导致地壳中的岩石和岩体发生(　　),形成各种地质构造的根本动力。
A. 变形　B. 拉伸　C. 挤压　D. 变位
25. AB001　采油工程设计的依据是(　　)。
A. 钻井工程方案　B. 油藏地质研究成果
C. 油藏地质模型　D. 油藏工程方案
26. AB002　采油工程方案应体现出其科学性、(　　)和经济性。
A. 完整性　B. 适用性　C. 可操作性　D. 可论证性
27. AB003　采油工程方案设计中油田地质基础资料主要包括(　　)及油、气、水分布等。
A. 地质构造特征　B. 地层划分及岩性特征
C. 储层特征　D. 油藏类型
28. AC001　下列选项中,属于随机误差统计规律的是(　　)。
A. 对称性　B. 无界性　C. 有界性　D. 单峰性
29. AC002　一般测量结果不确定度采取的方法是(　　)。
A. 修约　B. 进位　C. 舍去　D. 不舍
30. AC003　环境误差主要由温度、湿度、(　　)等引起。
A. 气压　B. 含尘量　C. 照明度　D. 电磁场强度
31. AD001　根据主要用途的不同,机械的类型有(　　)。
A. 动力机械　B. 加工机械　C. 运输机械　D. 信息机械
32. AD002　零件的表面强度包括(　　)。
A. 表面接触强度　B. 表面挤压强度　C. 表面磨损强度　D. 表面疲劳强度
33. AD003　静应力作用下零件的主要失效形式是(　　)。
A. 变形　B. 塑性变形　C. 断裂　D. 疲劳
34. AD004　下列选项中,属于组合变形的应用是(　　)。
A. 旋紧的螺栓　B. 用压力机在钢板上冲孔
C. 建筑中的边柱不沿柱子轴线受力　D. 工作中的传动轴
35. AD005　机械零件磨损有(　　)几个阶段。
A. 摩擦　B. 磨合　C. 稳定磨损　D. 剧烈磨损
36. AD006　电阻器按结构组成可分为(　　)。
A. 线绕电阻器　B. 合线型电阻　C. 表面型电阻　D. 可变电阻器

37. AD007　变压器按用途可分为(　　)。
　A. 电力变压器　　B. 特种变压器　　C. 仪用互感器　　D. 电压互感器

38. AD008　测试仪器采用频率信号输出的优点有(　　)。
　A. 频率恒定　　B. 幅度恒定　　C. 抗干扰能力强　　D. 便于计算机处理

39. AD009　计算机系统是由(　　)组成的。
　A. 输入设备　　B. 输出设备　　C. 软件系统　　D. 硬件系统

40. AD010　下列打印机中,噪声比较小的是(　　)。
　A. 激光打印机　　B. 喷墨打印机　　C. 热敏打印机　　D. 针式打印机

41. AD011　布置视图,需要用(　　)等型号的铅笔轻轻画出各视图的主要基准,并画出各图形底稿。
　A. B　　B. 2H　　C. HB　　D. H

42. AD012　绘制不穿通的螺孔时,一般应将(　　)分别画出。
　A. 螺纹长度　　B. 螺纹部分的深度　C. 钻孔的深度　　D. 螺距

43. AD013　用来加工轴零件的钢材一般不采用的是(　　)。
　A. 普通碳素钢　　B. 优质碳素钢　　C. 不锈钢　　D. 合金钢

44. AD014　下列选项中属于计算机病毒的特征的是(　　)。
　A. 传染性　　B. 隐蔽性　　C. 侵略性　　D. 破坏性

45. AD015　下列属于操作系统管理功能的是(　　)。
　A. 作业管理　　B. 存储管理　　C. 信息管理　　D. 设备管理

46. AD016　Word 文档可以插入表格,对表格中的数字具有(　　)功能。
　A. 调整大小　　B. 调整颜色　　C. 计算　　D. 数字居中

47. AD017　下列选项中,属于应用软件的是(　　)。
　A. 工具软件　　B. 游戏软件　　C. 管理软件　　D. Windows

48. AD018　下列选项中能对幻灯片进行美化的设置格式是(　　)。
　A. 对齐格式　　B. 文字格式　　C. 对象格式　　D. 段落格式

49. BA001　弹簧管式压力表的接口支撑部件包括带有连接螺纹的接口部件、(　　)。
　A. 销钉　　B. 仪表外壳　　C. 罩壳　　D. 螺母

50. BA002　仪表在使用过程中如果发现(　　)等现象时,应找出原因后酌情重新效验,合格后才能使用。
　A. 精度降低　　B. 示值不稳定　　C. 指针跳动　　D. 外壳掉色

51. BA003　弹簧管式压力表的表盘应平整清洁,(　　)以及符号等应完整、清晰。
　A. 分度线　　B. 数码　　C. 弹簧管　　D. 数字

52. BA004　因无零点限止钉,弹簧管式压力表往往出现零点的(　　)超差现象。
　A. 正的　　B. 负的　　C. 增的　　D. 减的

53. BA005　下列选项中,不属于造成弹簧管式压力表加压无压力指示现象的原因的是(　　)。
　A. 连接管路堵塞　　B. 弹簧元件产生位移与压力不成比例
　C. 齿轮啮合部位间隙小,阻力大　　D. 台式弹簧管式表二通阀密封垫失效

54. BA006　活塞式压力计基座底部的螺栓无法调节活塞系统与地面的(　　)。
　A. 高度　　B. 位移　　C. 垂直度　　D. 位置

55. BA007　活塞式压力计是基于(　　)原理产生的一种标准压力计计量仪器。

A. 帕斯卡定律　B. 动量守恒定律　C. 流体静力学平衡　D. 气体动力学

56. BA008　超声波流量计不受(　　)、杂质的影响。

A. 温度　B. 黏度　C. 压力　D. 速度

57. BA009　质量合格的仪器外观表面应光洁,没有(　　)和明显的变形以及其他影响计量性能的损伤。

A. 锈蚀　B. 霉斑　C. 毛刺　D. 弯曲

58. BB001　检定二等活塞压力计的项目包括(　　)、校验器的密封性检查、承重底盘对活塞轴线垂直度检查、活塞转动延续时间的测量、活塞及连接零件质量的确定与检定。

A. 专用砝码的检查　B. 活塞下降速度的检查

C. 灵敏阈的测量　D. 外观检查

59. BB002　活塞式压力计的(　　)容易损坏,若发现泄漏应予以更换。

A. 砝码　B. 油杯　C. 活塞筒　D. 活塞缸下端 O 形圈

60. BB003　下列选项中,属于电子压力计零点检定内容的是(　　)。

A. 半量程稳定性校准　B. 零点偏移检定

C. 零点上移检定　D. 零点漂移检定

61. BB004　井下压力计的回程误差是指在相同的条件下,被测量值不变,计量器具(　　)示值之差的绝对值。

A. 正行程　B. 反行程　C. 加压　D. 减压

62. BB005　液面曲线必须有高低两个频度记录的波形,(　　)波形清楚,连贯易分辨。

A. 液面波　B. 井口波　C. 液面深　D. 接箍波

63. BB006　超声波井下流量计校准时的环境条件是(　　)。

A. 校准介质为单相　B. 稳定流动的液态水

C. 清洁无气泡　D. 水温为 20℃±10℃

64. BC001　油水井小修包括(　　)等项目。

A. 冲砂　B. 检泵　C. 换封　D. 修套管侧钻

65. BC002　下列对于新井下入通井规通井的主要目的的描述错误的是(　　)。

A. 检查井筒是否垂直　B. 检查套管是否变形

C. 刮削套管内壁脏物　D. 探明砂柱高度

66. BC003　封隔器的基本参数包括(　　)。

A. 钢体最大外径　B. 钢体通径　C. 工作压力、温度　D. 适用套管内径

67. BC004　封隔器按类型分类可分为(　　)。

A. 自封式　B. 压缩式　C. 扩张式　D. 楔入式

68. BC005　封隔器的主要基本参数包括(　　)。

A. 工作压力　B. 工作温度　C. 最大外径　D. 最小内径及长度

69. BC006　下列选项中属于 Y111-150 封隔器适用井温的是(　　)。

A. 120℃　B. 150℃　C. 170℃　D. 200℃

70. BC007　Y111 型封隔器主要由(　　)组成。
　A. 密封部分　B. 导向滑动部分　C. 胶环　D. 弹簧
71. BC008　Y111 型封隔器是一种靠(　　)的压缩式封隔器。
　A. 尾管支撑　B. 油管自重坐封　C. 上提油管解封　D. 密封圈
72. BC009　下列选项中属于控制类工具型号编制参数的是(　　)。
　A. 分类代号　B. 工具形式代号
　C. 尺寸特征或使用性能参数　D. 工具名称
73. BC010　属于水力震荡器结构的是(　　)。
　A. 主体、外套、定压单流阀　B. 人字密封座、人字密封填料
　C. 绳帽、密封填料、压盖　D. 进液接头、阻尼接头
74. BC011　直接式机械震荡器有(　　)两种冲程。
　A. 40mm　B. 50mm　C. 60mm　D. 76mm
75. BC012　下列选项属于关节式震荡器特点的是(　　)。
　A. 可自由转动　B. 用于上、下震击　C. 冲程较小　D. 可调节震击力
76. BC013　下列选项属于机械弹簧式震荡器组成部分的是(　　)。
　A. 震击部分、碰锁机构部分　B. 上部接头、螺钉
　C. 绳帽、工作筒　D. 震击主体、挡杆
77. BC014　减振器主要由(　　)组成。
　A. 上部打捞接头、主体、上部弹簧　B. 上部接头、滑块、主体
　C. 芯轴、下部弹簧　D. 底部连接仪器接头
78. BC015　下列选项属于卡瓦式打捞筒结构的是(　　)。
　A. 弹簧挡圈　B. 压紧接头　C. 卡瓦筒、弹簧　D. 挡圈及卡瓦片
79. BC016　下列选项中无法使用内钩打捞筒进行打捞的是(　　)。
　A. 电缆　B. 钢丝或钢丝团　C. 偏心堵塞器　D. 套管内落物
80. BC017　锤击式脱卡器整体装置由(　　)组成。
　A. 井口锤击装置　B. 接头外筒　C. 井下脱卡器　D. 井下防掉器
81. BC018　下列选项中属于防掉器结构的是(　　)。
　A. 固定螺栓、锥面卡套　B. 锥面卡瓦片、拉簧
　C. 伸缩弹簧、绳帽　D. 弹簧片及连接接头
82. BC019　若高凝油常规自喷井若关井测压力恢复曲线时油管上部被高凝油堵死,导致测试仪器无法提到井口时,下列解堵方法不正确的是(　　)。
　A. 向井内灌汽油　B. 向井内灌煤油　C. 开井生产　D. 向井内注蒸气
83. BC020　稠油蒸汽吞吐井在压力计下井前要在压力计外壳螺纹处(　　)。
　A. 缠螺纹胶带　B. 涂耐高温的密封脂
　C. 缠上聚四氟乙烯胶带　D. 涂螺纹油
84. BC021　在连续气举井测试时,仪器下到预定位置后,(　　)后才开始测试。
　A. 开井生产　B. 关井停产　C. 压力稳定后　D. 压力恢复后
85. BC022　气举井测流压可确定的结果是(　　)。
　A. 注气点位置　B. 油管漏失　C. 阀的故障　D. 注气质量

86. BC023　下列选项中属于注蒸汽井井下管柱结构组成部分的是(　　)。
　A. 隔热油管、伸缩管　　B. 筛管、丝堵
　C. 高温封隔器、循环阀　　D. 泄油器
87. BC024　下列关于间歇气举的说法正确的是(　　)。
　A. 间歇气举适用于井底压力低、产液指数低的井
　B. 间歇气举井口装置比较复杂
　C. 间歇气举需要在地面周期性地向井内注入高压气体
　D. 间歇气举适用于供液能力强,地层渗透率较高的井
88. BC025　利用地面直读式电子压力计进行测试时,常用的井口防喷装置的起吊及支撑方式有(　　)。
　A. 自立式井口防喷装置　　B. 井架支撑式井口防喷装置
　C. 可放倒式井口防喷装置　　D. 耐高压式井口防喷装置
89. BC026　下列关于关节式震荡器的说法正确的是(　　)。
　A. 关节可以自由转动　　B. 地面操作方便
　C. 冲程只有 15cm　　D. 关节套槽向上碰击关节
90. BC027　震荡器的震击部分由上部接头、螺钉、震击主体、(　　)、下部接头等组成。
　A. 中心碰撞杆　　B. 中间接头　　C. 下震击体　　D. 滑块
91. BC028　压缩式注水封隔器结构由(　　)等组成。
　A. 上接头　　B. 下接头　　C. 中心管　　D. 胶筒
92. BC029　提挂式井下脱卡器的主要优点是(　　)。
　A. 操作简便　　B. 不受时间限制　　C. 可随时脱挂　　D. 工作程序简化
93. BD001　平面径向流的井产量大小主要取定于(　　)。
　A. 油藏岩石　　B. 流体的性质　　C. 生产压差　　D. 生产压力
94. BD002　下列关于稳定试井的说法正确的是(　　)。
　A. 按由小到大的次序改变油井工作制度
　B. 一般应改变四个工作制度
　C. 按由大到小的次序改变油井工作制度
　D. 可得出有关油井的采油指数和其他地层参数
95. BD003　下列选项中无法从井筒温度曲线上判断的是(　　)。
　A. 结蜡点深度　　B. 套管压力　　C. 管柱变形　　D. 含水状况
96. BD004　下列选项中属于不稳定试井方法的假设条件的是(　　)。
　A. 油层无限大,仅有一口井　　B. 地层均质,弹性驱动类型
　C. 渗透率符合达西定律　　D. 油井是射孔完成的
97. BD005　下列参数中不属于描述近井区地层渗透性变化参数的是(　　)。
　A. 窜流系数　　B. 储容比　　C. 表皮系数　　D. 地层系数
98. BD006　干扰试井要想达到预计的效果,需选择(　　)的井组进行测试。
　A. 井距小　　B. 地层渗透率高　　C. 层位对应明确　　D. 井距大
99. BD007　下列选项中,根据霍纳曲线直线斜率无法确定的是(　　)。
　A. 地层压力　　B. 地层体积系数　　C. 油层储量　　D. 地层渗透率

100. BD008　下列选项中不属于压力恢复资料用途的是(　　)。
　A. 检查采油井井况　　B. 获得不渗透边界干扰的结果
　C. 探测油气边界　　D. 获得油水边界干扰的结果
101. BD009　干扰试井可得到的结果是(　　)。
　A. 地层连通方向　　B. 断层的封闭程度
　C. 井间地层的流动系数　　D. 井间地层的导压系数
102. BD010　下列关于脉冲试井和干扰试井的优缺点说法错误的是(　　)。
　A. 脉冲试井测试时间长　　B. 干扰试井测试时间短
　C. 干扰试井可以减少停产　　D. 脉冲试井可以减少停产
103. BD011　下列选项中,关于探边试井说法正确的是(　　)。
　A. 采用变流量测试法可减少对产量的影响
　B. 探边测试主要有 3 种方法
　C. 采用流量曲线测试法可减少对产量的影响
　D. 探边试井主要有 4 种方法
104. BD012　探边试井若要获得拟稳定压力降落数据,(　　)。
　A. 要求关井时间足够长　　B. 要求关井时间越短越好
　C. 要求流体达到拟稳定流状态　　D. 无要求
105. BD013　进行试井设计和试井分析的必要参数是(　　)。
　A. 井半径　　B. 水泥返高　　C. 表皮系数　　D. 供油半径
106. BD014　当 t_s 大于 10h 时,可采用(　　)。
　A. 等时测井法　　B. 修正等时试井法　　C. 系统试井法　　D. 干扰试井法
107. BD015　不稳定试井应做到瞬时关井,下列关闭阀门的时间不超范围的是(　　)。
　A. 30s　　B. 50s　　C. 3min　　D. 5min
108. BD016　试井解释报告中产能曲线分析结果包括(　　)。
　A. 采油指数　　B. 地层系数　　C. 渗透率　　D. 产能方程
109. BD017　采油指数大小与(　　)有关。
　A. 产量　　B. 含水量　　C. 生产压差　　D. 含砂量
110. BD018　现代试井分析方法的特点:运用系统分析的(　　),使试井解释从理论上前进了一大步。
　A. 模型　　B. 概念　　C. 数值模拟方法　　D. 图版
111. BD019　现代试井解释技术包括(　　)两种手段。
　A. 图版匹配　　B. 数据读取　　C. 压力识别　　D. 曲线拟合
112. BD020　影响气井压力资料录取准确性的主要因素有(　　)。
　A. 完井试气后,井底还没有"喷活"立即进行测压
　B. 完井试气后井底有积液
　C. 措施后立即测压
　D. 使用某些低精度的压力计
113. BD021　气藏储量的大小与(　　)等参数有关。
　A. 储层的面积　　B. 含气饱和度　　C. 井口的型号　　D. 气藏原始地层压力

114. BD022　通过脉冲试井曲线可以得到的特征量是(　　)。
A. 脉冲周期　B. 关井周期　C. 脉冲幅度　D. 滞后时间

115. BD023　多井试井的目的和用途是(　　)。
A. 推算井间平均地层压力　B. 直接检验井间是否连通
C. 检验井间断层是否封闭　D. 求出不同方向的渗透率

116. BD024　流体在储层的流动特征在任何油藏中都是一样的,即遵循(　　)。
A. 油气藏评价　B. 运动方程　C. 物质守恒定律　D. 油藏描述

117. BE001　涡轮流量计无流量信号主要是(　　)等原因造成的。
A. 水量小　B. 涡轮坏　C. 水脏　D. 电源不通

118. BE002　液面自动监测仪井口装置的主要功能是(　　)。
A. 完成发声产生脉冲　B. 接收脉冲
C. 测量井口套压　D. 计算液面深度

119. BE003　某超声波井下流量计所测流量没有台阶是一条直线的原因是(　　)。
A. 电池电压不足　B. 下探头连接线断
C. 模拟电路板上的电感损坏　D. 晶振损坏

120. BE004　液面自动监测仪监测无套压或压力值不正常的原因可能是(　　)。
A. 信号线断开
B. 控制仪与井口装置连接电缆断线
C. 压力测试系统元器件老化或压力传感器损坏
D. 压力传感器供电线路板损坏

121. BE005　液面自动监测仪在测试中,主机发出了击发命令,井口装置正常动作,但井口装置击发部分的阀杆上的弹簧过松,仪器会出现的现象有(　　)。
A. 击发声沉闷　B. 测试的波形偏大
C. 微音器的容值是正常　D. 测试的波形非常小

122. BF001　针对稠油开采,注入流体热采或驱替型方法包括(　　)。
A. 热水驱　B. 蒸汽吞吐　C. 蒸汽驱　D. 火驱

123. BF002　三元复合驱是指在注入水中加入(　　)复合体系驱油的一种提高原油采收率的方法。
A. 碱　B. 低浓度的表面活性剂
C. 聚合物　D. 微生物

124. BF003　选择钻水平井的原因是(　　)。
A. 开发低渗透、低孔隙度油气藏　B. 从式钻井和海洋钻井的需要
C. 地下断层的影响　D. 增加泄油面积,提高单井产量

125. BF004　注水开采后,原油大量留在地层的原因是(　　)。
A. 油藏岩石的非均质性　B. 油层岩石的润湿性
C. 毛细管的液阻效应　D. 原油流动速度快。

126. BF005　用于聚合物驱的聚合物应满足(　　)等条件。
A. 具有较高的相对分子质量　B. 水溶性好、注入性好
C. 来源广、运输便宜　D. 对油层和环境无污染

127. BF006　影响聚合物黏度稳定性的因素主要有(　　)。

A. 地层温度　　B. 氧含量　　C. 钙镁离子含量　　D. 细菌

128. BF007　聚合物驱注入井配注方法有(　　)。

A. 单井有效厚度法　B. 单井碾平厚度法　C. 孔隙体积计算法　D. 动态经验法

129. BF008　聚合物驱含水下降阶段的生产特点是(　　)。

A. 注入压力继续上升　　B. 采出井含水快速下降

C. 高渗透层油墙逐步形成　　D. 低渗透层吸液量开始增加

130. BF009　聚合物驱动态分析的基本方法有(　　)。

A. 统计法　　B. 作图法　　C. 物质平衡法　　D. 调查法

131. BF010　聚合物驱过程中注入初期的动态变化特征是(　　)。

A. 注入压力升高　B. 注入水黏度增加　C. 渗流阻力增大　D. 注入能力下降

132. BF011　下列关于聚合物驱油地面工艺流程与水驱地面工艺流程特点的说法正确的是(　　)。

A. 水驱地面工艺流程中,不存在聚合物的分散、熟化、储存等问题,而聚合物的分散、熟化、储存是聚合物驱油地面工艺流程中的重要内容

B. 水驱地面工艺流程中,水的输送、升压注入,均采用离心水泵,而聚合物驱油地面工艺流程中,聚合物溶液的输送、升压注入,均采用容积式泵

C. 水驱地面工艺流程中,水的计量多采用速度式流量计,而聚合物驱油地面工艺流程中采用容积式流量计

D. 注入泵供液方式不同

133. BF012　影响导热系数的因素有(　　)。

A. 热系数比值和介质孔隙度　　B. 孔隙分布、流体分布

C. 孔隙排列方式　　D. 热量传递速度

134. BF013　对流体热系数的大小产生影响的因素有(　　)。

A. 流体的物理性质　　B. 换热表面的形状

C. 流体流速　　D. 换热表面的布置

135. BF014　注汽管线的传热过程有(　　)等部分。

A. 蒸汽与管内壁之间的热对流　　B. 管内、外壁之间的热传导

C. 隔热层的热传导　　D. 隔热层外壁与大气层之间的热对流

136. BF015　不考虑井筒压力变化,影响蒸汽干度和热损失百分数的主要因素是(　　)。

A. 井深　　B. 注汽速率　　C. 注入时间　　D. 温度

137. BF016　蒸汽吞吐作业的过程有(　　)等阶段。

A. 注汽　　B. 加热　　C. 焖井　　D. 开采

138. BF017　影响蒸汽吞吐效果的主要作用因素是(　　)。

A. 蒸汽注入量　　B. 注汽速度　　C. 焖井时间　　D. 井底生产压力

139. BF018　下列选项中与注汽速度有关的参数是(　　)。

A. 井筒半径　　B. 渗透率　　C. 井底注汽压力　　D. 油层厚度

140. BF019　下列选项中属于蒸汽驱机理的是(　　)。
　A. 降黏作用　　B. 热膨胀作用　　C. 浮化作用　　D. 油的混相驱作用
141. BF020　实现蒸汽驱开采在临界排液速度以上生产的主要途径是(　　)。
　A. 提高单井排液量　B. 提高大泵排液　C. 调整井网　D. 增加排液井点
142. BF021　油藏地质条件对蒸汽驱效果有影响的是(　　)。
　A. 原油黏度　　B. 含有饱和度　　C. 油层厚度　　D. 渗透率
143. BF022　高温吸汽剖面测试测得的涡轮转速是测试曲线上(　　)的涡轮转速。
　A. 零流量　　B. 合层流量　　C. 总流量　　D. 单层流量
144. BF023　井下蒸汽干度取样测试直接获得的蒸汽干度资料可用于(　　)。
　A. 检验注汽管柱隔热效果　　B. 评价注汽质量
　C. 检验注汽管柱变形情况　　D. 测量吸气层位孔隙度
145. BF024　通过高温长效测试资料的试井分析可得到(　　)等参数。
　A. 渗透率　　B. 表皮系数　　C. 蒸汽前缘　　D. 注汽方向
146. BF025　我国目前采用的汽水分离设备主要有(　　)。
　A. 旋风分离器　　B. 波形板分离器　　C. 多孔板　　D. 超声分离器
147. BF026　我国发现的稠油油藏的特点是(　　)。
　A. 稠油凝点较低　　B. 稠油中的金属含量较低
　C. 稠油中烃类组分高　　D. 线性关系较差
148. BF027　当温度升高一定值时,稠油中的重质组分将会裂解成(　　)。
　A. 焦炭　　B. 气体　　C. 汽油　　D. 轻质油
149. BG001　仪器在起下过程中,关于螺纹连接部位易产生脱扣的原因的说法正确的是(　　)。
　A. 仪器检验完毕后,O 形胶圈及垫子未更换,又在装配仪器时未拧紧各螺纹
　B. 仪器使用过程中螺纹磨损造成脱扣
　C. 打绳结不符合技术要求,绳帽转动不灵活,在起下过程中仪器转动造成脱扣
　D. 新钢丝使用前未先预松扭力而导致倒扣
150. BG002　在(　　)中,仪器需连接适当的加重杆,防止顶钻事故的发生。
　A. 高产井　　B. 稠油井　　C. 气油比较高的井　D. 水井
151. BG003　关于下井钢丝拔断原因的描述正确的是(　　)。
　A. 钢丝质量不好,有砂眼,内伤或死弯　　B. 提下仪器速度快,造成打扭或跳槽
　C. 仪器连接部位脱落　　D. 仪器在提下过程遇卡
152. BG004　下列关于现场操作的说法正确的是(　　)。
　A. 分层测试中由于液流中有脏物,仪器易卡在工作筒中
　B. 油井结蜡严重,易造成蜡卡
　C. 绳结打的不符合技术要求,易造成卡钻事故发生
　D. 仪器通过工作筒时速度要快
153. BG005　下列关于如何避免钢丝跳槽的说法正确的是(　　)。
　A. 下放速度慢时,钢丝不要拖地

B. 滑轮有缺口或滑轮弹子盘坏了,要停止使用

C. 注意检查下井工作筒及下井工具、仪器

D. 操作要平稳

154. BG006　在测压力恢复过程中,各岗位要密切配合,听班长下达关井指示后方可关闭生产阀门,并用钢丝把(　　)绑住,或悬挂告示牌。

A. 清蜡阀门　B. 总阀门　C. 套管阀门　D. 生产阀门

155. BG007　下列预防仪器损坏正确的措施是(　　)。

A. 上卸仪器禁止用管钳　B. 上井测试时把仪器固定好

C. 仪器进入防喷管要轻提慢放　D. 用压力计探砂面

156. BG008　打捞井内落物前的准备工作有(　　)。

A. 了解井下管柱结构　B. 了解井的生产情况

C. 搞清落物原因、形状、深度　D. 了解相邻井工作状况

157. BG009　打捞卡钻落物时,下列打捞工具连接顺序不对的是(　　)。

A. 绳帽、加重杆、震荡器、打捞筒　B. 绳帽、震荡器、加重杆、打捞筒

C. 绳帽、震荡器、打捞筒、加重杆　D. 绳帽、加重杆、打捞筒、振荡器

158. BG010　下列关于打捞钢丝处理方法的叙述正确的是(　　)。

A. 打捞工具下井要慢,逐渐加深　B. 负荷增加时应立即停止上提

C. 打捞工具串各部位应紧固牢靠　D. 钢丝起下速度可根据情况快速起、下

159. BG011　打捞井下落物应做好(　　)等安全工作。

A. 防喷　B. 防火　C. 防冻　D. 防腐

160. BG012　SolidWorks 在草图中提供的倒角形式有(　　)。

A. 角度距离　B. 不等距离　C. 线性距离　D. 相等距离

三、判断题(对的画“√”,错的画“×”)

(　　)1. AA001　在油藏中,位于原油之下的水称为边水。

(　　)2. AA002　流动压力的大小反映了驱动能量的变化。

(　　)3. AA003　液体在多孔介质中的运动称为渗流。

(　　)4. AA004　所有流线都相互平行,这是平面径向流的特点之一。

(　　)5. AA005　一般情况下,不完善井的渗流阻力比完善井的渗流阻力大。

(　　)6. AA006　稳定流是指产量大小与井底压力无关。

(　　)7. AA007　提高流压可使油井日产量增加。

(　　)8. AA008　在平面单向流条件下,流量大小与液体流出处的压力成正比。

(　　)9. AA009　平面径向流渗流规律公式的假设条件为:油层是一个大的圆形面积,中间有一口井。

(　　)10. AA010　饱和压力表示在地层条件下,原油中的溶解气开始分离出来时的压力。

(　　)11. AA011　若某岩石主要由大于 1mm 的颗粒组成,其含量大于 50%,则该岩石属于砂岩。

(　　)12. AA012　在石油中,碳、氢、氧、硫、氮等元素一般都是以不同结构形式构成的不同类型的化合物存在。

(　　)13. AA013　按岩性特点,生油层可分为页岩和碳酸盐岩两大类。

(　　)14. AA014　孔隙度大,储层储集油气的空间大,储集油气的数量就少。

(　　)15. AA015　地壳构造运动使地层发生变形和断裂变位而形成的圈闭称为构造圈闭。

(　　)16. AA016　测井能直接为石油地质和工程技术人员提供各项资料数据。

(　　)17. AA017　评价油气储层的生产能力,求取地层孔隙度、渗透率和含油饱合度是测井的基本任务之一。

(　　)18. AA018　常规物性分析所获得的主要资料有孔隙度、渗透率、地层砂粒度分布。

(　　)19. AA019　在地层条件下,黏土和其他微粒矿物随着液体流动而发生变化。

(　　)20. AA020　油气两相渗流发生在溶解气驱油藏中,油藏流体的物理性质和相渗透率将明显地随压力而改变。

(　　)21. AA021　油井生产系统是指油井生产过程中从油藏、井筒到地面井口所组成的整个流动系统。

(　　)22. AA022　节点分析方法在油田停产后分析中的应用越来越广泛,发挥的作用也越来越多。

(　　)23. AA023　实验表明,岩石的抗拉强度比其抗压强度高得多。

(　　)24. AA024　地应力场是指地应力在层间的分布情况。

(　　)25. AB001　采油过程设计的依据是油藏地质研究成果和油藏工程方案。

(　　)26. AB002　采油工程方案编写应遵循四个基本原则。

(　　)27. AB003　采油举升方式是某些油田开发过程的基本技术。

(　　)28. AC001　示值误差是示值与被测量真值之差。

(　　)29. AC002　$C=2\pi R$ 中"2"为正确数,近似计算中计算结果的修约时有效数字不能以 2 为准。

(　　)30. AC003　环境条件产生的误差属于系统误差。

(　　)31. AD001　机构是由机器组成的,不同的机构可以用同样的一种或多种机器组成。

(　　)32. AD002　所谓强度是指构件在载荷作用下抵抗变形的能力。

(　　)33. AD003　钢丝绳抗拉强度的概念和应力的概念是一致的。

(　　)34. AD004　杆件是指长度远大于横截面积尺寸的构件。

(　　)35. AD005　有杆泵在工作过程中,作用在抽油杆上的载荷是交变载荷。

(　　)36. AD006　电阻器包括线绕电阻器、薄膜电阻器、实心电阻器和敏感电阻器 4 类。

(　　)37. AD007　变压器功率越小,效率也就越低。

(　　)38. AD008　在实际测试过程中仪器的输出频率是固定不变的。

(　　)39. AD009　一台计算机至少有两个基本条件,即主机和显示器。

(　　)40. AD010　调制解调器分为两大类,一类是外接式,一类是插卡式。

(　　)41. AD011　绘制零件工作图应先绘制零件草图,根据草图再绘制工作图。

(　　)42. AD012　制图时外螺纹一般画成剖视图。

(　　)43. AD013　黄铜就是铜锌合金,其代号为 H96、H90 等。

(　　)44. AD014　能有效防止计算机感染病毒的正确做法是经常格式化硬盘。

(　　)45. AD015　在不同文件夹中允许建立两个文字相同的文件或子文件夹。

(　　)46. AD016　在 Word 中,一般的操作都可以通过菜单栏或工具按钮来实现。

(　　)47. AD017　系统软件主要是指操作系统及办公软件。
(　　)48. AD018　在 PowerPoint 中,已建好的幻灯片的版式是不能更改的。
(　　)49. BA001　弹簧管式压力表在标度线下设置有镜面环,使其在使用中读数更清晰精确。
(　　)50. BA002　弹簧管式压力表正常使用温度范围 0~40℃。
(　　)51. BA003　压力表校验后应认真填写校验记录和校验合格证并加铅封。
(　　)52. BA004　要经常检查压力表指针的转动与波动是否正常,检查连接管上的旋塞是否处于完全闭合位置。
(　　)53. BA005　弹簧管式压力表超差是中心轮未装游丝造成的。
(　　)54. BA006　活塞式压力计按照活塞结构分类可分为 4 种。
(　　)55. BA007　可将压力计放在便于操作的工作台上,利用可调底脚来校准平衡。
(　　)56. BA008　集流式超声波流量计测试时不需要和密封段连接。
(　　)57. BA009　超声波井下流量计换能器表面有石油,对检定结果没有影响。
(　　)58. BB001　活塞式压力计作为校准用的标准仪器其误差限应是被校表误差限的 1/3~1/10。
(　　)59. BB002　活塞压力计应储藏在环境温度为 5~35℃、相对湿度不大于 80%的室内,且室内空气不应含有能引起压力计腐蚀的有害杂质。
(　　)60. BB003　校验电子压力计时,检定点应标定 5 个点。
(　　)61. BB004　井下压力计校准所使用密封检查设备压力上限应不低于 100MPa,温度上限应不低于 200℃。
(　　)62. BB005　综合测试仪是用来测试抽油机井示功图和动液面等参数的测试仪器。
(　　)63. BB006　超声波井下流量计更换新传感器后不需要重新校准。
(　　)64. BC001　一切以提高油井质量、提高油田最终采收率为目的的井下作业统称为修井。
(　　)65. BC002　从套管中打入压井液称为反压井,一般情况下,射开的油层采用反压井。
(　　)66. BC003　封隔器的主要元件是胶皮筒。
(　　)67. BC004　封隔器双向卡支撑方式的代号是 04。
(　　)68. BC005　K344 型封隔器工作温度为 60℃。
(　　)69. BC006　Y111-115 型封隔器承受的上压差为 10MPa。
(　　)70. BC007　封隔器下入井内位置必须符合井下管柱结构图的设计要求。
(　　)71. BC008　Y111 型封隔器一般与卡瓦封隔器配套使用。
(　　)72. BC009　控制类工具分控制工具和修井工具类两种。
(　　)73. BC010　水力震荡器在工作时,下接打捞器,上接加重杆。
(　　)74. BC011　直接式机械震荡器产生的振击力大小只与震荡器的大小和上提速度有关。
(　　)75. BC012　用关节式震荡器进行打捞作业时,因冲击频率快,地面操作不方便。
(　　)76. BC013　机械弹簧式震荡器在一次震击未能解卡时,可以反复震击,直到解卡为至。
(　　)77. BC014　减振器下部弹簧通常承受一个接在底部连接仪器接头下端的精密仪器的恒定重量。

(   )78. BC015 卡瓦式打捞筒在打捞落物时,是依靠卡瓦片的齿抓住落物。
(   )79. BC016 内钩打捞筒可打捞带钢丝的井下落物。
(   )80. BC017 脱卡器是由伸缩弹簧、压缩弹簧、脱落主体组成。
(   )81. BC018 防掉器在下井工作时,其锥面卡片与锥面卡套形成最小直径为 44mm。
(   )82. BC019 高凝油常规自喷井要求防喷管保温套能进行热水循环。
(   )83. BC020 稠油蒸汽吞吐井由于温度很高,人体不能直接接触防喷管,必须安装一个操作平台,可使用普通手套。
(   )84. BC021 气举井测试时为了核实注气点,可在每个阀下面 3~5m 处测一个点。
(   )85. BC022 间歇气举井进行流动压力测试时,要将仪器加重配好,防止顶钻,使钢丝打扭而造成压力计落井。
(   )86. BC023 伸缩管又称为热胀补偿器,伸缩长度一般为 2m。
(   )87. BC024 气举常用的方式为连续气举方式。
(   )88. BC025 地面直读测试测压力恢复曲线时,上提仪器应停 2~3 个反梯度。
(   )89. BC026 连接仪器串时,加重杆应接在绳帽与震荡器主体之间。
(   )90. BC027 机械弹簧式震荡器具有较大的冲击力,可以上、下震击。
(   )91. BC028 压缩式注水封隔器解封时上提管柱,锁紧机构释放,胶筒在自身回弹力作用下复原,封隔器解封。
(   )92. BC029 提挂式井下脱卡器(Ⅱ型)可耐 100MPa 压力。
(   )93. BD001 根据稳定试井资料可绘制指示曲线和系统试井曲线等。
(   )94. BD002 稳定试井中,每测取一个流压还必须测一个静压,以便算出每个工作制度下的生产压差。
(   )95. BD003 从压力梯度曲线可以估算饱和压力。
(   )96. BD004 油井半径远远小于供油半径是不稳定试井法的假设条件之一。
(   )97. BD005 对于均质地层,表皮系数越大,说明井底附近地层污染越小。
(   )98. BD006 当一口井开井时,井底形成压降漏斗,随着开井时间的延长将逐渐向外扩展。
(   )99. BD007 利用常规试井解释方法对不稳定试井资料进行处理,可以求解出地层参数和地层压力。
(   )100. BD008 全井压力恢复测试是目前油田监测的重要手段。
(   )101. BD009 干扰试井是在观测井中下入高精度压力计进行测试,在激动井上改变一、两次工作制度。
(   )102. BD010 脉冲试井在激动井中记录压力响应曲线。
(   )103. BD011 流压曲线测试方法不能作为独立的探边测试方法。
(   )104. BD012 探边测试只能用直读式电子压力计。
(   )105. BD013 完井方式对稳定压力有重要影响。
(   )106. BD014 井底压力稳定的关闭井应采用稳定试井测试。
(   )107. BD015 稳定试井选择 4~5 个工作制度进行测试,产量由大到小逐步递减。
(   )108. BD016 注水井测试解释报表应有吸水剖面。
(   )109. BD017 流入动态曲线又称为 IPR 曲线,指的是流压与产量的关系曲线。

(　　)110. BD018　现代试井分析方法就是利用试井分析的典型曲线进行油藏识别和地层参数求取的一种试井分析方法。

(　　)111. BD019　现代试井分析方法对最后的解释结果进行了检验和历史拟合,因此提高了解释结果的可靠性和正确性。

(　　)112. BD020　在气井的完井试气时,一定要在开井早期准确测得气井的原始地层压力。

(　　)113. BD021　完井试气后立即进行测压,所测压力可以准确反映地层情况。

(　　)114. BD022　干扰试井在现场施工时,可以采用两口井或两口以上的多口井,但其基本单元仍然是两口井组成的“井对”。

(　　)115. BD023　多井试井所反映的储层信息,仅是测试井周围的情况。

(　　)116. BD024　试井技术作为油气藏评价的一项重要手段,在油田勘探开发中得到了广泛的应用,并且发挥了重要作用。

(　　)117. BE001　存储流量计最少每天测量 $3m^3$。

(　　)118. BE002　液面自动监测仪自检曲线波峰乱是打印机受干扰造成的。

(　　)119. BE003　某超声波井下流量计没有工作首先检查电源正极是否断路。

(　　)120. BE004　打开液面自动监测仪开关后,屏幕无显示,基本就可以判断显示屏坏。

(　　)121. BE005　当液面自动监测仪井口连接器微音器性能变差时,可使测试曲线无液面波。

(　　)122. BF001　井下脉冲放电技术可以在近井地带形成裂缝网络,改善地层渗透性。

(　　)123. BF002　热化学解堵施工是利用放热的化学反应产生的热量和气体处理油层的一项解堵增产、增注技术。

(　　)124. BF003　水平井采油的泵和工具一般要下入水平段,而且水平井的压裂、酸化也都是在水平段上进行。

(　　)125. BF004　一次采油的特点:投入少,技术简单,利润高,油田采收率高。

(　　)126. BF005　聚合物溶液的黏度随聚合物溶液浓度的增加而增加,只是增加的幅度越来越小。

(　　)127. BF006　油层的非均质性是影响聚合物驱油的一个重要因素,渗透率变异系数越大,改变流度比所能改善的体积扫及效率越高。

(　　)128. BF007　聚合物驱油过程中要对生产动态进行定期监测,其中,要求采油井每7天取水化验含水率1次。

(　　)129. BF008　聚合物注入阶段是聚合物驱油的中心阶段一般为2~3年。

(　　)130. BF009　聚合物驱油过程中,要求注入井每季度测一次吸水剖面,生产井(重点观察井)每月测一次产液剖面。

(　　)131. BF010　聚合物干粉分散装置的作用是把一定量的聚合物干粉均匀地溶解于一定量的水中,配制成确定浓度的混合溶液,然后输送到熟化罐。

(　　)132. BF011　注入聚合物后采液指数将明显上升,较注水时高1/2~2/3。

(　　)133. BF012　导热系数是指单位时间内,单位温度梯度下,单位面积所通过的流量

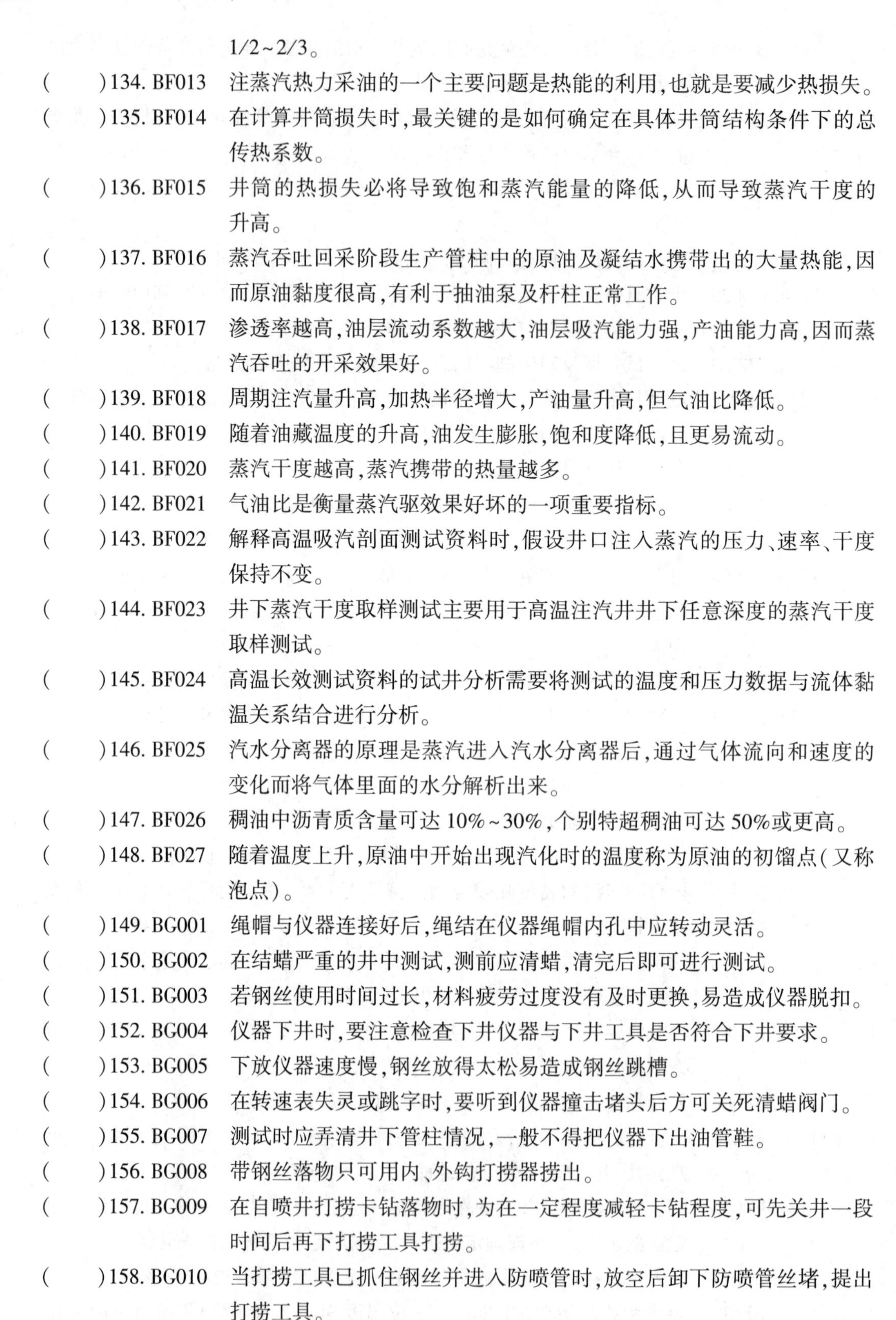

1/2~2/3。

( )134. BF013 注蒸汽热力采油的一个主要问题是热能的利用,也就是要减少热损失。

( )135. BF014 在计算井筒损失时,最关键的是如何确定在具体井筒结构条件下的总传热系数。

( )136. BF015 井筒的热损失必将导致饱和蒸汽能量的降低,从而导致蒸汽干度的升高。

( )137. BF016 蒸汽吞吐回采阶段生产管柱中的原油及凝结水携带出的大量热能,因而原油黏度很高,有利于抽油泵及杆柱正常工作。

( )138. BF017 渗透率越高,油层流动系数越大,油层吸汽能力强,产油能力高,因而蒸汽吞吐的开采效果好。

( )139. BF018 周期注汽量升高,加热半径增大,产油量升高,但气油比降低。

( )140. BF019 随着油藏温度的升高,油发生膨胀,饱和度降低,且更易流动。

( )141. BF020 蒸汽干度越高,蒸汽携带的热量越多。

( )142. BF021 气油比是衡量蒸汽驱效果好坏的一项重要指标。

( )143. BF022 解释高温吸汽剖面测试资料时,假设井口注入蒸汽的压力、速率、干度保持不变。

( )144. BF023 井下蒸汽干度取样测试主要用于高温注汽井井下任意深度的蒸汽干度取样测试。

( )145. BF024 高温长效测试资料的试井分析需要将测试的温度和压力数据与流体黏温关系结合进行分析。

( )146. BF025 汽水分离器的原理是蒸汽进入汽水分离器后,通过气体流向和速度的变化而将气体里面的水分解析出来。

( )147. BF026 稠油中沥青质含量可达10%~30%,个别特超稠油可达50%或更高。

( )148. BF027 随着温度上升,原油中开始出现汽化时的温度称为原油的初馏点(又称泡点)。

( )149. BG001 绳帽与仪器连接好后,绳结在仪器绳帽内孔中应转动灵活。

( )150. BG002 在结蜡严重的井中测试,测前应清蜡,清完后即可进行测试。

( )151. BG003 若钢丝使用时间过长,材料疲劳过度没有及时更换,易造成仪器脱扣。

( )152. BG004 仪器下井时,要注意检查下井仪器与下井工具是否符合下井要求。

( )153. BG005 下放仪器速度慢,钢丝放得太松易造成钢丝跳槽。

( )154. BG006 在转速表失灵或跳字时,要听到仪器撞击堵头后方可关死清蜡阀门。

( )155. BG007 测试时应弄清井下管柱情况,一般不得把仪器下出油管鞋。

( )156. BG008 带钢丝落物只可用内、外钩打捞器捞出。

( )157. BG009 在自喷井打捞卡钻落物时,为在一定程度减轻卡钻程度,可先关井一段时间后再下打捞工具打捞。

( )158. BG010 当打捞工具已抓住钢丝并进入防喷管时,放空后卸下防喷管丝堵,提出打捞工具。

(　　)159. BG011　在打捞过程中,如果一次或多次未捞上,不要猛下,以免损坏鱼顶形状。

(　　)160. BG012　在 SolidWorks 装配体文件中,第一个插入的零部件默认状态是固定的。

四、简答题

1. AA006　什么是稳定流? 什么是不稳定流?
2. AA011　常见的胶结物有哪些?
3. AD002　简述构件的承载能力的衡量标准并解释其含义。
4. AD004　什么是杆件? 杆件的变形有哪几种方式?
5. AD011　简述画零件工作图的步骤。
6. AD016　怎样在 Word 文件中插入页码?
7. BA001　怎样确定压力表的量程?
8. BA002　弹簧管式压力表的检定项目有哪些?
9. BA005　弹簧管式压力表回程误差超差的原因是什么? 如何修复?
10. BB005　简述综合测试仪校准的步骤。
11. BC003　什么是封隔器? 封隔器的主要作用是什么?
12. BC005　分层测试时怎样判断油管漏失?
13. BC010　什么是震荡器? 简述震荡器的分类及其作用。
14. BC012　简述关节式震荡器的工作原理。
15. BC015　简述卡瓦式打捞筒的工作原理。
16. BC017　脱卡器结构由哪几部分组成?
17. BE003　超声波井下流量计不工作时首先应检查的项目有哪些?
18. BE003　校准时超声波井下流量计的故障有什么现象? 故障原因有哪些?
19. BE005　造成液面监测仪井口连接器不击发故障的原因有哪些?
20. BG007　测试中仪器损坏的原因有哪些?

五、计算题

1. AA001　某油田地质储量 3648.5×10^4t,截止到 2000 年累积产油 903.4×10^4t,12 月平均综合含水 91.34%,2001 年年产油 24.7×10^4t,12 月平均综合含水 92.19%。试求 2000 年采油程度以及 2001 年采出程度和含水上升率。
2. AA007　黏度为 0.001Pa·s 的流体在压差为 9.80665×10^4Pa 时通过截面积为 $2cm^2$、长度为 1cm 的岩体,此时流量为 $2cm^3/s$,则岩体的渗透率为多少?
3. AC001　用二等标准活塞压力计测得某压力为 100.2Pa,该压力用更准确的办法测得为 100.5Pa,试求二等标准活塞压力计测量值的误差。
4. AC001　在测量某一长度时,读数值为 2.31m,其最大绝对误差为 20μm,试求其最大相对误差。
5. AC003　某量真值为 A,测得值为 B,试求绝对误差和相对误差。
6. AD003　求右图应力状态下的主应力和最大剪应力。

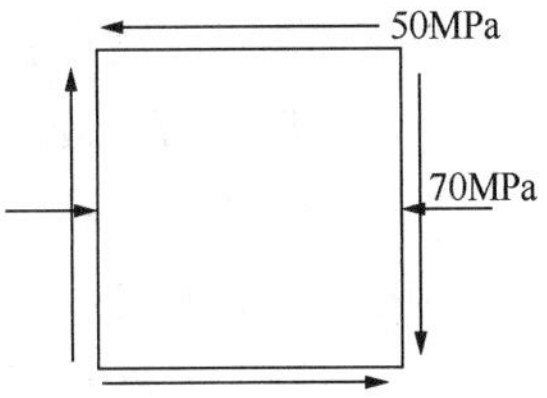

50MPa

70MPa

7. AD008　甲仪器输出信号的频率为 100Hz,乙仪器输出信号的频率为1000Hz,分别计算甲乙两仪器输出信号的频率和周期之比。

8. BA001　有一只0~40MPa的2.5级压力表,试求其允许基本误差。

9. BA004　一被测介质压力为1.0MPa,用一弹簧管式压力表进行测量,要求测量允许误差为±0.005MPa,试求该压力表的测量范围p_d和精度δ_d等级。

10. BA004　一块量程为20MPa的标准压力表,其精度为0.4级,实际检测最大误差为0.0832MPa,根据极限数值的修约值比较法判定该表是否超差。

11. BA007　活塞式压力计工作时,作用在活塞面积上的力所产生的压强为20MPa,那么液压容器内所产生的压强是多少?

12. BB001　用三等精度活塞压力计校验工业压力表,已知压力表量程为10MPa,精度等级为1.5级,校验数据如下,此表是否合格?

序　号	校验压力,MPa	压力表示值,MPa	备注
1	0	0	
2	2	1.89	
3	4	3.97	
4	6	6.01	
5	8	8.05	
6	10	10.12	

13. BB004　某井准备测压,设计下入深度2500m,相邻井压力系数为1.1,井筒液体相对密度0.9,此时应选择多大量程的压力计?

14. BD003　某区块油层深1600m,原始地层压力为15MPa,饱和压力为2.5MPa,2004年压力保持水平为90%,平均动液面深为500m,计算平均流压10.1MPa。试求2004年地层压力、总压差、生产压差;设计加大能量利用率,强化注水地层压力不降,流压力下降到饱和压力值,为最大生产压差,试求2004年的生产压差利用率。

15. BD007　已知一口井在关井前的稳定产量$q=39.747m^3/d$,油层厚度$h=21.03m$,黏度$\mu=0.8cP$,原油体积系数$B=1.136$,压力恢复资料经过整理得到其斜率为5.3atm/周期,试求算该井控制面积的渗透率。

16. BD007　某油区有一口探井,以150m^3/d生产一段时间后关井进行试井,得到压力恢复曲线的斜率为0.625MPa/周期,地下流体体积系数为1.2,试求此井周围的地层的流动系数。

17. BF014　若某输送管线为地下埋管,输送蒸汽温度为288℃,空气温度为15.5℃,单位长度管线上的热阻为4186.8$[J/(h \cdot m \cdot ℃)]^{-1}$,则每30m长度管线上的热损失是多少?

18. BG008　在打捞作业前需计算落物质量,已知落物质量$G_{重}=100kg$,落物停落在2700m处,设计打捞工具串总质量为25kg,能否采用直径为1.6mm的钢丝进行打捞作业?(1.6mm钢丝抗拉极限为3.63~4.31kN;钢丝密度$\tau=7.8t/m^3$;$\pi=3.14$,g取$9.8m/s^2$)

19. BG010　经分析带有900m钢丝的压力计断落在2300m处的油管内,压力计带加重杆长为2m,在打捞作业前,先要估算钢丝断头在油管中的位置,已知钢丝在油管内每百米盘缩 10m,试求钢丝断头在油管中的位置。

20. BG011 测试用的录井钢丝直径为 2. 2mm,抗拉极限为 7kN,取安全系数为 5,试求钢丝的许用应力和极限应力。(许用应力的计算公式为$[\sigma]=\sigma_0/n$,其中$[\sigma]$为许用应力,单位为 MPa,σ_0为极限应力,单位为 MPa;n 为安全系数。极限计算公式为 $\sigma_0=P/F$,其中,P 为抗拉极限,单位为 kN;F 为钢丝的横截面积,单位为 m^2;π 取 3. 14)

答　案

一、单项选择题

1. B　2. A　3. B　4. C　5. A　6. A　7. B　8. B　9. D　10. A　11. C
12. B　13. B　14. C　15. A　16. C　17. A　18. C　19. A　20. C　21. B　22. C
23. C　24. C　25. A　26. B　27. C　28. A　29. A　30. D　31. A　32. C　33. A
34. D　35. B　36. D　37. A　38. B　39. C　40. C　41. D　42. A　43. D　44. B
45. C　46. B　47. B　48. C　49. D　50. C　51. C　52. A　53. B　54. A　55. D
56. B　57. C　58. A　59. A　60. B　61. A　62. B　63. A　64. C　65. A　66. C
67. B　68. A　69. D　70. C　71. D　72. C　73. D　74. D　75. B　76. C　77. C
78. B　79. D　80. A　81. C　82. B　83. A　84. C　85. D　86. C　87. B　88. B
89. D　90. C　91. D　92. A　93. D　94. D　95. C　96. D　97. C　98. B　99. D
100. C　101. A　102. A　103. B　104. B　105. A　106. D　107. B　108. A　109. A　110. A
111. B　112. D　113. C　114. C　115. C　116. C　117. C　118. C　119. D　120. A　121. C
122. A　123. D　124. C　125. B　126. B　127. B　128. D　129. B　130. C　131. A　132. B
133. A　134. D　135. C　136. B　137. A　138. B　139. C　140. A　141. A　142. A　143. A
144. A　145. C　146. C　147. B　148. A　149. B　150. C　151. C　152. B　153. D　154. C
155. A　156. C　157. C　158. B　159. A　160. A　161. B　162. C　163. D　164. D　165. B
166. C　167. B　168. B　169. D　170. A　171. D　172. C　173. D　174. B　175. C　176. C
177. D　178. A　179. C　180. D　181. C　182. B　183. C　184. B　185. D　186. D　187. D
188. A　189. A　190. A　191. D　192. B　193. D　194. A　195. B　196. B　197. B　198. A
199. D　200. C　201. A　202. C　203. C　204. B　205. D　206. D　207. A　208. B　209. C
210. C　211. C　212. D　213. C　214. A　215. B　216. C　217. A　218. A　219. B　220. D
221. D　222. B　223. B　224. C　225. C　226. D　227. C　228. A　229. C　230. A　231. C
232. C　233. B　234. D　235. C　236. A　237. A　238. B　239. A　240. B　241. D　242. B
243. B　244. D　245. D　246. B　247. C　248. A　249. C　250. D　251. C　252. C　253. A
254. B　255. C　256. B　257. A　258. B　259. A　260. B　261. D　262. C　263. A　264. B
265. C　266. C　267. B　268. A　269. B　270. A　271. A　272. A　273. B　274. C　275. D
276. B　277. A　278. A　279. A　280. C　281. A　282. D　283. B　284. D　285. C　286. C
287. B　288. A　289. B　290. A　291. A　292. C　293. B　294. D　295. B　296. C　297. C
298. D　299. A　300. D　301. C　302. C　303. C　304. C　305. B　306. C　307. B　308. A
309. C　310. D　311. B　312. B　313. C　314. A　315. C　316. C

二、多项选择题

1. BC	2. CD	3. AB	4. ABC	5. ABC	6. BCD	7. BC	8. ACD
9. ABC	10. ABC	11. ACD	12. ABCD	13. BC	14. AD	15. BD	16. ABC
17. BCD	18. ABC	19. AD	20. BCD	21. ABCD	22. AD	23. AB	24. AD
25. BD	26. ABC	27. ABCD	28. ACD	29. BD	30. ABCD	31. ABCD	32. ABC
33. BC	34. ACD	35. BCD	36. ABC	37. ABC	38. CD	39. CD	40. ABC
41. BD	42. BC	43. ACD	44. ABCD	45. ABCD	46. ABD	47. ABC	48. BCD
49. BC	50. ABC	51. AD	52. AB	53. ABD	54. ABD	55. AC	56. AB
57. ABC	58. ABCD	59. CD	60. BD	61. AB	62. ABD	63. ABCD	64. ABC
65. ABD	66. ABC	67. ABCD	68. ABCD	69. ABC	70. AB	71. ABC	72. ABCD
73. ABD	74. CD	75. ABC	76. ABD	77. ACD	78. BCD	79. ABCD	80. ACD
81. ABD	82. ABD	83. BC	84. AC	85. ABC	86. ABC	87. ABC	88. AB
89. ABCD	90. ABC	91. ABCD	92. ABCD	93. ABC	94. ABD	95. ABC	96. ABD
97. ABD	98. ABC	99. ABC	100. ABD	101. ABCD	102. ABC	103. AB	104. AC
105. ACD	106. AB	107. AB	108. AD	109. AC	110. BC	111. AD	112. ABCD
113. ABD	114. ABCD	115. BCD	116. BC	117. BCD	118. ABC	119. ABC	120. ABCD
121. ACD	122. ABCD	123. ABC	124. ABC	125. ABC	126. ABCD	127. ABCD	128. ABCD
129. ABCD	130. ABC	131. ABCD	132. ABCD	133. ABC	134. ABCD	135. ABCD	136. ABC
137. ACD	138. ABCD	139. ABCD	140. ABCD	141. ABCD	142. ABCD	143. ABC	144. AB
145. ABC	146. ABC	147. ABD	148. ABD	149. ABCD	150. ABC	151. ABD	152. AB
153. ABD	154. AB	155. ABC	156. ABC	157. BCD	158. ABC	159. ABC	160. ABD

三、判断题

1.× 正确答案:在油藏中,位于原油之下的水称为底水。 2.× 正确答案:流动压力的大小反映了驱油能力的高低。 3.√ 4.× 正确答案:所有流线都相互平行,这是单向流的特点之一。 5.√ 6.× 正确答案:稳定流是指产量压力与时间无关。 7.× 正确答案:在一定条件下,降低流压可使油井日产量增加。 8.× 正确答案:流量大小与供给边界流体流出处两端压力差成正比。 9.√ 10.√ 11.× 正确答案:该岩石属于砾岩。 12.√ 13.× 正确答案:按生油层的岩性特点,可将其分为黏土岩和碳酸盐岩两大类。 14.× 正确答案:孔隙度大,储层储集油气的空间大,储油气的数量就多。 15.√ 16.√ 17.√ 18.√ 19.× 正确答案:在地层条件下,黏土和其他微粒矿物随着液体流动而发生运移。 20.√ 21.× 正确答案:油井生产系统是指油井生产过程中从油藏、井筒到地面油气分离器所组成的整个流动系统。 22.× 正确答案:节点分析方法在油田生产中的应用越来越广泛,发挥的作用越来越大。 23.× 正确答案:实验表明,岩石的抗拉强度比其抗压强度低得多。 24.× 正确答案:地应力场是指地应力在空间的分布情况。 25.√ 26.√ 27.× 正确答案:采油举升方式是任何油田开发过程的基本技术。 28.√ 29.√ 30.√ 31.× 正确答案:机器是由机构组成的,不同的机器可以用同样的一种或多种机构组成。 32.× 正确答案:所谓强度是指构件在载荷作用下抵抗破坏的能力。 33.√ 34.√ 35.√ 36.√ 37.√ 38.× 正确答案:在实际测试过程中仪器的输出频率是随时变化的。 39.× 正确答案:一台计算机至少有3个基本条件,即主机、显示器、键盘。

40. √　41. √　42. ×　正确答案:制图时内镙纹一般画成剖视图。　43. √　44. ×　正确答案:能有效防止计算机感染病毒的正确做法是使病毒监测软件。　45. √　46. √　47. ×　正确答案:系统软件不包括办公软件。　48. √　49. √　50. √　51. √　52. ×　正确答案:要经常检查压力表指针的转动与波动是否正常,检查连接管上的旋塞是否处于全开位置。　53. ×　正确答案:弹簧管式压力表超差是传动比调整不当造成的。　54. ×　正确答案:活塞式压力计按照活塞结构分类可分为5种(简单、差动、带增压器的、双活塞式、带液柱平衡的)。　55. √　56. ×　正确答案:集流式超声波流量计测试时需要和密封段连接。　57. ×　正确答案:超声波井下流量计换能器表面有石油,对检定结果的准确性影响较大。　58. √　59. √　60. ×　正确答案:电子压力计检定时使用中的仪器应标定6个点,修理后或新压力计应标定11个点。　61. √　62. √　63. ×　正确答案:超声波井下流量计更换新传感器后必须重新校准,否则影响测量精度。　64. √　65. ×　正确答案:一般情况下射开油层不准采用反压井。　66. √　67. √　68. ×　正确答案:K344型封隔器的最高工作温度为50℃。　69. ×　正确答案:Y111-115型封隔器承受的上压差为15MPa。　70. √　71. √　72. √　73. √　74. ×　正确答案:直接式机械震荡器产生的震击力大小与震荡器的冲程和上提速度有关。　75. ×　正确答案:用关节式震荡器进行打捞作业时,因冲击频率快,地面操作方便。　76. √　77. ×　正确答案:承受一个接在芯轴下端的精密仪器的恒定重量。　78. √　79. ×　正确答案:内钩打捞筒可以打捞不带钢丝的井下落物。　80. ×　正确答案:脱卡器是由伸缩弹簧、压缩弹簧、脱落主体、扭簧、限位螺钉组成。　81. √　82. √　83. ×　正确答案:稠油蒸汽吞吐井由于温度很高,人体不能直接接触防喷管,必须安装一个操作平台,需使用特制的隔热手套。　84. √　85. √　86. ×　正确答案:伸缩管双称热胀补偿器,伸缩长度一般为4m。　87. ×　正确答案:气举常用的方式有连续气举和间歇气举两种方式。　88. √　89. √　90. ×　正确答案:机械弹簧式震荡器具有较大的冲击力,只能用于向上震击。　91. √　92. ×　正确答案:提挂式井下脱卡器(Ⅱ型)可耐60MPa压力。　93. √　94. ×　正确答案:稳定试井中,每测取一个流压不需要同时测一个静压。　95. √　96. √　97. ×　正确答案:对于均质地层,表皮系数越大,说明井底附近地层污染越严重。　98. √　99. √　100. √　101. √　102. ×　正确答案:脉冲试井在观测井中记录压力响应曲线。　103. √　104. ×　正确答案:存储式电子压力计也可用于探边测试。　105. √　106. ×　正确答案:井底压力稳定的关闭井应采用压力降落测试。　107. ×　正确答案:稳定试井选择4~5个工作制度进行测试,产量由小到大逐步递增。　108. √　109. √　110. √　111. √　112. √　113. ×　正确答案:完井试气后立即进行测压,所测压力不能准确反映地层情况。　114. √　115. ×　正确答案:多井试井所反映的储层信息,不仅是测试井周围的情况,而是涵盖测试井组范围内一定区域的参数情况。　116. √　117. ×　正确答案:存储流量计最少每天测量1m³。　118. √　119. √　120. ×　正确答案:打开监测仪开关后,屏幕无显示,不能就此判断显示屏坏,还有可能是电压不足、主板坏等原因。　121. √　122. √　123. √　124. ×　正确答案:水平井采油的泵和工具一般不用下入水平段,但是水平井的压裂、酸化都是在水平段上进行。　125. ×　正确答案:一次采油的特点是:投入少,技术简单,利润高,油田采收率低。　126. ×　正确答案:聚合物溶液的黏度随聚合物溶液浓度的增加而增加,并且增加的幅度越来越大。　127. ×　正确答案:油层的非均质性是影响聚合物驱油的一个重要因素,渗透率变异系数越大,改变流度比所能改善的体积扫及效率越低。　128. ×

正确答案：聚合物驱油过程中要对生产动态进行定期监测，其中，要求采油井每三天取水化验含水率一次。　129. ×　正确答案：聚合物注入阶段是聚合物驱油的中心阶段一般为3～3.5年。　130. ×　正确答案：在聚合物驱油过程中，要求注入井每半年测一次吸水剖面，生产井（重点观察井）每季度或半年测一次产液剖面。　131. √　132. ×　正确答案：注入聚合物后采液指数将明显下降，较注水时低1/2～2/3。　133. ×　正确答案：导热系数是指单位时间内，单位温度梯度下，单位面积所通过的热量1/2～2/3。　134. √　135. √　136. ×　正确答案：井筒的热损失必将导致饱和蒸汽能量的降低，从而导致蒸汽干度的降低。　137. ×　正确答案：蒸汽吞吐回采阶段生产管柱中的原油及凝结水携带出的大量热能，因而原油黏度很低，有利于抽油泵及杆柱正常工作。　138. √　139. √　140. ×　正确答案：随着油藏温度的升高，油发生膨胀，饱和度增加，且更易流动。　141. √　142. √　143. √　144. √　145. √　146. √　147. √　148. √　149. √　150. ×　正确答案：在结蜡严重的井中测试，测前应清蜡，清完后停留足够时间后进行测试。　151. ×　正确答案：若钢丝使用时间过长，材料疲劳过度没有及时更换，易造成拔断事故。　152. √　153. √　154. ×　正确答案：在转速表失灵或跳字时，要听到仪器试探闸板后方可关死清蜡阀门起出仪器。　155. √　156. ×　正确答案：带钢丝落物可用内、外钩打捞器或钢丝团子外钩打捞器捞出。　157. ×　正确答案：在自喷井打捞卡钻落物时，为在一定程度减轻卡钻程度，可先放大压差喷一下后再下打捞工具打捞。　158. ×　正确答案：当打捞工具已抓住钢丝并进入防喷管时，关闭胶皮阀门，放空后卸下防喷管丝堵，提出打捞工具。　159. √　160. √

四、简答题

1. 答：①井底压力和流量与时间无关的渗流称稳定流。②井底压力随时间而变化的渗流称不稳定流。

   评分标准：答对①②各占50%。

2. 答：常见的胶结物有①泥质、②钙质、③硅质、④铁质等。

   评分标准：答对①②③④各占25%。

3. 答：由①强度、②刚度、③稳定性三方面来衡量。④强度是指构件在载荷作用下抵抗破坏的能力；⑤刚度是指构件在外力作用下抵抗变形的能力；⑥稳定性是指构件保持其原有平衡形态的能力。

   评分标准：答对①②③各占10%，答对④⑤⑥各占23%。

4. 答：①指长度远大于横截面尺寸的构件；②有拉伸或压缩、③剪切、④扭转、⑤弯曲等方式。

   评分标准：答对①占20%，答对②③④⑤各占20%。

5. 答：①选择比例和标准图幅；②布置视图，用H或2H铅笔轻轻画出各视图的主要基准并画出各图形底稿；③标注尺寸和技术要求；④校核和描深图线（用HB或B铅笔）；⑤填写标题栏。

   评分标准：答对①②③④⑤各占20%。

6. 答：①点击“插入”，②选择“页码”，③然后设置相应的格式。

   评分标准：答对①②各占35%，答对③占30%。

7. 答：①仪表的量程是根据被测压力的大小来确定的；②对于弹性式压力表，在选择压力表量程时，还必须根据被测介质的性质留有足够的余地；③一般来讲，测量稳定压力时，最大工作压力不应超过量程的 2/3;④测量脉动压力时,最大工作压力不应超过量程的 1/2;⑤测量高压力时,最大工作压力不应超过量程的 3/5;⑥为保证精度,最小工作压力不应低于量程的 1/3。

评分标准:答对①②各占 20%,答对③④⑤⑥各占 15%。

8. 答:①外观检查、②示值误差、③轻敲位移、④回程误差、⑤指针偏转平稳性等。

评分标准:答对①②③④⑤各占 20%。

9. 答:①封隔器定义:在井筒里密封井内工作管柱与井筒内壁环形空间的封隔工具。②主要作用:密封油套管环形空间;③将上、下油层分隔开。

评分标准:答对①占 60%,答对②③各占 20%。

10. 答:原因:①弹簧管产生残余变形;②传动机构某部分未紧固好,产生位移。③修复:更换弹簧管或报废;④检查出松动部分并紧固好。

评分标准:答对①②③④各占 25%。

11. 答:①检查环境温度、湿度是否符合校准要求。②检查仪器外观是否符合校准要求;检查主板供电电压是否达到工作电压,通信电缆是否无短、断路现象。③进入仪器应用软件,使仪器与计算机正常通信并设置采样时间表,断开通信线,安装电池,使仪器进入工作状态。④打开装置电源,设备供电电压应正常。⑤将仪器安装在设备上。⑥打开示功仪检定装置软件,将示功仪检定装置调整到校准状态进行示值校准。⑦取下仪器,处理校准数据。⑧根据数据处理结果判断仪器是否合格并出具相应证书。⑨将检定装置退出校准状态,关闭总电源。

评分标准:答对①④⑤⑥⑦⑧⑨各占 10%,答对②③各占 15%。

12. 答:①分层测试过程中,在油压稳定,注入量稳定,井口 50m 的水量和地面水表的水量一致条件下,所测偏 1 水量小于井口的水量,初步判断为油管漏失。②用非集流流量计从偏 1 以上吊测,以每 100m 为一个测试点一直吊测到井口,就可以找到油管漏失的大概位置。③用验封密封段封堵偏心通道(桥式偏心除外),井口放大注水压力,水表转动说明油管有漏失。

评分标准:答对①占 30%,②占 40%,③占 30%。

13. 答:①定义:震荡器是测试过程中用于打捞井下仪器或落物的辅助工具。②分类:按工作原理可分为直击机械式震荡器、机械弹簧式震荡器、水力震荡器、关节式震荡器。③作用:测试调配过程中仪器、工具遇卡用以震荡解卡。

评分标准:答对①占 40%,答对②③各占 30%。

14. 答:①关节式震荡器在下井过程中,关节式震荡器的关节可以自由转动,②当下井抓住落物后,手摇绞车往返多次提放,关节套槽向上碰击关节。③由于冲程只有 15cm,向上冲击力小,但冲击频率加快,地面操作方便。

评分标准:答对①②各占 25%,答对③占 50%。

15. 答:①将接有加重杆的打捞筒(打捞筒有一斜面)下入井中,②当落物的外螺纹顶住分成两片的卡瓦片向上移动时,卡瓦片上的齿夹住带外螺纹的鱼顶,③上提打捞器,靠弹簧力使卡瓦片沿斜面向下移动,抓住落物,完成打捞动作。

评分标准:答对①占 30%,答对②③各占 35%。

16. 答:由①弹簧、②脱落主体、③脱落爪子(或称凸轮)、④扭簧、⑤限位螺钉等组成。

评分标准:答对①②③④⑤占20%。

17. 答:①用万用表测量电池电压是否达到规定值;②检查时间设置是否正确;③检查电池接触是否良好。

评分标准:答对①占30%,答对②③各占35%。

18. 答:故障现象:①所测流量、压力台阶不完整或仪器未采点;②与计算机无法通信;③故障原因:卸开仪器后,仪器内有水珠;④电池没有电或电池电量不足;⑤超声波井下流量计内螺钉松动掉落造成线路板内电子零件短路;⑥线路板内电子零件损坏,包括晶振、电感、三极管;⑦电源正极外壳与五脚连接线开焊;⑧压力传感器损坏;⑨流量探头损坏;⑩下探头连接线断;⑪井下流量计通信口选择错误或通信线有故障。

评分标准:答对①②各占5%,答对③④⑤⑥⑦⑧⑨⑩⑪各占10%。

19. 答:①主机驱动板块有问题;②信号电缆有问题;③击发线圈有问题;④衔铁调得过高;⑤弹性过紧;⑥销子断。

评分标准:答对①②③④各占20%,答对⑤⑥各占10%。

20. 答:①仪器没有放在专用箱或固定在架子上,车开动后,仪器晃动或倒下。②仪器放入防喷管时过快,出现顿闸板问题。③提到井口时没有减速,撞击井口防喷盒。④上卸仪器时未使用专用扳手,用管钳上卸而把仪器损坏。⑤仪器螺纹未经常涂润滑油,致使螺纹磨损或错扣。⑥下放过快或油管深度不清撞击油管鞋。⑦进行分层测试时,坐封过猛。⑧用仪器探砂面。

评分标准:答对①②③各占20%,答对④⑤⑥⑦⑧各占8%。

五、计算题

1. 解:

$$2000\text{ 年的采出程度}=\frac{2000\text{ 年累积产油}}{\text{地质储量}}\times100\%=\frac{903.4\times10^4}{3648.5\times10^4}\times100\%=24.76\%$$

$$2001\text{ 年的采出程度}=\frac{2001\text{ 年累积产油}}{\text{地质储量}}\times100\%=\frac{(903.4+24.7)\times10^4}{3648.5\times10^4}\times100\%=25.44\%$$

$$2001\text{ 年含水上升率}=\frac{2001\text{ 年 12 月含水}-2000\text{ 年 12 月含水}}{2001\text{ 年程度}-2000\text{ 年程度}}\times100\%=\frac{92.19\%-91.34\%}{25.44-24.26}\times100\%$$

$$=1.25\%$$

或

$$2001\text{ 年采油速度}=\frac{2001\text{ 年产油量}}{\text{地质储量}}\times100\%=\frac{24.7\times10^4}{3648.5\times10^4}\times100\%=0.68\%$$

$$2001\text{ 年含水上升率}=\frac{2001\text{ 年 12 月含水}-2000\text{ 年 12 月含水}}{2001\text{ 年采油速度}}\times100\%$$

$$=\frac{+92.19\%-91.34\%}{0.68}\times100\%=1.25\%$$

答:该区块2000年采油程度为24.76%,2001年采出程度为25.44%,含水上升率为1.25%。

评分标准:每问公式对占20%,每问过程对占5.5%,每问结果7.5%;如果公式错误,该问不得分。

2. 解:

$$K=\frac{Q\mu L}{A\Delta p}=\frac{2\times0.001\times1}{2\times0.098}=1(\mu m^2)$$

答:渗透率为 $1\mu m^2$。

评分标准:公式正确占40%,过程正确占40%,结果正确占20%,无公式、过程,只有结果不得分。

3. 解:

在实际检定中,常把高一等级精度的仪器所测得的量值当作实际值,故二等标准活塞压力计测量值的误差=测得值-实际值=100.2-100.5=-0.3(Pa)。

评分标准:公式正确占40%,过程正确占40%,结果正确占20%,无公式、过程,只有结果不得分。

4. 解:

已知 $\Delta L=L-L_0$,则可求得真值:

$$L_0=L-\Delta L=2310-0.020=2309.98(mm)。$$

故:最大相对误差=0.020/2309.98=8.66×100%=0.000866%

评分标准:公式正确占40%,过程正确占40%,结果正确占20%,无公式、过程,只有结果不得分。

5. 解:

$$绝对误差=测量值-真实值=B-A$$

$$相对误差=绝对误差/真值=(B-A)/A$$

答:绝对误差为 $B-A$;相对误差为 $(B-A)/A$。

评分标准:公式正确占30%;过程正确占40%;答案正确占30%;只有答案没有公式、过程不得分。

6. 解:

主应力:

$$\sigma_{\substack{max\\min}}=\frac{\sigma_x+\sigma_y}{2}\pm\sqrt{\left(\frac{\sigma_x-\sigma_y}{2}\right)^2+\tau_x^2}=\frac{-70+0}{2}\pm\sqrt{\left(\frac{-70-0}{2}\right)^2+50^2}=\begin{matrix}26\\-96\end{matrix}(MPa)$$

则

$$\sigma_1=26MPa,\sigma_2=0,\sigma_3=-96(MPa)$$

$$\tau_{max}=\frac{\sigma_1-\sigma_3}{2}=66(MPa)$$

评分标准:公式正确占30%;过程正确占40%;答案正确占30%;只有答案没有公式、过程不得分。

7. 解:

$$频率之比=f_1/f_2=100/1000=1/10$$

$$周期之比=(1/f_1)/(1/f_2)=1000/100=10$$

答:频率之比为1/10,周期之比为10。

评分标准:公式正确占30%;过程正确占40%;答案正确占30%;只有答案没有公式、过程不得分。

8. 解：

$$允许基本误差=\pm(40\times2.5\%)=\pm1(MPa)$$

答：这只压力表的允许基本误差是±1MPa。

评分标准：公式正确占30%；过程正确占40%；答案正确占30%；只有答案没有公式、过程不得分。

9. 解：

根据规定，被测值不超过仪表量程 p_d 的2/3，已知 $p_a=1.0$MPa 则有：

$$2/3p_d \geqslant p_a$$

则

$$p_d \geqslant 3/2p_a=3/2\times1.0=1.5(MPa)$$

所以压力表的测量范围为0~1.5MPa。

压力表精度：

$$\delta_d=允许误差/测量上限\times100\%=0.005/(1.6-0)\times100\%=0.31\%$$

所以应选择一测量范围为0~1.6MPa，精度为0.4等级的压力表。

评分标准：公式正确占30%；过程正确占40%；答案正确占30%；只有答案没有公式、过程不得分。

10. 解：

$$允许误差=量程\times精度=\pm(20\times0.4\%)MPa=\pm0.08(MPa)$$

$$0.0832\approx0.08$$

检测结果修约后的数值没有超过该表的允许误差。

答：该标准表不超差。

评分标准：公式正确占40%；过程正确占30%；答案正确占30%；只有答案没有公式、过程不得分。

11. 解：

设：作用在活塞面积上的力所产生的压强为 p_1，液压容器内产生的压强为 p_2。

由液压传递原理（帕斯卡原理）可知力的传递处处相等，所以 $p_1=p_2$，已知 $p_1=$ 20MPa，故：

$$p_2=20(MPa)$$

答：液压容器内所产生的压强为20MPa。

评分标准：公式正确占40%，过程正确占40%，结果正确占20%，无公式、过程只有结果不得分。

12. 解：

(1)各点的绝对误差：

$$绝对误差=测量值-真值$$

各点的绝对误差值为：0MPa，0.11MPa，0.03MPa，0.01MPa，0.05MPa，0.12MPa。

(2)最大绝对误差：

由计算结果得最大绝对误差为±0.12(MPa)。

(3)压力表精度最大允许基本误差=10×(±1.5%)=±0.15(MPa)。

由于±0.12MPa<±0.15MPa，则表的精度等级是合格的。

答:此压力表的精度是合格的。

评分标准:公式正确占30%,过程正确占40%,结果正确占30%,无公式、过程只有结果不得分。

13. 解:

$$p_g=(dh\gamma/100)/0.8=(1.1\times2500\times0.9/100)/0.8=30.9(\mathrm{MPa})$$

答:应选用31~35MPa的压力计。

评分标准:公式正确占40%,过程正确占40%,结果正确占20%,无公式、过程只有结果不得分。

14. 解:

$$2004\text{年地层压力}=15\times90\%=13.5(\mathrm{MPa})$$

$$\text{总压差}=13.5-15=-1.5(\mathrm{MPa})$$

$$\text{生产压差}=13.5-10.1=3.4(\mathrm{MPa})$$

$$\text{生产压差利用率}=3.4/(13.5-2.5)=30.9\%$$

评分标准:公式正确占40%,过程正确占30%,结果正确占30%,无公式、过程只有结果不得分。

15. 解:

$$\text{该井的斜率}=5.3\mathrm{atm}/\text{周期}=5.3\times0.09807=0.52(\mathrm{MPa}/\text{周期})$$

流动系数:

$$\frac{kh}{\mu}=\frac{2.12\times10^{-3}qB}{\text{斜率}}=\frac{2.12\times10^{-3}\times39.747\times1.136}{0.52}=0.18416[\mu\mathrm{m}^2\cdot\mathrm{m}/(\mathrm{mPa}\cdot\mathrm{s})]$$

$$\text{地层渗透率}=\left(\frac{kh}{\mu}\right)/\left(\frac{h}{\mu}\right)=0.18416/(21.03/0.8)=0.0070056(\mu\mathrm{m}^2)$$

答:该井控制面积的渗透率为0.0070056μm^2。

评分标准:公式正确占40%,过程正确占30%,结果正确占30%,无公式、过程只有结果不得分。

16. 解:

$$m=0.183\frac{qu}{kh}$$

流动系数:

$$\frac{kh}{u}=0.183\frac{q}{m}=0.183\frac{150\times1.2}{86400\times0.625\times10^6}=6.1\times10^{-10}[\mathrm{m}^3/(\mathrm{Pa}\cdot\mathrm{s})]$$

答:流动系数是6.1×$10^{-10}m^3/(Pa \cdot s)$。

评分标准:公式正确占40%,过程正确占30%,结果正确占30%,无公式、过程只有结果不得分。

17. 解:

根据由单位时间内,单位长度管线中的热损失计算公式可知:

$$q_L=\frac{4186.8(T_s-T_{ins})}{R}=\frac{4186.8\times(288-15.5)}{4186.8}=272.5[\mathrm{J}/(\mathrm{h}\cdot\mathrm{m})]$$

若$l=30m$,则:

$$Q=272.5\times30=8175(\text{J/h})$$

答:则每 30m 长度管线上的热损失是 8175J/h。

评分标准:公式正确占 30%;过程正确占 40%;答案正确占 30%;只有答案没有公式、过程不得分。

18. 解:

设:打捞工具串总重为 G_i;打捞落物所下放钢丝质量为 $G_{丝}$;长度为 L;钢丝半径为 R。

(1)计算 $G_{丝}$:

$$G_{丝}=\pi R_2Lr=2\times3.14\times(1.6/2)^2\times10^{-6}\times2700\times7.8\times10^3=42.32(\text{kg})$$

(2)计算钢丝承受的最大拉力 F:

$$F=(G_{丝}+G_{重}+G_i)g=(42.32+100+25)\times9.8\times10^{-3}=167.32\times9.8\times10^{-3}=1.64(\text{kN})$$

因为 1.64kN 小于极限值 3.63kN,所以可以用此钢丝进行打捞作业。

答:可以用直径为 1.6mm 的钢丝进行打捞作业。

评分标准:公式正确占 40%,过程正确占 40%,结果正确占 20%,无公式、过程只有结果不得分。

19. 解:

设:钢丝断头在油管中的深度为 S,断落钢丝长为 L,断落钢丝盘缩后占油管深度为 L',压力计加重杆总长为 L_1。

(1)计算 L':

$$L'=L-10\times L/100(900-10\times100/100)=810(\text{m})$$

(2)钢丝断头在油管中的位置 S:

$$S=2300-L_1-L'=2300-2-810=1488(\text{m})$$

答:钢丝断头在油管中 1488m 处。

评分标准:公式正确占 40%,过程正确占 40%,结果正确占 20%,无公式、过程只有结果不得分。

20. 解:

(1):

$$\sigma_0=P/F=P/(\pi r^2)=1\times10^3\div(3.14\times(2.2\times10^{-3}\div2)^2]=1842.40(\text{MPa})$$

(2):

$$[\sigma]=\sigma_0/n=1842.4/5=368.48(\text{MPa})$$

答:钢丝的极限应力为 1842.40MPa;钢丝许用应力为 368.48MPa。

评分标准:公式正确占 40%,过程正确占 30%,结果正确占 30%,无公式、过程只有结果不得分。

附　录

附录1　职业技能等级标准

1.工种概况

1.1　工种名称

采油测试工。

1.2　工种定义

采用专门仪器、设备、车辆按照特定标准录取油、气、水井温度、压力、密度等技术参数的操作人员。

1.3　职业等级

本工种共设四个等级,分别为:初级(国家职业资格五级)、中级(国家职业资格四级)、高级(国家职业资格三级)、技师(国家职业资格二级)。

1.4　工种环境

室外作业、噪声和灰尘、要进行登高作业,劳动强度较大。

1.5　工种能力特征

身体健康,具有一定的学习、理解、表达、观察、分析、判断、推理、计算、形体知觉和色觉能力,手指、手臂、腿脚灵活,动作协调,能够高空作业。

1.6　基本文化程度

高中毕业(或同等学力)。

1.7　培训要求

1.7.1　培训期限

全日制职业学校教育,根据其培养目标和教学计划确定。晋级培训期限:初级不少于280标准学时;中级不少于240标准学时;高级不少于200标准学时;技师不少于280标准学时。

1.7.2　培训教师

培训初、中、高级的教师应具有本职业高级以上职业资格证书或中级以上专业技术职务任职资格;培训技师的教师应具有本职业高级技师职业资格证书或相应专业高级专业技术职务任职资格。

1.7.3　培训场地设备

理论培训应具有可容纳30名以上学员的教室;具有基本技能训练的实习场所及实际操作训练设备;模拟配电线路和设备;本厂(局)生产现场实际设备。

1.8 鉴定要求

1.8.1 适用对象

从事或准备从事本职业的人员。

1.8.2 申报条件

——初级(具备以下条件之一者)

(1)从事本工种工作1年以上。

(2)各类中等职业学校及以上本专业毕业生。

(3)经职业培训,达到规定标准学时,并取得培训结业证书。

——中级(具备以下条件之一者)

(1)从事本工种工作5年以上,并取得本职业(工种)初级职业资格证书。

(2)各类中等职业学校本专业毕业生,从事本工种工作3年以上,并取得本职业(工种)初级职业资格证书。

(3)大专(含高职)及以上本专业(职业)或相关专业毕业生,从事本工种工作2年以上。

——高级(具备以下条件之一者)

(1)从事本工种工作14年以上,并取得本工种中级职业资格证书。

(2)各类中等职业学校本专业毕业生,从事本工种工作12年以上,并取得本职业(工种)中级职业资格证书。

(3)大专(含高职)及以上本专业(职业)毕业生,从事本工种工作5年以上,并取得本职业(工种)中级职业资格证书。

——技师(具备以下条件之一者)

(1)具有各类中等职业学校本专业(职业)学历,取得本工种高级职业资格证书3年以上。

(2)大专(含高职)及以上本专业毕业生,取得本工种高级资格证书2年以上。

1.8.3 鉴定方式

分理论知识考试和技能操作考核。理论知识考试采用闭卷笔试方式,技能操作考核采用笔试、现场模拟操作方式。理论知识考试和技能操作考核均实行百分制,成绩皆达60分以上(含60分)者为合格。技师还需进行综合评审。

1.8.4 考评人员与考生配比

理论知识考试考评人员与考生配比为1:20,每个标准教室不少于2名考评人员;技能操作考核考评员与考生配比为1:5,且不少于3名考评员;技师综合评审考评人员不少于5人。

1.8.5 鉴定时间

理论知识考试90分钟,技能操作考核不少于60分钟。

1.8.6 鉴定场所设备

理论知识考试在标准教室里进行;技能操作考核在具有相应的设备、工具和安全设施等较为完善的场地进行。

2.基本要求

2.1　职业道德

(1)爱岗敬业,自觉履行职责;
(2)忠于职守,严于律己;
(3)吃苦耐劳,工作认真负责;
(4)勤奋好学,刻苦钻研业务技术;
(5)谦虚谨慎,团结协作;
(6)安全生产,严格执行生产操作规程;
(7)文明作业,质量环保意识强;
(8)文明守纪,遵纪守法。

2.2　基础知识

2.2.1　油田地质开发基础知识

(1)地质构造;
(2)识别油气藏类型;
(3)天然气及油田水的特性;
(4)油气水的地下渗流特性。

2.2.2　采油工程基础知识

(1)采油工程的方案内容;
(2)井下管住结构;
(3)主要的井下作业措施;
(4)油田开发资料的录取。

2.2.3　计量基础知识

(1)法定计量单位;
(2)计量管理;
(3)误差与数据处理。

2.2.4　电学基础知识

2.2.5　机械制图基础知识

2.2.6　机械基础知识

2.2.7　安全消防基础知识

(1)消防安全常识;
(2)常用灭火器分类及使用方法;
(3)触电防护与急救。

3.工作要求

本标准对初级、中级、高级、技师的要求依次递进,高级别包括低级别的要求。

3.1 初级工

职业功能	工作内容	技能要求	相关知识
一、常用工具、用具、设备的使用维护保养	(一)使用工具、用具	1. 能识别与使用活动扳手; 2. 能识别与使用管钳; 3. 能使用万用表(直流); 4. 能使用游标卡尺测量工件; 5. 能使用操作灭火器	1. 扳手的规格和使用方法; 2. 管钳的规格和使用方法; 3. 万用表的构造与使用方法; 4. 游标卡尺的构造与使用方法; 5. 灭火器的原理和操作方法
	(二)维护保养设备	1. 能维护保养钢丝井口防喷装置; 2. 能保养使用试井绞车	1. 防喷装置的原理和结构; 2. 试井绞车的操作规程、技术规范和安全事项
二、测试前的准备	(一)操作仪器	1. 能检查与使用压力表; 2. 能检查与组装电子压力计; 3. 能检查与准备测试前的示功仪; 4. 能检查偏心堵塞器; 5. 能拆装保养投捞器	1. 压力表的检测与使用方法; 2. 电子压力计的原理、规范和操作方法; 3. 示功仪的结构、原理和使用规范; 4. 偏心堵塞器的原理、规范; 5. 投捞器的原理、结构和使用规范
	(二)操作设备	1. 能操作注水井开、关井; 2. 能检查注水井防喷装置; 3. 能操作停启抽油机; 4. 能打录井钢丝绳结; 5. 能启停螺杆泵井	1. 注水井井口设备的名称及结构; 2. 防喷装置的原理和结构; 3. 抽油机井的原理和结构; 4. 试井钢丝的技术规范; 5. 螺杆泵井的启停操作
三、测试资料录取	(一)测试工艺	1. 能选择压力计量程; 2. 能测试示功图	1. 电子压力计的原理、规范和操作方法; 2. 综合测试仪的结构原理
	(二)资料整理分析	能计算示功图理论载荷	示功图理论载荷的计算方法

3.2 中级工

职业功能	工作内容	技能要求	相关知识
一、常用工具、用具、设备的使用维护保养	(一)使用工具、用具	1. 能使用万用表(交流); 2. 能使用兆欧表测量绝缘电阻; 3. 能使用游标卡尺测量仪器外筒内、外径	1. 万用表的结构和使用方法; 2. 兆欧表的结构和使用方法; 3. 游标卡尺的结构和使用方法
	(二)维护保养设备	1. 能维护保养井口连接器; 2. 能拆装保养试井井口滑轮; 3. 能检查更换计量轮	1. 井口连接器的原理和结构; 2. 试井井口滑轮的原理和结构; 3. 钢丝计深装置的结构
二、测试前的准备	(一)操作仪器	1. 能拆装偏心堵塞器; 2. 能检查测试前的井下流量计; 3. 能更换密封圈及保养井下压力计螺纹; 4. 能拆装震荡器; 5. 能检查与组装环空测试下井仪器; 6. 能维护保养示功仪	1. 偏心堵塞器原理和结构及操作方法; 2. 井下流量计原理和结构; 3. 井下压力计结构; 4. 震荡器原理和结构; 5. 下井仪器原理和结构; 6. 示功仪的原理和结构

续表

职业功能	工作内容	技能要求	相关知识
二、测试前的准备	(二)操作设备	1. 能检查注脂高压防喷装置 2. 能检查测试前的试井绞车 3. 能维护保养电缆防喷盒	1. 注脂高压防喷装置原理和结构 2. 试井绞车的原理和结构 3. 电缆防喷盒原理和结构
三、测试资料的录取	(一)测试工艺	1. 能回放电子压力计数据; 2. 能设置电子压力计采样时间	1. 存储式电子压力计的结构原理; 2. 电子压力计应用软件使用方法
	(二)资料整理分析	1. 能计算分析动液面资料; 2. 能验收液面曲线及示功图; 3. 能绘制注水井分层指示曲线	1. 动液面资料的计算方法; 2. 动液面曲线及示功图验收标准; 3. 注水井分层指示曲线的特点

3.3 高级工

职业功能	工作内容	技能要求	相关知识
一、常用工具、用具、设备的使用维护保养	(一)使用工具、用具	1. 能使用万用表测量电阻阻值; 2. 能检查电缆绝缘和通断; 3. 能标注测量工件尺寸	1. 电路应用和万用表的使用方法; 2. 电缆特性和兆欧表的使用方法; 3. 机械制图与游标卡尺使用方法
	(二)维护保养设备	1. 能维护保养试井绞车液压系统; 2. 能检查与调试液面自动监测仪井口装置	1. 液压绞车工作原理及使用方法; 2. 液面自动监测仪井口装置结构原理
二、测试前的准备	(一)操作仪器	1. 能拆装钟控取样器操作; 2. 能更换综合测试仪微音器; 3. 能检查测试前的电子压力计; 4. 能检查操作综合测试仪	1. 钟控取样器的原理和结构; 2. 综合测试仪微音器原理和结构; 3. 电子压力计结构性能; 4. 综合测试仪结构性能
	(二)操作设备	1. 能准备注水井分层测调前的工作; 2. 能安装使用环空井防喷装置	1. 注水井分层调配操作规程; 2. 环空防喷装置的原理和结构
三、测试资料录取	(一)测试工艺	1. 能使用液面自动监测仪测液面恢复; 2. 能选配分层注水井水嘴	1. 测液面恢复操作规程; 2. 注水井水嘴的规格算法
	(二)资料整理分析	1. 能计算分层吸水量; 2. 能分析注水井分层吸水指示曲线; 3. 能分析试井资料; 4. 能分析典型示功图资料	1. 分层吸水量计算方法; 2. 注水井分层吸水指示曲线的原理; 3. 各种试井资料的原理; 4. 示功图资料的原理
	(三)故障处理	1. 能分析电子式井下压力计通讯故障; 2. 能判断与排除示功仪主机电源开关无反应的故障; 3. 能处理试井绞车刹车失灵的故障	1. 电子压力计结构和原理; 2. 示功仪结构和原理; 3. 试井绞车结构原理

3.4 技师

职业功能	工作内容	技能要求	相关知识
一、测试前的准备	(一)操作仪器	1. 能更换示功仪位移传感器拉线; 2. 能维修液面自动监测仪信号线; 3. 能调整弹簧管式压力表指针不归零	1. 维护保养示功仪; 2. 液面自动监测仪原理和结构; 3. 精密压力表的结构
	(二)操作设备	1. 能校准弹簧管式压力表; 2. 能校准前检查液面自动监测仪	1. 精密压力表校准方法; 2. 液面自动监测仪的结构、原理及使用方法
二、测试资料录取	(一)测试工艺	1. 能打捞井下落物的准备; 2. 能识别与使用井下打捞工具	1. 落物打捞的操作规程; 2. 打捞工具的识别及使用
	(二)资料整理分析	1. 能计算解释示功图; 2. 能计算分析静液面资料; 3. 能分析系统试井指示曲线; 4. 能分析注入井分层验封资料	1. 示功图解释规程; 2. 静液面资料计算分析方法; 3. 试井指示曲线分析; 4. 注入井分层验封资料的分析方法
	(三)故障处理	1. 能处理综合测试仪采集不到载荷信号的故障; 2. 能判断与排除示功仪不充电的故障; 3. 能处理试井绞车盘丝机构运转不正常的故障	1. 综合测试仪信号故障处理; 2. 示功仪的电源故障处理; 3. 试井绞车盘丝机构的原理和结构
三、测试新技术及综合能力	(一)新技术新工艺	能组装井下干度取样器	测液面恢复操作规程
	(二)生产辅助能力	1. 能编写井下落物打捞方案; 2. 能绘制一般零件图; 3. 能使用安全防护用具判断环境场所的安全性	1. 落物打捞的技术规范; 2. 机械制图基础知识; 3. 安全防护用具的使用及注意事项
	(三)办公软件应用	1. 能操作计算机 Word 文档 2. 能使用计算机 Excel 电子表格	1. 制作 Word 文档的方法 2. 制作电子表格的方法

3.5 高级技师

职业功能	工作内容	技能要求	相关知识
一、测试前的准备	(一)操作仪器	1. 能制作测调井下流量计电缆头; 2. 能更换电子式井下压力计晶振	1. 电缆头的原理和结构; 2. 电子压力计结构性能
	(二)操作设备	1. 能处理活塞式压力计预压泵失灵的故障; 2. 能校准超声波井下流量计	1. 活塞式压力计原理和结构; 2. 超声波井下流量计校准技术规范

续表

职业功能	工作内容	技能要求	相关知识
二、测试资料录取	(一)测试工艺	1. 能制作外钩钢丝打捞工具; 2. 能操作联动测调仪	1. 制作打捞工具要求; 2. 联动测调仪使用方法
	(二)资料整理分析	1. 能分析脉冲试井资料; 2. 能用常规试井法解释不稳定试井资料; 3. 能整理稳定试井资料; 4. 能绘制分析采气井压力温度梯度曲线	1. 脉冲试井的原理; 2. 不稳定试井的原理; 3. 稳定试井的原理; 4. 采气井的原理和资料分析方法
	(三)故障处理	1. 能检查与处理试井绞车液压系统无动力输出的故障; 2. 能处理液压绞车振动噪声大、压力失常的故障; 3. 能处理综合测试仪无液面波的故障; 4. 处理液面自动监测仪井口装置不密封的故障	1. 液压绞车结构; 2. 试井绞车液压系统的原理; 3. 综合测试仪故障处理; 4. 液面自动监测仪井口装置故障排除方法
三、测试新技术及综合能力	(一)新技术新工艺	1. 能回放蒸气区五参数吸气剖面资料; 2. 能计算注蒸汽地面管线的热损失	1. 蒸气区吸气剖面回放资料; 2. 注蒸汽地面管线的热损失计算方法
	(二)生产辅助能力	1. 能编写压力测试设计方案; 2. 能编写培训计划	1. 设计方案的编写方法; 2. 培训计划的组成
	(三)办公软件应用	1. 能操作计算机制作幻灯片; 2. 能使用 SolidWorks 软件绘制零件	1. 幻灯片制作相关知识; 2. SolidWorks 绘图软件应用

4　比重表

4.1　理论知识

项　　目			初级 %	中级 %	高级 %	技师、高级技师 %
基础要求		基础知识	33	32	28	30
专业知识	常用工具、用具、设备的使用维护保养	使用工具、用具	15	5	7	
		维护保养设备	6	12	6	
	测试前的准备	操作仪器	12	17	22	6
		操作设备	9	9	5	4
	测试资料录取	测试工艺	22	16	8	18
		资料整理分析	3	9	18	16
		故障处理			6	3
	测试新技术及综合能力	新技术新工艺				16
		生产辅助能力				7
		办公软件应用				
合　计			100	100	100	100

4.2 操作技能

项目			初级 %	中级 %	高级 %	技师 %	高级技师 %
操作技能	常用工具、用具、设备的使用维护保养	使用工具、用具	25	15	15		
		维护保养设备	10	15	10		
	测试前的准备	操作仪器	25	30	20	15	10
		操作设备	25	15	10	10	10
	测试资料录取	测试工艺	10	10	10	10	10
		资料整理分析	5	15	20	20	20
		故障处理			15	15	20
	测试新技术及综合能力	新技术新工艺				5	10
		生产辅助能力				15	10
		办公软件应用				10	10
合计			100	100	100	100	100

附录 2　初级工理论知识鉴定要素细目表

行业：石油天然气　　工种：采油测试工　　　等级：初级工　　鉴定方式：理论知识

行为领域	代码	鉴定范围	鉴定比重	代码	鉴定点	重要程度	上岗要求
基础知识 A （33%）	A	油田地质 开发基础知识 （13：5：4）	10%	001	岩石的分类	Y	√
				002	地质的构造	Z	√
				003	油气藏的基本概念	Y	√
				004	石油的基本概念	X	√
				005	石油天然气的运移	X	√
				006	岩石孔隙度及渗透率的概念	X	√
				007	试井的基本原理	Z	√
				008	褶皱构造的概念	X	
				009	断裂构造的概念	X	
				010	沉积相的概念	X	
				011	含油气盆地的概念	X	
				012	自喷井采油的原理	Y	√
				013	天然气的概念	X	√
				014	天然气的物理性质	Y	
				015	天然气的组成	X	
				016	天然气的物化性质	Y	
				017	天然气输送过程中的节流效应	Z	
				018	油田水的概念	X	
				019	油田水的物理性质	X	
				020	油田水的化学成分	X	
				021	油田水的矿化度	Z	
				022	油田水的类型	X	
	B	计量基础知识 （6：3：1）	5%	001	长度单位	X	√
				002	面积单位	Z	√
				003	体积单位	X	√
				004	质量单位	X	√
				005	温度单位	X	√
				006	压力单位	Y	√
				007	力的单位	X	√
				008	渗透率单位	Y	√
				009	黏度单位	X	√
				010	时间单位	Y	√

续表

行为领域	代码	鉴定范围	鉴定比重	代码	鉴定点	重要程度	上岗要求
基础知识 A (33%)	C	电学、计算机、机械制图知识 (9:5:1)	7%	001	电流的概念	X	√
				002	电压的概念	Y	√
				003	电阻的概念	X	√
				004	电功率的概念	X	√
				005	电路的连接方式	Z	√
				006	常用电路元器件类型及作用	X	√
				007	电流伤害	Y	√
				008	计算机的概念	X	
				009	计算机的发展过程	X	
				010	计算机的基本术语	X	√
				011	计算机的启动与关闭	Y	√
				012	计算机的维护	X	
				013	看视图的基本方法	Y	
				014	图线的画法	X	
				015	标注尺寸的要素	Y	
	D	安全消防基础知识 (18:3:2)	11%	001	消防工作的方针和要求	X	√
				002	灭火的基本措施	X	√
				003	灭火器的基本结构	X	√
				004	灭火器的选用	X	√
				005	灭火器的种类	X	√
				006	灭火器的使用方法	X	√
				007	防火防爆的安全知识	X	√
				008	燃烧的形式	X	√
				009	电气线路的防火措施	Y	√
				010	照明设备的防火措施	Y	√
				011	火灾事故的特点	X	√
				012	静电火灾爆炸的预防措施	X	√
				013	安全的工作电压	Z	√
				014	高压油井测试的安全操作规程	Y	√
				015	高压试井井口岗的安全操作规程	X	√
				016	高压试井的安全注意事项	X	√
				017	抽油机启、停安全操作	X	√
				018	测示功图的安全操作	X	√
				019	测液面的安全操作	X	√
				020	气井试井的安全注意事项	Y	√
				021	测试井场防中毒的常识	X	√
				022	井场防污注意事项	Z	√
				023	HSE 的概念	X	√

续表

行为领域	代码	鉴定范围	鉴定比重	代码	鉴定点	重要程度	上岗要求
专业知识 B （67%）	A	使用工具、用具 （23：8：1）	15%	001	钢丝绳帽的类型	X	√
				002	钢丝绳帽的使用方法	X	√
				003	加重杆的类型	X	√
				004	加重杆的用途	X	√
				005	接头的类型及用途	X	√
				006	管钳的规格	X	√
				007	管钳的使用方法	X	√
				008	活动扳手的规格	X	√
				009	梅花扳手的使用方法	X	√
				010	螺丝刀的规格	X	√
				011	螺丝刀的使用方法	X	√
				012	手钢锯的用途	Y	√
				013	手钢锯的操作要求	Z	√
				014	一般通用工具的使用方法	X	√
				015	一般通用工具的维护	Y	√
				016	万用表的保养	X	√
				017	游标卡尺的保养	X	√
				018	手钳的使用方法	X	√
				019	锉刀的规格及使用规则	Y	√
				020	压力表的检测与使用	X	√
				021	MF500 型万用表的构造与使用方法	X	√
				022	游标卡尺的使用方法	X	√
				023	兆欧表的组成与使用方法	Y	√
				024	游标卡尺的结构	Y	√
				025	游标卡尺的种类	X	√
				026	万用表的性能	X	√
				027	兆欧表的基本概念	Y	√
				028	万用表的基本概念	Y	√
				029	呆扳手使用的注意事项	X	√
				030	活动扳手的使用方法	X	√
				031	呆板手的使用方法	X	√
				032	压力表的类型和结构	Y	√
	B	维护保养设备 （8：2：2）	6%	001	试井车的结构及用途	Y	√
				002	液压试井车的结构	Y	√
				003	钢丝计深装置的结构	Z	√

续表

行为领域	代码	鉴定范围	鉴定比重	代码	鉴定点	重要程度	上岗要求
专业知识 B (67%)	B	维护保养设备 (8：2：2)	6%	004	试井计量轮的用途	X	√
				005	钢丝试井防喷管的用途	X	√
				006	试井防喷盒的结构	X	√
				007	液压试井绞车的使用方法	Z	
				008	试井钢丝的技术规范	X	√
				009	试井绞车操作的安全注意事项	X	
				010	试井绞车的操作规程	X	
				011	CY250 型采油树的结构及作用	X	
				012	试井钢丝的用途	X	√
	C	操作仪器 (19：3：3)	12%	001	压力计的准备	X	√
				002	压力计量程的计算	X	
				003	常用存储式电子压力计的技术参数	Z	
				004	存储式电子压力计的工作原理	Y	
				005	存储式电子压力计的使用	X	√
				006	存储式电子压力计的组成	X	
				007	存储式电子压力计停用后的保管与维护	X	√
				008	维护保养存储式电子压力计的注意事项	X	√
				009	电子压力计的用途	X	√
				010	存储式电子压力计的检定周期	X	√
				011	堵塞式压力计的维护和保养	Y	√
				012	地面直读电子压力计的技术规范	X	
				013	偏心投捞器的维护	X	
				014	井下压力计发展过程	Y	
				015	回声仪的用途	Z	
				016	电子示功仪的用途	Z	
				017	双频道回声仪的结构	X	
				018	双频道回声仪的工作原理	X	
				019	偏心堵塞器的使用方法	X	√
				020	偏心投捞器的结构	X	√
				021	偏心投捞器的技术规范	X	
				022	SG5 型动力仪的结构及原理	X	
				023	偏心投捞器的检查步骤	X	√
				024	偏心投捞器的使用	X	√
				025	偏心投捞器使用的注意事项	X	√

续表

行为领域	代码	鉴定范围	鉴定比重	代码	鉴定点	重要程度	上岗要求
专业知识 B （67%）	D	操作设备 （15：3：1）	9%	001	打钢丝绳结的步骤	X	√
				002	打钢丝绳结的技术要求	X	√
				003	测试施工设计	X	
				004	测试前试井绞车的准备工作	X	
				005	测试前深度计量装置的准备工作	Y	
				006	测试前指重传感器的准备工作	Y	
				007	测试前试井防喷装置的准备工作	X	
				008	井下压力计测试前的准备	X	
				009	井下取样前的准备	Y	
				010	示功图测试前的准备	X	
				011	注水井分层测试前的准备	X	
				012	压力测试对测试井的要求及测试前准备	X	
				013	高压物性取样对测试井的要求及取样前准备	Z	
				014	油井测试前报表的准备	X	
				015	油井测试的井身结构要求	X	
				016	注水井分层流量测试的井况要求	X	√
				017	分层流量测试井的井口要求	X	√
				018	动液面测试前的准备	X	√
				019	电动潜油泵井测试前的准备	X	
	E	测试工艺 （38：5：2）	22%	001	自喷井井口设备的名称及结构	Y	√
				002	自喷井井口的流程	Z	√
				003	注水井井口设备的名称及结构	X	√
				004	注水井井口的流程	X	√
				005	常规有杆泵采油井井口设备的名称及结构	X	√
				006	偏心井口装置的名称及结构	X	√
				007	电动潜油泵井的井口装置及流程	X	√
				008	水力活塞泵采油井的井口流程	Y	√
				009	热采井井口的装置及流程	Y	√
				010	游梁式抽油机的结构原理	X	√
				011	油水井开、关操作的技术要求	X	√
				012	油水井开、关操作的注意事项	X	√
				013	抽油机的启、停操作	X	√
				014	螺杆泵井的启、停操作	X	√
				015	螺杆泵井的操作注意事项	X	√
				016	自喷井的启、停操作	X	√

续表

行为领域	代码	鉴定范围	鉴定比重	代码	鉴定点	重要程度	上岗要求
专业知识 B （67%）	E	测试工艺 （38：5：2）	22%	017	偏心配水管柱测试前的准备	Y	
				018	偏心配水管柱的测试工艺	X	
				019	空心配水管柱的投捞操作	X	
				020	分层注水测试的注意事项	X	
				021	井下流量计的发展过程	Z	
				022	试井的基本方法	X	√
				023	水力活塞泵测压管柱的结构	Y	
				024	偏心井口环空测试工艺	X	√
				025	气井试井的施工工艺	X	√
				026	高压气井试井的注意事项	X	√
				027	井下压力测试工艺	X	√
				028	试井绞车操作的要求	X	
				029	检泵测压的方法	X	
				030	含硫气井试井的注意事项	X	√
				031	钢丝测试用防喷管的结构	X	√
				032	钢丝防喷盒的作用	X	√
				033	钢丝井口装置的使用方法	X	√
				034	电动潜油泵井测压的坐阀要求	X	
				035	电动潜油泵井测静压的操作步骤	X	
				036	液面测试仪的结构	X	
				037	示功图测试中的注意事项	X	√
				038	示功图测试的施工工艺	X	√
				039	环空测试井应具备的条件	X	√
				040	气井试井的条件	X	
				041	气井测试工艺的选择	X	
				042	偏心井口环空测试的注意事项	X	
				043	偏心堵塞器的结构及原理	X	
				044	偏心堵塞器的技术参数	X	
				045	预防电缆缠绕的措施	X	
	F	资料整理分析 （5：1：0）	3%	001	电磁流量计曲线的识别	Y	
				002	超声波流量计曲线的识别	X	
				003	井温梯度的计算方法	Y	
				004	井温测试的注意事项	Y	
				005	确定测前关井时间的目的	Y	
				006	测点的选择	Y	

注：X—核心要素；Y——一般要素；Z—辅助要素；√—上岗要求掌握知识点。

附录3　初级工操作技能鉴定要素细目表

行业:石油天然气　　工种:采油测试工　　等级:初级工　　鉴定方式:操作技能

行为领域	代码	鉴定范围	鉴定比重	代码	鉴定点	重要程度
操作技能 A (100%)	A	常用工具、用具、设备的使用维护保养	25%	001	识别与使用活动扳手	X
				002	识别与使用管钳	X
				003	使用万用表测量直流电流、交流电压及电阻	Y
				004	使用游标卡尺测量工件	X
				005	保养使用试井绞车	X
	B	测试前准备	40%	001	检查与使用压力表	X
				002	检查与组装电子压力计	X
				003	检查与准备测试前的示功仪	X
				004	检查偏心堵塞器	X
				005	拆装保养投捞器	X
				006	检查注水井防喷装置	X
				007	制作录井钢丝绳结	X
	C	测试资料录取	35%	001	选择压力计量程	X
				002	测试示功图	X
				003	开、关注水井	X
				004	启、停抽油机	X
				005	开、关抽油机井	X
				006	启、停螺杆泵井	X
				007	启、停自喷井	X
				008	装卸钢丝井口防喷装置	X

注:X—核心要素;Y——一般要素;Z—辅助要素。

附录4　中级工理论知识鉴定要素细目表

行业：石油天然气　　工种：采油测试工　　等级：中级工　　鉴定方式：理论知识

行为领域	代码	鉴定范围	鉴定比重	代码	鉴定点	重要程度
基础知识 A (32%)	A	油田地质开发基础知识 (6：2：0)	3%	001	注水井的投注	X
				002	油井的完成过程	X
				003	井身结构	X
				004	井口装置组成	Y
				005	人工井底的概念	Y
				006	补心高度的概念	X
				007	水对油层的影响	X
				008	天然气密度	X
	B	采油工程基础知识 (10：7：2)	10%	001	采油井的管柱结构	X
				002	防蜡的措施	X
				003	机械清蜡技术	X
				004	油田注水相关的指标	X
				005	注水井的管理要点	X
				006	油井结蜡的规律	Y
				007	化学清蜡技术	Z
				008	热力清蜡技术	Z
				009	压力关系在开发中的作用	X
				010	采油井应录取的资料	X
				011	注水井应录取的资料	X
				012	油水井特殊要求录取的资料	Y
				013	油井生产相关概念	Y
				014	生产井常用压力参数	X
				015	注水站的流程	Y
				016	注水井的转注	Y
				017	注水井的洗井	Y
				018	油田注入水水质的要求和标准	X
				019	注水井层段性质的划分	Y
	C	计量基础知识 (5：2：1)	4%	001	计量单位的分类	X
				002	常用的计量单位	Y
				003	计量单位的换算	X
				004	计量工作的定义	X
				005	计量工作的特性	X
				006	量值传递的定义	X
				007	量和量值的表达	Y
				008	法定计量单位的构成	Z

续表

行为领域	代码	鉴定范围	鉴定比重	代码	鉴定点	重要程度
基础知识 A (32%)	D	电学、计算机机械制图知识 (7:1:2)	5%	001	欧姆定律	X
				002	串联电路的特点	X
				003	并联电路的特点	Y
				004	计算机的硬件系统	X
				005	计算机的软件系统	X
				006	计算机的组成及工作原理	X
				007	内存储器的特点及分类	Z
				008	外存储器的特点及分类	Z
				009	数据的类型	X
				010	文件的类型	X
	E	安全消防基础知识 (16:4:1)	10%	001	电气火灾的特点	X
				002	照明设备的火灾特点	Z
				003	触电事故的预防	Y
				004	触电事故的急救方法	X
				005	急救的方法	X
				006	油气生产过程防火防爆措施	Y
				007	爆炸事故的特点	X
				008	油气火灾和爆炸的特点	X
				009	企业职工作伤亡事故的分类	X
				010	安全标志的识别	X
				011	生产安全事故产生的原因	X
				012	安全生产反违章禁令	Y
				013	生产安全事故的预防与处理	X
				014	高处作业的级别划分	X
				015	高处作业的安全规定	X
				016	高处坠落的消减措施	X
				017	火场逃生注意事项	X
				018	机械伤害的消减措施	X
				019	高、低温环境作业对人体的影响	Y
				020	触电事故的原因	X
				021	安全用电的注意事项	X
专业知识 B (68%)	A	使用工具、用具 (9:1:0)	5%	001	卡钳的使用方法	X
				002	手电钻的使用方法	X
				003	安全带的使用方法	X
				004	水平仪的测量原理	Y
				005	套筒扳手的使用方法	X

续表

行为领域	代码	鉴定范围	鉴定比重	代码	鉴定点	重要程度
专业知识 B (68%)	A	使用工具、用具 (9∶1∶0)	5%	006	试电笔的使用	X
				007	电烙铁的选用	X
				008	电流表的使用方法与注意事项	X
				009	电压表的使用方法与注意事项	X
				010	兆欧表测量绝缘电阻的技术要求及注意事项	X
	B	维护保养设备 (15∶7∶2)	12%	001	DSC-5000 型双滚筒试井车结构及性能	Y
				002	液压传动—车载双滚筒试井车结构、规范	X
				003	橇装钢丝液压绞车结构、用途	Y
				004	橇装电缆绞车及电缆/钢丝绞车的结构、用途	X
				005	电缆计深装置的结构及原理	X
				006	国产电缆计深装置的技术参数	Y
				007	马丁-戴克指重装置的用途及技术性能	X
				008	马丁-戴克指重装置的结构	X
				009	测量、计算计量轮误差	X
				010	试井绞车的维护保养	X
				011	橇装绞车的维护保养	Y
				012	马丁-戴克指重装置的维护保养	Z
				013	试井绞车一般故障的排除	X
				014	试井绞车液压系统的结构	X
				015	螺杆泵防反转装置	X
				016	试井绞车液压系统的原理	X
				017	测试电缆的结构	X
				018	液压传动—车载双滚筒试井绞车传动原理	Y
				019	液压传动—车载双滚筒试井绞车供电系统	Z
				020	试井绞车液压系统的保养	X
				021	试井绞车液压系统的常见故障分析	X
				022	橇装液压钢丝绞车性能规格	Y
				023	橇装液压钢丝绞车传动原理	Y
				024	更换计量轮注意事项	X
	C	操作仪器 (22∶8∶4)	17%	001	电磁式井下流量计的工作原理	X
				002	ZDLⅡ-C 电磁式井下流量计的技术参数	X
				003	超声波井下流量计的工作原理	X
				004	超声波井下流量计的技术规范	X
				005	存储式电子流量计的结构原理	X
				006	存储式电子流量计的维护保养	X

续表

行为领域	代码	鉴定范围	鉴定比重	代码	鉴定点	重要程度
专业知识B（68%）	C	操作仪器（22：8：4）	17%	007	电磁式井下流量计的使用方法	X
				008	超声波井下流量计的使用方法	X
				009	存储式电子流量计的使用	Y
				010	存储式电子流量计的一般故障分析	Z
				011	存储式电子流量计的使用注意事项	X
				012	边测边调流量计的原理	Y
				013	边测边调流量计的结构	Y
				014	直读式电磁流量计的用途	X
				015	直读式电磁流量计的种类	Z
				016	电磁流量计的符号含义	X
				017	超声波流量计的用途	X
				018	超声波流量计的种类	Z
				019	超声波流量计的符号含义	X
				020	测试密封段的维护	X
				021	超声波流量计的优缺点	Y
				022	ZDLⅡ-C型电磁流量计的工作特点	Y
				023	回声仪井口连接器的维护保养	X
				024	综合测试仪的维护保养	X
				025	液面自动监测仪的常见故障原因	X
				026	综合测试仪的工作原理	X
				027	综合测试仪的功能	X
				028	直读式超声波井下流量计的结构及工作原理	Y
				029	直读式电磁井下流量计的结构及工作原理	Y
				030	液面自动监测仪的维护保养	X
				031	井下流量计的分类	Z
				032	电子压力计数据回放方法及其注意事项	X
				033	电子压力计采样时间设置方法及其注意事项	X
				034	ZDLⅡ-C型电磁流量计的结构	Y
	D	操作设备（13：4：1）	9%	001	测试电缆的用途	X
				002	测试电缆的技术指标	X
				003	测试电缆的机械性能	X
				004	测试电缆的电气性能	X
				005	测试电缆头的制作方法	X
				006	测试电缆头的维护和保养	X
				007	测试电缆的安全操作	X

续表

行为领域	代码	鉴定范围	鉴定比重	代码	鉴定点	重要程度
专业知识B(68%)	D	操作设备(13：4：1)	9%	008	测试电缆起下的注意事项	Y
				009	测试电缆防喷装置的应用	Z
				010	测试电缆防喷装置的结构	Y
				011	偏心防喷装置的使用	X
				012	注水井防喷装置的使用	X
				013	抽油机井倒流程操作	X
				014	注水井倒流程操作	X
				015	电动潜油泵测压控制器的结构与工作原理	X
				016	电动潜油泵测压控制器的使用与维护	X
				017	注脂高压防喷装置的检查方法	Y
				018	电缆防喷盒的维护保养方法及注意事项	Y
	E	测试工艺(21：9：2)	16%	001	有杆抽油泵的工作原理及型号	X
				002	管式泵的工作特点	Z
				003	杆式泵的工作特点	Z
				004	有杆抽油泵的技术参数	Y
				005	抽油杆的用途及工作原理	Y
				006	抽油杆的技术规范	X
				007	抽油杆承受的载荷及光杆的作用	Y
				008	螺杆泵的配套工具	Y
				009	螺杆泵采油系统的组成	X
				010	注水井管柱的分类	X
				011	偏心配水管柱的结构	X
				012	配水管柱的结构	X
				013	空心配水器的结构及原理	X
				014	空心配水器的技术参数	X
				015	井口注脂密封装置的结构及原理	X
				016	注脂密封装置的特征	X
				017	偏心配水器的工作原理	X
				018	偏心配水器的技术参数	X
				019	分层注水管柱的常见故障	X
				020	注水井封隔器失效的判别	X
				021	注水井管外水泥窜槽、管柱脱节或刺漏的判别	X
				022	注脂泵的结构及工作原理	Y
				023	防喷阀门的结构及原理	X
				024	防喷阀门的性能	X

续表

行为领域	代码	鉴定范围	鉴定比重	代码	鉴定点	重要程度
专业知识 B （68%）	E	测试工艺 （21：9：2）	16%	025	电缆用可放式井口防喷装置的结构及原理	X
				026	电缆用倾斜式防喷装置的结构及原理	X
				027	抽油机井偏心井口的分类及工作原理	X
				028	偏心井口防喷装置的分类、结构和作用	X
				029	压入式防喷管的结构及原理	Y
				030	空气滤清器的结构及工作原理	Y
				031	气源压力调节器的结构及工作原理	Y
				032	润滑油喷入器的结构及工作原理	Y
	F	资料整理分析 （12：2：1）	9%	001	各层段视吸水量的计算	Y
				002	水量校正系数的计算	Z
				003	各层实际吸水量的计算	X
				004	注水井分层指示曲线的特点	X
				005	注水井分层指示曲线的分析	X
				006	绘制注水井指示曲线的注意事项	X
				007	电子压力计资料的验收	X
				008	动液面曲线的验收标准	X
				009	液面资料的整理步骤	X
				010	利用回音标计算液面的方法	X
				011	利用油管接箍计算液面的方法	X
				012	利用声速计算液面深度	X
				013	计算液面的注意事项	Y
				014	动液面资料的验收标准	X
				015	动液面曲线的识别	X

注：X—核心要素；Y——般要素；Z—辅助要素。

附录5　中级工操作技能鉴定要素细目表

行业:石油天然气　　工种:采油测试工　　等级:中级工　　鉴定方式:操作技能

行为领域	代码	名称	鉴定比重	代码	鉴定点	重要程度
操作技能A(100%)	A	常用工具、用具、设备的使用维护保养	30%	001	使用万用表测量交流电压、电流	Y
				002	使用兆欧表测量绝缘电阻	Y
				003	使用游标卡尺测量仪器外筒内、外径	X
				004	维护保养井口连接器	X
				005	拆装保养试井井口滑轮	X
				006	检查更换计量轮	X
	B	测试前的准备	45%	001	拆装偏心堵塞器	X
				002	检查测试前的井下流量计	Y
				003	更换密封圈及保养井下压力计螺纹	X
				004	拆装保养震荡器	Y
				005	检查与组装环空测试下井仪器	X
				006	维护保养示功仪	Y
				007	检查注脂高压防喷装置	X
				008	检查测试前的试井绞车	X
				009	维护保养电缆防喷盒	Y
	C	测试资料录取	25%	001	回放电子压力计数据	X
				002	设置电子压力计采样时间	X
				003	计算分析动液面资料	Y
				004	验收液面曲线及示功图	Y
				005	绘制注水井分层指示曲线	X

注:X—核心要素;Y——般要素;Z—辅助要素。

附录6　高级工理论知识鉴定要素细目表

行业：石油天然气　　工种：采油测试工　　等级：高级工　　鉴定方式：理论知识

行为领域	代码	鉴定范围	鉴定比重	代码	鉴定点	重要程度	备注
基础知识 A（28%）	A	油田地质开发基础知识（7：1：3）	7%	001	油田的开发方式	X	JS
				002	油藏的驱动类型	X	JD
				003	油层中流体的类型	X	
				004	注水开发方式的概念	X	
				005	分层注水的概念	X	JD
				006	注采关系相关概念	Y	JS
				007	开发过程中三大矛盾的概念	X	JD
				008	油井见水的类型	X	
				009	水淹厚度系数、扫油面积系数的概念	Z	JS
				010	含油面积、油水过渡带的概念	Z	
				011	压裂参数的概念	Z	JS
	B	采油工程基础知识（3：4：1）	5%	001	水力压裂工艺的原理	X	
				002	压裂液的作用及分类	Y	
				003	支撑剂的性能及分类	Y	
				004	支撑剂的选用	Z	
				005	压裂后测试的分析	X	
				006	酸化的原理及工艺	X	JD
				007	油水井找水技术	Y	
				008	油田堵水、调剖方法的类型	Y	
	C	计量基础知识（5：1：1）	4%	001	计量法律法规的知识	X	
				002	法定计量单位的使用规则	X	
				003	计量单位的定义	X	JS
				004	国际单位制的概念	Z	
				005	测量误差的来源	X	
				006	误差的分类	Y	JD
				007	绝对误差和相对误差的概念	X	JD/JS
	D	电学、计算机、机械制图知识（10：2：2）	9%	001	电感的知识	Z	
				002	电阻的计算	X	JS
				003	试电笔的结构及使用方法	X	
				004	运算器、控制器的特点	X	
				005	计算机输入设备分类、特性	X	
				006	计算机输出设备分类、特性	X	

续表

行为领域	代码	鉴定范围	鉴定比重	代码	鉴定点	重要程度	备注
基础知识 A (28%)	D	电学、计算机、机械制图知识 (10∶2∶2)	9%	007	计算机基本操作方法及使用注意事项	Y	
				008	计算机网络的分类、功能	X	JD
				009	计算机病毒的概念、主要特征	Z	
				010	Word 基本操作知识	X	
				011	Excel 基本操作知识	X	
				012	主视图选择的注意事项	X	
				013	零件图的尺寸标注规则	Y	
				014	基本视图的配置关系	X	JD
	E	安全消防基础知识 (3∶0∶1)	3%	001	高压试井绞车岗的安全操作规程	X	
				002	分层测试安全注意事项	X	
				003	硫化氢的职业危害	Z	
				004	预防硫化氢中毒的措施	X	
专业知识 B (72%)	A	使用工具、用具 (8∶2∶1)	7%	001	半导体的分类	X	
				002	半导体二极管的特征及作用	X	
				003	半导体三极管的结构及作用	X	
				004	集成电路的定义与分类	X	JD
				005	电阻器的概念、分类	Y	
				006	电阻器的标称功率	X	JS
				007	电位器的概念、分类	X	
				008	电容器的特性	Y	
				009	电容器串并联的特点	Z	JS
				010	电感线圈的概念	Y	
				011	变压器的用途	X	
	B	维护保养设备 (7∶3∶0)	6%	001	测试仪器常见故障及排除方法	X	
				002	测量仪表的分类	Y	
				003	测量仪表误差的类型	Y	JS
				004	仪表的准确度	X	JD
				005	液面自动监测仪的安全操作	X	
				006	井下取样的安全操作	X	
				007	电缆防喷装置的安全操作	X	
				008	测试电缆绝缘性的方法	X	
				009	试井液压绞车的安全操作	X	
				010	注水井分层调配的安全操作	Y	
	C	操作仪器 (21∶12∶3)	22%	001	井下取样器的类型	X	JD/JS
				002	SQ3 型井下取样器的结构及技术参数	X	

续表

行为领域	代码	鉴定范围	鉴定比重	代码	鉴定点	重要程度	备注
专业知识B（72%）	C	操作仪器（21：12：3）	22%	003	压差式井下取样器的结构及技术规范	Z	
				004	分层取样器的工作原理	Y	
				005	BCY-321 型井下取样器的结构及工作原理	X	
				006	DQJ-1 型井下取样器的结构及工作原理	Y	
				007	井下取样的操作标准	Y	
				008	金时-3 型测试诊断仪结构及工作原理	X	
				009	金时-3 型测试诊断仪技术规范	X	
				010	金时-3 型测试诊断仪功能	X	
				011	SHD-3 型综合测试仪结构及功能	X	
				012	SHD-3 型综合测试仪的工作原理	Y	
				013	SHD-3 型综合测试仪的技术规范	X	
				014	ZHCY-E 型综合测试仪的工作原理	X	
				015	ZHCY-E 型综合测试仪的技术规范	X	
				016	抽油机井无线遥测诊断仪工作原理	Z	
				017	ZJY-3 型液面自动监测仪的功能	X	
				018	ZJY-3 型液面自动监测仪的原理	X	
				019	ZJY-3 型液面自动监测仪的结构	X	
				020	ZJY-3 型液面自动监测仪的技术规范	X	
				021	HYKJ 型综合测试仪的结构	X	
				022	HYKJ 型综合测试仪的工作原理	X	
				023	HYKJ 型综合测试仪的技术规范	X	
				024	CY612 型井下取样器的结构及技术规范	Y	
				025	SQ3 型井下取样器的工作原理	Y	
				026	DQJ-1 型井下取样器的技术性能	Y	
				027	各种取样筒、控制器的对比	Z	
				028	CPG25 型钟机系列技术参数	Y	
				029	BCY-321 型泵下取样器的技术性能	Y	
				030	井下钟机的结构及原理	Y	
				031	ZJY-3 型液面自动监测仪的使用注意事项	X	
				032	HYKJ 型综合测试仪的功能	X	
				033	钟控式取样器的拆装及其注意事项	Y	
				034	综合测试仪微音器的更换及其注意事项	Y	
				035	电子压力计通信故障的判断与排除	X	
				036	示功仪主机电源故障的判断与排除	X	

续表

行为领域	代码	鉴定范围	鉴定比重	代码	鉴定点	重要程度	备注
专业知识 B (72%)	D	操作设备 (6:1:1)	5%	001	注水井分层调配前的准备工作	X	
				002	采气井测试前的准备工作	Z	
				003	注水井测压力恢复前的准备工作	X	
				004	偏心抽油机井测压力恢复前的准备工作	X	
				005	测示功图前抽油机井设备的检查工作	X	
				006	油井使用液面自动监测仪测试前的准备工作	X	
				007	电泵井测压力恢复前准备工作	Y	
				008	试井绞车刹车故障的处理及其注意事项	X	
	E	测试工艺 (10:2:0)	8%	001	电动潜油泵测压控制器的工作原理	X	
				002	电动潜油泵测压连接器的结构及工作原理	X	JD
				003	影响抽油机泵效的因素	X	JS
				004	电动潜油泵的结构	Y	
				005	有杆抽油泵的工作原理及结构	X	
				006	螺杆泵井的工作原理及结构	X	
				007	螺杆泵的特点	X	
				008	电动潜油泵的工作原理	X	
				009	电动潜油泵的技术规范	Y	
				010	分层吸水量的计算	X	JS
				011	选配水嘴的方法	X	
				012	配水嘴的选择方法	X	
	F	资料整理分析 (24:4:1)	18%	001	流压梯度的计算	X	JS
				002	油层中部压力的计算	X	JS
				003	油水井静压合格曲线的标准	X	
				004	油水井静压曲线的识别	X	JD
				005	注水井指示曲线的识别	X	
				006	异常压力恢复曲线的识别	X	
				007	电泵井压力恢复曲线的分析	Y	
				008	示功图的验收标准	X	
				009	动液面优质曲线的验收标准	X	
				010	动液面曲线不合格的原因分析	X	
				011	抽油杆断脱位置的估算方法	X	JS
				012	理论示功图的分析方法	X	JD
				013	惯性和振动对理论示功图的影响	Z	
				014	泵理论排量的计算方法	Y	JS
				015	泵效的计算方法	X	JS

续表

行为领域	代码	鉴定范围	鉴定比重	代码	鉴定点	重要程度	备注
专业知识 B (72%)	F	资料整理分析 (24∶4∶1)	18%	016	示功图分析的注意事项	X	
				017	计算机诊断技术诊断泵况的基本原理	X	
				018	油井结蜡对示功图的影响	X	
				019	稠油对示功图的影响	Y	
				020	油井出砂对示功图的影响	Y	
				021	气体对示功图的影响	X	
				022	吸入部分漏失对示功图的影响	X	JD
				023	理论示功图静载荷分析	X	JD
				024	示功图的用途	X	
				025	排出部分漏失示功图的分析	X	
				026	示功图曲线的判断	X	
				027	产能试井方法	X	
				028	测试指示曲线的注意事项	X	
				029	理论示功图的绘制方法	X	
	G	故障处理 (10∶0∶0)	6%	001	综合测试仪的故障分析	X	JD
				002	综合测试仪电路故障的排除	X	
				003	综合测试仪通信故障的排除	X	JD
				004	回声仪常见故障的原因分析	X	
				005	回声仪常见故障的排除	X	
				006	电子压力计的故障现象	X	
				007	电子压力计的故障分析	X	JD
				008	试井绞车液压系统的检查	X	
				009	试井液压绞车的使用注意事项	X	
				010	资料处理方面常见的问题及解决方法	X	

注:X—核心要素;Y—一般要素;Z—辅助要素;JD—简答题;JS—计算题。

附录 7 高级工操作技能鉴定要素细目表

行业:石油天然气　　工种:采油测试工　　等级:高级工　　鉴定方式:操作技能

行为领域	代码	名称	鉴定比重	代码	鉴定点	重要程度
操作技能 A (100%)	A	常用工具、用具、设备的使用维护保养	25%	001	使用万用表测量电阻阻值	Y
				002	检查电缆绝缘和通断	X
				003	标注测量工件尺寸	X
				004	维护保养试井绞车液压系统	X
				005	检查与调试液面自动监测仪井口装置	X
	B	测试前的准备	30%	001	拆装钟控取样器	X
				002	更换综合测试仪微音器	Z
				003	检查测试前的电子压力计	X
				004	检查操作综合测试仪	X
				005	准备注水井分层测调	Y
				006	安装使用环空井防喷装置	X
	C	测试资料录取	45%	001	使用液面自动监测仪测液面恢复	X
				002	选配分层注水井水嘴	X
				003	计算分层吸水量	X
				004	分析注水井分层吸水指示曲线	Y
				005	分析试井资料	X
				006	分析典型示功图资料	Y
				007	判断与排除电子井下压力计通信故障	X
				008	判断与排除示功仪主机电源开关无反应的故障	Z
				009	处理试井绞车刹车失灵的故障	X

注:X—核心要素;Y——一般要素;Z—辅助要素。

附录 8　技师、高级技师理论知识鉴定要素细目表

行业：石油天然气　　工种：采油测试工　　等级：技师、高级技师　　鉴定方式：理论知识

行为领域	代码	鉴定范围	鉴定比重	代码	鉴定点	重要程度	备注
基础知识 A (30%)	A	油田地质开发基础知识 (15：6：3)	15%	001	油藏中油、气、水的分布状况	X	JS
				002	油藏中的驱油能量	X	
				003	单向流的特点	X	
				004	平面径向流的特点	X	
				005	油井的完善性	X	
				006	稳定流和不稳流的概念	X	JD
				007	达西定律的定义	X	JS
				008	平面单向流的渗流规律	Z	
				009	平面径向流的渗流规律	Z	
				010	地层原油的物理性质	Y	
				011	储层岩石的物理性质	Y	JD
				012	石油的物理性质	X	
				013	油气的生成条件	X	
				014	储层岩石的分类及特性	Y	
				015	圈闭与油气藏的概念	Y	
				016	保护油气层的技术措施	Y	
				017	岩心分析的内容	X	
				018	岩心分析的意义	X	
				019	油层敏感性的评价	X	
				020	气液两相流的流动形态	X	
				021	油井生产系统的概念及类型	Y	
				022	油井节点系统分析	X	
				023	岩石力学的发展及概念	Z	
				024	原地应力的定义	X	
	B	采油工程基础知识 (3：0：0)	2%	001	采油工程方案编制的目的	X	
				002	采油工程方案编制的原则及要求	X	
				003	采油工程方案编制的基本内容	X	
	C	计量基础知识 (2：1：0)	2%	001	误差的基本计算方法	Y	JS
				002	数值修约与近似计算	X	
				003	系统误差产生原因及消除方法	X	JS

续表

行为领域	代码	鉴定范围	鉴定比重	代码	鉴　定　点	重要程度	备注
基础知识A(30%)	D	电学、计算机、机械制图知识(10∶5∶3)	12%	001	机械原理的定义	X	
				002	构件的强度、刚度、稳定性的含义	Z	JD
				003	应力的概念	Z	JS
				004	杆件的变形方式	X	JD
				005	疲劳破坏的概念	X	
				006	电阻的分类与标识	X	
				007	变压器的分类	Y	
				008	周期频率的概念	Y	JS
				009	计算机主要部件	X	
				010	计算机辅助设备	X	
				011	零件图的绘制方法	X	JD
				012	螺纹的画法及标注	X	
				013	常用金属材料及代号	Y	
				014	计算机病毒预防的基本知识	Z	
				015	操作系统的概念	Y	
				016	Word 文档制作	X	JD
				017	计算机系统软件	Y	
				018	幻灯片制作相关知识	X	
专业知识B(70%)	A	操作仪器(6∶3∶0)	6%	001	弹簧管式压力表的工作原理	X	JD/JS
				002	弹簧管式压力表的使用注意事项	Y	JD
				003	弹簧管式压力表的维护保养	X	
				004	弹簧管式压力表的故障现象	Y	JS
				005	弹簧管式压力表的故障处理方法	X	JD
				006	活塞式压力计的结构组成	X	
				007	活塞式压力计的技术规范	X	JS
				008	存储式流量计的校准方法	Y	
				009	试井仪器仪表外观检查项目	X	
	B	操作设备(4∶1∶1)	4%	001	活塞式压力计的校准	Z	JS
				002	活塞式压力计的维护保养	Y	
				003	电子压力计的校准项目	X	
				004	井下压力计校准的技术要求	X	JS
				005	综合测试仪的校准方法	X	JD
				006	直读式井下流量计校准项目	X	
	C	测试工艺(25∶2∶2)	18%	001	修井作业的分类	Y	
				002	修井作业的方法	Z	

续表

行为领域	代码	鉴定范围	鉴定比重	代码	鉴　定　点	重要程度	备注
专业知识 B (70%)	C	测试工艺 (25：2：2)	18%	003	封隔器的概念及分类	X	JD
				004	封隔器型号编制方法	X	
				005	常用封隔器的技术参数	X	JD
				006	Y111 封隔器的技术参数	X	
				007	封隔器的使用要求	X	
				008	Y111 封隔器的特点及结构	X	
				009	控制类工具分类及型号编制方法	X	
				010	水力震荡器的工作原理	X	JD
				011	直接式机械震荡器的结构及工作原理	X	
				012	关节式震荡器的结构及工作原理	Z	JD
				013	机械弹簧式震荡器的结构及工作原理	X	
				014	减振器的结构及工作原理	X	
				015	卡瓦式打捞器的结构及工作原理	X	JD
				016	内钩打捞筒的用途	X	
				017	锤击式脱卡器的结构及工作原理	X	JD
				018	防掉器的结构及工作原理	X	
				019	高凝油常规自喷井的测试工艺	X	
				020	稠油蒸汽吞吐井的测试工艺	X	
				021	连续气举井的测试工艺	X	
				022	间歇气举井的测试工艺	X	
				023	注蒸汽井井下管柱的结构	X	
				024	气举井管柱的结构	X	
				025	地面直读式电子压力计的测试工艺	X	
				026	水力震荡器的使用注意事项	X	
				027	管式震荡器的结构及工作原理	Y	
				028	压缩式注水封隔器的结构及原理	X	
				029	提挂式井下脱卡器(Ⅱ型)的结构及原理	X	
	D	资料整理分析 (16：6：2)	16%	001	稳定试井方法的原理	X	
				002	稳定试井的测试方法	Y	
				003	稳定试井的资料解释	X	JS
				004	不稳定试井方法的原理	Z	
				005	表皮系数、井筒储集常数的概念	X	
				006	干扰试井的测试方法	X	
				007	常规试井的分析方法	X	JS
				008	压力恢复曲线的用途	Y	

续表

行为领域	代码	鉴定范围	鉴定比重	代码	鉴定点	重要程度	备注
专业知识 B (70%)	D	资料整理分析 (16∶6∶2)	16%	009	干扰试井的用途	X	
				010	脉冲试井的相关术语	X	
				011	不稳定试井的要求	X	
				012	探边测试时间的要求	X	
				013	测试井的基本数据	Y	
				014	试井方法的选择	X	
				015	数据采集的总体要求	X	
				016	试井解释报告的内容	X	
				017	单向流稳定试井的分析方法	X	
				018	现代试井分析方法的特点	Y	
				019	现代试井分析方法的理论基础	Z	
				020	气井系统试井的方法	Y	
				021	气井系统试井的原理	X	
				022	干扰和脉冲试井原理	Y	
				023	多井试井的用途	X	
				024	数值试井的基本原理	X	
	E	故障处理 (5∶0∶0)	3%	001	电子流量计的检修	X	
				002	液面自动监测仪的检修	X	
				003	超声波井下流量计故障的处理方法	X	JD
				004	液面自动监测仪主机故障的排除方法	X	
				005	液面自动监测仪井口连接器故障的排除方法	X	JD
	F	新技术新工艺 (22∶3∶2)	16%	001	稠油的开采方法	X	
				002	化学法采油工艺	X	
				003	非竖直采油井工艺	X	
				004	三次采油的概念及聚合物驱油机理	X	
				005	驱油聚合物种类及影响聚合物溶液黏度的因素	Y	
				006	影响聚合物驱油效率的因素	X	
				007	聚合物驱油层位、井网选择及井距问题	X	
				008	聚合物驱油阶段的划分	X	
				009	聚合物驱油动态监测	X	
				010	聚合物驱油动态变化规律	X	
				011	聚合物注入工艺技术	Y	
				012	油藏岩石和流体的热物理性质	Z	
				013	油层加热机理	Z	

续表

行为领域	代码	鉴定范围	鉴定比重	代码	鉴　定　点	重要程度	备注
专业知识B（70%）	F	新技术新工艺（22：3：2）	16%	014	注蒸汽地面管线的热损失的计算方法	Y	JS
				015	注蒸汽井筒热损失的计算方法	X	
				016	蒸汽吞吐开采机理	X	
				017	油藏地质条件对蒸汽吞吐开采的影响	X	
				018	注汽参数对蒸汽吞吐开采的影响	X	
				019	蒸汽驱开采机理	X	
				020	蒸汽驱采油注采参数优选	X	
				021	油藏地质条件对蒸汽驱开发的影响	X	
				022	高温吸汽剖面解释方法	X	
				023	井下蒸汽干度取样测试方法	X	
				024	高温长效测试的主要应用	X	
				025	汽-水分离器的工作原理	X	
				026	稠油的一般性质	X	
				027	稠油的热特性	X	
	G	生产辅助能力（11：1：0）	7%	001	螺纹脱扣原因及预防措施	X	
				002	顶钻的原因及预防措施	X	
				003	钢丝拔断的原因及预防措施	X	
				004	卡钻的原因及预防措施	X	
				005	钢丝跳槽的原因及预防措施	X	
				006	钢丝关断的原因及预防措施	X	
				007	仪器损坏的原因及预防措施	Y	JD
				008	打捞落物前的准备	X	JS
				009	打捞卡钻落物的措施	X	
				010	打捞带钢丝落物的措施	X	JS
				011	打捞注意事项	X	JS
				012	SolidWorks 绘制软件操作	X	

注:X—核心要素;Y——般要素;Z—辅助要素;JD—简答题;JS—计算题。

附录9 技师操作技能鉴定要素细目表

行业:石油天然气　　工种:采油测试工　　等级:技师　　鉴定方式:操作技能

行为领域	代码	名称	鉴定比重	代码	鉴定点	重要程度
操作技能 A (100%)	A	测试前的准备	25%	001	更换示功仪位移传感器拉线	X
				002	维修液面自动监测仪信号线	X
				003	处理弹簧管式压力表指针不归零故障	X
				004	校准弹簧管式压力表	Y
				005	校准前检查液面自动监测仪	Y
	B	测试资料录取	45%	001	准备打捞井下落物	X
				002	识别与使用井下打捞工具	X
				003	计算解释示功图	X
				004	计算分析静液面资料	X
				005	分析系统试井指示曲线	X
				006	分析注入井分层验封资料	X
				007	处理综合测试仪采集不到载荷信号的故障	X
				008	判断与排除示功仪不充电的故障	X
				009	处理试井绞车盘丝机构运转不正常的故障	X
	C	测试新技术及综合能力	30%	001	组装井下干度取样器	X
				002	编写井下落物打捞方案	X
				003	绘制一般零件图	Y
				004	使用安全防护用具判断环境场所的安全性	X
				005	操作计算机 Word 文档	Y
				006	使用计算机 Excel 电子表格	Y

注:X—核心要素;Y—一般要素;Z—辅助要素。

附录 10　高级技师操作技能鉴定要素细目表

行业:石油天然气　　工种:采油测试工　　等级:高级技师　　鉴定方式:操作技能

行为领域	代码	名称	鉴定比重	代码	鉴定点	重要程度
操作技能 A (100%)	A	测试前的准备	20%	001	制作测调井下流量计电缆头	X
				002	更换电子式井下压力计晶振	X
				003	处理活塞式压力计预压泵失灵的故障	X
				004	校准超声波井下流量计	Y
	B	测试资料录取	50%	001	制作外钩钢丝打捞工具	X
				002	操作联动测调仪	Y
				003	用常规试井方法解释不稳定试井资料	X
				004	整理稳定试井资料分析	X
				005	分析脉冲试井资料	X
				006	绘制分析采气井压力温度梯度曲线	X
				007	检查与处理试井绞车液压系统无动力输出的故障	X
				008	处理液压绞车振动噪声大、压力失常的故障	Y
				009	处理综合测试仪无液面波的故障	Y
				010	处理液面自动监测仪井口装置不密封的故障	X
	C	测试新技术及综合能力	30%	001	回放蒸汽区五参数吸气剖面资料	X
				002	计算注蒸汽地面管线的热损失	Y
				003	编写压力测试设计方案	X
				004	编写培训计划	Y
				005	使用计算机制作幻灯片	X
				006	使用 SolidWorks 软件绘制零件图	Y

注:X—核心要素;Y—一般要素;Z—辅助要素。

附录 11 操作技能考核内容层次结构表

项目 级别	操作技能				合计
	常用工具、用具、设备的使用维护保养	测试前准备	测试资料录取	测试新技术及综合能力	
初级	35 分 5~10min	35 分 10~15min	30 分 10~15min		100 分 25~40min
中级	30 分 10~15min	45 分 10~15min	25 分 10~20min		100 分 30~50min
高级	25 分 10~15min	30 分 10~15min	45 分 10~30min		100 分 30~60min
技师		30 分 10~15min	40 分 10~15min	30 分 15~30min	100 分 35~60min
高级技师		20 分 10~15min	50 分 10~15min	30 分 15~40min	100 分 35~70min

参 考 文 献

[1] 中国石油天然气集团公司职业技能鉴定指导中心编写组．采油测试工(石油石化职业技能培训教程)．北京：石油工业出版社，2011.

[2] 中国石油天然气集团公司职业技能鉴定指导中心编写组．采油测试工(石油石化职业技能鉴定试题集)．北京：石油工业出版社，2009.

[3] 翟云芳．渗流力学，2 版．北京：石油工业出版社，2016.

[4] 刘能强．实用现代试井解释方法．5 版．北京：石油工业出版社，2008.

[5] 王晓东．渗流力学基础．北京：石油工业出版社，2006.

[6] 张厚福，方朝亮，高先志，等．石油地质学．北京：石油工业出版社，1999.

[7] 林景星，陈丹英．计量基础知识．3 版．北京：中国质检出版社，2015.

[8] 大庆油田有限责任公司编写组．采油测试工．北京：石油工业出版社，2014.